高等院校土建类专业"互联网＋"创新规划教材

建设工程监理概论（第4版）

主　　编　　巩天真　　张泽平

副主编　　梁晓春　　王　芳

参　　编　　刘　鸽　　范建洲　　储劲松

主　　审　　梁建民

北京大学出版社

PEKING UNIVERSITY PRESS

内 容 简 介

本书主要讲述建设工程监理的基本理论和工程监理的实用方法。本书内容包括：建设工程监理基本知识、监理工程师与监理企业、建设工程监理规划性文件、建设工程组织协调、建设工程质量控制、建设工程造价控制、建设工程进度控制、建设工程安全生产管理、建设工程合同管理、建设工程信息文档管理等。

本书在介绍建设工程监理基本知识的基础上，附有建设工程监理案例实务分析，内容全面，结合实际，并突出了操作性与实用性。本书既可作为应用型土木工程专业本专科教材，也可作为建设工程监理从业人员的参考用书。

图书在版编目（CIP）数据

建设工程监理概论/巩天真，张泽平主编. —4 版. —北京：北京大学出版社，2018.1
（高等院校土建类专业"互联网+"创新规划教材）
ISBN 978-7-301-29024-8

Ⅰ．① 建…　Ⅱ．① 巩…　② 张…　Ⅲ．① 建筑工程—监理工作—高等学校—教材　Ⅳ．① TU712

中国版本图书馆 CIP 数据核字（2017）第 303498 号

书　　　名	建设工程监理概论（第 4 版）	
	JIANSHE GONGCHENG JIANLI GAILUN	
著作责任者	巩天真　张泽平　主编	
策 划 编 辑	吴 迪 卢 东	
责 任 编 辑	伍大维	
数 字 编 辑	刘 蓉	
标 准 书 号	ISBN 978-7-301-29024-8	
出 版 发 行	北京大学出版社	
地　　　址	北京市海淀区成府路 205 号　100871	
网　　　址	http：//www.pup.cn　　新浪微博：@ 北京大学出版社	
编辑部邮箱	pup6@pup.cn	
总编室邮箱	zpup@pup.cn	
电　　　话	邮购部 010-62752015　　发行部 010-62750672　　编辑部 010-62750667	
印 刷 者	三河市北燕印装有限公司	
经 销 者	新华书店	
	889 毫米×1194 毫米　　16 开本　　21.75 印张　　680 千字	
	2006 年 1 月第 1 版　2009 年 8 月第 2 版　2013 年 8 月第 3 版	
	2018 年 1 月第 4 版　　2023 年 8 月第 9 次印刷（总第 34 次印刷）	
定　　　价	48.00 元	

《建设工程监理概论》自 2006 年第 1 版问世以来，陆续出版了第 2 版和第 3 版，经有关院校土木工程类相关专业教学使用，反映良好。为满足广大师生的需求，我们吸收了使用教材的老师与同行专家的意见，进行了修订再版。

我国《建设工程监理规范》(GB/T 50319—2013) 和《建筑工程施工质量验收统一标准》(GB 50300—2013) 等的实施，为建设工程监理工作提出了新的要求和规定。为了更好地开展建设工程监理课程教学，使土木工程类专业大学生在走向工作岗位后能更快更好地适应建设工程监理工作的需求，我们对《建设工程监理概论》第 3 版进行了再次修订。这次修订工作，除了对第 3 版中的不妥之处进行修订外，主要还做了以下工作。

(1) 结合我国工程项目管理新的政策法规及标准对相关内容进行了修改。

(2) 根据《建设工程监理规范》(GB/T 50319—2013) 的相关规定，对教材做了修改：对监理工程师的概念及其职责、监理企业的相关规定进行了修改；对监理实施性文件相关内容进行了修改；对建设工程安全生产管理的监理工作进行了修改。

(3) 根据《建筑工程施工质量验收统一标准》(GB 50300—2013) 的相关规定，对建设工程质量验收的内容进行了重大的修改，并给出了检验批、分项、分部及单位工程验收表格的填写说明与范例。

(4) 根据《建设工程工程量清单计价规范》(GB 50500—2013) 及相关部门对建筑安装工程费用构成的相关规定，对建设工程造价控制内容进行了修改。

(5) 根据《建设工程施工合同（示范文本）》(GF—2017—0201) 对建设工程合同管理内容进行了适当修改。

(6) 根据《建设工程文件归档规范》(GB/T 50328—2014)，增加了电子文件质量要求及其立卷方法。

(7) 本教材按照"互联网 +"教材形式升级，在重点、难点地方插入二维码，通过扫描二维码，可以查看相应的拓展内容，帮助学习者理解知识。

本教材仍保持前 3 版教材体例新颖、内容与现行规范贴近、知识体系完整、注重务实的特点，力争使学生学而有用、学而能用。

【资源索引】

　　本教材由山西大学巩天真、太原理工大学张泽平任主编，由江西科技师范大学梁晓春、山西工程技术学院王芳任副主编，山西经济管理干部学院刘鸽、山西大学范建洲、湖北工业大学储劲松参编。教材各章节的编写分工如下：王芳编写第 1 章，张泽平编写第 2 章和第 3 章，梁晓春编写第 4 章和第 9 章，巩天真编写第 5 章和第 10 章，范建洲编写第 7 章，刘鸽编写第 6 章和第 8 章，储劲松对第 8 章的编写提供了部分参考资料。本教材由巩天真、张泽平统稿，由山西省住房和城乡建设厅梁建民教授级高工担任主审。

　　虽然本教材经 3 次修订再版，但疏漏和不足之处仍在所难免，对于本教材中存在的疏漏和不足，欢迎读者批评指正。在此，对使用本教材、关注本教材以及在本教材的使用和修订过程中提出宝贵意见的读者表示深深的感谢。

编　者

2017 年 8 月

目 录

第1章 建设工程监理基本知识 1

1.1 建设工程监理概述 3

　　1.1.1 建设工程监理的含义 3

　　1.1.2 建设工程监理的性质 4

　　1.1.3 强制实施监理的工程范围 5

　　1.1.4 建设工程监理的作用 6

　　1.1.5 我国建设工程监理的发展 7

1.2 我国建设工程监理的原则和任务 11

　　1.2.1 我国建设工程监理的原则 11

　　1.2.2 我国建设工程监理的任务 12

1.3 与建设工程监理相关的法律法规

　　体系 12

　　1.3.1 建设工程法律法规体系与

　　　　　工程建设监理 12

　　1.3.2 与建设工程监理相关的法律

　　　　　法规规章名目 13

1.4 监理工作的内容与工程的目标控制 ... 14

　　1.4.1 监理工作的内容 14

　　1.4.2 工程的目标控制 16

1.5 国内外工程项目管理模式概述 18

本章小结 21

习题 21

第2章 监理工程师与监理企业 24

2.1 监理工程师 25

　　2.1.1 监理人员的概念 25

　　2.1.2 监理工程师的素质 25

　　2.1.3 监理人员的职责 27

　　2.1.4 监理工程师的职业道德与法律

　　　　　责任 28

　　2.1.5 注册监理工程师的资质管理 31

2.2 监理企业 33

　　2.2.1 工程监理企业的设立 33

　　2.2.2 工程监理企业的资质管理 34

　　2.2.3 工程监理企业的经营管理 38

　　2.2.4 工程监理费的计算 39

本章小结 42

习题 42

第3章 建设工程监理规划性文件 44

3.1 监理招标文件概述 45

3.2 建设工程监理投标文件及监理大纲 46

3.3 建设工程监理规划 49

　　3.3.1 建设工程监理规划的作用 49

　　3.3.2 监理规划的编制要求及依据 ... 50

　　3.3.3 监理规划的主要内容 51

　　3.3.4 监理规划的调整与审批 58

3.4 监理实施细则 58

本章小结 59

习题 59

第4章 建设工程组织协调 62

4.1 组织的基本原理（组织论） 63

　　4.1.1 组织与组织构成因素 63

　　4.1.2 组织结构设计 64

　　4.1.3 组织机构活动基本原理 65

4.2 建设工程监理委托模式与实施程序 ... 66

　　4.2.1 建设工程监理委托模式 66

　　4.2.2 建设工程监理实施程序 68

　　4.2.3 建设工程监理实施原则 70

4.3 项目监理组织机构形式及人员配备 ... 71

4.3.1 项目监理机构的组织
结构设计 71
4.3.2 项目监理组织常用形式 73
4.3.3 项目监理机构的人员配备 76
4.4 项目监理组织协调 78
4.4.1 组织协调的概念 78
4.4.2 项目监理组织协调的
范围和层次 79
4.4.3 项目监理组织协调的内容 80
4.4.4 项目监理组织协调的方法 82
本章小结 85
习题 85

第5章 建设工程质量控制 87
5.1 建设工程质量控制概述 88
5.1.1 质量与建设工程质量的概念 88
5.1.2 建设工程质量的特点 89
5.1.3 建设工程质量的影响因素 90
5.1.4 建设工程质量控制的概念 91
5.2 施工阶段的质量控制 94
5.2.1 工程质量形成过程与质量
控制系统 94
5.2.2 施工质量控制的依据与程序 96
5.2.3 施工准备阶段的质量控制 100
5.2.4 施工过程的质量控制 109
5.3 工程施工质量验收 119
5.3.1 建设工程质量验收规范
体系简介 119
5.3.2 施工质量验收的术语与
基本规定 121
5.3.3 建筑工程质量验收的划分 126
5.3.4 建筑工程施工质量验收 128
5.3.5 建筑工程施工质量验收的
程序与组织 140
5.4 工程质量问题与质量事故的处理 141
5.4.1 工程质量问题与质量事故 141
5.4.2 工程质量问题的处理程序 141

5.4.3 工程质量事故处理 141
5.5 案例分析 143
5.6 某工程质量验收评估报告示例 144
本章小结 147
习题 148

第6章 建设工程造价控制 151
6.1 建设工程造价控制概述 152
6.1.1 建设工程项目投资的构成 152
6.1.2 监理工程师在造价控制中的
作用 153
6.1.3 建设项目投资动态控制 153
6.1.4 英联邦国家工料测量师在造价
控制中的主要任务 154
6.2 建设项目决策阶段的造价控制 155
6.2.1 建设项目决策阶段造价
控制的意义 155
6.2.2 监理工程师在工程建设项目决策
阶段造价控制的工作 155
6.3 设计阶段的造价控制 157
6.3.1 设计标准与标准化设计 157
6.3.2 限额设计 157
6.3.3 设计方案的优化 158
6.3.4 设计概算的审查 159
6.3.5 施工图预算的审查 161
6.4 施工招投标阶段的造价控制 163
6.4.1 招投标的组织、协调工作 163
6.4.2 编制施工招标文件 166
6.4.3 招标控制价的编制与审查 167
6.4.4 现场考察和召开标前会议 167
6.4.5 评审投标书 168
6.4.6 签订施工承包合同 169
6.5 施工阶段的造价控制 169
6.5.1 施工阶段造价控制的
基本原理 169
6.5.2 施工阶段造价控制的措施 169
6.5.3 施工阶段造价控制的工作

流程 ……………………………… 170

6.5.4　施工阶段造价控制的工作

内容 …………………… 171

6.6　竣工验收阶段的造价控制 ………… 176

6.7　建设工程造价控制实例分析 ……… 179

本章小结 ……………………………… 180

习题 …………………………………… 180

第 7 章　建设工程进度控制 ……………… 183

7.1　建设工程进度控制概述 …………… 184

7.1.1　进度控制的概念 ………… 184

7.1.2　进度控制的基本工作 …… 185

7.2　进度控制的主要方法 ……………… 187

7.2.1　进度计划的编制方法 …… 187

7.2.2　进度控制的原理与方法 … 190

7.3　施工进度控制 ……………………… 192

7.3.1　工程进度目标的确定 …… 192

7.3.2　施工进度控制的监理

工作 ………………… 193

7.4　进度控制示例 ……………………… 196

本章小结 ……………………………… 199

习题 …………………………………… 199

第 8 章　建设工程安全生产管理 ………… 202

8.1　建设工程安全生产管理概述 ……… 203

8.2　建设工程各方责任主体安全

生产管理的责任 ………………… 207

8.2.1　建设主体单位的安全责任 … 207

8.2.2　建设主体单位的法律责任 … 210

8.2.3　政府主管部门对建设工程

安全生产的监督管理 …… 212

8.3　监理方在安全生产管理中的

主要工作 ………………………… 212

8.3.1　监理企业自身的安全管控 … 213

8.3.2　施工准备阶段的安全

生产管理 ……………… 214

8.3.3　施工过程的安全生产管理 … 217

8.4　江西丰城发电厂冷却塔施工平台

坍塌事故分析 …………………… 219

本章小结 ……………………………… 222

习题 …………………………………… 222

第 9 章　建设工程合同管理 ……………… 225

9.1　建设工程合同管理概述 …………… 226

9.1.1　合同的概念 ……………… 226

9.1.2　合同的法律基础 ………… 228

9.2　合同管理 …………………………… 233

9.2.1　招标、投标管理 ………… 233

9.2.2　建设工程施工合同的管理 … 238

9.3　FIDIC 条件下的施工合同管理 …… 247

9.3.1　FIDIC 简介 ……………… 247

9.3.2　FIDIC《施工合同条件》

（1999 年版）概述 ……… 248

9.3.3　施工合同管理 …………… 249

9.3.4　竣工验收的合同管理 …… 254

9.3.5　缺陷通知期阶段合同管理 … 255

9.4　案例分析 …………………………… 256

本章小结 ……………………………… 260

习题 …………………………………… 260

第 10 章　建设工程信息文档管理 ……… 264

10.1　建设工程信息管理概述 …………… 265

10.1.1　信息及其特征 …………… 265

10.1.2　监理信息及其分类 ……… 266

10.1.3　监理信息的形式 ………… 267

10.1.4　监理信息的作用 ………… 268

10.2　建设工程信息管理的手段 ………… 269

10.2.1　监理信息的收集 ………… 269

10.2.2　监理信息的加工整理 …… 272

10.2.3　监理信息系统简介 ……… 273

10.3　建设工程监理文档资料管理 ……… 275

10.3.1　工程项目文件组成 ……… 275

10.3.2　建设工程文档资料管理 … 275

10.3.3　施工阶段监理文件管理 … 278

10.4　监理月报示例 281

10.5　案例分析 286

本章小结 287

习题 287

附录 1　建设工程监理基本表式 290

附录 2　施工质量验收表式 320

参考文献 340

第1章
建设工程监理基本知识

教学目标

本章主要讲述建设工程监理的基本概念及其内涵，建设工程监理的性质、作用及发展，监理工作的内容与目标控制等内容。通过本章的学习，应达到以下目标：

(1) 掌握建设工程监理的基本概念；

(2) 熟悉建设工程监理的主要任务；

(3) 熟悉与我国建设工程监理相关的法律法规体系；

(4) 熟悉建设工程监理的工作内容；

(5) 了解国内外现行的主要工程项目管理模式。

教学要求

知识要点	能力要求	相关知识
建设工程监理的概念及内涵	(1) 掌握建设工程监理的内涵； (2) 掌握建设工程监理的性质； (3) 熟悉我国建设工程监理的作用； (4) 了解我国建设工程监理的发展历程及发展前景	(1) 建设工程监理的概念与性质； (2) 建设工程监理的作用； (3) 国外建设工程监理概况
我国建设工程监理的原则和任务	(1) 了解我国建设工程监理的原则； (2) 熟悉我国建设工程监理的任务	(1) 建设工程监理的国际惯例； (2) FIDIC 合同文本
我国建设工程监理相关法律法规体系	(1) 了解工程建设法律法规体系； (2) 熟悉建设工程监理的相关法律法规体系	(1)《合同法》《招标投标法》《建筑法》等； (2)《建设工程监理规范》等
建设工程监理工作内容及目标规划	(1) 了解我国建设工程监理工作的内容； (2) 熟悉我国建设工程监理目标规划内容	(1) 目标规划、动态控制； (2) 组织协调、安全监管； (3) 合同管理、信息管理

知识要点	能力要求	相关知识
国内外现行项目管理模式	（1）熟悉国内外现行的各种项目管理模式； （2）了解各种项目管理模式的优缺点	（1）DB、DDB、EPC 模式； （2）CM、MC、PMC、PM 模式

基本概念

建设工程监理；目标规划；动态控制；主动控制与被动控制；前馈控制与反馈控制。

引例

东深供水改造工程北起广东省东莞市桥头镇东江南岸，由北向南，经人工渠道、石马河，并经8级抽水站的提升，将东江之水送至深圳水库，再通过3.5km输水管道送至香港。项目计划总投资49亿元，计划建设总工期3年。此项目采用项目管理承包模式，管理部门为东深供水改造工程指挥部，具体承担该工程建设管理任务，行使项目法人的职权。

东深供水改造工程的建设监理包括工程设计阶段监理、工程施工阶段监理、设备监造及征地移民工程监理。所有监理单位与项目管理总承包单位都是合同关系，用合同方式明确监理单位的责、权、利。

1. 设计阶段监理

为保证施工图设计文件质量和供图速度，东改工程指挥部首开全国水利系统工程设计监理之先例，聘请了资质高、信誉好、技术过硬、具有大型水利工程设计及管理经验丰富的长江勘测规划设计院承担该工程的施工图设计阶段的监理工作。东深供水改造工程指挥部委托设计监理单位对施工图设计文件进行审查、监督和把关。设计监理的主要工作内容包括：① 根据国家和行业的有关规范、标准对施工图设计文件进行审查，使之符合设计规范、标准的要求，减少设计文件中的错误和遗漏，杜绝错误设计文件的下发，有效提高设计文件质量；② 对设计供图计划进行监督，以保证设计供图满足合同及工程建设施工进度的需要；③ 针对工程设计的实际情况，采取有效措施对重大设计方案提供咨询，实施对比鉴证和设计替代方案的比较分析等。

2. 施工阶段监理

通过公开招标的方式，选择国内有实力、资质信誉良好的监理单位负责工程的施工监理工作，施工监理以施工承包合同标段为单位，由多家监理单位承担。监理单位以"公平、独立、诚信、科学"的原则，采取旁站、巡视和平行检验等形式，认真负责地对工程质量、安全、进度和投资进行严格把关控制，有效地履行合同管理、信息管理及现场协调等职责，确保工程质量。

3. 设备监造

工程设备监造的主要任务是监控设备的生产过程，包括对设备、材料、工艺进行检查、检验和试验，对设备进行严格的质量控制，并督促生产厂家按时供货，设备经工厂监造验收合格后方可运抵工程现场。

4. 征地移民工程监理

按照传统的做法，移民征地是政府的事情，但在实践中发现，仅仅由当地政府进行移民征地工作的组织实施，往往难以保证所有移民款项直接发放到物权人，从而使当地群众对工程建设的支持率不高，不利于工程建设的顺利进行。为使该工程成功实施征地拆迁（移民）监理，东深供水改造工程指挥部聘请了广东省粤源水利水电工程咨询公司负责工程的征地拆迁（移民）监理工作，按照《国土资源法》及有关政策、法规，运用计算机技术建立工程征地信息管理系统，对征地拆迁（移民）进行全方位管理，及时地将征地拆迁补偿费支付给物权人，保证征地拆迁（移民）工作的质量和进度符合既定目标，满足工程建设需要。

综上所述，建设工程监理是针对一个具体的工程建设项目展开的，需要深入到工程建设的各项投资活动和生产活动中进行监督管理，协助业主实现建设目标。

1.1 建设工程监理概述

1.1.1 建设工程监理的含义

建设工程监理是指工程监理单位受建设单位委托，根据法律法规、工程建设标准、勘察设计文件及合同，在施工阶段对建设工程质量、造价、进度进行控制，对合同、信息进行管理，对工程建设相关方的关系进行协调，并履行建设工程安全生产管理法定职责的服务活动。建设工程监理的含义，可以从以下5个方面来理解。

1. 建设工程监理的实施需要建设单位的委托和授权

《中华人民共和国建筑法》（以下简称《建筑法》）第三十一条规定：实行监理的建筑工程，由建设单位委托具有相应资质条件的工程监理单位实施监理。建设单位与其委托的工程监理单位应当订立书面委托监理合同。工程监理企业是经建设单位的授权，代表其对承建单位的建设行为进行监控。但这种委托和授权的方式也说明，监理单位及监理人员的权力主要是由作为工程建设项目管理主体的建设单位授权而转移过来的，而工程建设项目建设的主要决策权和相应风险仍由建设单位承担。

2. 建设工程监理的行为主体是工程监理单位

建设工程监理不同于建设行政主管部门的监督管理，也不同于总承包单位对分包单位的监督管理，其行为主体是具有相应资质的工程监理企业，是工程建设项目管理服务的主体。只有监理单位才能按照独立、自主的原则，以"公正的第三方"的身份开展工程建设监理活动。非监理单位进行的监督活动不能被称为建设工程监理。

3. 建设工程监理是有明确依据的工程建设行为

建设工程监理是严格按照有关法律、法规和其他有关准则实施的，如《建筑法》《建设工程监理规范》《建设工程质量管理条例》《建设工程安全生产管理条例》等法律法规、相应的工程技术和管理标准及工程建设强制性标准；建设工程监理的依据还有建设工程勘察设计文件以及直接产生于本工程建设项目的建设工程委托监理合同，建设单位与其他相关单位签订的合同，如与施工单位签订的施工合同、与材料设备供应单位签订的材料设备采购合同等也是实施监理的重要依据。

4. 建设工程监理的实施范围

目前，建设工程监理定位于工程施工阶段，工程监理单位受建设单位委托，按照建设工程监理合同约定，在工程勘察、设计、保修等阶段提供的服务活动均为相关服务。工程监理单位可以拓展自身的经营范围，为建设单位提供包括建设工程项目策划决策和建设实施全过程的项目管理服务。

5．建设工程监理的基本职责是"三控两管一协调"

建设工程监理是一项具有中国特色的工程建设管理制度，建设工程监理是针对一个具体的工程建设项目展开的，需要深入工程建设的各项投资活动和生产活动中进行监督管理，所以建设工程监理的基本职责是"三控两管一协调"，即在建设单位委托授权范围内，通过合同管理和信息管理，以及协调工程建设相关方的关系，对工程项目进行造价控制、进度控制、质量控制，协助业主实现建设目标。此外，还需履行建设工程安全生产管理的法定职责，这是《建设工程安全生产管理条例》赋予工程监理单位的社会责任。

1.1.2 建设工程监理的性质

建设工程监理的性质可概括为服务性、科学性、独立性和公平性四个方面。

1．服务性

建设工程监理是工程监理企业接受项目建设单位的委托而开展的一种高智能的有偿技术服务活动，是监理人员利用自己的工程建设知识、技能和经验为建设单位提供的监督管理服务。一方面，监理人员要对工程建设活动进行组织、协调和控制，保证工程建设合同的实施，为工程建设项目建设单位提供服务；另一方面，监理人员在为建设单位服务的同时，有权监督建设单位和施工单位严格遵守国家有关建设标准和规范，以维护国家利益和公众利益，为国家服务；另外，监理活动既不同于施工单位的直接生产活动，也不同于建设单位的直接投资活动，监理单位既不向建设单位承包工程建造，也不参与施工单位的利益分成，它获得的是与其付出的劳动相应的技术服务性报酬。

工程建设监理的服务对象是建设单位。这种服务性活动是严格按照委托监理合同和其他有关工程建设合同来实施的，是受法律约束和保护的。

2．科学性

建设工程监理是为建设单位提供高智能的技术服务，是以协助建设单位实现其投资目的，力求在预定的投资、进度、质量目标内实现工程项目为己任。监理的任务决定了工程建设监理必须遵循科学性的准则，即必须具有科学的思想、理论、方法和手段，必须具有发现和解决工程设计问题和处理施工中存在的技术与管理问题的能力，能够为建设单位提供高水平的专业服务，而这种科学性又必须以工程监理人员的高素质为前提。按照国际工程管理惯例，监理单位的监理工程师，必须具有相当的学历，并有长期从事工程建设工作的丰富实践经验，精通技术与管理，通晓经济与法律，他们需经有关部门考核合格并经政府主管部门登记注册，发给岗位证书，方能取得公认的合法资格。

监理单位只有拥有了足够数量的、业务素质合格的监理工程师队伍，以及科学的、先进的管理制度和监理理论方法，才能满足工程建设监理科学性的要求。

3．独立性

独立性是建设工程监理的一项国际惯例。国际咨询工程师联合会明确规定，监理企业是"一个独立的专业公司受聘于去履行服务的一方"，监理工程师应"作为一名独立的专业人员进行工作"。2014年3月颁布的《建设工程监理规范》（GB/T 50319—2013）明确要求，监理单位应公平、独立、诚信、科学地开展建设工程监理与相关服务活动，维护建设单位和承包单位的合法权益。独立是工程监理单位公平地实施监理的基本前提，为此，《建筑法》第三十四条规定："工程监理单位与被监理工程的承包单位以及建筑材料、建筑构配件和设备供应单位不得有隶属关系或者其他利害关系。"

从事工程建设监理活动的监理单位是直接参与工程建设项目建设的"第三方"，它与工程建设项目建设单位及施工单位之间是一种平等的合同约定关系。当委托监理合同确定后，建设单位不得干涉监理单位的正常工作。监理单位应依法独立地以自己的名义成立自己的组织，并且根据自己的工作准则，来行使工程承包合同及委托监理合同中所确认的职权，承担相应的职业道德责任和法律责任。同时，监理单位与监理工程师不得同工程建设的各方发生任何利益关系，必须保证监理行业的独立性，这是监理单位开展监理工作的一项重要原则。

4．公平性

《建筑法》第三十四条规定：工程监理单位应当根据建设单位的委托，客观、公正地执行监理任务。监理单位和监理工程师是工程合同管理的主要承担者，他们必须维护合同双方的合法权益，必须保证绝对的公正性。在工程建设过程中，监理单位和监理工程师一方面应当严格履行监理合同的各项义务，竭诚为客户，即建设单位服务；另一方面，监理单位应当排除各种干扰，以公正的态度对待委托方和被监理方。特别是当建设单位与施工单位发生利益冲突时，应站在"公正的第三方"的立场上，以事实为依据，以有关的法律法规和双方签订的工程建设合同为准绳，独立、公正地解决和处理问题。公正性是对监理行业的必然要求，是社会公认的职业准则，也是监理单位和监理工程师的基本职业道德准则。

1.1.3　强制实施监理的工程范围

《建筑法》第三十条规定："国家推行建筑工程监理制度。国务院可以规定实行强制监理的建筑工程的范围。"《建设工程质量管理条例》第十二条规定，五类工程必须实行监理，即：① 国家重点建设工程；② 大中型公用事业工程；③ 成片开发建设的住宅小区工程；④ 利用外国政府或者国际组织贷款、援助资金的工程；⑤ 国家规定必须实行监理的其他工程。

《建设工程监理范围和规模标准规定》（原建设部令第 86 号）又进一步细化了必须实行监理的工程围和规模标准。

（1）国家重点建设工程，是指依据《国家重点建设项目管理办法》所确定的对国民经济和社会发展有重大影响的骨干项目。

（2）大中型公用事业工程，是指总投资额在 3000 万元以上的下列工程项目：

① 供水、供电、供气、供热等市政工程项目；

② 科技、教育、文化等项目；

③ 体育、旅游、商业等项目；

④ 卫生、社会福利等项目；

⑤ 其他公用事业项目。

（3）成片开发建设的住宅小区工程。建筑面积在 5 万平方米以上的住宅建设工程必须实行监理；5 万平方米以下的住宅建设工程，可以实行监理，具体范围和规模标准，由省、自治区、直辖市人民政府建设行政主管部门规定。为了保证住宅质量，对高层住宅及地基、结构复杂的多层住宅应当实行监理。

（4）利用外国政府或者国际组织贷款、援助资金的工程范围包括：

① 使用世界银行、亚洲开发银行等国际组织贷款资金的项目；

② 使用国外政府及其机构贷款资金的项目；

③ 使用国际组织或者国外政府援助资金的项目。

（5）国家规定必须实行监理的其他工程是指：

① 项目总投资额在 3000 万元以上且关系社会公共利益、公众安全的下列基础设施项目：

(a) 煤炭、石油、化工、天然气、电力、新能源等项目；

(b) 铁路、公路、管道、水运、民航以及其他交通运输业等项目；

(c) 邮政、电信枢纽、通信、信息网络等项目；

(d) 防洪、灌溉、排涝、发电、引（供）水、滩涂治理、水资源保护、水土保持等水利建设项目；

(e) 道路、桥梁、地铁和轻轨交通、污水排放及处理、垃圾处理、地下管道、公共停车场等城市基础设施项目；

(f) 生态环境保护项目；

(g) 其他基础设施项目。

② 学校、影剧院、体育场馆项目。

1.1.4 建设工程监理的作用

建设工程监理制度的实行是我国工程建设领域管理体制的重大改革，它使得建设单位的工程项目管理走上了专业化、社会化的道路，随着我国市场经济体制的逐步完善，与国际惯例的逐步接轨，建设工程监理必将在制度化、规范化和科学化方面迈上新的台阶，并向国际监理水准迈进。近年来，全国各省、直辖市、自治区和国务院各部门针对工程建设项目已全面开展了监理工作。建设工程监理在工程建设中发挥着越来越重要、越来越明显的作用，受到了社会的广泛关注和普遍认可。建设工程监理的作用主要表现在以下几方面。

1. 有利于提高建设工程投资决策的科学化

工程项目可行性研究阶段就介入监理，可大大提高投资的经济效益，包括举世瞩目的巨型工程——三峡工程实施全方位建设工程监理，在提高投资的经济效益方面取得了显著成效。若建设单位委托工程监理企业实施全方位、全过程监理，则工程监理企业协助建设单位优选工程咨询单位、督促咨询合同的履行、评估咨询结果、提出合理化建议；有相应咨询资质的工程监理企业可以直接从事工程咨询。工程监理企业参与决策阶段的工作，不仅有利于提高项目投资决策的科学化水平，避免项目投资决策失误，而且可以促使项目投资符合国家经济发展规划、产业政策，符合市场需求。

2. 有利于规范参与工程建设各方的建设行为

社会化、专业化的工程监理企业在建设工程实施过程中对参与工程建设各方的建设行为进行约束，改变了过去政府对工程建设既要抓宏观监督又要抓微观监督的不合理局面，真正促进了工程建设领域的政企分开。工程监理企业主要依据委托监理合同和有关建设工程合同对参与工程建设各方的建设行为实施监督管理。尤其是全方位、全过程监理，通过事前、事中和事后控制相结合，可以有效地规范各承建单位以及建设单位的建设行为，最大限度地避免不当建设行为的发生，及时制止不当建设行为或者尽量减少不当建设行为造成的损失。

3. 有利于保证建设工程质量和使用安全

建设工程作为一种特殊的产品，除了具有一般产品共有的质量特性外，还具有适用、耐久、安全、可靠、经济、与环境协调等特定内涵，因此，保证建设工程质量和使用安全尤为重要。同时，工程质量又具有影响因素多、质量波动大、质量的隐蔽性、终检的局限性、评价方法的特殊性等特点，这就决定了建设工程的质量管理不能仅仅满足于承建单位的自身管理和政府的宏观监督。

有了工程监理企业的监理服务，既懂工程技术又懂经济管理的监理人员能及时发现建设过程中出现的质量问题，并督促质量责任人及时采取相应措施以确保实现质量目标和使用安全，从而避免留下工程质量隐患。

4. 有利于提高建设工程的投资效益和社会效益

就建设单位而言，希望在满足建设工程预定功能和质量标准的前提下，建设投资额最少；从价值工程观念出发，追求在满足建设工程预定功能和质量标准的前提下，建设工程寿命周期费用最少；对国家、社会公众而言，应实现建设工程本身的投资效益与环境、社会效益的综合效益最大化。实行建设工程监理制之后，工程监理企业不仅能协助建设单位实现建设工程的投资效益，还能大大提高我国全社会的投资效益，促进国民经济的发展。

1.1.5 我国建设工程监理的发展

1. 我国建设工程监理制度产生的背景

我国工程建设的历史已有几千年，但现代意义上的工程建设监理制度的建立则是从 1988 年开始的。

在改革开放以前，我国工程建设项目的投资由国家拨付，施工任务由行政部门向施工企业直接下达。当时的建设单位、设计单位和施工单位都是完成国家建设任务的执行者，都对上级行政主管部门负责，相互之间缺少互相监督的职责。政府对工程建设活动采取单向的行政监督管理，在工程建设的实施过程中，对工程质量的保证主要依靠施工单位的自我管理。

20 世纪 80 年代以后，我国进入了改革开放时期，工程建设活动也逐步市场化。为了适应这一形势的需要，从 1983 年开始，我国开始实行了政府对工程质量的监督制度，全国各地及国务院各部门都成立了专业质量监督部门和各级质量检测机构，代表政府对工程建设质量进行监督和检测。各级质量监督部门在不断进行自身建设的基础上，认真履行职责，积极开展工作，在促进企业质量保证体系的建立、预防工程质量事故、保证工程的质量方面发挥了重大作用。从此，我国的工程建设监督由原来的单向监督向政府专业质量监督转变，由仅靠企业自检自评向第三方认证和企业内部保证相结合转变。这种转变使我国工程建设监督向前迈进了一大步。

20 世纪 80 年代中期，随着我国改革的逐步深入和开放的不断扩大，"三资"工程建设项目在我国逐步增多，加之国际金融机构向我国贷款的工程建设项目都要求实行招标投标制、承包发包合同制和建设监理制，使得国外专业化、社会化的监理公司、咨询公司、项目管理公司的专家们开始出现在我国"三资"工程和国际贷款工程项目建设的管理

【鲁布革冲击】

中。他们按照国际惯例，以受建设单位委托与授权的方式，对工程建设进行管理，显示出高速度、高效率、高质量的管理优势。其中，值得一提的是在我国建设的鲁布革水电站工程。作为世界银行贷款项目，在招投标中，日本大成公司以低于概算 43%的悬殊标价承包了引水系统工程，仅以 30 多名管理人员和技术骨干组成的项目管理班子，雇用了 400 多名中国劳务人员，采用非尖端的设备和技术手段，靠科学管理创造了工程造价、工程进度、工程质量 3 个高水平纪录。这一工程实例震动了我国建筑界，造成了对我国传统的政府专业监督体制的冲击，引起了我国工程建设管理者的深入思考。

1985 年 12 月，我国召开了基本建设管理体制改革会议，这次会议对我国传统的工程建设管理体制做了深刻的分析与总结，指出了我国传统的工程建设管理体制的弊端，肯定了必须对其进行改革的思路，并指明了改革的方向与目标，为实行工程建设监理制奠定了思想基础。1988 年 7 月，原建设部在征求有

关部门和专家意见的基础上，发布了《关于开展建设监理工作的通知》，接着又在一些行业部门和城市开展了工程建设监理试点工作，并颁发了一系列有关工程建设监理的法规，使建设监理制度在我国建设领域得到了迅速发展。

我国的建设工程监理制自1988年推行以来，大致经过了三个阶段：工程监理试点阶段（1988—1992年）；工程监理稳步推行阶段（1992—1996年）；工程监理全面推行阶段（1996年至今）。1995年12月，原建设部在北京召开了第六次全国建设监理工作会议。会上，原建设部和原国家计委联合颁布了107号文件，即《建设工程监理规定》。这次会议总结了我国建设工程监理工作的成绩和经验，对今后的监理工作进行了全面的部署。这次会议的召开标志着我国建设监理工作已进入全面推行的新阶段。但是，由于建设工程监理制度在我国起步晚，基础差，有的单位对实行建设工程监理制度的必要性还缺乏足够的认识，一些应当实行工程监理的项目没有实行工程监理，并且有些监理单位的行为不规范，没有起到建设工程监理应当起到的公正监督作用；为使我国已经起步的建设工程监理制度得以完善和规范，适应建筑业改革和发展的需要，并将其纳入法制化的轨道上来，1997年12月全国人大通过了《中华人民共和国建筑法》，建设工程监理列入其中，它标志着工程建设监理以法律的形式，确立了在我国推行建设工程监理制度的重大举措。

建设工程监理制度自1988开始实施以来，对于实现建设工程质量、进度、投资目标控制和加强建设工程安全生产管理发挥了重要作用。随着我国建设工程投资管理体制改革的不断深化和工程监理单位服务范围的不断拓展，在工程勘察、设计、保修等阶段为建设单位提供的相关服务也越来越多，为进一步规范建设工程监理与相关服务行为，提高服务水平，2014年3月在《建设工程监理规范》（GB 50319—2000）基础上修订形成《建设工程监理规范》（GB/T 50319—2013），此规范适用于新建、扩建、改建的土木工程、建筑工程、线路管道工程、设备安装工程和装饰装修工程等建设工程监理与相关服务活动。

2. 国外建设工程监理概况

建设工程监理制度在国际上已有较长的发展历史，西方经济发达国家已经形成了一套较为完善的工程监理体系和运行机制，可以说，建设工程监理已经成为建设领域中的一项国际惯例。世界银行、亚洲开发银行等国际金融机构和一些国家政府贷款的工程建设项目，都把建设工程监理作为贷款条件之一。

建设监理制度的起源可以追溯到产业革命发生以前的16世纪，那时随着社会对房屋建造技术要求的不断提高，建筑师队伍出现了专业分工，其中有一部分建筑师专门向社会传授技艺，为工程建设单位提供技术咨询，解答疑难问题，或受聘监督管理施工，建设监理制度出现了萌芽。18世纪60年代的英国产业革命，大大促进了整个欧洲大陆城市化和工业化的发展进程，社会大兴土木，建筑业空前繁荣，然而工程建设项目的建设单位却越来越感到，单靠自己的监督管理来实现建设工程高质量的要求是很困难的，建设工程监理的必要性开始为人们所认识。19世纪初，随着建设领域商品经济关系的日趋复杂，为了明确工程建设项目建设单位、设计者、施工者之间的责任界限，维护各方的经济利益并加快工程进度，英国政府于1830年以法律手段推出了总合同制度，这项制度要求每个建设项目要由一个施工单位进行总包，这样就促使了招标投标方式的出现，同时也促进了建设工程监理制度的发展。

自20世纪50年代末起，随着科学技术的飞速发展，工业和国防建设以及人民生活水平不断提高，需要建设大量的大型工程，如航天工程、大型水利工程、核电站工程、大型钢铁、石油化工工程和城市开发建设工程等。对于这些投资巨大、技术复杂的工程建设项目，无论是投资者还是建设者都不能承担由于投资不当或项目组织管理失误而带来的巨大损失，因此项目建设单位在投资前要聘请有经验的咨询人员进行投资机会论证和项目的可行性研究，在此基础上再进行决策。并且在工程建设项目的设计、实施等阶段，还要进行全面的工程监理，以保证实现其投资目的。

在西方国家的工程建设领域中早已形成工程建设项目建设单位、施工单位和监理单位三足鼎立的基本格局。进入20世纪80年代以后，建设监理制在世界范围内得到了较大的发展；一些发展中国家也开始效仿发达国家的做法，结合本国实际，设立或引进工程监理机制，对工程建设项目实行监理。目前，在国际上工程建设监理已成为工程建设必须遵循的制度。

3. 现阶段我国建设工程监理的特点

自1988年以来，我国的建设工程监理快速发展，已经取得有目共睹的成绩，并且已为社会各界所认同和接受。与国外经济发达国家相比，现阶段我国建设工程监理具有以下特点。

1）建设工程监理属于强制推行的制度

工程建设项目监理及建设工程监理制度是适应建筑市场发展需求的产物，其发展过程也是整个建筑市场发展的一个方面，理论上说，推行建设工程监理制度不需要政府部门的行政指导或干预。而我国的建设工程监理从一开始就是作为对计划经济条件下所形成的建设工程管理体制改革的一项新制度提出来的，也是依靠行政手段和法律手段在全国范围推行的。为此，不仅在各级政府部门中设立了主管建设工程监理有关工作的专门机构，而且制定了有关的法律、法规、规章，明确提出国家推行建设工程监理制度，并明确规定了必须实行建设工程监理的工程范围，其结果是在较短时间内促进了建设工程监理在我国的发展，形成了一批专业化、社会化的工程监理企业和监理工程师队伍，缩小了与发达国家建设项目管理的差距。

2）建设工程监理的服务对象具有单一性

在国际上，工程咨询项目管理按服务对象主要可分为为建设单位服务的项目管理和为承建单位服务的项目管理。而我国的建设工程监理制规定，工程监理企业只接受建设单位的委托，即只为建设单位服务。它不能接受承建单位的委托为其提供管理服务。从这个意义上看，可以认为我国的建设工程监理就是为建设单位服务的项目管理。

3）建设工程监理具有监督功能

我国的工程监理企业具有一定的特殊地位，它与建设单位构成委托与被委托的关系，与承建单位虽然无任何经济关系，但根据建设单位授权，有权对其不当建设行为进行监督，或者预先防范，或者指令及时改正，并且在我国的建设工程监理中还强调对承建单位施工过程和施工工序的监督、检查和验收，而且在实践中又进一步确立了旁站监理的规定，对监理工程师在质量控制方面的工作所达到的深度和细度提出了更高的要求，这对保证工程质量起到了很好的作用。

4）市场准入的双重控制

在建设项目管理方面，一些经济发达国家只对专业人士的执业资格提出要求，而没有对企业的资质管理做出规定。而我国对建设工程监理的市场准入采取了企业资质和人员资格的双重控制。要求专业监理工程师及以上的监理人员要取得监理工程师资格证书，不同资质等级的工程监理企业至少要有一定数量的取得监理工程师资格证书并经注册的人员。应当说，这种市场准入的双重控制对于保证我国建设工程监理队伍的基本素质，规范我国建设工程监理市场起到了积极的作用。

4. 我国建设工程监理的发展前景

我国的建设工程监理已经取得有目共睹的成绩，并且已为社会各界所认同和接受，但是应当承认，目前仍处在发展的初期阶段，与经济发达国家相比还存在很大的差距。因此，为了使我国的建设工程监理实现预期效果，在工程建设领域发挥更大的作用，应从以下几个方面发展。

1）加强法制建设，走法制化的道路

目前，我国颁布的法律法规中有关建设工程监理的条款不少，部门规章和地方性法规的数量更多，这充分反映了建设工程监理的法律地位。但与经济发达国家相比，与工程建设监理相配套的法制建设还不完善，突出表现在市场规则和市场机制方面。市场规则特别是市场竞争规则和市场交易规则还不健全。市场机制，包括信用机制、价格形成机制、风险防范机制、仲裁机制等尚未形成。应当在总结经验的基础上，借鉴国际上通行的做法，逐步建立和健全起来。只有这样，才能使我国的建设工程监理走上有法可依、有法必依的轨道，才能与国际惯例逐步接轨。

2）以市场需求为导向，向全方位、全过程监理发展

我国实行建设工程监理虽然经历有二十几年的时间，目前仍然以施工阶段监理为主。造成这种状况既有体制上的原因，也有建设单位对监理重要性认识不足和监理企业素质及能力低等原因。但是应当看到，随着项目法人责任制的不断完善，以及民营企业和私人投资项目的大量增加，建设单位对工程投资效益愈加重视，工程前期决策阶段的监理将日益增多。从发展趋势看，代表建设单位进行全方位、全过程的工程项目管理，将是我国工程监理行业发展的趋势。当前，应当按照市场需求多样化的规律，积极扩展监理服务内容。要从现阶段以施工阶段为主，向全过程、全方位监理发展，即不仅要进行施工阶段质量、投资和进度控制，做好合同管理、信息管理和组织协调工作，而且要进行决策阶段和设计阶段的监理。只有实施全方位、全过程监理，才能更好地发挥建设工程监理的作用。

3）适应市场需求，优化工程监理企业结构

在市场经济条件下，任何企业的发展都必须与市场需求相适应，工程监理企业的发展也不例外。建设单位对建设工程监理的需求是多种多样的，工程监理企业所能提供的"供给"（即监理服务）也应当是多种多样的。前文所述建设工程监理应当向全方位、全过程监理发展，是从建设工程监理整个行业而言，并不意味着所有的工程监理企业都朝这个方向发展。因此，应当通过市场机制和必要的行业政策引导，在工程监理行业逐步建立起综合性监理企业与专业化监理企业相结合、大中小型监理企业相结合的合理的企业结构。按工作内容分，建立起能承担全过程、全方位监理任务的综合性监理企业与能承担某一专业监理任务（如招标代理、工程造价咨询）的监理企业相结合的企业结构。按工作阶段分，建立起能承担工程建设全过程监理的大型监理企业、能承担某一阶段工程监理任务的中型监理企业和只提供旁站监理劳务的小型监理企业相结合的企业结构。这样，既能满足建设单位的各种需求，又能使各类监理企业各得其所，都能有合理的生存和发展空间。一般来说，大型、综合素质较高的监理企业应当向综合监理方向发展，而中小型监理企业则应当逐渐形成自己的专业特色。

4）加强培训工作，不断提高从业人员素质

从全方位、全过程监理的要求来看，我国建设工程监理从业人员的素质还不能与之相适应，迫切需要加以提高。另外，工程建设领域的新技术、新工艺、新材料层出不穷，工程技术标准、规范、规程也时有更新，信息技术日新月异，都要求建设工程监理从业人员与时俱进，不断提高自身的业务素质和职业道德素质，这样才能为建设单位提供优质服务。从业人员的素质是整个工程监理行业发展的基础。只有培养和造就出大批高素质的监理人员，才可能形成相当数量的高素质的工程监理企业，才能形成一批公信力强、有品牌效应的工程监理企业，才能提高我国建设工程监理的总体水平及其效果，才能推动建设工程监理事业更好更快地发展。

5）与国际惯例接轨，走向世界

毋庸讳言，我国的建设工程监理虽然形成了一定的规模，但在某些方面与国际上通行的监理做法还有差异。我国已加入WTO，随着"一带一路"的进展，我国建筑业也会快速走向世界，如果不尽快改变这种状况，将不利于我国建设工程监理事业的发展。前面说到的几点，都是与国际惯例接轨的重要内容，但仅仅在某些方面与国际惯例接轨是不够的，必须在建设工程监理领域多方面与国际惯例接轨。为此，

应当认真学习和研究国际上被普遍接受的规则，为我所用。

与国际惯例接轨可使我国的工程监理企业与国外同行按照同一规则同台竞争，这既可能表现在国外项目管理公司进入我国后与我国工程监理企业之间的竞争，也可能表现在我国工程监理企业走向世界，与国外同类企业之间的竞争。要在竞争中取胜，除了要有实力、业绩、信誉之外，还要掌握国际上通行的规则。我国的监理工程师和工程监理企业应当做好充分准备，不仅要迎接国外同行进入我国后的竞争挑战，而且也要把握进入国际市场的机遇，敢于到国际市场与国外同行竞争。在这方面，大型、综合素质较高的工程监理企业应当率先采取行动。

1.2 我国建设工程监理的原则和任务

1.2.1 我国建设工程监理的原则

我国试行建设监理制度以来，已初步建立了一套适合我国国情的监理体制，并已规划了逐步补充和完善该制度体系的进程和目标内容。按照国家住房和城乡建设部的统一部署，我国建立监理体制的原则是：参照国际惯例，结合中国国情，适应社会主义市场经济体制发展的需要。

1. 参照国际惯例

实行建设监理制度，是国际工程建设的惯例，在西方国家有悠久的历史。近年来国际上监理理论迅速发展，使监理体制趋于完善，监理活动日趋成熟，无论是政府监督还是社会监理都形成了相对稳定的格局，具有严密的法律规定、完善的组织机构以及规范化的方法、手段和实施程序。FIDIC（国际咨询工程师联合会的法文缩写）土木工程合

【FIDIC 合同条件】

同条件被国际承包市场普遍认可和采用，其中突出了监理工程师负责制，并总结了世界上百余年来积累的建设监理经验，把工程技术、管理、经济、法律有机地结合在一起，详细规定了工程建设单位、施工单位和监理工程师的责任、权利和义务，形成了建设监理的思想宝库和方法大成。因此，在我国建立建设监理体制，必须吸收国际上成功的经验，学习 FIDIC 的监理思想和方法。这既是一条捷径，又是与国际惯例接轨的必然举措。

2. 结合我国国情

我国正在建立的社会主义市场经济体制是适应我们自己国情的市场经济体制。但由于我国现阶段商品经济正处于发展之中，还不发达，且市场发育程度很低，同时我国工程建设投资主要来源于国家和地方政府，以及公有制企、事业单位，不同于私人投资占主要成分的资本主义国家，我国工程建设投资在相当程度上还是政府投资占主导地位。所以我们不能原封不动地把市场经济程度高、商品经济高度发展、完全是私有化占主导地位的国家的监理模式照搬过来，而必须根据我国的国情，建立适合我国特点的、适应我国经济建设和发展的监理体制。要在改革的大环境中，通过试点，建立和发展我国的建设监理队伍和制定我国的建设监理制度，积累经验，然后全面推行。

3. 适应社会主义市场经济发展的需要

在计划经济条件下，并没有提出建立建设监理制度的迫切需要。改革开放以后，随着我国社会主义市场经济体制的建立和逐步发展，建立建设监理制度被迫切地提了出来，因而促进了我国建设监理的起步和发

展。在社会主义市场经济体制条件下，需要解决投资多元化目标决策的监督问题，需要规范建设市场秩序，需要进行投资、进度、质量控制以提高经济效益和社会效益，需要协调建设单位、施工单位等各方的经济利益，并制约相互之间的关系使之协调，需要加强法制等。总之，建设监理制度必须适应建立社会主义市场经济体制对工程建设的各种需要，在这一大前提下使我国的建设监理事业得到发展和完善。

1.2.2　我国建设工程监理的任务

建设工程监理的基本任务是控制工程建设项目目标，即控制经过科学地规划所确定的工程建设项目的投资、进度和质量目标，这三大目标是相互关联、相互制约的目标系统。工程建设项目必须在一定的投资限额条件下来实现其功能、使用要求和其他有关的质量标准，这是投资建设一项工程最基本的要求。一般来说，实现建设项目并不十分困难，但要在计划的投资、进度和质量目标范围内实现，则需要采取综合的措施，这也是社会需要建设工程监理的原因之一。因此，建设工程监理的基本任务就是控制三大目标。

工程建设的进度控制是监理工程师根据工程建设项目的规模、工程量与工程复杂程度、建设单位对工期和项目投产时间的要求、资金到位计划和实现的可能性、主要设备进出场计划，国家颁布的建筑安装工程工期定额、工程地质、水文地质、建设地区气候等因素，进行科学分析后，求得本工程建设项目的最佳工期。然后根据最佳工期这一进度目标确定实施方案，在施工过程中进行控制和调整，以实现进度控制的目标。

工程建设的质量控制是监理单位受建设单位的委托，依据国家和政府颁布的有关标准、规范、规程、规定，以及工程建设的有关合同文件，对工程建设项目质量形成的全过程各个阶段和各个环节影响工程质量的主导因素进行有效的控制，预防、减少或消除质量缺陷，满足标准、规范及合同的要求，满足使用单位对质量的要求，使工程建设项目具有良好的社会效益。

我国监理工程师在建设项目造价控制方面的主要任务如下。

（1）在项目建设前期，为建设单位进行项目建设可行性分析研究、经济评价，编制投资估算。项目的投资估算控制在计划投资范围内，确保以最小的消耗取得较大的经济效益，且与国家和全社会的利益相一致。

（2）在工程设计阶段，提出建设项目的设计要求、标准、规模，通过工程初步设计，组织评选设计方案，协调选择勘察、设计单位，协助建设单位商签勘察、设计合同，审查设计和概预算。项目概预算控制在批准的计划任务书和初步设计投资额内，确保建设单位提出的使用功能和工程量，且质量最优。

（3）在建设项目实施阶段，通过对施工招标标底的编制，对施工过程中工程费用的控制，确定工程建设项目的实际投资额，使其不超过计划投资额。在实施过程中，进行费用的动态管理与控制。

（4）项目竣工验收阶段，通过项目决算，控制工程实际投资不突破设计概算，并进行投资回收分析，确保建设项目获得最佳的投资效果。

1.3　与建设工程监理相关的法律法规体系

1.3.1　建设工程法律法规体系与工程建设监理

1. 建设工程法律法规与工程建设监理的关系

建设工程监理是一项法律约束下的活动，而与之相关的法律法规的内容是十分丰富的，它不仅包括相关法律，还包括相关的行政法规、行政规章、地方性法规等。从其内容上看，它不仅对监理单位和监理工程师资质管理有全面的规定，而且对监理活动、委托监理合同、政府对建设工程监理的行政管理等都做了明确规定。

建设工程行政法规是指由国务院根据宪法和法律制定的规范工程建设活动的各项法规，由总理签署国务院令予以公布，如《建设工程质量管理条例》《建设工程勘察设计管理条例》等。

建设工程部门规章是指住房和城乡建设部按照国务院规定的职权范围，独立或同国务院有关部门联合根据法律和国务院的行政法规、决定、命令，制定的规范工程建设活动的各项规章，属于住房和城乡建设部制定的、以由部长签署住建部令的方式予以公布，如《工程监理企业资质管理规定》《注册监理工程师管理规定》等。

上述与工程建设监理相关的法律法规的效力是：法律的效力高于行政法规；行政法规的效力高于部门规章。这些法律法规都有对建设监理工作的开展有约束作用。

2. 与我国建设工程监理相关的法律法规体系

《建筑法》是把我国建筑工程监理写入法律的第一部法律，它对建设工程监理的性质、目的、适用范围等都做出了明确的原则规定。与此相应的还有国务院批准颁发的《建设工程质量管理条例》、国务院办公厅颁发的《关于加强基础设施施工质量管理的通知》、国家技术监督局（现更名为国家技术质量监督检验检疫总局）和住房和城乡建设部联合发布的《工程建设监理规范》等。

关于建筑工程监理单位及监理工程师的规定，有《工程建设监理单位资质管理试行办法》《监理工程师资格考试和注册试行办法》《关于发布工程建设监理费有关规定的通知》等。

关于建设工程施工合同及委托监理合同的规定，有《建设工程施工合同（示范文本）》，其主要内容有协议书、通用条款和专用条款等；《建设工程委托监理合同（示范文本）》，其主要内容有监理合同协议书、标准条件以及专用条件等。

其他方面的法律，如《合同法》《招标投标法》《建设工程技术标准或操作规程》《民法通则》中的相关法律规范和内容，都是建筑工程监理法律制度的重要组成部分。

目前，我国颁布的法律法规中有关建设工程监理的条款不少，部门规章和地方性法规的数量更多，这充分反映了建设工程监理的法律地位。

1.3.2 与建设工程监理相关的法律法规规章名目

1. 法律

(1)《中华人民共和国建筑法》；

(2)《中华人民共和国合同法》；

(3)《中华人民共和国招标投标法》；

(4)《中华人民共和国土地管理法》；

(5)《中华人民共和国城乡规划法》；

(6)《中华人民共和国城市房地产管理法》；

(7)《中华人民共和国环境保护法》；

(8)《中华人民共和国环境影响评价法》等。

2．行政法规

(1)《建设工程质量管理条例》；
(2)《建设工程安全生产管理条例》；
(3)《建设工程勘察设计管理条例》；
(4)《中华人民共和国土地管理法实施条例》等。

3．部门规章

(1)《工程监理企业资质管理规定》；
(2)《注册监理工程师管理规定》；
(3)《建设工程监理范围和规模标准规定》；
(4)《建筑工程设计招标投标管理办法》；
(5)《房屋建筑和市政基础设施工程施工招标投标管理办法》；
(6)《评标委员会和评标方法暂行规定》；
(7)《建筑工程施工发包与承包计价管理办法》；
(8)《建筑工程施工许可管理办法》；
(9)《实施工程建设强制性标准监督规定》；
(10)《房屋建筑工程质量保修办法》；
(11)《房屋建筑工程和市政基础设施工程竣工验收备案管理暂行办法》；
(12)《建设工程施工现场管理规定》；
(13)《建筑安全生产监督管理规定》；
(14)《工程建设重大事故报告和调查程序规定》；
(15)《城市建设档案管理规定》等。

监理工程师应当了解和熟悉我国建设工程法律法规规章体系，并掌握其中与监理工作关系比较密切的法律、法规、规章，依法开展监理工作和规范自己的监理工作行为。

1.4　监理工作的内容与工程的目标控制

1.4.1　监理工作的内容

建设工程监理的工作内容是通过目标规划、动态控制、组织协调、信息管理、合同管理等基本方法，实现建设项目的各项目标。

1．目标规划

目标规划是指以实现目标控制为目的的规划和计划，它是围绕工程建设项目投资、进度和质量目标进行的研究确定、分解综合、安排计划、风险管理、制定措施等项工作的集合。目标规划是目标控制的基础和前提，只有做好目标规划的各项工作，才能有效地实施目标控制。随着工程的进展，目标规划可分为循序渐进的 5 个阶段。

(1) 目标规划的论证。目标规划工作者应先正确地确定投资、进度、质量目标或对已经初步确定的目标进行论证。

（2）目标分解。按照目标控制的需要将各目标进行分解，使每个目标都形成既能分解又能综合地满足控制要求的目标划分系统，便于实施有效的控制。

（3）编制动态计划。把工程建设项目实施的过程、目标和活动编制成动态计划，用动态的计划系统来协调和规范工程建设项目，为使项目能协调有序地实现其预定目标打下基础。

（4）风险分析。对计划目标的实现进行风险分析和管理，以便采取有效措施实施主动控制。

（5）综合控制。制定各项目的综合控制措施，如组织措施、技术措施、经济措施、合同措施等，保证计划目标的实现。

2. 动态控制

动态控制是在完成工程建设项目的过程当中，通过对过程、目标和活动的跟踪，全面、及时、准确地掌握工程建设信息，定期将实际目标值与计划目标值进行对比，以便及时发现预测目标与计划目标的偏差并及时给予纠正，最终实现计划总目标。

动态控制是监理单位和监理工程师在开展工程建设监理活动时采用的基本方法，动态控制工作贯穿于工程建设项目的整个监理过程中，并与工程建设项目实施的动态性相一致。工程在不同的空间展开，控制就要针对不同的空间来实施；工程在不同的阶段进行，控制就要在不同阶段开展；工程建设项目受到外部环境和内部因素的干扰，控制就要采取相应的对策；计划目标伴随着工程的变化而调整，控制就要不断地适应调整后的计划，以便实施有效的控制。

3. 组织协调

在实现工程建设项目的过程中，监理单位和监理工程师要不断进行组织协调，它是实现项目目标不可缺少的方法和手段。

组织协调首先包括监理组织内部人与人、机构与机构之间的协调。例如，项目总监理工程师与各专业监理工程师之间及各专业监理员之间人际关系的协调，以及纵向监理部门与横向监理部门之间关系的协调。其次，组织协调还存在于项目监理组织与外部环境组织之间，其中包括"近外层"协调和"远外层"协调。"近外层"协调即监理组织与建设单位、设计单位、施工单位、材料和设备供应单位的协调；"远外层"协调即监理组织与政府有关部门、社会团体、咨询单位、科学研究单位、工程毗邻单位等之间的协调。组织协调就是在他们的结合部位上做好调和、联合和联结的工作，使所有与项目有关联的部门及人员都能同心协力地为实现工程建设项目的总目标而奋斗。

4. 信息管理

信息管理是指监理组织在实施监理的过程中，监理人员对所需要的信息进行的收集、整理、处理、存储、传递、应用等一系列工作的总称。信息管理的目的是通过有组织的信息流通，使决策者能及时、准确地获得相应的信息，以便做出科学的决策。监理的主要任务就是进行目标控制，而控制的基础是信息，只有在信息的支持下才能实施有效的控制。

项目监理组织的各部门完成各项监理工作时，需要哪些信息及对信息有何要求是与监理工作的任务直接相联系的。不同的项目，所需要的信息也不相同。例如，对于固定单价合同，完成工程量方面的信息是主要的；而对于固定总价合同，关于进度款和变更通知就更为重要。及时掌握准确和完整的信息，可以使监理工程师耳聪目明，从而能够卓有成效地完成监理任务。因此，信息管理是工程建设监理工作的一项重要内容。信息管理工作的好坏，将会直接影响工程监理工作的成败。

5. 合同管理

合同管理是指监理单位在监理过程中根据监理合同的要求，对工程建设合同的签订、履行、变更和解除进行监督、检查，对合同双方的各种争议进行调解和处理，以保证合同的依法签订和全面履行。

合同管理对于监理单位完成监理任务是必不可少的。合同管理所产生的经济效益甚至会大于技术方案优化所带来的经济效益。一项工程合同，应当对参与建设项目的各方建设行为起到控制作用，同时还能具体指导一项工程如何操作完成。所以从这个意义上讲，合同管理起着控制整个项目实施过程的作用。

1.4.2 工程的目标控制

1. 建设工程监理的目标

建设工程监理是一种以严密制度为特征的综合管理行为，按照国际惯例，以 FIDIC 管理模式为基础，强调对工程建设项目实施全方位、全过程的监督与管理，以达到工程建设的目标。因此，建设工程监理活动是一种法律、法规、政策及技术性强的综合行为，要求建设工程监理人员在工程建设项目建设的全过程或某一阶段，按照一定的标准、规范和规程进行调整控制，以保证工程建设项目按合同约定顺利进行。

建设工程监理的目标是控制投资、进度和质量。合同管理、信息管理和全面的组织协调是实现投资、进度和质量目标所必须运用的控制手段和措施。但只有确定了投资和质量的目标，监理单位才能对工程建设项目进行有效的监督控制。同一项目的三大目标之间的关系是辩证统一的。一般来说，质量与投资目标的关系是：对项目的功能质量要求较高，就需增加投资，但严格控制质量可以减少经常性的维护费用，延长工程使用年限，也即提高了工程建设项目的投资效益。投资与进度的关系是：加快进度往往需要增加投资，但加快进度使工程建设早日投入使用，可以尽早发挥投资效益。进度与质量的关系是：加快进度可能影响质量，但严格控制质量，可以避免返工，进度则会加快。所以，投资、进度和质量是一个既统一又对立的目标系统，在确定每个目标时，都要考虑对其他目标的影响。但是，工程安全可靠性和使用功能目标以及施工质量合格目标，必须优先予以保证，并要求最终达到目标系统的最优。在监理目标确定以后，就可进一步确定计划，采取各种控制协调措施，力争实现监理目标。

对于某一个工程建设项目，其投资、进度和质量三大目标之间，不能说哪个重要，哪个不重要。不同的工程建设项目，在不同的时期，目标的重要程度是不同的。对于监理工程师而言，要协调好在特定条件下工程建设项目三大目标之间的关系。在确定目标和对各目标实施控制时，都要考虑其他目标的影响，进行多方面、多方案的分析和对比。既要做到节省投资，又要做到进度快、质量好，力争在矛盾中求得投资、质量、进度三大目标的统一，确保整个目标系统可行，进而达到目标系统的最优化。

2. 建设工程监理目标控制

工程建设项目目标控制是一项系统工程。所谓控制就是按照计划目标和组织系统，对系统各个部分进行跟踪检查，以保证协调地实现总体目标。控制的主要任务是把计划执行情况与计划目标进行比较，找出差异，并对结果进行分析，排除和预防产生差异的原因，使总体目标得以实现。

工程建设项目控制是控制论与工程建设项目管理实践相结合的产物，具有很强的适用性。由于工程建设项目的一次性特点，将前馈控制、反馈控制、主动控制、被动控制等基本方法应用到建设监理中，有助于提高监理人员的主动监理意识和监理水平。

（1）前馈控制与反馈控制（图 1.1）。工程建设项目中的控制方式分为两种：一种是前馈控制，又称开环控制；另一种是反馈控制，又称闭环控制。

所谓反馈，是把被控制对象的输出信息经过加工整理后回送到控制器输入并产生新的输出信息，再将其输入被控制对象，影响其行为和结果的过程。只有依赖反馈信息，才能对比情况、找出偏差、分析原因、采取措施，进行调节和控制。简单的反馈控制，实际上常常成为事后控制，起不到"防患于未然"的作用。为了避免造成被动和损失，前馈控制即面对未来的控制是十分重要的。前馈控制是通过进入运行过程输入前就已掌握或预测到它是否符合计划的要求，如果不符合，就要改变输入或运行过程。因此，前馈控制是在科学预测今后可能发生偏差的基础上，在偏差发生之前，就要采取措施加以控制，防止偏差的发生。当然，在管理过程中各方面的情况是极为复杂多变的，由于项目本身的复杂性和人们预测能力的局限性，前馈控制也可能发生偏差。因此，需要把前馈控制和反馈控制结合起来，形成工程建设项目在实施中的事前、事中、事后的全过程控制。

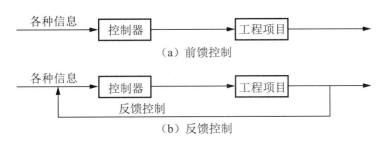

图1.1 工程建设项目控制方式示意

（2）被动控制与主动控制（图 1.2）。工程建设项目在实施过程中，控制是动态的，分为两种情况：一种是发现目标产生偏差，分析原因，采取纠偏措施，称为被动控制；另一种是预先分析目标产生偏差的可能性，估计工程建设项目可能产生的偏差，采取预防措施进行控制，称为主动控制。

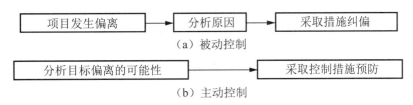

图1.2 主动控制和被动控制示意

工程建设项目的一次性特点，要求监理人员具有较强的主动控制能力，工程合同和施工规范为监理人员实施主动控制提供了条件。但影响工程建设项目目标实现的因素是复杂的、多变的，作为监理人员应当认真分析、研究和决策，除采取主动控制方法以外，也应辅之以被动控制方法。主动控制和被动控制相结合，是监理工程师做好监理工作的保证。

（3）工程建设项目监理目标动态控制。动态控制是一个有限循环的过程，贯穿于工程建设项目实施阶段的全过程。动态控制的过程分为 3 个步骤，即确定目标、检查成效、纠正偏差。动态控制是在监理规划的指引下进行的。动态控制的要点如下。

① 控制是一定的主体为实现一定的目标而采取的一种行为，要实现现代化的控制，必须首先满足两个条件：一是要有一个合格的主体；二是要有明确的系统目标。

② 控制是按实现预先拟订的计划目标进行的，控制活动就是检查实际发生的情况与计划目标是否存在偏差，偏差是否在允许的范围内，是否采取措施及采取何种措施以纠正偏差。

③ 控制的方法是检查、分析、监督、引导和纠正。

④ 既要对工程建设项目实施的全过程进行控制，又要对其所有因素，如人为因素、资金因素、材料机具设备因素、环境因素、地基因素等所有因素进行全面控制。

⑤ 控制是系统的、全面的、动态的主动控制，如图 1.3 所示。

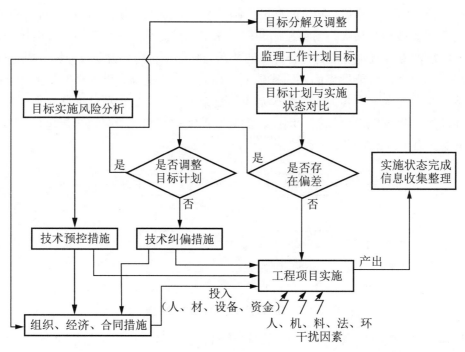

图1.3　动态控制原理

1.5　国内外工程项目管理模式概述

工程项目最显著的特点是规模大、关联方多、投资巨大、建设工期长、项目差异性大。这些项目特性的存在，使得项目建设隐含着巨大的风险。而运用不同的项目管理模式，是规避风险、实现项目目标的重要方法。在项目管理产生的近百年时间里，产生了多种成熟的项目管理模式，每一种项目管理模式都有优点和缺点，只有采用因地制宜的模式才能达到最佳的项目建设目标。

1. DB 模式

DB 模式即设计 - 建造模式（Design-Build），在国际上也称为交钥匙模式（Turn-Key-Operate）、一揽子工程（Package Deal），在中国称为设计 - 施工总承包模式（Design-Construction），是指在项目的初始阶段，业主邀请几家有资格的承包商进行议标，根据项目确定的原则，各承包商提出初步设计和成本概算，中标承包商将负责项目的设计和施工。优点：① 业主和承包商密切合作，完成项目规划直至验收，减少了协调的时间和费用；② 承包商可在参与初期将其材料、施工方法、结构、价格和市场等知识和经验融入设计中；③ 有利于控制成本，降低造价。国外经验证明：实行 DB 模式，平均可将造价降低 10 % 左右；④ 有利于进度控制，缩短工期；⑤ 风险责任单一。从总体来说，建设项目的合同关系是业主和承包商之间的关系，业主的责任是按合同规定的方式付款，总承包商的责任是按时提供业主所需的产品，总承包商对于项目建设的全过程负有全部的责任。缺点：① 业主对最终设计和细节控制能力较低，有研究显示，DB 模式是业主对设计最缺乏控制的模式；② 承包商的设计对工程经济性有很大影响，在 DB 模式下承包商承担了更大的风险；③ 建筑质量控制主要取决于业主招标时功能描述书的质量，而且总承包商的水平对设计质量有较大影响；④ 出现时间较短，缺乏特定的法律、法规约束，没有专门的险种；⑤ 交付方式操作复杂，竞争性较小。

2. DBB 模式

DBB 模式即设计 - 招标 - 建造模式（Design-Bid-Build），它是一种在国际上比较通用且应用最早的工程项目发包模式之一，指由业主委托建筑师或咨询工程师进行前期的各项工作（如进行机会研究、可行性研究等），待项目评估立项后再进行设计。在设计阶段编制施工招标文件，随后通过招标选择承包商；而有关单项工程的分包和设备、材料的采购一般都由承包商与分包商和供应商单独订立合同并组织实施。在工程项目实施阶段，工程师则为业主提供施工管理服务。

这种模式最突出的特点是强调工程项目的实施必须按照 D-B-B 的顺序进行，只有一个阶段全部结束，另一个阶段才能开始。因此它的优点表现在管理方法较成熟，各方对有关程序都很熟悉，业主可自由选择咨询设计人员，对设计要求可控制，可自由选择工程师，可采用各方均熟悉的标准合同文本，有利于合同管理、风险管理和减少投资。缺点：① 项目周期较长，业主与设计、施工方分别签约，自行管理项目，管理费较高；② 设计的可施工性差，工程师控制项目目标能力不强；③ 不利于工程事故的责任划分，由于图纸问题产生的争端多、索赔多等。

3. EPC 模式

EPC 模式即设计 - 采购 - 建造（Engineering Procurement Construction）模式，又称设计施工一体化模式，是指在项目决策阶段以后，从设计开始，经招标，委托一家工程公司对设计、采购、建造进行总承包。在这种模式下，按照承包合同规定的总价或可调总价方式，由工程公司负责对工程项目的进度、费用、质量、安全进行管理和控制，并按合同约定完成工程。优点：① 业主把工程的设计、采购、施工和开工服务工作全部托付给工程总承包商负责组织实施，业主只负责整体的、原则的、目标的管理和控制，总承包商更能发挥主观能动性，能运用其先进的管理经验为业主和承包商自身创造更多的效益，提高了工作效率，减少了协调工作量；② 设计变更少，工期较短；③ 由于采用的是总价合同，基本上不用再支付索赔及追加项目费用，项目的最终价格和要求的工期具有更大程度的确定性。缺点：① 业主不能对工程进行全程控制；② 总承包商对整个项目的成本、工期和质量负责，加大了总承包商的风险，总承包商为了降低风险获得更多的利润，可能通过调整设计方案来降低成本，可能会影响长远意义上的质量；③ 由于采用的是总价合同，承包商获得业主变更令及追加费用的弹性很小。

4. CM 模式

CM 模式即建筑工程管理模式（Construction Management），又称阶段发展模式或快速轨道模式。CM 模式是业主委托一个被称为建设经理的人来负责整个工程项目的管理，包括可行性研究、设计、采购、施工、竣工和试运行等工作。它的基本思想是：将项目的建设分阶段进行，并通过各阶段设计、招标、施工充分搭接，使施工尽早开始，以加快建设进度。根据 CM 单位在项目组织中合同关系的不同，CM 模式分为 CM Agency（代理型）和 CM Non-Agency（非代理型或风险型）两种。代理型 CM 由业主与各分包商签订合同，CM 单位只是业主的咨询和代理，为业主提供 CM 服务。非代理型 CM 直接由 CM 单位与各分包商签合同，并向业主保证最大工程费用 GMP（Guaranteed Maximum Price），如果实际工程费用超过了 GMP，超过的部分将由 CM 单位承担。优点：① 在项目进度控制方面，由于 CM 模式采用分散发包，集中管理，使设计与施工充分搭接，有利于缩短建设周期。② CM 单位加强与设计方的协调可以减少因修改设计而造成的工期延误。③ 在造价控制方面，通过协调设计，CM 单位还可以帮助业主采用价值工程等方法向设计提出合理化建议，以挖掘节约投资的潜力，还可以大大减少施工阶段的设计变更。如果采用了具有 GMP 的 CM 模式，CM 单位将对工程费用的控制承担更直接的经济责任，因而可以大大降低业主在工程费用控制方面的风险。④ 在质量控制方面，设计与施工的结合和相互协调，在项目上采用新工艺、新方法时，有利于工程施工质量的提高。⑤ 分包商的选择由业主和承包人共同决定，因而更为明智。缺点：① 对 CM 经理以及其所在单位的资质和信誉的要求都比较高；② 分项招标导致承包费可能较高；③ CM 模式一般采用"成本加酬金"合同，对合同范本要求比较高。

5. MC 模式

MC 模式即管理承包模式（Management-Contracting）。在这种管理模式中，业主选择一个外部的 MC 管理公司来管理项目的设计和建设。MC 公司自己不从事任何项目的建设，而是把整个项目划分成合理的工作包，然后将工作包分发给分包商，这些分包商在国外又被称作工作包分包商。在这种组织形式中，业主与咨询工程师、MC 公司产生直接的合同关系，咨询工程师与 MC 公司之间是协调关系，而 MC 公司与工作包分包商之间是直接的合同关系。MC 公司通常在项目的早期就被任命，并且协助项目设计做大量的工作。另外，MC 公司要向业主提出最大工程费用保（Guaranteed Maximum Price，GMP）。如果最后结算超过 GMP，则由 MC 公司赔偿，如果低于 GMP，则节约的投资归业主所有，但 MC 公司由于承担了保证施工成本的风险，因而能够得到额外的收入。MC 项目管理模式的主要优点是由于项目设计和施工的搭接节省了大量的时间，MC 公司的介入所提供的管理经验提高了决策的可执行性。缺点是：① 业主修改了标准合同中的许多条款，把风险转移给 MC 承包商，一旦 MC 公司不能胜任工作，业主要解聘 MC 公司相当困难，因为 MC 公司不但与业主签订合同，还与众多的分包商签订了合同，在解除合同之前，业主必须选择合适的 MC 公司与原来的分包商签订相应的承包合同，又要经历漫长的谈判过程，所以在很多情况下，即使 MC 公司不能胜任工作，业主也会尽力维持这种合作关系使其不至于破裂，这对于业主目标的实现十分不利；② 信息的处理要经过 MC 公司这个中间环节，特别是对重大问题的处理，因为 MC 公司已向业主提供 GMP，所以要涉及业主和 MC 公司两方的利益，这样就降低了决策的效率，业主也很难获得及时而准确的工程信息；③ 业主要对工程实施变更，需要 MC 公司的积极配合才行，业主在这种情况下对项目的控制力已经明显减弱。

6. PMC 模式

PMC 模式即项目管理承包商模式（Project-Management Contractor），指项目管理承包商代表业主对工程项目进行全过程、全方位的项目管理，包括进行工程的整体规划、项目定义、工程招标、选择 EPC 承包商，并对设计、采购、施工、试运行进行全面管理，一般不直接参与项目的设计、采购、施工和试运行等阶段的具体工作。PMC 模式体现了初步设计与施工图设计的分离，施工图设计进入技术竞争领域，只不过初步设计是由 PMC 完成的。目前中国推荐实行的政府工程代建制就属于 PMC 的一种。优点：① 可以充分发挥管理承包商在项目管理方面的专业技能，统一协调和管理项目的设计与施工，减少矛盾；② 有利于建设项目投资的节省；③ 该模式可以对项目的设计进行优化，可以实现在该项目生存期内达到成本最低；④ 在保证质量优良的同时，有利于承包商获得对项目未来的契股或收益分配权，可以缩短施工工期，在高风险领域，通常采用契股这种方式来稳定队伍。缺点：① 业主参与工程的程度低，变更权力有限，协调难度大；② 业主方很大的风险在于能否选择一个高水平的项目管理公司。该模式通常适用于：① 项目投资在 1 亿美元以上的大型项目；② 缺乏管理经验的国家和地区的项目，引入 PMC 可确保项目的成功建成，同时帮助这些国家和地区提高项目管理水平；③ 利用银行或国外金融机构、财团贷款或出口信贷而建设的项目；④ 工艺装置多而复杂，业主对这些工艺不熟悉的庞大项目。

7. PM 模式

PM 模式即项目管理模式（Project Management），是指 PM 公司按照合同约定，在项目决策阶段，为业主编制可行性研究报告，进行可行性分析和项目策划；在项目实施阶段，为业主提供招标代理、设计、采购、施工和试运行等服务，代表业主对项目进行质量、安全、进度、费用、合同和信息等的管理和控制。优点：① 减轻了业主的工作量；② 提高了项目的管理水平，有利于业主更好地实现项目目标，提高了投资效益；③ 工作的范围和内容比较灵活。缺点：① PM 公司的执业标准、职业道德标准、行为标准还没有形成，对 PM 公司履行职责的评价比较困难；② 对 PM 合同双方的职责认识不全面、不系统等。

综上所述，每一种工程项目管理模式都有一定的思想和方法，每一种管理模式都有其优势和劣势。对于大型而复杂的工程项目，项目各参与方，尤其是业主方，了解并正确选择工程项目管理模式将是工程项目预定目标能否实现的关键。

建设项目是一个系统工程，由于系统工程有其内在的规律，需要通过与之相适应的管理模式、管理程序、管理方法、管理技术去实现，也就是说，需要有专门从事工程项目管理的组织为之服务。这种组织应该有与项目管理相应的功能、机构、程序、方法和技术，有相应的资质、人才、经验，能够为业主提供最优秀的项目管理服务，为业主创造最大限度的效益。

本 章 小 结

通过本章的学习，学生应该掌握建设工程监理的概念、性质和作用，了解我国建设工程监理的发展历程及发展前景，在对我国建设工程法律法规体系了解的基础上，重点掌握我国监理法律法规体系及其主要内容，并掌握监理工作的主要内容与工程目标控制的基本方法。

通过本章的学习，学生还应熟悉国内外现行的项目管理主要模式各自的概念及特点。

通过本章的学习，学生应对建设工程监理有全面的了解和认识，为今后学习具体的监理工作方法及内容打下基础。

习 题

一、思考题

1. 什么是建设工程监理？它的内涵是什么？

2. 我国建设工程监理的性质有哪些？

3. 建设工程监理的工作内容有哪些？

4. 工程建设项目监理目标动态控制的步骤及要点有哪些？

5. 工程项目管理的 DB 模式有什么优缺点？

二、单项选择题

1. 工程建设监理是针对一个具体的（   ）所实施的监督管理。

    A．工程   B．工程项目   C．工程建设项目   D．工程项目施工

2. 工程建设监理的（   ）是监理单位。

    A．行为主体   B．行为客体   C．对象   D．责任主体

3. 工程建设监理的实施需要（　　）。

  A．上级主管部门批准   B．建设单位的委托和授权

  C．施工单位的委托和授权   D．建设主管部门批准

4. 监理单位是工程建设活动的"第三方"，意味着工程建设监理具有（　　）。

  A．服务性   B．独立性   C．公正性   D．科学性

5. 实施建设工程监理的基本目的是（　　）。

  A．对建设工程的实施进行规划、控制、协调

  B．控制建设工程的投资、进度和质量

  C．保证在计划的目标内将建设工程建成并投入使用

  D．协助建设单位在计划的目标内将建设工程建成并投入使用

6. 依据《建设工程监理范围和规模标准规定》，下列工程项目必须实行监理的是（　　）。

  A．总投资额为 2 亿元的电视机厂改建项目

  B．建筑面积 4 万 m^2 的住宅建设项目

  C．总投资额为 300 万美元的联合国粮农组织的援助项目

  D．总投资额为 2000 万元的科技项目

三、多项选择题

1. 建设监理的主要任务包括（　　）。

  A．造价控制   B．进度控制   C．质量管理   D．合同管理   E．信息管理和组织协调

2. 建设工程监理的性质可概括为（　　）四个方面。

  A．服务性   B．科学性   C．独立性   D．公平性   E．客观性

3. 监理工作内容中要制定各项目的综合控制措施，包括（　　）及合同措施等，以保证计划目标的实现。

  A．组织措施   B．管理措施   C．技术措施   D．经济措施   E．控制措施

4. EPC 模式即设计 - 采购 - 建造（Engineering Procurement Construction）模式的优点有（　　）。

  A．总承包商更能发挥主观能动性，提高了工作效率，减少了协调工作量

  B．设计变更少，工期较短

  C．由于采用的是总价合同，项目的最终价格和要求的工期具有更大程度的确定性

  D．业主不能对工程进行全程控制

  E．由于采用的是总价合同，承包商获得业主变更令及追加费用的弹性很小

5. 建设工程监理的依据包括（　　）。

  A．咨询师的资质水平

  B．工程建设文件

  C．有关的法律法规

  D．建设工程委托监理合同

  E．其他有关建设工程合同

6. 建设工程监理的作用包括（　　）等方面。

  A．有利于提高建设工程投资决策的科学化

  B．有利于规范参与工程建设各方的建设行为

  C．有利于提高建设工程的投资效益和社会效益

D．有利于促进我国国民经济的发展

E．有利于保证建设工程质量和使用安全

四、案例分析题

1. 某业主开发建设一栋 24 层综合办公写字楼，委托 A 监理公司进行监理，经过施工招标，业主选择了 B 建筑公司承担工程施工任务。B 建筑公司拟将桩基工程分包给 C 地基基础工程公司，拟将暖通、水电工程分包给 D 安装公司。

在总监理工程师组织的现场监理机构工作会议上，总监理工程师要求监理人员在 B 建筑公司进入施工现场到工程开工这一段时间内，熟悉有关资料，认真审核施工单位提交的有关文件、资料等。

问题：

（1）在这段时间内，监理工程师应熟悉哪些主要资料？

（2）监理工程师应重点审核施工单位的哪些技术文件与资料？

2. 某实施监理的工程项目，于 2014 年 3 月 18 日开工，在开工后约定的时间内，承包单位将编制好的施工组织设计报送建设单位，建设单位在约定的时间内，委派总监理工程师负责审核，总监理工程师组织专业监理工程师审查，将审定满足要求的施工组织设计报送当地建设行政主管部门备案。

在施工过程中，承包单位提出了施工组织设计改进方案，经建设单位技术负责人审查批准后，实施改进方案。

问题：

（1）上述内容中有哪些不妥之处？该如何进行？

（2）审查施工组织设计时应掌握的原则有哪些？

【第 1 章习题答案】

第2章

监理工程师与监理企业

教学目标

本章主要讲述监理工程师和监理企业的相关内容。通过本章的学习，应达到以下目标：

（1）掌握各类监理人员的职责及监理企业的经营活动基本准则；

（2）熟悉注册监理工程师及各类监理人员的概念，各类监理人员的职责及监理企业的设立、资质条件要求等内容；

（3）了解监理工程师的法律责任、资质管理及监理企业资质管理等内容。

教学要求

知识要点	能力要求	相关知识
监理人员	（1）熟悉注册监理工程师及各类监理人员的概念； （2）掌握监理人员的职责； （3）了解监理工程师的法律责任和资质管理	（1）注册监理工程师及各类监理人员的概念； （2）监理工程师的素质； （3）监理人员的职责； （4）监理职业道德守则与法律责任； （5）监理工程师的资质管理
监理企业	（1）熟悉监理企业的设立； （2）掌握监理企业的经营管理； （3）了解监理企业的资质管理与工程监理费	（1）监理企业资质等级和业务范围； （2）监理企业资质管理； （3）监理企业经营活动基本准则和监理市场的开发； （4）工程监理费的构成及确定

基本概念

注册监理工程师；总监理工程师；总监理工程师代表；专业监理工程师；监理员；工程监理企业。

在我国开展建设工程监理业务，有一定资质等级的监理企业在建设监理市场上经过投标竞争或以其他方式获得建设监理业务，建立相应的监理组织机构，派出相应数量且有执业资格的监理工程师进行。

某单位宿舍楼工程建筑面积 $11374m^2$，室内装修工程拟投资概算为 140 万元，施工工期为 120 天。该工程在开工准备阶段需要通过招标方式选择一家监理公司。A 监理单位中标后，与业主签订了委托监理合同。在履行监理合同时，各类监理人员的职责是什么？

2.1 监理工程师

2.1.1 监理人员的概念

注册监理工程师是指取得国务院建设行政主管部门颁发的《中华人民共和国注册监理工程师注册执业证书》和执业印章，从事建设工程监理与相关服务等活动的人员。注册监理工程师是一种岗位职务、执业资格称谓，不是技术职称。取得注册监理工程师执业资格一般要求在建设工程监理工作岗位上工作，经过统一考试合格，并经有关部门注册方可上岗执业。注册监理工程师的概念包含 3 层含义：第一，注册监理工程师是从事建设监理工作的人员；第二，注册监理工程师已经取得国家确认的注册监理工程师资格证书；第三，注册监理工程师是经国务院建设行政主管部门批准注册，取得注册执业证书和执业印章的人员。

【监理工程师资格考试和注册试行办法】

监理单位的职责是受建设工程项目业主的委托对建设工程项目进行监督和管理。为此，开展监理业务活动必须组建项目监理机构，配备各类监理人员。在建设工程项目监理工作中，根据监理工作需要及职能划分，监理人员又分为总监理工程师、总监理工程师代表、专业监理工程师、监理员。总监理工程师简称总监，是指由工程监理单位法定代表人书面任命，负责履行建设工程监理合同、主持项目监理机构工作的注册监理工程

【建设工程监理规范】

师。总监理工程师代表简称总监代表，是指经工程监理单位法定代表人同意，由总监理工程师书面授权，代表总监理工程师行使其部分职责和权力，具有工程类注册执业资格或具有中级及以上专业技术职称 3 年及以上工程实践经验并经监理业务培训的人员；专业监理工程师是由总监理工程师授权，负责实施某一专业或某一岗位的监理工作，有相应监理文件签发权，具有工程类注册执业资格或具有中级及以上专业技术职称 2 年及以上工程实践经验并经过监理业务培训的人员；监理员是指从事具体监理工作，具有中专及以上学历并经过监理业务培训的监理人员。监理员与监理工程师的区别主要在于监理工程师具有相应岗位责任的签字权，监理员没有相应岗位责任的签字权。

2.1.2 监理工程师的素质

在我国，建设工程监理业务的开展主要是提供工程管理服务，提供工程管理服务的过程中涉及多学科、多专业的技术、经济、管理等理论知识。建设工程监理服务要体现服务性、科学性、独立性和公正性，就要求一专多能的复合型人才承担监理工作，要求监理工程师不仅要有一定的工程技术专业知识和较强的专业技术能力，而且还要有一定的组织、协调能力，同时还要懂得工程经济、项目管理专业知识，

并且能够对工程建设进行监督管理，提出指导性意见。因此，监理工程师应具备以下素质。

1）具有较高的工程专业学历和复合型的知识结构

现代工程项目建设，投资规模越来越大，技术质量要求越来越高，管理方法和手段越来越先进，新工艺、新材料、新结构、新方法层出不穷，需要投入更多的劳动力、机械设备、材料，需要多专业、多工种协同施工建设，越来越呈现设计施工一体化趋势。作为一名监理工程师，要想胜任工程项目管理工作，就应该具有较高的工程专业学历，熟悉设计、施工管理相关的工程建设法律、法规、规范、标准，懂得一些工程经济、项目管理的理论和方法，能组织协调工程建设的实施与管理，同时应在工程实践中不断学习新知识、新理论，掌握新技术、新工艺、新材料，提升自己的理论水平。

2）具有丰富的工程建设实践经验

监理工程师开展的监理工作，无论是工程项目的勘察、设计、施工各个阶段，都要求建设工程项目的实施做到理论与实践完美结合。作为一名工程项目管理人员，没有丰富的工程实践经验，在项目监理过程中只会纸上谈兵，找不到控制重点，提不出预控措施，会造成管理工作的失误，导致工程项目的质量、进度、投资、安全出现问题。相反，丰富的实践经验，可使监理工程师的监理工作做到有预见性、针对性，并能够使监理工作与项目的实施过程紧密配合，实现既定的工程项目目标。工程建设中的实践经验指工程建设全过程各阶段的工作实践经验，包括项目可行性研究阶段方案评价，技术、经济等方面的咨询工作经验；工程地质、水文的勘测工作经验；项目规划、设计工作经验；建筑安装过程的施工经验；工程建设原材料、半成品、构配件制作加工工作经验；工程建设招投标中介服务、造价咨询、工程审计等工作经验；工程建设勘测、设计、施工阶段管理、监理工作经验等。作为监理工程师，如果在工程建设某个方面或几个方面从事具体工作多年，并积累了丰富的实践经验，将会使其监理工作更得心应手，监理工作更加称职。

3）具有良好的品德

监理工程师承担着工程建设质量、投资、进度及安全的控制工作，监理工作的好坏直接关系着工程项目质量能否保证，投资能否有效控制及工程能否按期交付使用。监理工程师具有工程建设质量的全面检查、监督验收签认权，承担着质量把关的重任；具有工程量计量、价款支付、工程投资合理与否的审核、签认权；具有工程工期、进度控制权。良好的品德体现在以下几个方面：

（1）热爱工程建设事业，热爱本职工作；

（2）具有科学的工作态度；

（3）具有廉洁奉公、为人正直、办事公道的高尚情操；

（4）能听取不同的意见、冷静分析问题。

4）要有良好的组织协调能力

组织协调工作贯穿于工程项目监理工作全过程，组织协调好工程项目参建各方关系，使其最大限度地发挥作用，是监理工程师能力的体现。监理工程师要在工程实施过程中起到良好的桥梁纽带作用，为各方营造一个良好的合作氛围，就必须具备高超的组织协调能力，在工作中既坚持原则，又善于倾听和理解各方意见，使各方心悦诚服，对协调结果满意，得到各方的理解和支持，主动接受监理方的组织和监督。

5）要有较高的综合素质

一个成功的监理工程师要有较高的综合素质，较强的责任心，良好的心理素质，较高的文字处理能力，较高的电脑操作和网络应用能力，良好的语言表达能力，高超的交流沟通技巧等都是综合素质的体现。监理工作是一项非常辛苦，且对责任心要求非常高的工作，具有较高的综合素质是对所有监理人员的一个基本要求。

6）具有健康的体魄和充沛的精力

尽管建设工程监理是一种高智能的管理服务，以脑力劳动为主。但监理工程师也必须具有健康的体魄和充沛的精力，才能胜任监理工作。监理工程师在工作过程中，无论是制定监理计划、方案，或是审核、确认有关文件、资料，或是现场检查、巡视，或是组织协调大量繁杂的业务工作，都是在脑力劳动的同时，进行着体力的消耗。尤其是施工阶段现场管理，现代工程项目规模越来越大，施工新工艺、新材料、新结构的大量应用，需要检查把关的项目越来越多，多工种同时施工，投入资源量大，工期往往紧迫，这使得单位时间检查、签认的工作量加大，有时为配合工程项目快速实施，还需加班加点，更需要监理程师有健康的体魄和充沛的精力。我国现行有关规定，要求对年满65周岁的监理工程师不再进行注册，主要就是考虑监理从业人员身体健康状况对监理工作的适应状况而设定的。

2.1.3 监理人员的职责

监理单位接受业主委托对建设工程项目实施监理时，应建立项目监理机构，配备监理人员。监理人员应包括总监理工程师、专业监理工程师和监理员，必要时可配备总监理工程师代表。各类监理人员的职责如下。

1. 总监理工程师的职责

在我国，建设工程监理实行总监理工程师负责制，总监理工程师应履行以下职责。

（1）确定项目监理机构人员及其岗位职责。

（2）组织编制监理工作规划，审批监理工作实施细则。

（3）根据工程进展及监理工作情况调配监理人员，检查监理人员工作。

（4）组织召开监理例会。

（5）组织审核分包单位资格。

（6）组织审查施工组织设计、（专项）施工方案。

（7）审查工程开复工报审表，签发工程开工令、暂停令和复工令。

（8）组织检查施工单位现场质量、安全生产管理体系的建立及运行情况。

（9）组织审核施工单位的付款申请，签发工程款支付证书，组织审核竣工结算。

（10）组织审查和处理工程变更。

（11）调解建设单位与施工单位的合同争议，处理工程索赔。

（12）组织验收分部工程，组织审查单位工程质量检验资料。

（13）审查施工单位的竣工申请，组织工程竣工预验收，组织编写工程质量评估报告，参与工程竣工验收。

（14）参与或配合工程质量安全事故的调查和处理。

（15）组织编写监理月报、监理工作总结，组织整理监理文件资料。

2. 总监理工程师代表的职责

总监理工程师代表在总监理工程师领导下开展工作，具体职责如下。

（1）负责总监理工程师指定或交办的监理工作。

（2）按总监理工程师的授权，行使总监理工程师的部分职责和权力。

总监理工程师代表在任何时候不得行使如下权力。

（1）组织编制监理规划、审批监理实施细则。

（2）根据工程进展及监理工作情况调配监理人员。

（3）组织审查施工组织设计、（专项）施工方案。

（4）签发工程开工令、暂停令和复工令。

（5）签发工程款支付证书，组织审核竣工结算。

（6）调解建设单位与施工单位的合同争议，处理工程索赔。

（7）审查施工单位的竣工申请，组织工程竣工预验收，组织编写工程质量评估报告，参与工程竣工验收。

（8）参与或配合工程质量安全事故的调查和处理。

3. 专业监理工程师的职责

专业监理工程师的具体职责如下。

（1）参与编制监理规划，负责编制监理实施细则。

（2）审查施工单位提交的涉及本专业的报审文件，并向总监理工程师报告。

（3）参与审核分包单位资格。

（4）指导、检查监理员工作，定期向总监理工程师报告本专业监理工作实施情况。

（5）检查进场的工程材料、构配件、设备的质量。

（6）验收检验批、隐蔽工程、分项工程，参与验收分部工程。

（7）处置发现的质量问题并消除安全事故隐患。

（8）进行工程计量。

（9）参与工程变更的审查和处理。

（10）组织编写监理日志，参与编写监理月报。

（11）收集、汇总、参与整理监理文件资料。

（12）参与工程竣工预验收和竣工验收。

4. 监理员的职责

监理员的具体职责如下。

（1）检查施工单位投入工程的人力、主要设备的使用及运行状况。

（2）进行见证取样。

（3）复核工程计量有关数据。

（4）检查工序施工结果。

（5）发现施工作业中的问题，及时指出并向专业监理工程师报告。

2.1.4　监理工程师的职业道德与法律责任

1. 职业道德守则

建设工程监理工作要具有公正性，监理工程师在执业过程中不能损害工程建设任何一方的利益。为了规范监理工作行为，确保建设监理事业的健康发展，我国现行有关法律、法规对监理工程师的职业道德和工作纪律都做了具体的规定。在建设监理行业中，监理工程师应严格遵守如下职业道德守则。

（1）维护国家的荣誉和利益，按照"守法、诚信、公正、科学"的准则执业。

（2）执行有关工程建设的法律、法规、标准、规范和制度，履行监理合同规定的义务和职责。

（3）努力学习专业技术和建设监理知识，不断提高业务能力和监理水平。

（4）不以个人名义承揽监理业务。

（5）不同时在两个或两个以上监理单位注册和从事监理活动，不在政府部门或施工、材料设备的生产供应等单位兼职。

（6）不为所监理项目指定承包商、建筑构配件、设备、材料生产厂家和施工方法。

（7）不收受被监理单位的任何礼金。

（8）不泄露所监理工程各方认为需要保密的事项。

（9）坚持独立自主的开展工作。

2. FIDIC 道德准则

国际咨询工程师联合会（FIDIC）认识到工程师的工作对于取得社会及环境的持续发展是十分关键的。在 1991 年慕尼黑召开的全体成员大会上，讨论批准了 FIDIC 通用道德准则，目前，国际咨询工程师协会的会员国家都在执行这一准则。

【FIDIC 通用道德准则】

为使工程师的工作充分有效，不仅要求工程师不断提高自身的知识和技能，而且要求社会尊重他们的道德公正性，信赖他们做出的评审，同时给予公正的报酬。

FIDIC 的全体会员协会同意并且相信，要想使社会对其专业顾问具有必要的信赖，下述几点是其成员行为的基本准则。

1）对社会和职业的责任

（1）接受对社会的职业责任。

（2）寻求与确认的发展原则相适应的解决办法。

（3）在任何时候，维护职业的尊严、名誉和荣誉。

2）能力

（1）保持其知识和技能与技术、法规、管理的发展相一致的水平，对于委托人要求的服务采用相应的技能，并尽心尽力。

（2）仅在有能力从事服务时才进行。

3）正直性

在任何时候均为委托人的合法权益行使其职责，并且正直和忠诚地进行职业服务。

4）公正性

（1）在提供职业咨询、评审或决策时不偏不倚。

（2）通知委托人在行使其委托权时可能引起的任何潜在的利益冲突。

（3）不接受可能导致判断不公的报酬。

5）对他人的公正

（1）加强"按照能力进行选择"的观念。

（2）不得故意或无意做出损害他人名誉或事务的事情。

（3）不得直接或间接取代某一特定工作中已经任命的其他咨询工程师的位置。

（4）在通知该咨询工程师并确定其接到委托人终止先前任命的建议前，不得取代该咨询工程师的工作。

（5）在被要求对其他咨询工程师的工作进行审查的情况下，要以合适的职业行为和礼节进行。

3. 监理工程师的权利、业务和法律责任

监理工程师的法律地位是国家法律法规确定的，并建立在委托监理合同的基础上。《中华人民共和国建筑法》明确规定国家推行工程监理制度，《建设工程质量管理条例》明确规定监理工程师的权力和职责。在委托监理合同履行过程中，监理工程师享有一定的权利、义务和责任。

1）监理工程师的权利

（1）使用监理工程师名称。

（2）依法自主执行业务。

（3）依法签署工程监理及相关文件并加盖执业印章。

（4）法律、法规赋予的其他权利。

2）监理工程师的义务

（1）遵守法律、法规，严格依照相关技术标准和委托监理合同开展工作。

（2）恪守执业道德，维护社会公共利益。

（3）在执业中保守委托单位申明的商业秘密。

（4）不得同时受聘于两个及两个以上单位执行业务。

（5）不得出借《中华人民共和国监理工程师执业资格证书》《中华人民共和国监理工程师注册执业证书》和执业印章。

（6）接受执业继续教育，不断提高业务水平。

3）监理工程师的法律责任

监理工程师的法律责任是建立在法律法规和委托监理合同的基础上，表现行为主要有违法行为和违约行为两方面。

（1）违法行为的责任。

《中华人民共和国建筑法》第三十五条规定："工程监理单位不按照委托监理合同的约定履行监理义务，对应当监督检查的项目不检查或者不按照规定检查，给建设单位造成损失的，应当承担相应的赔偿责任。"《中华人民共和国刑法》（以下简称《刑法》）第一百三十七条规定："建设单位、设计单位、施工单位、工程监理单位违反国家规定，降低工程质量标准，造成重大安全事故的，对直接责任人员，处五年以下有期徒刑或者拘役，并处罚金；后果特别严重的处5年以上10年以下有期徒刑，并处罚金。"

《建设工程质量管理条例》第三十六条规定："工程监理单位应当依照法律、法规及有关技术标准、设计文件和建设工程承包合同，代表建设单位对施工质量实施监理并对施工质量承担监理责任。"

《建设工程安全生产管理条例》第十四条规定："工程监理单位应当审查施工组织设计中的安全技术措施或者专项施工方案是否符合工程建设强制性标准。工程监理单位在实施监理过程中，发现存在安全事故隐患的，应当要求施工单位整改；情况严重的，应当要求施工单位暂时停止施工，并及时报告建设单位。施工单位拒不整改或者不停止施工的，工程监理单位应当及时向有关主管部门报告。工程监理单位和监理工程师应当按照法律、法规和工程建设强制性标准实施监理，并对建设工程安全生产承担监理责任。"对于违反上述规定的，第五十七条做出相应规定："责令限期改正，逾期未改正的，责令停业整顿，并处10万元以上30万元以下罚款；情节严重的，降低资质等级，直至吊销资质证书；造成重大安全事故，构成犯罪的，对直接责任人员，依照刑法有关规定追究刑事责任；造成损失的，依法承担赔偿责任。"

这些规定为有效地规范、约束监理工程师执业行为，为引导监理工程师公正守法地开展监理业务提供了法律基础。

（2）违约行为的责任。

开展建设工程监理的前提是监理企业与委托监理方签订委托监理合同，注册于监理单位的监理工程师依据监理合同委托的工作范围、内容、要求进行监理工作。履行合同过程中，如果监理工程师出现工作过失，违反合同约定，监理工程师所在的监理单位应承担相应的违约责任，由监理工程师个人过失引发的合同违约，监理工程师应当与监理企业承担一定的连带责任。一般情况下，在建设工程委托监理合同中都写明"监理人责任"的有关条款。

2.1.5 注册监理工程师的资质管理

1. 注册监理工程师资格的取得

执业资格是政府对某些责任较大，社会通用性强、关系公共利益的专业技术工作市场准入制度的体现，是专业技术人员依法独立开展的业务工作或独立从事某种专业技术工作所必备的学识、技术和能力标准。注册监理工程师是中华人民共和国成立以来在工程建设领域设立的第一个执业资格。在我国，注册监理工程师执业资格的取得需按照有利于国家经济发展、得到社会公认、具有国际可比性、事关社会公共利益等原则，经严格考试、考核方可取得。

1）报考注册监理工程师的条件

根据我国对注册监理工程师业务素质和能力的要求，对参加注册监理工程师执业资格考试的报名条件从两方面做了规定：一是要具有一定的专业学历，二是要有一定年限的工程建设实践经验，并要求报考人员应取得高级专业技术职称或取得中级专业职称后具有3年及以上工程设计或施工管理实践经验。

2）考试内容及科目

由于注册监理工程师的主要工作任务是依据工程建设过程的各种信息控制建设工程的质量、投资、进度，监督管理建设工程合同实施，协调工程建设各方面的关系，所以注册监理工程师执业资格考试的科目包括《建设工程合同管理》《建设工程质量、投资、进度控制》《建设工程监理基本理论与相关法规》及《建设工程监理案例分析》，具体内容为上述各科目的理论知识、相关法律、法规和实务技能。

目前，我国注册监理工程师执业资格的考试实行全国统一考试大纲、统一命题、统一组织、统一时间、闭卷考试、分科记分、统一录取标准的办法，一般每年举行一次。

2. 注册监理工程师注册

实行注册监理工程师注册制度是政府对监理从业人员实行市场准入控制的有效手段。注册监理工程师通过考试获得了《中华人民共和国监理工程师执业资格证书》，表明其具有一定的从业能力，只有经过注册取得《中华人民共和国监理工程师注册执业证书》才有权利上岗从业。

注册监理工程师的注册，根据注册的内容、性质和时间先后的不同分为初始注册、续期注册、变更注册和注销注册。

1）初始注册

经注册监理工程师执业资格考试合格取得《中华人民共和国监理工程师执业资格证书》的监理人员，可以申请注册监理工程师初始注册。

申请初始注册应具备的条件是：经全国注册监理工程师执业资格统一考试合格，取得资格证书；受聘于一个具有建设工程监理资质的单位；达到继续教育要求；年龄未超过65周岁。

申请初始注册应提交的相关材料包括《中华人民共和国注册监理工程师初始注册申请表》，身份证件复印件，资格证书原件及加盖现聘用单位公章的复印件，申请注册专业的证明材料复印件，申请人与现聘用企业签订的有效劳动聘用合同复印件及近期社会保险机构出具的参加社会保险清单原件及复印件，近期免冠一寸彩色照片，逾期未申请初始注册的，应提交近3年达到继续教育要求的证明文件复印件。

申请初始注册的程序是：申请人填写注册申请表，向聘用单位提出申请；聘用单位同意后，将《中华人民共和国监理工程师执业资格证书》及其他有关材料，向所在省、自治区、直辖市人民政府建设行政主管部门上报；省、自治区、直辖市人民政府建设行政主管部门初审合格后，报国务院建设行政主管部门；国务院建设行政主管部门对初审意见进行审核，符合条件者准予注册，并颁发由国务院建设行政主管部门统一印制的《中华人民共和国监理工程师注册执业证书》和执业印章，执业印章由注册监理工程师本人保管。

申请初始注册人员出现下列情形之一的，不得批准注册：不具备完全民事行为能力；受到刑事处罚，自刑事处罚执行完毕之日起到申请注册之日不满5年；在工程监理或者相关业务中有违法违规行为或者犯有严重错误，受到责令停止执业的行政处罚，自行政处罚或者行政处分决定之日起至申请注册之日不满2年；在申报注册过程中有弄虚作假行为；同时注册于两个及两个以上单位的；年龄65周岁以上；法律、法规和国务院建设、人事行政主管部门规定不予注册的其他情形。

注册监理工程师初始注册的有效期为3年。

2）续期注册

注册监理工程师初始注册有效期满要求继续执业的，需要办理续期注册。

续期注册应提交的材料包括：《中华人民共和国注册监理工程师延续注册申请表》，与聘用单位签订的有效聘用劳动合同及社会保险机构出具的参加社会保险的清单复印件，继续教育证明。

申请延续注册的程序是：注册时申请人向聘用单位提出申请，聘用单位同意后，连同上述材料由聘用单位向所在省、自治区、直辖市人民政府建设行政主管部门提出申请，省、自治区、直辖市人民政府建设行政主管部门进行审核，对不存在不予续期注册情形的准予续期注册，省、自治区、直辖市人民政府建设行政主管部门在准予续期注册后，将注册的人员名单，报国务院建设行政主管部门备案。

注册监理工程师如果有下列情形之一，将不予续期注册：没有从事工程监理的业绩证明和工作总结的；同时在两个及两个以上单位执业的；未按照规定参加注册监理工程师继续教育或继续教育未达到标准的；允许他人以本人名义执业的；在工程监理活动中有过失，造成重大损失的。

续期注册的有效期为3年，从准予续期注册之日起计算。

3）变更注册

注册监理工程师注册后，如果注册内容发生变更，应当向原注册机构办理变更注册。

变更注册应提交的材料包括：《中华人民共和国注册监理工程师变更注册申请表》；与新聘用单位签订的有效聘用劳动合同及社会保险机构出具的参加社会保险的清单复印件；学历及职称证明材料；注册有效期内变更执业单位的，应提交工作调动证明；注册有效期内或有效期届满变更注册专业的，应提交与申请注册专业相关的工程技术、工程管理工作经历和一项工程业绩、证明材料，以及满足相应专业继续教育的证明材料；在注册有效期内，因所在聘用单位名称发生变更的，提供聘用单位变更后的新名称的营业执照复印件。

变更注册时，首先申请人向聘用单位提出申请，聘用单位在变更申请表上签署意见并加盖单位印章后，将申请人的注册申报材料上报省、自治区、直辖市人民政府建设行政主管部门，省、自治区、直辖市人民政府建设行政主管部门对有关情况进行审核，如情况属实则准予变更注册，并将变更人员情况报国务院建设行政主管部门备案。

注册监理工程师办理变更注册后，一年内不能再次进行变更注册。

4）注销注册

注册监理工程师或聘用企业发生下列情况时，应及时办理注销注册手续：聘用企业破产；聘用企业被吊销工商营业执照；聘用企业被吊销建设工程相应资质证书；注册监理工程师与聘用企业解除劳动关系；注册监理工程师年龄超过 65 周岁；注册监理工程师死亡或者丧失行为能力。

3. 注册监理工程师的继续教育

注册后的注册监理工程师要想适应和满足建设监理事业的发展及监理业务的需要，必须不断地更新知识、扩大知识面，学习工程建设发展过程中出现的新理论、新技术、新工艺、新材料、新设备的运用，了解工程建设方面新的政策、法律、法规、标准、规范，不断提高执业能力和工作水平，这就需要注册监理工程师接受继续教育。

注册监理工程师应每年进行一定学时的继续教育，继续教育可采用脱产学习、集中听课、参加研讨会、工程项目管理现场参观、撰写专业论文等方式。

4. 注册监理工程师的资质管理

注册监理工程师在执业过程中必须严格遵纪守法。建设行政主管部门应加强对注册监理工程师的资质管理，国务院建设行政主管部门对注册监理工程师每年定期集中审批、年检一次，并实行公示、公告制度。对注册监理工程师的违法违规行为，应追究其责任，并根据不同情节给予必要的行政处罚，对注册监理工程师的违规行为及其处罚一般包括以下几个方面。

（1）对于未取得《中华人民共和国监理工程师执业资格证书》《中华人民共和国监理工程师注册执业证书》和执业印章，以注册监理工程师名义执业的人员，政府建设行政主管部门应予以取缔，并处以罚款；有违法所得的，予以没收。

（2）对于以欺骗手段取得《中华人民共和国监理工程师执业资格证书》《中华人民共和国监理工程师注册执业证书》和执业印章的人员，建设行政主管部门应吊销其证书，收回执业印章；情节严重的，3 年以内不允许考试及注册。

（3）注册监理工程师出借《中华人民共和国监理工程师执业资格证书》《中华人民共和国监理工程师注册执业证书》和执业印章，情节严重的，应吊销其证书，收回执业印章，3 年之内不允许考试和注册。

（4）注册监理工程师注册内容发生变更，未按照规定办理变更手续的，应责令其改正，并处以罚款。

（5）同时受聘于两个及两个以上单位执业的，应注销其《中华人民共和国监理工程师注册执业证书》，收回执业印章，并处以罚款；有违法所得的，没收其违法所得。

（6）对于注册监理工程师在执业中，因过错造成质量事故的，责令停止执业 1 年；造成重大质量事故的，吊销执业资格证书，5 年以内不予注册；情节特别恶劣的，终身不予注册。

2.2　监理企业

监理企业是指依法成立并取得国务院建设主管部门颁发的工程监理企业资质证书，从事建设工程监理活动的服务机构。本教材所提到的监理企业是指建设工程领域中从事建设工程监理服务的工程监理企业。

2.2.1　工程监理企业的设立

按照我国现行法律、法规规定，我国监理企业的组织形式包括：公司制监理企业、合伙监理企业、个人独资监理企业、中外合资监理企业与中外合作经营监理企业。

无论哪种形式的监理企业，要想开展正常的生产经营活动，必须具备一定的技术能力、一定的管理水平、固定的场所、一定数量的注册资本等，取得相应的监理企业资质证书并经国家工商行政管理机构登记注册后方可开业运营。

2.2.2　工程监理企业的资质管理

1. 工程监理企业的资质等级标准和业务范围

1）工程监理企业资质

工程监理企业资质是企业技术能力、管理水平、业务经验、经营规模、社会信誉等综合实力指标的体现。对工程监理企业进行资质管理制度是我国政府实行市场准入控制的有效手段。

工程监理企业应当按照所拥有的专业技术人员数量、工程监理业绩等资质条件申请资质，经审查合格，取得相应等级的资质证书后，才能在其资质等级许可的范围内从事工程监理活动。工程监理企业的注册资本不仅是企业从事经营活动的基本条件，也是企业清偿债务的保证。工程监理企业所拥有的专业技术人员数量主要体现在注册监理工程师的数量，这反映企业从事监理工作的工程范围和业务能力。工程监理业绩则反映工程监理企业开展监理业务的经历和成效。

【工程监理企业资质管理规定】

我国现行《工程监理企业资质管理规定》中规定，工程监理企业的资质按照等级分为综合资质、专业资质和事务所资质。其中，综合资质、事务所资质不分级别，专业资质按照不同的工程类别分为甲级、乙级；其中，房屋建筑、水利水电、公路和市政公用专业资质分为甲级、乙级和丙级。

2）工程监理企业的资质等级标准

（1）综合资质标准。

① 具有独立法人资格且具有符合国家有关规定的资产。

② 企业技术负责人应为注册监理工程师，并具有15年以上从事工程建设工作的经历或者具有工程类高级职称。

③ 具有5个以上工程类别的专业甲级工程监理资质。

④ 注册监理工程师不少于60人，注册造价工程师不少于5人，一级注册建造师、一级注册建筑师、一级注册结构工程师或者其他勘察设计注册工程师合计不少于15人次。

⑤ 企业具有完善的组织结构和质量管理体系，有健全的技术、档案等管理制度。

⑥ 企业具有必要的工程试验检测设备。

⑦ 申请工程监理资质之日前一年内没有发生《工程监理企业资质管理规定》第十六条禁止的行为。

⑧ 申请工程监理资质之日前一年内没有因本企业监理责任造成重大质量事故。

⑨ 申请工程监理资质之日前一年内没有因本企业监理责任发生三级以上工程建设重大安全事故或者发生两起以上四级工程建设安全事故。

（2）专业资质标准。

① 甲级资质标准内容如下。

（a）具有独立法人资格且具有符合国家有关规定的资产。

（b）企业技术负责人应为注册监理工程师，并具有15年以上从事工程建设工作的经历或者具有工程类高级职称。

（c）注册监理工程师、注册造价工程师、一级注册建造师、一级注册建筑师、一级注册结构工程师或者其他勘察设计注册工程师合计不少于25人次；其中，相应专业注册监理工程师不少于《专业资质注册监理工程师人数配备表》（表2-1）中要求配备的人数，注册造价工程师不少于2人。

（d）企业近2年内独立监理过3个以上相应专业的二级工程项目，但是，具有甲级设计资质或一级及以上施工总承包资质的企业申请本专业工程类别甲级资质的除外。

（e）企业具有完善的组织结构和质量管理体系，有健全的技术、档案等管理制度。

（f）企业具有必要的工程试验检测设备。

（g）申请工程监理资质之日前一年内没有发生《工程监理企业资质管理规定》第十六条禁止的行为。

（h）申请工程监理资质之日前一年内没有因本企业监理责任造成重大质量事故。

（i）申请工程监理资质之日前一年内没有因本企业监理责任发生三级以上工程建设重大安全事故或者发生两起以上四级工程建设安全事故。

② 乙级资质标准内容如下。

（a）具有独立法人资格且具有符合国家有关规定的资产。

（b）企业技术负责人应为注册监理工程师，并具有10年以上从事工程建设工作的经历。

（c）注册监理工程师、注册造价工程师、一级注册建造师、一级注册建筑师、一级注册结构工程师或者其他勘察设计注册工程师合计不少于15人次。其中，相应专业注册监理工程师不少于《专业资质注册监理工程师人数配备表》（表2-1）中要求配备的人数，注册造价工程师不少于1人。

（d）有较完善的组织结构和质量管理体系，有技术、档案等管理制度。

（e）有必要的工程试验检测设备。

（f）申请工程监理资质之日前一年内没有发生《工程监理企业资质管理规定》第十六条禁止的行为。

（g）申请工程监理资质之日前一年内没有因本企业监理责任造成重大质量事故。

（h）申请工程监理资质之日前一年内没有因本企业监理责任发生三级以上工程建设重大安全事故或者发生两起以上四级工程建设安全事故。

③ 丙级资质标准内容如下。

（a）具有独立法人资格且具有符合国家有关规定的资产。

（b）企业技术负责人应为注册监理工程师，并具有8年以上从事工程建设工作的经历。

（c）相应专业的注册监理工程师不少于《专业资质注册监理工程师人数配备表》（表2-1）中要求配备的人数。

（d）有必要的质量管理体系和规章制度。

（e）有必要的工程试验检测设备。

表2-1 专业资质注册监理工程师人数配备表　　　　　　　　　单位：人

序 号	工程类别	甲级	乙级	丙级
1	房屋建筑工程	15	10	5
2	冶炼工程	15	10	
3	矿山工程	20	12	
4	化工石油工程	15	10	
5	水利水电工程	20	12	5
6	电力工程	15	10	
7	农林工程	15	10	

序　号	工程类别	甲　级	乙　级	丙　级
8	铁路工程	23	14	
9	公路工程	20	12	5
10	港口与航道工程	20	12	
11	航天航空工程	20	12	
12	通信工程	20	12	
13	市政公用工程	15	10	5
14	机电安装工程	15	10	

注：表中各专业资质注册监理工程师人数配备是指企业取得本专业工程类别注册的注册监理工程师人数。

（3）事务所资质标准。

① 取得合伙企业营业执照，具有书面合作协议书。

② 合伙人中有 3 名以上注册监理工程师，合伙人均有 5 年以上从事建设工程监理的工作经历。

③ 有固定的工作场所。

④ 有必要的质量管理体系和规章制度。

⑤ 有必要的工程试验检测设备。

3）工程监理企业的业务范围

（1）综合资质。

可以承担所有专业工程类别建设工程项目的工程监理业务。

（2）专业资质。

① 专业甲级资质：可承担相应专业工程类别建设工程项目的工程监理业务（见《工程监理企业资质管理规定》附表 2）。

② 专业乙级资质：可承担相应专业工程类别二级以下（含二级）建设工程项目的工程监理业务（见《工程监理企业资质管理规定》附表 2）。

③ 专业丙级资质：可承担相应专业工程类别三级建设工程项目的工程监理业务（见《工程监理企业资质管理规定》附表 2）。

（3）事务所资质。

可承担三级建设工程项目的工程监理业务（见《工程监理企业资质管理规定》附表 2），但是，国家规定必须实行强制监理的工程除外。

工程监理企业可以开展相应类别建设工程的项目管理、技术咨询等业务。

2．工程监理企业的资质申请

工程监理企业申请资质，一般要到企业注册所在地的县级以上地方人民政府建设行政管理部门办理有关手续。新设立的工程监理企业申请资质，应当先到工商行政管理部门登记注册并取得企业法人营业执照后，才能到建设行政主管部门办理资质申请手续。

申请工程监理企业资质，需要提交以下材料。

（1）工程监理企业资质申请表（一式 3 份）及相应电子文档。

（2）企业法人、合伙企业营业执照。

（3）企业章程或合伙人协议。

（4）企业法定代表人、企业负责人和技术负责人的身份证明、工作简历及任命（聘用）文件。

（5）工程监理企业资质申请表中所列注册监理工程师及其他注册执业人员的注册执业证书。

（6）有关企业质量管理体系、技术和档案等管理制度的证明材料。

（7）有关工程试验检测设备的证明材料。

取得专业资质的企业申请晋升专业资质等级或者取得专业甲级资质的企业申请综合资质的，除上述规定的材料外，还应当提交企业原工程监理企业资质证书正、副本复印件，企业《监理业务手册》及近2年已完成代表性工程的监理合同、监理规划、工程竣工验收报告及监理工作总结。

3．工程监理企业的资质审批程序

工程监理企业申请综合资质、专业甲级资质的，要向企业工商注册所在地的省、自治区、直辖市人民政府建设主管部门提出申请。省、自治区、直辖市人民政府建设主管部门自受理申请之日起20日内初审完毕，将初审意见和全部申请材料报国务院建设主管部门，国务院建设主管部门应当自省、自治区、直辖市人民政府建设主管部门受理申请材料之日起60日内完成审查，公示审查意见，公示时间为10日。其中，涉及铁道、交通、水利、通信、民航等专业工程监理资质的，由国务院建设主管部门送国务院有关部门审核。国务院有关部门应当在20日内审核完毕，并将审核意见报国务院建设主管部门。国务院建设主管部门根据初审意见审批。

工程监理企业申请专业乙级、丙级资质和事务所资质的，由企业所在地省、自治区、直辖市人民政府建设主管部门审批。专业乙级、丙级资质和事务所资质许可延续的实施程序由省、自治区、直辖市人民政府建设主管部门依法确定。省、自治区、直辖市人民政府建设主管部门应当自做出决定之日起10日内，将准予资质许可的决定报国务院建设主管部门备案。

工程监理企业合并的，合并后存续或者新设立的工程监理企业可以承继合并前各方中较高的资质等级，但应当符合相应的资质等级条件。工程监理企业分立的，分立后企业的资质等级，根据实际达到的资质条件，按照本规定的审批程序核定。

4．工程监理企业的资质管理规定

为了加强对工程监理企业的资质管理，保障其依法经营，促进建设工程监理事业的健康发展，国家建设行政主管部门对工程监理企业资质管理工作制定了相应的管理规定。

1）工程监理企业资质管理机构及其职责

根据我国现阶段管理体制，我国工程监理企业的资质管理确定的原则是"分级管理，统分结合"，按中央和地方2个层次进行管理。

国务院建设行政主管部门负责全国工程监理企业资质的统一管理工作。涉及铁道、交通、水利、信息产业、民航等专业工程监理资质的，由国务院铁道、交通、水利、信息产业、民航等有关部门配合国务院建设行政主管部门实施资质管理工作。

省、自治区、直辖市人民政府建设行政主管部门负责本行政区域内工程监理企业资质的统一管理工作，省、自治区、直辖市人民政府交通、水利、通信等有关部门配合同级建设行政主管部门实施相关资质类别工程监理企业资质的管理工作。

2）资质审批实行公示公告制度

资质初审工作完成后，初审结果先在中国工程建设信息网上公示。经公示后，对于工程监理企业符合资质标准的，予以审批，并将审批结果在中国工程建设信息网上公告。实行这一制度的目的是提高资质审批工作的透明度，便于社会监督，从而增强其公正性。

工程监理企业不得有下列行为。

（1）与建设单位串通投标或者与其他工程监理企业串通投标，以行贿手段谋取中标。

（2）与建设单位或者施工单位串通弄虚作假，降低工程质量。

（3）将不合格的建设工程、建筑材料、建筑构配件和设备按照合格签字。

（4）超越本企业资质等级或以其他企业名义承揽监理业务。

（5）允许其他单位或个人以本企业的名义承揽工程。

（6）将承揽的监理业务转包。

（7）在监理过程中实施商业贿赂。

（8）涂改、伪造、出借、转让工程监理企业资质证书。

（9）其他违反法律、法规的行为。

2.2.3 工程监理企业的经营管理

1. 工程监理企业经营活动基本准则

工程监理企业从事建设工程监理活动，应当遵循"公平、独立、诚信、科学"的准则。

1）公平

公平，是指工程监理企业在监理活动中既要维护业主的利益，又不能损害承包商的合法利益，并依据合同公平合理地处理业主与承包商之间的争议。工程监理企业要做到公平，必须做到要具有良好的职业道德；要坚持实事求是；要熟悉有关建设工程合同条款；要提高专业技术能力；要提高综合分析判断问题的能力。

2）独立

独立，是指监理企业独立地对监理工作进行判断和行使职权。工程监理企业受建设单位的委托对工程项目质量、进度、投资、安全、信息等进行监督管理，是独立的第三方，其在监理工作时应能对工程项目进行独立的抽检和独立的评定等工作。

3）诚信

诚信，即诚实守信。这是道德规范在市场经济中的体现。它要求一切市场参加者在不损害他人利益和社会公共利益的前提下，追求自己的利益，目的是在当事人之间的利益关系的主要作用在于指导当事人以善意的心态、诚信的态度行使民事权利，承担民事义务，正确地从事民事活动。

工程监理企业应当建立健全企业的信用管理制度。信用管理制度主要有：建立健全合同管理制度；建立健全与业主的合作制度，及时进行信息沟通，增强相互间的信任感；建立健全监理服务需求调查制度，这也是企业进行有效竞争和防范经营风险的重要手段之一；建立企业内部信用管理责任制度，及时检查和评估企业信用的实施情况，不断提高企业信用管理水平。

4）科学

科学，是指工程监理企业要依据科学的方案，运用科学的手段，采取科学的方法开展监理工作。工程监理工作结束后，还要进行科学的总结。实施科学化管理主要体现在以下几个方面。

（1）科学的方案。工程监理的方案主要是指监理规划。其内容包括：工程监理的组织计划；监理工作的程序；各专业、各阶段监理工作的内容；工程的关键部位或可能出现重大问题的监理措施等。在实施监理前，要尽可能准确地预测出各种可能的解决办法，制定出切实可行、行之有效的监理实施细则，使各项监理活动都纳入计划管理的轨道。

（2）科学的手段。实施工程监理必须借助于先进的科学仪器才能做好监理工作，如各种检测、试验、化验仪器、摄录像设备及计算机等。

（3）科学的方法。监理工作的科学方法主要体现在监理人员在掌握大量的、确凿的有关监理对象及其外部环境实际情况的基础上，适时、妥帖、高效地处理有关问题，解决问题要用事实说话、用书面文字说话、用数据说话；要开发、利用计算机软件辅助工程监理工作。

2. 工程建设监理市场的开发

1）取得工程建设监理业务的基本方式

工程监理企业承揽监理业务的表现形式有两种：一是通过投标竞争取得监理业务；二是由业主直接委托取得监理业务。通过投标取得监理业务，是市场经济体制下比较普遍的形式。我国《招标投标法》明确规定，关系公共利益安全、政府投资、外资工程等项目实行监理必须招标。在不宜公开招标的机密工程或没有投标竞争对手的情况下，或者是工程规模比较小、比较单一的监理业务，或者是对原工程监理企业的续用等情况下，业主也可以直接委托工程监理企业。

2）工程监理企业业务的投标竞争

工程监理企业向业主提供的是监理服务，工程监理企业在投标竞争获得业务时所编制的投标书，其主要内容是针对拟监理项目所编制的监理大纲。业主委托的招标代理机构在工程监理招标评标时，应以监理大纲所体现的监理工作服务水平及所采取的监理方法、手段、措施等作为评标定标的重要依据，而不应把监理取费的高低作为确定中标监理企业的主要依据。作为工程监理企业，不应该以降低监理费作为竞争的主要手段，去承揽监理业务。

一般情况下，能够体现监理大纲中监理服务水平的内容包括：初步拟订的有针对性的工程监理工作指导思想，主要的管理措施、技术措施，拟投入的监理资源以及为搞好该项工程建设而向业主提出的原则性建议等。

2.2.4 工程监理费的计算

在市场经济条件下，建设工程监理活动是一种有偿的高智能服务。监理企业和监理人员为业主提供的监理服务应当合理合法地收取相应的费用。

1. 工程监理费的构成

建设工程监理费是指业主依据委托监理合同支付给监理企业的监理酬金。它是构成工程概（预）算的一部分，在工程概（预）算中单独列支。建设工程监理费由监理直接成本、监理间接成本、税金和利润4部分构成。

（1）监理直接成本。监理直接成本是指监理企业履行委托监理合同时所发生的成本。主要包括以下内容。

① 监理人员和监理辅助人员的工资、奖金、津贴、补助、附加工资等。

② 用于监理工作的常规检测工器具、计算机等办公设施的购置费和其他仪器、机械的租赁费。

③ 用于监理人员和辅助人员的其他专项开支，包括办公费、通信费、差旅费、书报费、文印费、会议费、医疗费、劳保费、保险费、休假探亲费等。

④ 其他费用。

（2）监理间接成本。监理间接成本是指全部业务经营开支及非工程监理的特定开支，具体内容包括以下内容。

① 管理人员、行政人员以及后勤人员的工资、奖金、补助和津贴。

② 经营性业务开支，包括为招揽监理业务而发生的广告费、宣传费、有关合同的公证费等。

③ 办公费，包括办公用品、报纸、期刊、会议、文印、上下班交通费等。

④ 公用设施使用费，包括办公使用的水、电、气、环卫、保安等费用。

⑤ 业务培训费、图书、资料购置费。

⑥ 附加费，包括劳动统筹、医疗统筹、福利基金、工会经费、人身保险、住房公积金、特殊补助等。

⑦ 其他费用。

（3）税金。税金是指按照国家规定，工程监理企业应交纳的各种税金总额，如营业税、所得税、印花税等。

（4）利润。利润是指工程监理企业的监理活动收入扣除监理直接成本、监理间接成本和各种税金之后的余额。

2. 监理费的计算方法

监理费的计算方法，一般由业主与工程监理企业协商确定。监理费的计算方法主要有以下几种。

1）按建设工程投资的百分比计算法

这种方法是按照工程规模的大小和所委托的监理工作的繁简，以建设工程投资的一定百分比来计算。这种方法比较简便，业主和工程监理企业均容易接受，也是国家制定监理取费标准的主要形式。采用这种方法的关键是确定计算监理费的基数。新建、改建、扩建工程以及较大型的技术改造工程所编制的工程概（预）算就是初始计算监理费的基数。工程结算时，再按实际工程投资进行调整。当然，作为计算监理费基数的工程概（预）算仅限于委托监理的工程部分。

2）工资加一定比例的其他费用计算法

这种方法是以项目监理机构监理人员的实际工资为基数乘以一个系数而计算出来的。这个系数包括了应有的间接成本和税金、利润等。除了监理人员的工资之外，其他各项直接费用等均由业主另行支付。一般情况下，较少采用这种方法，因为在核定监理人员数量和监理人员的实际工资方面，业主与工程监理企业之间难以取得完全一致的意见。

3）按时计算法

这种方法是根据委托监理合同约定的服务时间（计算时间的单位可以是小时，也可以是工作日或月），按照单位时间监理服务费来计算监理费的总额。单位时间的监理服务费一般是以工程监理企业员工的基本工资为基础，加上一定的管理费和利润（税前利润）。采用这种方法时，监理人员的差旅费、工作函电费、资料费以及试验和检验费、交通费等均由业主另行支付。这种计算方法主要适用于临时性的、短期的监理业务，或者不宜按工程概（预）算的百分比等其他方法计算监理费的监理业务。由于这种方法在一定程度上限制了工程监理企业潜在效益的增加，因而，单位时间内监理费的标准比工程监理企业内部实际的标准要高得多。

4）固定价格计算法

这种方法是指在明确监理工作内容的基础上，业主与监理企业协商一致确定的固定监理费，或监理企业在投标中以固定价格报价并中标而形成的监理合同价格。当工作量有所增减时，一般也不调整监理费。这种方法适用于监理内容比较明确的中小型工程监理费的计算，业主和工程监理企业都不会承担较大的风险。如住宅工程的监理费，可以按单位建筑面积的监理费乘以建筑面积确定监理总价。

3. 工程监理取费规定

监理企业的业务包括建设工程监理与相关服务，可以是提供建设工程项目施工阶段的质量、进度、投资、安全控制，合同、信息管理，组织协调等方面的服务，以及勘察、设计、设备监造、保修等阶段的相关工程服务。因此，建设工程监理与相关服务收费包括建设工程施工阶段的工程监理（以下简称"施工监理"）服务收费与勘察、设计、设备监造、保修等阶段的监理与相关服务（以下简称"其他阶段的相关服务"）收费。目前，我国有关部门关于工程监理取费的规定如下。

（1）施工监理收费一般按照建设项目工程概算投资额分档定额计费方法收费。其他阶段的相关服务收费一般按相关服务工作所需工日和《建设工程监理与相关服务人员人工日费用标准》的规定收费。

（2）施工监理收费按照下列公式计算。

施工监理收费 = 施工监理收费基准价 × （1 + 浮动幅度值）

施工监理收费基准价 = 施工监理收费基价 × 专业调整系数 × 工程复杂程度调整系数 × 附加调整系数

（3）施工监理收费基准价。施工监理收费基准价是按照本收费标准计算出的施工监理基准收费额，发包人与监理人根据项目的实际情况，在规定的浮动幅度范围内协商确定施工监理收费合同额。

（4）施工监理收费基价。施工监理收费基价是完成国家法律法规、行业规范规定的施工阶段基本监理服务内容的酬金。施工监理收费基价按《施工监理收费基价表》确定，计费额处于两个数值区间的，采用直线内插法确定施工监理收费基价。

（5）施工监理计费额。施工监理收费以建设项目工程概算投资额为计费额的，计费额为经过批准的建设项目初步设计概算中的建筑安装工程费、设备与工器具购置费和联合试运转费之和。

工程中有利用原有设备并进行安装调试服务的，以签订工程监理合同时同类设备的当期价格作为施工监理收费的计费额；工程中有缓配设备的，应扣除签订监理合同时同类设备的当期价格作为施工监理收费的计费额；工程中有引进设备的，按照购进设备的离岸价格折算成人民币价格作为施工监理收费的计费额。

施工监理收费以建筑安装工程费为计费额的，计费额为经过批准的建设项目初步设计概算中的建筑安装工程费。

作为施工监理收费计费额的建设项目工程概算投资额或建筑安装工程费均指每个监理合同中约定的工程项目范围的投资额。

（6）施工监理收费调整系数。施工监理收费标准的调整系数包括：专业调整系数、工程复杂程度调整系数和附加调整系数。

① 专业调整系数是对不同专业建设工程项目的施工监理工作复杂程度和工作量差异进行调整的系数。计算施工监理收费时，专业调整系数在《施工监理收费专业调整系数表》中查找确定。

② 工程复杂程度调整系数是对同一专业不同建设工程项目的施工监理复杂程度和工作量差异进行调整的系数。工程复杂程度分为一般、较复杂和复杂三个等级，其调整系数分别为：一般（Ⅰ级）0.85；较复杂（Ⅱ级）1.0；复杂（Ⅲ级）1.15。计算施工监理收费时，工程复杂程度在相应章节的《工程复杂程度表》中查找确定。

③ 附加调整系数是对施工监理的自然条件、作业内容，以及专业调整系数和工程复杂程度调整系数尚不能调整的因素进行补充调整的系数。附加调整系数分别列于总则和有关章节中。附加调整系数为两个或两个以上的，附加调整系数不能连乘。将各附加调整系数相加，减去附加调整系数的个数，再加上定值1，作为附加调整系数值。

在海拔高程超过2000m地区进行施工监理工作时，高程附加调整系数如下：

（a）海拔高程2000 ~ 3000m为1.1；

（b）海拔高程3001 ~ 3500m为1.2；

(c) 海拔高程 3500 ～ 4000m 为 1.3；

(d) 海拔高程 4001m 以上的，高程附加调整系数在以上基础上由发包人和监理人协商确定；

(e) 改扩建和技术改造建设工程项目，附加调整系数为 1.1 ～ 1.2。

（7）发包人将施工监理基本服务中的某一部分工作单独发包给监理人，则按照其占施工监理基本服务工作量的比例计算施工监理收费，具体比例由双方协商确定。

（8）建设工程项目施工监理由两个或者两个以上监理人承担的，各监理人按照其占施工监理基本服务工作量的比例计算施工监理收费。发包人委托其中一个监理人对建设工程项目施工监理总负责的，该监理人按照各监理人合计监理费的 5% ～ 7% 加收总体协调费。

监理企业的其他服务收费，国家有规定的，从其规定；国家没有收费规定的，由发包人与监理人协商确定。

本章小结

通过本章的学习，可以加深对各类监理人员的职责及监理企业的经营活动基本准则等内容的理解。

在对建设工程项目进行监理时，监理人员应明确自己的职责、法律责任，并具备相应的素质和职业道德。

在经营活动中，监理企业应了解资质等级与资质申请、审批程序；还应遵守"公平、独立、诚信、科学"的基本准则；并了解监理服务费的计取。

习题

一、思考题

1. 简述注册监理工程师的概念。

2. 简述对监理工程师素质的要求。

3. FIDIC 组织规定监理工程师的基本准则包括哪些内容？

4. 设立工程监理企业的基本条件是什么？

5. 简述如何理解工程监理企业经营活动的基本准则。

二、单项选择题

1. （　　）要对工程项目的安全监理负责，并根据工程项目特点，明确监理人员的安全监理职责。

　　A．法定代表人　　B．总监理工程师　　C．专业监理工程师　　D．安全监理人员

2. 监理工程师与监理员的主要不同点在于（　　）。

　　A．从事的工作内容不同　　　　　　B．监理工程师有岗位签字权

　　C．要求的具有的学历高低不同　　　D．从事工程建设项目年限不同

3. 下列行为与监理工程师的职业道德相违背的是（　　　）。

A．不在政府部门和施工、材料和设备的生产供应等单位兼职

B．不以个人名义承揽监理业务

C．坚持独立自主地开展工作

D．同时在两个监理单位注册和从事监理活动

4. 监理工程师初始注册有效期为（　　　）。

A．1 年　　　　B．2 年　　　　C．3 年　　　　D．4 年

5. 监理人员和监理辅助人员的工资、补助、津贴、附加工资、奖金等属于建设工程监理费的（　　　）。

A．直接成本　　B．间接成本　　C．税金成本　　D．利润

三、单项选择题

1. 根据《注册监理工程师管理规定》，完成规定学时的继续教育是注册监理工程师（　　　）的条件。

A．初始注册　　　　　　B．逾期初始注册　　　　　　C．变更注册

D．延续注册　　　　　　E．重新申请注册

2. 下列总监理工程师的职责中，不得委托给总监理工程师代表的有（　　　）。

A．组织工程竣工结算

B．组织工程竣工预验收

C．组织编写工程质量评估报告

D．组织审查施工组织设计

E．组织审核分包单位资格

3. 依据《注册监理工程师管理规定》，注册监理工程师可以从事（　　　）等业务。

A．工程监理

B．工程审价

C．工程经济与技术咨询

D．工程招标与采购咨询

E．工程项目管理服务

4. 根据《建设工程监理规范》(GB/T 50319—2013)，非工程类注册执业人员担任总监理工程师代表的条件有（　　　）。

A．中级及以上专业技术职称

B．大专及以上学历

C．3 年以上工程实践经验

D．接受过工程类或工程经济类高等教育

E．经过监理业务培训

5. 根据《建设工程监理规范》(GB/T 50319—2013)，专业监理工程师的职责有（　　　）。

A．进行工程计量

B．复核工程计量有关数据

C．检查进场的工程材料、构配件、设备的质量

D．检查施工单位投入工程的主要设备运行状况

E．组织审核分包单位资格

第3章

建设工程监理规划性文件

教学目标

本章重点介绍监理投标文件及监理大纲、监理规划的主要内容。通过本章的学习，应达到以下目标：

(1) 掌握监理规划的编制内容；

(2) 熟悉监理实施细则的概念和编制，以及监理规划编制的要求和依据；

(3) 了解监理文件的概念、监理大纲的作用及监理规划的作用。

教学要求

知识要点	能力要求	相关知识
建设监理大纲	(1) 了解监理文件的概念； (2) 熟悉监理招标文件及投标文件的各项内容； (3) 掌握监理大纲的作用	(1) 监理招标投标文件内容； (2) 监理大纲编制依据及内容； (3) 监理大纲的作用
建设工程监理规划	(1) 熟悉建设监理规划编制的要求及依据； (2) 掌握建设监理规划的作用	(1) 监理规划的作用； (2) 监理规划编制的要求及依据； (3) 监理规划的内容
监理实施细则	熟悉建设监理实施细则的概念及编制	(1) 监理实施细则的概念及任务； (2) 监理实施细则编制的程序及依据

基本概念

建设监理招标投标文件；建设监理大纲；建设监理规划；建设监理实施细则。

引例

某监理单位承接了一工程项目施工阶段监理工作。该建设单位要求监理单位必须在进场后的一个月内提交监理规划。监理单位因此立即着手编制工作。为了使编制工作顺利地在要求时间内完成，监理单位应收集的依据资料有哪些？监理规划的基本内容有哪些？

3.1 监理招标文件概述

建设工程监理招标是建设单位选择合适的监理投标人的过程，而建设工程监理投标则是监理企业力争获得监理业务的竞争过程。工程建设监理招标人和投标人均需按照工程建设项目招投标法律和法规的规定进行招标投标活动。在监理招标投标过程中应编制规范的招标文件和投标文件，以规范和约束招标人和投标人的工作行为。

工程项目监理招标人具有编制监理招标文件和组织监理工作评标的能力，且按照相关规定已经办理完成监理工作的前期有关手续，可以自行办理招标事宜。不具备自行编制监理招标文件和组织监理工作评标的能力的招标人，应当委托具有相应资格的工程招标代理机构代理招标，监理招标文件和评标由招标代理机构进行编制和组织。

招标文件的编制是整个招投标工作的开始，监理招标文件的编制质量是项目监理招标能否成功的前提条件。监理招标文件是招标人向监理投标人提供的为进行招标工作所必需的文件。监理招标文件既是投标人编制监理投标文件的依据，又是招标人及其评标机构确定监理中标人的依据和签订监理合同的基础。在整个监理工作过程中，监理招标文件的编制质量对建设单位能否选定最优的监理企业为自己提供优质的监理服务起着至关重要的作用。

1. 监理招标文件内容

工程监理招标文件应包括的内容如下。

（1）招标公告（或投标邀请书）。招标公告包括的内容：项目概况与工程监理招标范围；监理投标人资格要求；监理招标文件的获取；监理投标文件的递交；发布监理招标公告的媒介；联系方式。

专业性较强或需特殊监理资质等的监理工程项目，可以采用邀请招标的方式进行招标，需发出投标邀请书。

（2）投标人须知。主要包括对于要求监理项目概括的介绍和招标过程的各种具体要求。

① 总则。主要包括项目概况，业主基本情况、勘察设计单位情况、施工承包商情况，监理工作招标范围、监理工作时间、工作质量要求的描述，对实施监理过程中发生某些费用的承担、保密、语言文字等内容的约定。项目概况中还包括项目名称、建设地点以及招标代理机构的情况等。

② 招标文件。主要包括监理招标文件的构成以及澄清和修改的规定。

③ 投标文件。主要包括监理投标文件的组成，特殊监理服务要求，投标有效期和投标保证金（如果有的话）的规定，需要提交的资格审查资料，以及投标文件所应遵循的标准格式要求。

④ 投标。主要规定投标文件的密封和标识、递交、修改及撤回的各项要求。在此部分中应当确定投标人编制投标文件所需要的合理时间，即投标准备时间，是指自招标文件开始发出之日起至投标人提交投标文件截止之日止。

⑤ 开标。规定开标的时间、地点和程序。

⑥ 评标。说明评标委员会的组建方法，评标原则。

⑦ 合同授予。说明拟采用的定标时间，中标通知书的发出时间，合同的签订时限。

⑧ 重新招标和不再招标。规定重新招标和不再招标的条件。

⑨ 纪律和监督。主要包括对招标过程各参与方的纪律要求。

⑩ 需要补充的其他内容。

（3）评标。依据监理投标人的资质、提供的投标文件所反映的监理服务质量等，选择较优的监理投标人。

（4）合同条款及格式。包括本监理工程拟采用的通用合同条款、专用合同条款及需特殊说明的事项。

（5）投标文件的格式。提供监理投标文件编制所应依据的参考格式。

（6）规定的其他材料。如需要其他材料，应在投标人须知前附表中予以规定。

2. 监理招标文件编制要求

监理招标文件的编制应该遵循国家相关法律法规的要求，力求做到内容全面、条件合理、标准明确、文字规范简练。

1）内容全面

编制建设工程监理招标文件，必须注意文件内容的系统和完整，应当按照工程项目管理和国家有关法律法规政策规定，对监理招标投标工作中需涉及的所有问题做出细致周密的规定，最大限度地为投标人提供编制该工程监理所需的全部资料和要求，只有招标文件内容全面，才能确保该工程项目监理招投标各项工作的进行有据可依。

2）条件合理

条件合理主要是指招标文件中的合同条件应当具有合理性，有利于比较公正地维护招标人和投标人各方的利益。合同条件的规定应当按照我国现行《建设工程监理合同示范文本》或参照国际上通用的项目管理合同文本确定通用条件；专用条件应根据项目的特点和实际情况提出。

3）标准明确

标准明确是指招标人编制招标文件时，对投标人应具备的资质、监理服务工作内容范围、监理服务费用的计算、额外服务的补偿、投标文件的内容组成、评标的办法、合同授予等重要事项做出明确规定。

3.2　建设工程监理投标文件及监理大纲

监理企业是建筑市场主体之一，尽管其业务属于服务性质，但仍然如同其他性质的企业一样，需要进行生产经营活动，获取一定的经济利益。监理企业的生产经营活动可分为两部分：一部分是在监理市场上进行经营活动，另一部分是在建设工程项目监理现场进行生产活动。经营活动是开展监理工作的前提。

1. 监理企业在建筑市场上的投标经营活动

在我国逐步建立和完善社会主义市场经济体制的过程中，监理市场从无到有、从小到大，逐步规范化。同时，由于建筑市场对监理服务需求越来越大，促进了监理市场的蓬勃发展。监理企业数量的增加，规模的扩大，服务水平的提高，使监理市场日益体现出市场经济体制下企业的基本特性，即竞争性。这就要求监理企业将本企业的经营活动放在重要的位置。

监理企业开展生产经营活动的步骤如下。

第一步是按照监理企业组织机构设置的做法，由企业总经理或主管经营业务的经理亲自挂帅，以企业生产经营部门为主，进行投标经营活动。

第二步是在市场上通过各种信息渠道，收集、获得监理业务信息。比如，从国家有关发展计划部门、规划管理部门、建设行政主管部门以及基建业主单位、设计院、施工企业、咨询企业等获取监理业务信息。这些部门的管理工作、业务工作往往先于监理业务活动的开展，构成了获得监理业务信息的来源渠道。

第三步是在获得监理业务信息后，进行投标决策。投标决策包括两个方面：一是投标与否的决策，二是投标内容的决策。

监理企业在决定是否参加投标时，应考虑以下几个方面的问题。

(1) 承包监理项目任务的可行性与可能性。如本监理企业是否有能力承包该项目监理，能否抽调出监理人员、监理设备投入该项目监理，竞争对手是否有明显的优势，监理工程所在地域对自己是否有利等。

(2) 承包监理项目的可靠性。如项目的审批程序是否已经完成，资金是否已落实等。

(3) 监理项目的条件。如果业主信誉不好，承包条件苛刻，本企业难以满足其要求，则不宜参加投标。

现在，我国监理市场上，大中型建设项目，甚至大多数小型建设项目的业主都非常愿意以公开招标的方式优选监理企业。所以按照监理招标文件的要求，认真编制投标文件进行投标工作，是监理企业取得监理业务的重要条件。

2. 监理投标文件

当投标的监理企业获得招标信息，并做出计划投标的决定后，应组织监理企业相关部门和人员进行监理投标文件的编制。投标人应当按照监理招标文件的要求编制监理投标文件，投标文件应当对招标文件提出的实质性要求和条件做出响应。

监理投标文件是招标人判断投标人是否真诚愿意参加监理投标并尽力获得中标的依据，也是评标机构进行评审的依据，中标的投标文件还和招标文件一起成为招标人和中标人订立合同的法定依据，因此，投标人必须高度重视投标文件的编制和审定工作。

监理投标文件的内容与监理业务的性质密切相关。监理业务主要体现在为业主提供监理服务，而不像施工承包业务主要是完成施工安装任务，这就决定了监理投标文件是一个以技术标为主，商务标为辅的文件。其中，技术标的内容主要是监理大纲部分，商务标的内容主要是监理服务酬金或报价内容的部分。

1）监理投标文件的内容

监理投标文件应当包括下列内容。

(1) 投标函。

(2) 法定代表人身份证明或附有法定代表人身份证明的授权委托书。

(3) 投标保证金。

(4) 监理大纲。

(5) 资格审查资料。

(6) 规定应包含的其他材料。

上述投标文件的主要内容为监理大纲部分，具体内容在本节后边介绍。以下重点介绍监理投标文件中监理酬金的报价问题。

2）监理投标报价策略

因为投标书体现出的监理工作服务水平，主要是取决于投入所监理项目的监理人力资源、物质资源的数量和质量，当拟投入的监理人力资源、物质资源确定以后，监理酬金、报价的高低决策常考虑如下两个方面。

（1）遇到如下情况可提高监理投标报价：监理工作条件差的工程项目；专业要求高的技术密集型工程项目，监理企业对本工程项目有监理专长，声望信誉也较高；项目规模小的工程项目，以及本企业不愿承揽，又不方便不投标的工程项目；特殊的工程项目，监理风险较大，如港口码头、地下隧道开挖、矿井建设工程项目等；施工总承包力量薄弱的工程项目；工期短，进度快，要求组织协调工作复杂，短期内监理资源投入集中的工程项目；监理投标对手少的工程项目；业主支付监理费条件不理想的工程项目。

（2）遇到如下情况可降低监理投标报价：所监理工程项目监理工作条件好，监理工作简单、工作量小，一般监理企业都可以做、愿意做的工程项目；本监理企业目前急于打入某一市场、某一地区，或在该地区面临监理工作即将结束的工程项目；本企业在附近有监理工程，投标项目可利用附近工程监理资源或配合监理工作的工程项目；投标对手多，竞争激烈的工程项目；急需中标的工程项目；业主支付监理费条件好的工程项目。

当监理企业做出参与某项工程监理投标的决定以后，应综合考虑各方面的实际情况，按照招标文件的要求编制投标文件，积极参与投标工作。

3. 监理大纲

监理大纲是监理工作大纲的简称，有时也称监理方案，是监理投标文件的重要组成部分，是监理企业为承揽监理业务而编写的方案性文件。如果采用招标方式选择监理企业，监理大纲就可以作为投标书或投标书的主要组成部分。这是因为对一些小型建设项目，乃至大中型建设项目的监理投标而言，监理投标报价实质上是监理投标文件的非主要部分，通常认为是投标文件的次要部分，可以融合到监理工作方案中，所以监理大纲就作为监理投标文件的内容，而不需要单独提供投标报价商务标部分。另外，一些中小型建设项目，监理业务的发包采用邀请招标的方式，被邀请投标的单位有的不需要编制投标文件。此时，监理企业提供给业主一份监理大纲，既简单易行，又可作为取信于业主的资料。

1）监理大纲的作用

监理大纲是为了使业主认可监理企业所提供的监理服务，从而承揽到监理业务。尤其是通过公开招标竞争的方式获取监理业务时，监理大纲是监理单位能否中标、取信于业主最主要的文件资料。

监理大纲是为中标后监理单位开展监理工作制定的工作方案，是中标监理项目委托监理合同的重要组成部分，是监理工作总的要求。

2）监理大纲的编制要求

（1）监理大纲是体现为业主提供监理服务总的方案性文件，要求企业在编制监理大纲时，应在总经理或主管负责人的主持下，在企业技术负责人、经营部门、技术质量部门等密切配合下编制。

（2）监理大纲的编制应依据监理招标文件、设计文件及业主的要求编制。

（3）监理大纲的编制要体现企业自身的管理水平，技术装备等实际情况，编制的监理方案既要满足最大可能的中标，又要建立在合理、可行的基础上。因为监理单位一旦中标，投标文件将作为监理合同文件的组成部分，对监理单位履行合同具有约束效力。

3）监理大纲的编制内容

为使业主认可监理单位，充分表达监理工作总的方案，使监理单位中标，监理大纲的内容一般应包括如下几个方面。

（1）人员及资质。监理单位拟派往工程项目上的主要监理人员及其资质等情况介绍，如注册监理工程师资格证书、专业学历证书、职称证书等，可附复印件说明。作为投标书的监理大纲还需要有监理单位基本情况介绍，公司资质证明文件，如企业营业执照、资质证书、质量体系认证证书、各类获奖证书等复印件，加盖单位公章以证明其真实有效。

（2）监理单位工作业绩。监理单位工作经验及以往承担的主要工程项目，尤其是与招标项目同类型项目一览表，必要时可附上以往承担监理项目的工作成果：获优质工程奖、业主对监理单位好评等的复印件。

（3）拟采用的监理方案。根据业主招标文件要求以及监理单位所掌握了解的工程信息，制定拟采用的监理方案，包括监理组织方案、项目目标控制方案、合同管理方案、组织协调方案等，这一部分内容是监理大纲的核心内容。

（4）拟投入的监理设施。为实现监理工作目标，实施监理方案，投入监理项目工作所需要的监理设施。包括开展监理工作所需要的检测、检验设备，工具、器具；办公设施，如计算机、打印机、管理软件等；为开展组织协调工作提供监理工作后勤保障所需的交通、通信设施以及生活设施等。

（5）监理酬金报价。写明监理酬金总报价，有时还应列出具体标段的监理酬金报价，必要时应有依据地列出详细的计算过程。

此外，监理大纲中还应明确说明监理工作中向业主提供的反映监理阶段性成果的文件。

3.3 建设工程监理规划

建设工程监理规划是监理单位接受业主委托并签订建设工程监理合同及收到工程设计文件之后，监理工作开始之前编制的项目监理机构全面开展监理工作的指导性文件。

3.3.1 建设工程监理规划的作用

1. 指导工程项目监理机构全面开展监理工作的依据

建设工程监理的中心任务是协助业主实现项目总目标。实现项目总目标是一个全面、系统的过程，需要制订计划，建立组织机构，配备监理人员，投入监理工作所需资源，开展一系列行之有效的监控措施，只有做好这些工作才能完成好业主委托的建设工程监理任务，实现监理工作目标。委托监理的工程项目一般表现出投资规模大、工期长、所受的影响因素多、生产经营环节多，其管理具有复杂性、艰巨性、危险性等特点，这就决定了工程项目监理工作要想顺利实施，必须事先制订缜密的计划，做好合理的安排。监理规划就是针对上述要求所编制的指导监理工作开展的具体文件。

2. 业主确认监理单位是否全面、认真履行建设工程监理合同的主要依据

监理单位如何履行建设工程合同？委派到所监理工程项目的监理项目部如何落实业主委托监理单位所承担的各项监理服务工作？在项目监理过程中业主如何配合监理单位履行监理委托合同中自己的义务？作为监理工作的委托方，业主不但需要而且应当了解和确认指导监理工作开展的监理规划文件。监理工作开始前，按有关规定，监理单位要报送委托方一份监理规划文件，既明确地告诉业主监理人员如

何开展具体的监理工作，又为业主提供了用来监督监理单位有效履行委托监理合同的主要依据。

3. 建设行政主管部门对监理单位实施监督管理的重要依据

监理单位在开展具体监理工作时，主要是依据已经批准的监理规划开展各项具体的监理工作。所以，监理工作的好坏，监理服务水平的高低，很大程度上取决于监理规划，它对建设工程项目的形成有重要的影响。建设行政主管部门除了对监理单位进行资质等级核准，年度检查外，更重要的是对监理单位实际监理工作进行监督管理，以达到对工程项目进行管理的目的。而监理单位的实际监理水平主要通过具体监理工程项目的监理规划以及是否能按既定的监理规划实施监理工作来体现。所以，当建设行政主管部门对监理单位的工作进行检查以及考核、评价时，应当对监理规划的内容进行检查，并把监理规划作为实施监督管理的重要依据。

4. 促进工程项目管理过程中承包商与监理方之间协调工作

工程项目实施过程中，承包商将严格按照承包合同开展工作，而监理规划的编制依据就包括施工承包合同，施工承包合同和监理方的监理规划有着实现工程项目管理目标的一致性和统一性。在工程项目开工前编制的监理规划中所述的监理工作程序、手段、方法、措施等都应当与工程项目对应的施工流程、施工方法、施工措施等统一起来。监理规划确定的监理目标、程序、方法、措施等不仅是监理人员监理工作的依据，也应该让施工承包方管理人员了解并与之协调配合。如监理规划不结合施工过程实际情况，缺乏针对性，将起不到应有的作用；相反地，在施工过程中，让施工承包方管理人员了解并接受行之有效、科学合理的监理工作程序、方法、手段、措施，将会使工程项目的管理工作顺利地开展。

5. 建设工程项目重要的存档资料

随着我国工程项目管理及建设监理工作越来越规范化，体现工程项目管理工作的重要原始资料的监理规划无论作为建设单位竣工验收存档资料，还是作为体现监理单位自己监理工作水平的标志性文件都是极其重要的。按现行国家标准《建设工程监理规范》（GB/T 50319—2013）和《建设工程文件归档规范》（GB/T 50328—2014）规定，监理规划应在召开第一次工地会议前报送建设单位。监理规划是施工阶段监理资料的主要内容，在监理工作结束后应及时整理归档，建设单位应当长期保存，监理单位、城建档案管理部门也应当存档。

【建设工程文件归档规范】

3.3.2　监理规划的编制要求及依据

1. 监理规划的编制要求

监理规划的编制应针对工程项目的实际情况，明确项目监理机构的工作目标，确定具体的监理工作制度、程序、方法和措施，并应具有可操作性。监理规划编制应在签订委托监理合同及收到设计文件后，工程项目实施监理工作之前编制。

监理规划应由总监理工程师组织专业监理工程师编制，总监理工程师签字后由工程监理单位技术负责人审批。

2. 监理规划编制的依据

（1）建设工程的相关法律、法规、条例及项目审批文件。

（2）与建设工程项目有关的标准、规范、设计文件及有关技术资料。

（3）监理大纲、委托监理合同文件及与建设项目相关的合同文件。

3.3.3　监理规划的主要内容

1. 工程概况

工程概况主要应写明如下内容。

（1）工程项目特征：工程名称、地点、总投资、业主单位名称、工程设计、施工单位名称、主要材料、设备供货单位名称、总建筑面积等。

（2）工程项目合同概要：工程项目合同构成，如施工总包、分包合同情况，平行承包情况，物资采购合同情况，合同标段的划分等。

（3）工程项目的内容：工程范围与内容、项目组成情况及各部分建筑规模、主要工程项目结构类型、所选用的主要设备、主要装饰装修要求、工程做法等，可以用表格形式表示。

（4）预计工程投资情况：工程项目预计投资总额和工程项目投资组成情况，可用表格形式表示。

（5）工程项目计划工期：可以用工程项目的计划持续时间表示，如"__个月"或"__天"；也可以用项目的具体日历时间表示，如"工程项目计划工期由__年__月__日至__年__月__日"。

（6）工程项目质量等级：具体表明工程项目的质量目标要求，如国优、省优、部优、合格或其他；有时还可以对整个工程项目中某些特殊分部或分项工程提出具体质量要求。

（7）为便于工程项目管理现代化，借助计算机辅助管理，大中型建设工程项目有时绘制项目结构图，并进行编码。如从造价控制角度出发可以根据现行《建设工程工程量清单计价规范》（GB 50500—2013）给出的工程项目统一编码进行。

2. 监理工作范围、内容及目标

建设工程监理范围是指监理单位所承担监理任务的工程项目建设监理的范围。监理工作范围要根据委托监理合同的要求明确是全部工程项目，还是工程项目的某些事项或某些标段的建设监理。按照委托监理合同的规定，写明"三控制、两管理、一协调"方面业主的授权范围。

监理工作内容主要是依据业主和监理单位签订的委托监理合同的规定来确定，按照建设工程监理的实际情况，监理工作内容可以视具体情况编写。如委托建设工程项目全过程，监理应分别编写工程项目立项阶段、设计阶段、主要施工招标阶段、物资采购阶段、施工阶段以及竣工验收、保修使用等阶段的监理工作内容。下面对各阶段监理工作的内容做简要介绍。

1）工程项目立项阶段监理工作的主要内容

工程项目立项阶段，视业主委托监理单位具体工作情况而定，监理工作的深度、方式有所不同，具体的监理工作内容也有所不同。监理工作内容主要包括：协助业主编制项目建议书或审核项目建议书的各项内容；进行可行性研究工作，编制可行性研究报告或对可行性研究报告全部内容进行审核。

若委托监理单位对项目建议书及可行性报告进行审核，则应当将以下几个方面作为监理工作的主要内容。

（1）审核可行性研究报告是否符合国民经济发展的长远规划，国家经济建设方针政策。

（2）审核可行性研究报告是否符合项目建议书或业主的要求。

（3）审核可行性研究报告是否具有可靠的自然、经济、社会环境等基础资料和数据。

（4）审核可行性研究报告是否符合相关的技术经济方面的规范、标准和定额等指标。

（5）审核可行性研究报告的内容、深度和计算指标是否达到标准要求。

此外，在立项阶段监理单位视业主委托情况，还可协助业主办理投资许可、土地许可、规划许可等手续。

2）设计阶段监理工作的主要内容

（1）结合工程项目特点，收集设计所需的技术经济资料。

（2）编写设计要求文件。

（3）组织工程项目设计方案竞赛或设计招标，协助业主选择好设计单位，协助业主拟订和商谈设计委托合同内容。

（4）配合设计单位开展技术经济分析，选择好的设计方案，优化设计。

（5）配合设计进度、组织设计与有关部门（如消防、环保、土地、人防、建筑节能以及供水、供电、供气、供热、电信等部门）的协调工作。

（6）组织各设计单位的协调工作。

（7）参与主要的设备、材料的选型。

（8）审核工程设计概算、设计预算。

（9）审核主要设备、材料清单。

（10）审核工程项目设计图纸。

（11）检查和控制设计进度。

（12）配合施工图审查部门的审查工作。

（13）组织设计文件的报批等。

3）招投标阶段监理工作的主要内容

建设项目的招投标工作包括可行性研究、勘察设计、施工、主要物资采购乃至工程项目使用阶段物业管理等各项工作的招投标，业主可委托监理单位完成其中几项或全部工作的咨询监理工作。在各阶段工作的招投标过程中，监理工作的主要内容应包括以下几方面。

（1）协助业主拟订工程项目招标文件或招标方案。

（2）协助业主完成招标的准备工作，使其具备招标条件，发布招标信息。

（3）协助业主对投标单位进行考察，办理有关的招标申请手续。

（4）协助业主组建评标组织机构，组织并参与开标、评标、定标工作。

（5）协助业主或亲自组织有关的现场勘察、答疑会，回答投标人提出的问题。

（6）协助业主与投标单位商签合同等。

4）物资采购供应阶段监理工作的主要内容

建设工程项目所需的大宗设备、材料、物资等，有时委托施工承包商采购，有时业主直接负责采购。

对于施工承包商采购的情况，监理工作的主要内容包括：审查施工承包商编制的采购方案，方案要明确设备采购的原则、范围、内容、程序、方式和方法，对采购方案中采购设备的类型、数量、质量要求、周期要求、市场供货情况、价格控制要求等因素进行审查。

对于业主直接采购的情况，监理工作的主要内容包括：协助业主编制设备、材料、物资采购方案，制订设备、材料、物资供应计划和相应的资金需求计划；协助业主优选供货厂商，参与生产厂商的考察，走访现有使用单位；协助业主商签订货合同，督促并监督合同的实施等。

5）施工阶段监理工作的主要内容

施工阶段监理工作的主要内容包括进行施工阶段质量控制、进度控制、造价控制、合同管理、信息管理以及组织协调工作。

工程项目建设监理目标通常用工程项目建设的投资、进度（工期）、质量三大控制目标来表示，即工程项目建设的目标就是监理工作的目标。

（1）造价控制目标：以__年预算为基价，静态投资为__万元（合同承包价为__万元）。在施工阶段，视工程施工承包合同形式，造价控制目标可能是一笔包死的固定总价，也可能是可调整的动态造价控制数额。

（2）进度控制目标：按施工承包合同规定，建设工程项目总工期为__个月，或__年__月__日至__年 __月__日。有时可能对整个工程项目的某些单位工程或分部、分项工程提出工期、进度要求。

（3）质量控制目标：按施工承包合同规定的质量目标，可以是国优、省优、部优或合格。有时可能对工程项目所包含的某些单位或分部、分项工程规定其质量目标。

3. 监理工作的依据

建设工程项目各阶段监理工作的依据各不相同。如施工阶段监理工作的依据应包括：现行有关建设工程的法律、法规、条例，与建设工程项目相关的规范、标准，施工承包合同、监理委托合同，已经审查批准的施工图设计文件等。

4. 监理组织形式、人员配备及进退场计划、监理人员岗位职责

监理单位履行委托监理合同时，必须建立项目监理机构。施工阶段必须在施工现场建立项目监理机构。项目监理机构的组织形式和规模，应依据委托监理合同规定的服务内容、服务期限、工程类别、规模、技术复杂程度、工程环境等因素确定。按照建设工程监理应实行总监理工程师负责制的规定，一个项目监理机构应设置一名总监理工程师，根据项目具体情况可设一名或数名总监理工程师代表，也可不设总监理工程师代表。有的监理机构还可设置总监理工程师办公室，下设满足不同监理工作需要的监理组。监理组可以按工程项目专业分为土建、安装等专业工程监理组；可以按监理工作内容分为质量、投资、进度控制监理组，合同信息资料管理组；也可以按委托监理合同的不同标段划分监理组。

项目监理机构的人员应包括总监理工程师、专业监理工程师和监理员，必要时可配备总监理工程师代表。监理工作中有其他特殊需求时应配备相应的专业人员，如材料取样见证员、微机管理员，这些人员一般可由监理员等兼任。项目监理机构的监理人员应专业配套，数量满足项目监理工作的需要，考虑到配合施工管理的需要如高空作业、夜班作业等，监理人员应老中青相结合。

监理机构及人员的配备是为了满足监理工作的需要，而监理工作是针对工程项目实施而言的，因此监理组织机构及监理人员可以随工程项目进展情况进行动态调整，如专业人员的调换，人员数量的增减等。土建工程的施工阶段，现场以土建专业监理人员为主，只需少数安装专业监理人员配合；安装工程施工阶段则以安装专业监理人员为主，土建专业监理人员配合；在主体结构等资源消耗集中的施工高峰期间，配备的监理人员应多些，在竣工验收扫尾阶段配备的监理人员可少些。

监理规划中应将项目监理机构中的各类监理人员的岗位职责应按照《建设工程监理规范》（GB/T 50319—2013）中的规定详细列出。

项目监理机构在完成委托监理合同约定的监理工作后方可撤离施工现场。

5. 监理工作制度

1）设计阶段监理工作制度

（1）设计大纲、设计任务书编号及审核制度。

（2）设计委托合同管理制度。

（3）设计咨询制度。

（4）工程概算、预算审核制度。

（5）施工图纸审核制度。

（6）设计费用支付签署制度。

（7）设计协调会及会议纪要制度。

（8）设计备忘录签发制度等。

2）施工阶段监理工作制度

（1）施工图纸会审及设计交底制度。

（2）施工组织设计审核制度。

（3）工程开工申请制度。

（4）工程材料、半成品质量检验制度。

（5）分部分项工程和隐蔽工程质量验收制度。

（6）技术复核制度。

（7）技术经济签证制度。

（8）设计变更处理制度。

（9）现场协调会及会议纪要签发制度。

（10）施工备忘录签发制度。

（11）施工现场紧急情况处理制度。

（12）工程款支付签审制度。

（13）工程索赔签审制度等。

3）项目监理组织内部工作制度

（1）监理组织工作会议制度。

（2）对外行文审批制度。

（3）监理工作日志制度。

（4）监理月报、周报制度。

（5）技术、经济资料及档案管理制度。

（6）监理费用预算制度等。

（7）项目监理组织内部工作制度是在建设工程不同阶段的监理工作都应建立、执行的制度。

6. 工程质量控制

监理规划中关于工作质量控制的内容应按照《建设工程监理规范》（GB/T 50319—2013）相关规定的内容并结合工程的实际情况进行编写，主要包括以下几方面。

（1）确定工程质量控制工作程序。

（2）针对工程项目的特点及实际情况，编写工程事前、事中、事后的质量控制措施。

（3）编写质量控制措施，包括组织措施、技术措施、经济措施及合同措施等。

（4）根据工程实际情况编写工程施工难点和质量控制要点。

7. 工程造价控制

监理规划中关于工作造价控制的内容应按照《建设工程监理规范》（GB/T 50319—2013）相关规定的内容并结合工程的实际情况进行编写，主要包括以下内容。

（1）监理单位在《建设工程施工合同》签订后，监理人员在研究、分析合同内容后，应确定具体造价控制方法。

① 制订各阶段资金使用计划，并严格进行付款控制，做到不多付、不少付、不重复付。

② 严格控制变更，力求减少变更费用。

③ 研究确定预防费用索赔措施，以避免对方不合理的索赔量。

④ 及时处理费用索赔，并协助建设单位进行反索赔。

⑤ 根据有关合同要求及建设单位责任，协助做好应由建设单位方完成的与工程进展密切相关的各项工作，如按期提交合格施工现场，及时提供设计文件等。

⑥ 做好工程计量工作。

⑦ 审核施工单位提交的工程结算书。

(2) 工程造价控制的措施。

① 组织措施。

(a) 在项目管理班子中落实造价控制的人员、任务分工和职能分工。

(b) 编制本阶段造价控制工作计划和详细的工作流程图。

② 经济措施。

(a) 审查资金使用计划，确定分解造价控制目标。

(b) 进行工程计量。

(c) 复核工程付款账单，签发付款证书。

(d) 在施工过程中进行投资跟踪控制，定期进行投资实际支出值与计划目标值的比较，发现偏差，分析产生偏差的原因，采取纠正措施。

(e) 对工程施工过程中的投资支出做好分析与预测，经常或定期向建设单位提交造价控制及其存在问题的报告。

③ 技术措施。

(a) 对设计变更进行经济技术比较，严格控制设计变更。

(b) 继续寻找通过设计挖潜节约投资的可能性。

(c) 审核施工单位编制的施工组织计划，对主要施工方案进行技术经济分析。

④ 合同措施。

(a) 做好工程施工记录，保存各种文件图纸，特别是注有实际施工变更情况的图纸，注意积累素材，为正确处理可能发生的索赔提供依据，参与处理索赔事宜。

(b) 参与合同修改补充工作，着重考虑它对造价控制的影响。

8. 工程进度控制

监理规划中关于工作进度控制的内容应按照《建设工程监理规范》(GB/T 50319—2013) 相关规定的内容并结合工程的实际情况进行编写，主要包括以下几方面。

(1) 确定工程进度控制工作程序。

(2) 在《建设工程施工合同》中约定的合同工期基础上，对其进行动态控制，力争工程项目按期完成。

① 根据施工招标和施工准备阶段的工程信息，进一步完善项目控制性进度计划，并据此进行施工阶段进度控制。

② 审查施工单位施工进度计划，确认其可行性并满足项目控制性进度计划要求。

③ 制订建设单位方材料和设备供应进度计划并进行控制，使其满足施工要求。

④ 审查施工单位进度控制报告，督促施工单位做好施工进度控制。

⑤ 对施工进行跟踪，掌握施工动态。

⑥ 研究制定预防工期索赔的措施，做好处理工期索赔的工作。

⑦ 在施工中，做好对人力、材料、机具、设备的投入控制工作以及转换控制工作，信息反馈、对比和纠正工作。

⑧ 开好进度协调会议，及时协调有关各方关系，使工程施工顺利进行。

（3）进度控制的措施。

① 组织措施。

（a）落实进度控制的责任。

（b）建立进度控制协调制度。

② 技术措施。

（a）建立网络计划和施工作业计划体系，增加同时作业的施工面。

（b）采用高效能的施工机械设备。

（c）采用施工新工艺、新技术。

（d）缩短工艺时间和工序间的技术间歇时间。

③ 经济措施。

（a）对工期提前者实行奖励。

（b）确保资金的及时拨付。

④ 合同措施。

按合同要求及时协调有关各方的进度，以确保项目形象进度。

9. 安全生产管理的监理工作

监理规划中关于安全生产管理的监理工作的内容应按照《建设工程监理规范》（GB/T 50319—2013）相关规定的内容并结合工程的实际情况进行编写，主要内容如下。

（1）总监理工程师负责组织审查施工组织设计中有关安全与文明施工的措施及专项安全施工方案，审核施工单位是否已申请安全监督。

（2）当被监理的工程项目存在危险性较大的分部分项工程时，监理人员应要求施工单位在危险性较大的分部分项工程施工前编制专项方案；对于超过一定规模的危险性较大的分部分项工程，施工单位应当组织专家对专项方案进行论证。

监理单位应当将危险性较大的分部分项工程列入监理规划和监理实施细则，应当针对工程特点、周边环境和施工工艺等，制定安全监理工作流程、方法和措施。

监理单位应当对专项方案实施情况进行现场监理；对不按专项方案实施的，应当责令整改，施工单位拒不整改的，应当及时向建设单位报告；建设单位接到监理单位报告后，应当立即责令施工单位停工整改；施工单位仍不停工整改的，建设单位应当及时向住房和城乡建设主管部门报告。

（3）总监理工程师组织专业监理工程师检查施工单位的安全措施落实情况，重点如下。

① 拆除工程的安全。

② 临时、临边设施的安全。

③ 施工用电安全。

④ 施工机械使用安全。

⑤ 高空作业安全。

⑥ 消防安全。

（4）专业监理工程师日常巡查工地人员的安全情况，包括安全防护措施、安全防护用具、机械设备、施工机具和配件、安全防护服装和文明施工、安全教育情况，发现问题，及时警告施工单位，并要求及时纠正。

（5）总监理工程师应定期组织工地安全与文明施工检查，发现问题，及时警告施工单位，并要求及时纠正。

（6）总监理工程师组织做好自然灾害的预防工作，审查施工单位的应急救援预案和应急救援体系。

（7）总监理工程师及时组织落实安全整改措施。

（8）安全生产、文明施工管理体系、机构。

（9）安全生产管理的监理工作内容及要点。

10. 合同与信息管理

监理规划中关于合同与信息管理的内容应按照《建设工程监理规范》（GB/T 50319—2013）相关规定的内容并结合工程的实际情况进行编写，主要应包括以下几方面。

（1）项目监理机构依据建设工程监理合同约定进行施工合同管理，处理工程暂停及复工、工程变更、索赔及施工合同争议、解除等事宜。施工合同终止时，项目监理机构协助建设单位按施工合同约定处理施工合同终止的有关事宜。

（2）为了进行比较分析及采取措施来控制项目投资目标、质量目标、进度目标及合同管理目标，监理工程师首先应掌握有关项目四大目标的计划值，应了解四大目标的执行情况，并充分掌握分析处理这两个方面的信息，对工程实施最优化控制。因此监理工程师在工程施工各个阶段，都必须充分地收集信息，加工整理信息，及时做出科学合理的决策。在信息管理中应做到以下几方面。

① 项目监理部建立完善监理文件资料管理制度。

② 监理文件资料的收集、整理、编制、传递应及时、准确、完整。

③ 项目监理部采用计算机技术进行监理文件资料管理，实现监理文件资料管理的科学化、程序化、规范化，工程竣工后提交电子版监理资料。

④ 监理文件资料的内容符合《建设工程监理规范》（GB/T 50319—2013）中关于监理文件资料内容的要求。

⑤ 项目监理部应及时整理、分类汇总监理文件资料，符合《建设工程监理规范》（GB/T 50319—2013）及《建设工程文件归档整理规范》（GB/T 50328—2014）中关于监理文件资料归档的要求。

监理部应根据工程特点和有关规定，保存监理档案，在工程竣工后及时向公司、档案馆移交需要存档的监理文件资料。

11. 组织协调

监理规划中组织协调的内容应包括以下几个方面。

（1）项目监理机构内部的协调。

（2）与业主协调。

（3）与承包方协调。

（4）与设计单位协调。

（5）与政府部门及其他单位协调。

12. 监理工作设施

根据监理工作的任务、要求及监理大纲中承诺为项目监理部投入监理资源的情况，为项目监理部所配置的办公设施，如计算机、打印机、管理软件；开展监理服务所需的检测试验设备、仪器、仪表、工具、器具等；开展监理工作所需的有关文件、资料，如现行规范、标准、图集、手册等；监理工作所必要的交通、通信设施，如汽车、电话等；监理人员生活必需的设施、劳动保护设施；等等。

对一些特殊的监理工程项目，业主应提供委托监理合同约定的满足监理工作需要的办公、检验检测、交通、通信、生活等设施。项目监理机构应妥善保管和使用业主提供的设施，并应在完成监理工作后移交业主。

3.3.4 监理规划的调整与审批

在实施建设工程监理过程中，实际情况或条件发生变化而需要调整监理规划时，应由总监理工程师组织，专业监理工程师研究修改，按原报审程序经过批准后报送建设单位，并按重新批准后的监理规划开展监理工作。

3.4 监理实施细则

1. 监理实施细则的概念与任务

监理实施细则是监理工作实施细则的简称，是针对工程项目中某一专业或某一方面建设工程监理工作的操作性文件。监理实施细则应符合监理规划的要求，并应结合工程项目的专业特点，做到详细、具体、具有可操作性。

对专业性较强、危险性较大的分部分项工程，项目监理机构应编制监理实施细则。监理实施细则应在相应工程施工开始前由专业监理工程师编制，并应报总监理工程师审批。

为了使编制的监理实施细则详细、具体、具有可操作性，根据监理工作的实际情况，监理实施细则应针对工程项目实施的具体对象、具体时间、具体操作、管理要求等，结合项目管理工作的监理工作目标、组织机构、职责分工，配备监理设备资源等，明确在监理工作过程中应当做哪些工作、由谁来做这些工作、在什么时候做这些工作、在什么地方做这些工作、如何做好这些工作等。例如，实施某项重要分项工程质量控制时，应明确该分项工程的施工工序组成情况，并把所有工序过程作为控制对象；明确由项目监理组织机构中具体由哪一位监理员去实施监控；规定在施工过程中平行、巡视、检查方式；规定当承包商专业队组自检合格并进行工序报验时，实施检查；规定到工序施工现场进行巡视、检查、核验；规定该工序或分项工程用什么测试工具、仪器、仪表检测；检查哪些项目、内容；规定如何检查；检查后如何记录；如何与规范要求、设计要求的标准相比较得出结论；等等。

2. 监理实施细则概述

1）监理实施细则的编制程序

（1）监理实施细则应在相应工程施工开始前编制完成，并经总监理工程师审批。

（2）监理实施细则应由专业监理工程师编制。

2）监理实施细则的编制依据

（1）监理规划。

（2）工程建设标准、工程设计文件。

（3）施工组织设计、（专项）施工方案。

3）监理实施细则的主要内容

（1）专业工程特点。

（2）监理工作流程。

（3）监理工作要点。

（4）监理工作方法及措施。

监理实施细则的内容应体现出针对性强、可操作性强、便于实施的特点。

4）监理实施细则的管理

对于一些小型的工程项目或大中型工程项目中技术简单，便于操作和便于控制，能保证工程质量和投资的分部、分项工程或专业工程，若有比较详细的监理规划或监理规划深度满足要求时，可不再编制监理实施细则。监理实施细则在执行过程中，应根据实际情况进行补充、修改和完善，但其补充、修改和完善需经总监理工程师批准。

监理实施细则是开展监理工作的重要依据之一，最能体现监理工作服务的具体内容、具体做法，是体现全面、认真开展监理工作的重要依据。按照监理实施细则开展监理工作并留有记录、责任到人，也是证明监理单位为业主提供优质监理服务的证据，是监理归档资料的组成部分，是建设单位长期保存的竣工验收资料内容，也是监理单位、城建档案管理部门归档资料内容。

本 章 小 结

通过本章的学习，了解开展监理业务活动与指导监理工作的主要文件有：监理招标文件、监理投标文件及监理大纲、监理规划、监理实施细则。

监理大纲和监理规划对开展监理工作有十分重要的作用，监理工程师应熟悉监理规划的编制要求、依据、内容以及监理实施细则的编制。

习 题

一、思考题

1. 监理投标文件包括哪几方面的内容？

2. 监理大纲的作用是什么？

3. 监理规划的内容有哪些？

4. 什么是监理实施细则？

5. 监理实施细则的主要内容有哪些？

二、单项选择题

1. 建设工程监理投标文件的核心是（　　）。

　　A．监理实施细则

　　B．监理大纲

    C．监理服务报价单

    D．监理规划

2．下列文件中，由专业监理工程师编制并报总监理工程师批准后实施的操作性文件是（　　）。

    A．监理规划

    B．监理实施细则

    C．监理大纲

    D．监理月报

3．编制建设工程监理规划需满足的要求是（　　）。

    A．基本构成内容和具体内容都具有针对性

    B．基本构成内容和具体内容都应当力求统一

    C．基本构成内容应力求统一，具体内容应有针对性

    D．基本构成内容应有针对性，具体内容应力求统一

4．监理规划中，建立健全项目监理机构，完善职责分工，落实质量控制责任，属于质量控制的（　　）措施。

    A．技术　　　　　B．经济　　　　　　　C．合同　　　　　　　　D．组织

5．依据《建设工程监理规范》，监理实施细则的主要内容包括（　　）。

    A．项目监理机构的组织形式

    B．监理工作的控制要点及目标值

    C．监理设施

    D．监理工作制度

三、多项选择题

1．建设工程监理招标方案中需要明确的内容有（　　）。

    A．监理招标组织

    B．监理标段划分

    C．监理投标人条件

    D．监理招标工作进度

    E．监理招标程序

2．工程监理单位编制投标文件应遵循的原则有（　　）。

    A．明确监理任务分工

    B．响应监理招标文件要求

    C．调查研究竞争对手投标策略

    D．深入领会招标文件意图

    E．尽可能使投标文件内容深入而全面

3．根据《建设工程监理规范》(GB/T 50319—2013)，监理实施细则应包含的内容有（　　）。

    A．监理实施依据

    B．监理组织形式

    C．监理工作流程

    D．监理工作要点

    E．监理工作方法

4. 对建设工程监理规划中项目监理机构人员配备方案审查的主要内容应当包括（　　　）。

　　A．组织形式是否与项目承发包模式相协调

　　B．监理人员的职责分工是否合理

　　C．监理人员的专业满足程度

　　D．监理人员的数量满足程度

　　E．派驻现场人员计划是否与工程进度计划相适应

5. 编制监理规划的依据有（　　　）。

　　A．施工组织设计

　　B．工程建筑法律法规

　　C．工程建设文件

　　D．工程建设合同

　　E．监理合同

四、案例分析题

某工程，实施过程中发生如下事件。

事件1：监理合同签订后，监理单位法定代表人要求项目监理机构在收到设计文件和施工组织设计后方可编制监理规划；同意技术负责人委托具有类似工程监理经验的副总工程师审批监理规划；不同意总监理工程师拟定的担任总监理工程师代表的人选，理由是：该人选仅具有工程师职称和5年工程实践经验，虽经监理业务培训，但不具有注册监理工程师资格。

事件2：专业监理工程师在审查施工单位报送的工程开工报审表及相关资料时认为：现场质量、安全生产管理体系已建立，管理及施工人员已到位，进场道路及水、电、通信条件满足开工要求，但其他开工条件尚不具备。

事件3：施工过程中，总监理工程师安排专业监理工程师审批监理实施细则，并委托总监理工程师代表负责调配监理人员、检查监理人员工作和参与工程质量事故的调查。

事件4：专业监理工程师巡视施工现场时，发现正在施工的部位存在安全事故隐患，立即签发《监理通知单》，要求施工单位整改，施工单位拒不整改，总监理工程师拟签发《工程暂停令》，要求施工单位停止施工，建设单位以工期紧为由不同意停工，总监理工程师没有签发《工程暂停令》，也没有及时向有关主管部门报告。最终因该事故隐患未能及时排除而导致严重的生产安全事故。

问题：

（1）指出事件1中监理单位法定代表人的做法有哪些不妥，分别写出正确做法。

（2）指出事件2中工程开工还应具备哪些条件。

（3）指出事件3中总监理工程师的做法有哪些不妥，分别写出正确做法。

（4）分别指出事件4中建设单位、施工单位和总监理工程师对该生产安全事故是否承担责任，并说明理由。

【第3章习题答案】

第4章
建设工程组织协调

 **教学目标**

本章主要讲述项目组织的基本理论和相关知识，建设工程监理委托模式与实施程序，项目监理组织机构及人员配备等内容。通过本章的学习，应达到以下目标：

（1）理解和掌握组织论中关于组织、组织构成和组织设计原则等内容；

（2）熟悉项目监理组织设置的内容和常用的几种项目监理组织形式及其优缺点；

（3）了解建设工程监理委托模式与实施程序，以及项目监理组织机构及人员配备；

（4）理解和掌握项目监理组织协调的内容。

教学要求

知识要点	能力要求	相关知识
组织的基本原理	（1）理解组织概念、组织构成和组织设计及组织活动的基本原则； （2）熟悉几种常用监理组织形式的特点及适用条件	（1）组织、组织构成因素、组织设计原则、组织活动基本原理； （2）直线制监理组织、职能制监理组织、直线职能制监理组织、矩阵制监理组织
建设工程监理委托模式与实施程序，项目监理组织机构及人员配备	（1）了解建设工程监理委托模式与实施程序、原则； （2）熟悉项目监理组织机构及人员配备	（1）平行承发包模式条件下的监理委托模式，设计或施工总分包模式条件下的监理委托模式，项目总承包模式条件下的监理委托模式； （2）建设工程监理实施程序和原则； （3）选择监理组织形式、确定管理层次和管理跨度、划分项目监理机构部、制定岗位职责和考核标准、安排监理人员
监理组织协调	理解掌握项目监理组织协调重要作用及其内容和方法	组织协调、内部协调、远外层和近外层协调

基本概念

组织；管理跨度、管理层次、管理部门、管理职能；组织活动基本原理；监理组织协调。

在项目监理的实施过程中，采取何种组织形式对于工程监理项目的顺利实施有着极其重要的意义。如果采取不适合工程监理项目的组织模式或者监理组织协调工作没有做好，则将会对项目的监理作用存在巨大的阻碍作用。

例如，某公司是从事建筑工程监理和咨询的大型专业化公司，公司技术力量雄厚，在社会上有良好的声誉，每年可以接到大量的工程业务。为更好地管理工程项目，该公司成立了合同信息部、质量部、进度部、安全部、预算（财务）部，每个部门都配备了专业技术人员，为各监理项目提供人员和技术支持；同时，针对具体的工程项目，又成立了相应的项目监理部。当有工程监理任务时，就从不同的职能部门中抽调人员组成项目监理部，由项目总监统一管理，当项目监理任务完成时，项目成员再回到原职能部门去。公司的日常工作则以项目监理为中心，项目施工时，由职能部门确定技术支持和资源的调配，保证项目监理部正常运行。但是，职能部门经理在参与项目监理工作的过程中，常常与项目总监发生矛盾。

4.1 组织的基本原理（组织论）

工程项目组织的基本原理就是组织论，它是关于组织应当采取何种组织结构才能提高效率的观点、见解和方法的集合。组织论主要研究系统的组织结构模式和组织分工，以及工作流程组织，它是人类长期实践的总结，是管理学的重要内容。

一般认为，现代的组织理论研究分为两个相互联系的分支学科，一是组织结构学，它主要侧重于组织静态研究，目的是建立一种精干、高效、合理的组织结构；二是组织行为学，它侧重于组织动态的研究，目的是建立良好的组织关系。本节主要介绍组织结构学的内容。

【组织行为学】

4.1.1 组织与组织构成因素

1. 组织

"组织"一词的含义比较宽泛，在组织结构学中，它表示结构性组织，是为了使系统达到特定目标而使全体参与者经分工协作及设置不同层次的权力和责任制度构成的一种组合体，如项目组织、企业组织等。组织包含 3 个方面的意思：

（1）目标是组织存在的前提；

（2）组织以分工协作为特点；

（3）组织具有一定层次的权力和责任制度。

工程项目组织是指为完成特定的工程项目任务而建立起来的，从事工程项目具体工作的组织。该组织是在工程项目建设期内临时组建的，是暂时的，只是为完成特定的目的而成立。工程项目中，由目标产生工作任务，由工作任务决定承担者，由承担者形成组织。

2. 组织构成因素

一般来说，组织由管理层次、管理跨度、管理部门、管理职能四大因素构成，呈上小下大的形式，四大因素密切相关、相互制约。

1）管理层次

管理层次是指从组织的最高管理者到最基层的实际工作人员的等级层次的数量。管理层次可以分为3个层次，即决策层、协调层和执行层、操作层，3个层次的职能要求不同，表示的职责和权限也不同，由上到下权责递减，人数却递增。组织必须形成一定的管理层次，否则其运行将陷于无序状态；管理层次也不能过多，否则会造成资源和人力的巨大浪费。

2）管理跨度

管理跨度是指一个主管直接管理下属人员的数量。在组织中，某级管理人员的管理跨度大小直接取决于这一级管理人员所要协调的工作量，跨度大，处理人与人之间关系的数量会随之增大。跨度太大时，领导者和下属接触的频率会太高。跨度（N）与工作接触关系数（C）的关系公式是：

$$C = N(2^{N-1} + N - 1) \qquad (2\text{-}1)$$

这就是邱格纳斯公式。当 N=10 时，C=5210，即表示跨度太大，领导与下属常有应接不暇之感，因此，在组织结构设计时，必须强调跨度适当。跨度的大小又和分层多少有关，一般来说，管理层次增多，跨度会小；反之，层次少，则跨度会大。

3）管理部门

按照类别对专业化分工的工作进行分组，以便对工作进行协调，即为部门化。部门可以根据职能来划分，可以根据产品类型来划分，可以根据地区来划分，也可以根据顾客类型来划分。组织中各部门的合理划分对发挥组织效能非常重要，如果划分不合理，就会造成控制、协调困难，从而浪费人力、物力、财力。

4）管理职能

组织机构设计确定的各部门的职能，在纵向要使指令传递、信息反馈及时，在横向要使各部门相互联系、协调一致。

4.1.2 组织结构设计

组织结构就是指在组织内部构成和各部门间所确定的较为稳定的相互关系和联系方式。简单地说，就是指对工作如何进行分工、分组和协调合作。组织结构设计是对组织活动和组织结构的设计过程，目的是提高组织活动的效能，是管理者在建立系统有效关系中的一种科学的、有意识的过程，既要考虑外部因素，又要考虑内部因素。组织结构设计通常要考虑下列 6 项基本原则。

1）工作专业化与协作统一

强调工作专业化的实质就是要求每一个人专门从事工作活动的一部分，而不是全部。通过重复性的工作，使员工的技能得到提高，从而提高组织的运行效率；在组织机构中还要强调协作统一，就是明确组织机构内部各部门之间和各部门内部的协调关系和配合方法。

2）才职相称

通过考察个人的学历与经历或其他途径，了解其知识、才能、气质、经验，进行比较，使每个人具有的和可能具有的才能与其职务上要求相适应，做到才职相称，才得其用。

3）命令链

命令链是指存在于从组织的最高层到最基层的一种不间断的权力路线。每个管理职位对应着一定的人，每个人在命令链中都有自己的位置；同时，每个管理者为完成自己的职责任务，都要被授予一定的权力。也就是说，一个人应该只对一个主管负责。

4）管理跨度与管理层次相统一

在组织结构设计的过程中，管理跨度和管理层次成反比关系。在组织机构中当人数一定时，如果跨度大，层次则可适当减少；反之，如果跨度缩小，则层次就会增多。所以，在组织设计的过程中，一定要全面考虑各种影响因素，科学确定管理跨度和管理层次。

5）集权与分权统一

在任何组织中，都不存在绝对的集权和分权。从本质上来说，这是一个决策权应该放在哪一级的问题。高度的集权会造成盲目和武断，过分的分权则会导致失控、不协调。所以，在组织结构设计中，在相应的管理层次是否采取集权或分权的形式要根据实际情况来确定。

6）正规化

正规化是指组织中的工作实行标准化的程度，通过提高标准化的程度来提高组织的运行效率。

4.1.3 组织机构活动基本原理

1. 要素有用性原理

一个组织系统中的基本要素有人力、财力、物力、信息、时间等，这些要素都是必要的，但每个要素的作用大小是不一样的，而且会随着时间、场合的变化而变化。所以在组织活动过程中应根据各要素在不同的情况下的不同作用进行合理安排、组合和使用，做到人尽其才、财尽其利、物尽其用，尽最大可能提高各要素的利用率。

一切要素都有用，这是要素的共性。然而要素除了有共性外，还有个性。比如同样是工程师，由于专业、知识、经验、能力不同，各人所起的作用就不相同。所以，管理者要具体分析各个要素的特殊性，以便充分发挥每一要素的作用。

2. 动态相关性原理

组织系统内部各要素之间既相互联系，又相互制约；既相互依存，又相互排斥。这种相互作用的因子叫做相关因子，充分发挥相关因子的作用，是提高组织管理效率的有效途径。事物在组合过程当中，由于相关因子的作用，可以发生质变，一加一可以等于二，也可以大于二，还可以小于二，整体效应不等于各局部效应的简单相加，这就是动态相关性原理。组织管理者的重要任务就是在于使组织机构活动的整体效应大于各局部效应之和，否则，组织就没有存在的意义了。

3. 主观能动性原理

人是生产力中最活跃的因素，因为人是有生命的、有感情的、有创造力的。人会制造工具，会使用工具劳动并在劳动中改造世界，同时也在改造自己。组织管理者应该充分发挥人的主观能动性，只有当主观能动性发挥出来时才会取得最佳效果。

4. 规律效应性原理

规律是客观事物内部的、本质的、必然的联系。一个成功的管理者应懂得只有努力揭示和掌握管理过程中的客观规律，按规律办事，才能取得好的效应。

4.2 建设工程监理委托模式与实施程序

4.2.1 建设工程监理委托模式

建设工程监理委托模式的选择与建设工程组织管理模式密切相关，监理委托模式对建设工程的规划、控制、协调起着重要作用。工程中常见的监理委托模式有以下几种。

1. 平行承发包模式条件下的监理委托模式

与建设工程平行承发包模式相适应的监理委托模式有以下两种主要形式。

1）业主委托一家监理企业监理

这种监理委托模式是指业主只委托一家监理企业为其提供监理服务，如图4.1所示。

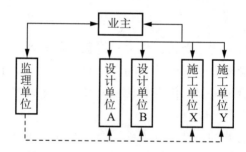

图4.1　业主委托一家监理企业进行监理的模式

这种委托模式要求被委托的监理企业具有较强的合同管理与组织协调能力，并能做好全面规划工作。监理企业的项目监理机构可以组建多个监理分支机构对各承建单位分别实施监理。在具体的监理过程中，项目总监理工程师应重点做好总体协调工作，加强横向联系，保证建设工程监理工作的有效运行。

2）业主委托多家监理企业监理

这种监理委托模式是指业主委托多家监理企业为其提供监理服务，如图4.2所示。

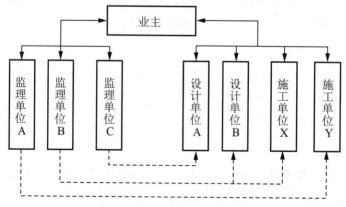

图4.2　业主委托多家监理企业进行监理的模式

如果用这种委托模式,业主分别委托几家监理企业针对不同的承建单位实施监理。由于业主分别与多个监理单位签订委托监理合同,所以各监理单位之间的相互协作与配合需要由业主进行协调。采用这种监理委托模式,监理企业的监理对象相对单一,便于管理。但整个工程的建设监理工作被肢解,各监理企业各负其责,缺少一个对建设工程进行总体规划与协调控制的监理企业。因此,业主的协调工作量较大。

3)业主委托"总监理工程师单位"进行监理的模式

为了克服上述不足,在某些大中型项目的监理实践中,业主首先委托一个"总监理工程师单位"总体负责建设工程的总规划和协调控制,再由业主和"总监理工程师单位"共同选择几家监理企业分别承担不同合同段的监理任务。在监理工作中,由"总监理工程师单位"负责协调、管理各监理单位的工作,大大减轻了业主的管理压力,形成如图 4.3 所示的模式。

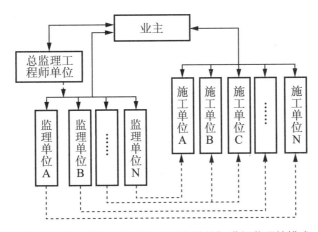

图4.3 业主委托"总监理工程师单位"进行监理的模式

2.设计或施工总分包模式条件下的监理委托模式

对设计或施工总分包模式,业主可以委托一家监理企业提供实施阶段全过程的监理服务,如图 4.4 所示。也可以按照设计阶段和施工阶段分别委托监理单位,如图 4.5 所示。前者的优点是监理企业可以对设计阶段和施工阶段的工程投资、进度、质量控制统筹考虑,合理进行总体规划协调,可以使监理工程师掌握设计思路与设计意图,有利于实施阶段的监理工作。后者的优点是各监理企业可各自发挥自己的优势。

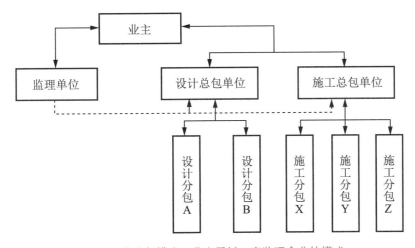

图4.4 总分包模式下业主委托一家监理企业的模式

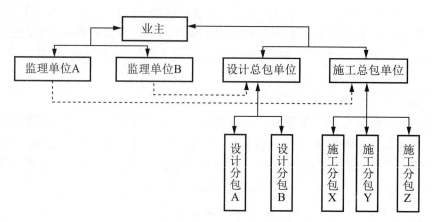

图4.5　按阶段划分的监理委托模式

3. 项目总承包模式条件下的监理委托模式

【推进工程总承包发展的若干意见】

在项目总承包模式下，由于业主和总承包单位签订的是总承包合同，业主应委托一家监理单位提供监理服务，如图4.6所示。在这种模式条件下，监理工作时间跨度大，监理工程师应具备较全面的知识，重点做好合同管理工作。虽然总承包单位对承包合同承担乙方的最终责任，但分包单位的资质、能力直接影响着工程质量、进度等目标的实现，所以在这种模式条件下，监理工程师必须做好对分包单位资质的审查、确认工作。

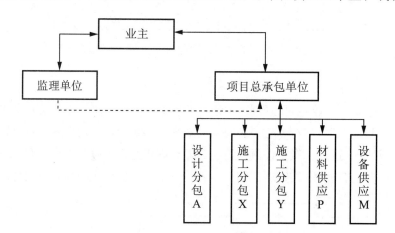

图4.6　项目总承包模式条件下的监理委托模式

4.2.2　建设工程监理实施程序

1. 确定项目总监理工程师，成立项目监理机构

监理单位应根据建设工程的规模、性质、业主对监理的要求，委派称职的人员担任项目总监理工程师，代表监理单位全面负责该工程的监理工作。

一般情况下，监理单位参与工程监理的投标、拟定监理方案（大纲）以及与业主商签委托监理合同时，应选派称职的人员主持该项工作。在监理任务确定并签订委托监理合同后，该主持人即可作为项目总监理工程师。这样，项目的总监理工程师在承接任务阶段便早早介入，从而更能了解业主的建设意图和对监理工作的要求，并能与后续工作更好地衔接。总监理工程师是一个建设工程监理工作的总负责人，他对内向监理单位负责，对外向业主负责。

按照《建设工程监理规范》（GB/T 50319—2013）的规定，项目监理机构的组织形式和规模，应当根据建设工程监理合同约定的服务内容、服务期限，以及工程特点、规模、技术复杂程度、环境等因素确定。监理机构的人员构成是监理投标书中的重要内容，监理人员由总监、专业监理工程师和监理员组成，且专业配套，数量满足监理工作需要，必要时可设总监代表。

工程监理单位在建设工程监理合同签订以后，应及时把项目监理机构的组织形式、人员构成及对总监的任命书面通知建设单位。

2. 编制建设工程监理规划

建设工程监理规划是开展工程监理活动的纲领性文件，这部分内容已在第3章做了介绍。

3. 制定监理实施细则

在监理规划的指导下，对采用新材料、新工艺、新技术、新设备的工程，以及专业性较强、危险性较大的分部分项工程，应由专业监理工程师在相应工程施工前制定监理实施细则，并报送总监理工程师审批。

4. 规范化地开展监理工作

监理工作的规范化体现在以下几个方面。

（1）工作的时序性。这是指监理的各项工作都应按一定的逻辑顺序先后展开，从而使监理工作能有效地达到目标而不致造成工作状态的无序和混乱。

（2）职责分工的严密性。建设工程监理工作是由不同专业、不同层次的专家群体共同来完成的，他们之间严密的职责分工是协调进行监理工作的前提和实现监理目标的重要保证。

（3）工作目标的确定性。在职责分工的基础上，每一项监理工作的具体目标都应是确定的，完成的时间也应有时限规定，从而能通过报表资料对监理工作及其效果进行检查和考核。

5. 参与验收，签署建设工程监理意见

建设工程施工完成以后，监理企业应在正式验收前组织竣工预验收，在预验收中发现的问题，应及时与施工单位沟通，提出整改要求。监理企业应参加业主组织的工程竣工验收，签署监理企业意见。

【难以现身的竣工验收备案表】

6. 向业主提交建设工程监理档案资料

建设工程监理工作完成后，监理单位向业主提交的监理档案资料应在委托监理合同文件中约定。不管在合同中是否做出明确规定，监理单位提交的资料应符合有关规范规定的要求，一般应包括：设计变更资料、工程变更资料、监理指令性文件、各种签证资料等档案资料。

7. 监理工作总结

监理工作完成后，项目监理机构应及时从两方面进行监理工作总结。

（1）向业主提交的监理工作总结，其主要内容包括：工程概况、项目监理机构、建设工程监理合同履行情况、监理工作成效、监理工作中发现的问题及其处理情况、说明和建议等内容。

（2）向监理单位提交的监理工作总结，其主要内容包括：① 监理工作的经验，可以是采用某种监理技术、方法的经验，也可以是采用某种经济措施、组织措施的经验，以及委托监理合同执行方面的经验或如何处理好与业主、承包单位关系的经验等；② 监理工作中存在的问题及改进建议。

4.2.3 建设工程监理实施原则

监理单位受业主委托对建设工程实施监理时，应遵守以下基本原则。

1. 公平、独立、诚信、科学的原则

监理工程师在建设工程监理中必须尊重科学、尊重事实，组织各方协同配合，维护有关各方的合法权益。为此，必须坚持公平、独立、诚信、科学的原则。业主与承建单位虽然都是独立运行的经济主体，

【公平和公正】

但他们追求的经济目标有差异，监理工程师应在按合同约定的权、责、利关系的基础上，协调双方的一致性。因此，工程监理单位在实施建设工程监理与相关服务时，要公平处理工作中出现的问题，独立地进行判断和行使职权，科学地为建设单位提供专业化服务，既要维护建设单位的合法权益，也不能损害其他有关单位的合法权益。只有按合同的约定建成工程，业主才能实现投资的目的，承建单位也才能实现自己生产的产品的价值，取得工程款和实现盈利。

2. 权责一致的原则

监理工程师承担的职责应与业主授予的权限相一致。监理工程师的监理职权，依赖于业主的授权。这种权力的授予，除体现在业主与监理单位之间签订的委托监理合同之中，还应作为业主与承建单位之间建设工程合同的合同条件。因此，监理工程师在明确业主提出的监理目标和监理工作内容要求后，应与业主协商，明确相应的授权，达成共识后明确反映在委托监理合同中及建设工程合同中。据此，监理工程师才能开展监理活动。

总监理工程师代表监理单位全面履行建设工程委托监理合同，承担合同中确定的监理方向业主方所承担的义务和责任。因此，在委托监理合同实施中，监理单位应给总监理工程师充分授权，体现权责一致的原则。

3. 总监理工程师负责制的原则

总监理工程师是工程监理全部工作的负责人。要建立和健全总监理工程师负责制，就要明确权、责、利关系，健全项目监理机构，具有科学的运行制度和现代化的管理手段，形成以总监理工程师为首的高效能的决策指挥体系。

总监理工程师负责制的内涵包括以下几个方面。

（1）总监理工程师是工程监理的责任主体。责任是总监理工程师负责制的核心，它构成了对总监理工程师的工作压力与动力，也是确定总监理工程师权力和利益的依据。所以总监理工程师应是向业主和监理单位所负责任的承担者。

（2）总监理工程师是工程监理的权力主体。根据总监理工程师承担责任的要求，总监理工程师全面领导建设工程的监理工作，包括组建项目监理机构，主持编制建设工程监理规划，组织实施监理活动，对监理工作进行总结、监督、评价。

4. 严格监理、热情服务的原则

严格监理是指各级监理人员严格按照国家政策、法规、规范、标准和合同控制建设工程的目标，依照既定的程序和制度，认真履行职责，对承建单位进行严格监理。

监理工程师还应为业主提供热情的服务，由于业主一般不熟悉建设工程管理与技术业务，监理工程师应按照委托监理合同的要求多方位、多层次地为业主提供良好的服务，维护业主的正当权益。但是，也不能因此而一味向各承建单位转嫁风险，从而损害承建单位的正当经济利益。

4.3 项目监理组织机构形式及人员配备

4.3.1 项目监理机构的组织结构设计

1. 选择组织结构形式

由于建设工程规模、性质、建设阶段等的不同，结合组织结构原理，设计项目监理机构的组织结构时应选择适宜的组织结构形式以适应监理工作的需要。组织结构形式选择的基本原则是：有利于工程合同管理，有利于监理目标控制，有利于决策指挥，有利于信息沟通。

2. 确定管理层次和管理跨度

项目监理机构中一般应有3个层次。

（1）决策层。由总监理工程师和其他助手组成，主要根据建设工程委托监理合同的要求和监理活动内容进行科学化、程序化的决策与管理。

（2）中间控制层（协调层和执行层）。由各专业监理工程师组成，具体负责监理规划的落实，监理目标的控制及合同实施的管理。

（3）作业层（操作层）。主要由监理员、检查员等组成，具体负责监理活动的操作实施。项目监理机构中管理跨度的确定应考虑监理人员的素质、管理活动的复杂性和相似性、监理业务的标准化程度、各项规章制度的建立健全情况、建设工程的集中或分散情况等，按监理工作实际需要确定。

3. 划分项目监理机构部门

项目监理机构中合理划分各职能部门，应依据监理机构目标、监理机构可利用的人力和物力资源以及合同结构情况，将造价控制、进度控制、质量控制、合同管理、组织协调等监理工作内容按不同的职能活动或按子项分解形成相应的职能管理部门或子项目管理部门。

4. 制定岗位职责和考核标准

岗位职务及职责的确定，要有明确的目的性，不可因人设事，根据责权一致的原则，应进行适当的授权，以承担相应的职责；并应确定考核标准。表4-1和表4-2分别为项目总监理工程师和专业监理工程师岗位职责考核标准。对监理人员的工作进行定期考核，包括考核内容、考核标准及考核时间。

【某县建设局细化岗位职责】

表4-1 项目总监理工程师岗位职责标准

项目	职责内容	考核要求		
		标　准	时　间	
工作目标	1. 工程造价控制	符合造价控制计划目标	每月（季）末	
	2. 工程进度控制	符合合同工期及总进度控制计划目标	每月（季）末	
	3. 工程质量控制	符合质量控制计划目标	工程各阶段末	
	4. 安全生产管理的监理工作	符合安全生产控制计划目标	工程各阶段末	
基本职责	1. 根据监理合同，建立有效的项目监理机构	1. 监理组织机构科学合理 2. 监理机构有效运行	每月（季）末	
	2. 主持编写与组织实施监理规划；审批监理实施细则	1. 对工程监理工作系统策划 2. 监理实施细则符合规划要求，具有可操作性	编写和审核完成后	
	3. 审查分包单位资质	符合合同要求	规定时限内	
	4. 监督和指导专业监理工程师对工程造价、进度、质量、安全生产进行监理；审核、签发有关文件资料；处理有关事项	1. 监理工作处于正常工作状态 2. 工程处于受控状态	每月（季）末	
	5. 做好监理过程中有关各方的协调工作	工程处于受控状态	每月（季）末	
	6. 主持整理建设工程的监理资料	及时、准确、完整	按合同约定	

表4-2 专业监理工程师岗位职责标准

项目	职责内容	考核要求		
		标　准	时　间	
工作目标	1. 工程造价控制	符合造价控制计划目标	每月（季）末	
	2. 工程进度控制	符合合同工期及总进度控制计划目标	每月（季）末	
	3. 工程质量控制	符合质量控制计划目标	工程各阶段末	
	4. 安全生产管理的监理工作	符合安全生产控制计划目标	工程各阶段末	
基本职责	1. 熟悉工程情况，制订本专业监理工作计划和编制监理实施细则	反映专业特点，具有可操作性	施工前一个月	
	2. 具体负责本专业的监理工作	1. 工程监理工作有序 2. 工程处于受控状态	每月（季）末	
	3. 做好监理机构内各部门之间的监理任务的衔接、配合工作	监理工作各负其责，相互配合	每月（季）末	
	4. 处理与本专业有关的问题；对工程造价、进度、质量、安全生产有重大影响的监理问题及时报告总监	1. 监理工作处于正常工作状态 2. 工程处于受控状态 3. 及时、真实	每月（季）末	
	5. 负责与本专业有关的签证、通知、备忘录，及时向总监理工程提交报告、报表资料等	及时、准确、完整	每月（季）末	
	6. 管理本专业建设工程的监理资料	及时、准确、完整	每月（季）末	

5．安排监理人员

根据监理工作的任务，确定监理人员的合理分工，包括专业监理工程师和监理员，必要时可配备总监理工程师代表。监理人员的安排除应考虑个人素质外，还应考虑人员总体构成的合理性与协调性。

我国《建设工程监理规范》(GB/T 50319—2013) 规定：项目总监理工程师应由注册监理工程师担任；总监理工程师代表应由具有工程类注册执业资格或具有中级及以上专业技术职称 3 年及以上工程监理工作经验的人员担任；专业监理工程师应由具有工程类注册执业资格或具有中级及以上专业技术职称且具有 2 年及以上工程监理工作经验的人员担任。项目监理机构的监理人员应专业配套，数量满足建设工程监理工作的需要。

4.3.2 项目监理组织常用形式

监理单位受项目法人委托，对具体的工程项目实施监理，必须建立实施监理工作的组织即为监理组织机构。项目监理组织形式有多种，常用的基本组织结构形式有以下 4 种。

1.直线制项目监理组织

直线制是早期采用的一种项目管理形式，来自于军事组织系统，它是一种线性组织结构，其本质就是使命令线性化。整个组织自上而下实行垂直领导，不设职能机构，可设职能人员协助主管人员工作，主管人员对所属单位的一切问题负责。其特点是：权力系统自上而下形成直线控制，权责分明，如图 4.7 所示。图中监理组可以是子项目监理组；也可以是分阶段的监理组，如设计阶段或施工阶段；还可以是按专业内容的分组，如结构工程监理组、水暖电监理组、装饰工程监理组。

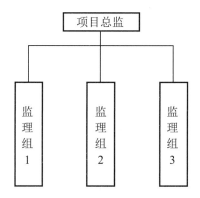

图4.7 直线制项目监理组织形式示意

1）直线制项目监理组织形式的应用

通常独立的项目和单个的中小型工程项目都采用直线制组织形式。这种组织结构形式与项目的结构分解图有较好的对应性。

2）直线制项目监理组织形式的优点

（1）保证单头领导，每个组织单元仅向一个上级负责，一个上级对下级直接行使管理和监督的权力即直线职权，一般不能越级下达指令。项目参加者的工作任务、责任、权力明确，指令唯一，这样可以减少扯皮和纠纷，协调方便。

（2）具有独立的项目组织的优点。尤其是项目总监能直接控制监理组织资源，向业主负责。

（3）信息流通快，决策迅速，项目容易控制。

（4）项目任务分配明确，责权利关系清楚。

3）直线制项目监理组织形式的缺点

（1）当项目比较多、比较大时，每个项目对应一个组织，使监理企业资源可能无法达到合理使用。

（2）项目总监责任较大，一切决策信息都集中于项目总监处，这要求项目总监能力强、知识全面、经验丰富，是一个"全能式"人物，否则决策较难、较慢，容易出错。

（3）不能保证项目监理参与单位之间信息流通速度和质量。

（4）监理企业的各项目间缺乏信息交流，项目之间的协调、企业的计划和控制比较困难。

2. 职能制监理组织

职能制组织形式是在泰勒的管理思想的基础上发展起来的一种项目组织形式，是一种传统的组织结构模式，它特别强调职能的专业分工，组织系统是以职能为划分部门的基础，把管理的职能授权给不同的管理部门。这种监理组织形式就是在项目总监之下设立一些职能机构，分别从职能角度对基层监理组织进行业务管理，并在项目总监授权的范围内，向下下达命令和指示。这种组织形式强调管理职能的专业化，即把管理职能授权给不同的专业部门，如图4.8所示。

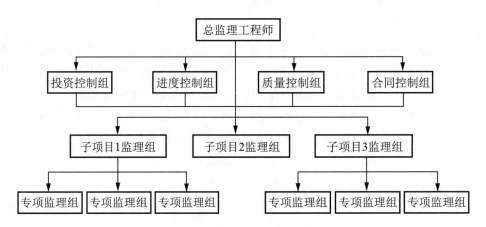

图4.8　职能制项目监理组织形式示意

在职能制的组织结构中，项目的任务分配给相应的职能部门，职能部门经理对分配到本部门的项目任务负责。职能制的组织结构适用于任务相对比较稳定明确的项目监理工作。

1）职能制项目监理组织形式的优点

（1）由于部门是按职能来划分的，因此各职能部门的工作具有很强的针对性，可以最大限度地发挥人员的专业才能，减轻项目总监的负担。

（2）如果各职能部门能做好互相协作的工作，对整个项目的完成会起到事半功倍的作用。

2）职能制项目监理组织形式的缺点

（1）项目信息传递途径不畅。

（2）工作部门可能会接到来自不同职能部门的互相矛盾的指令。

（3）当不同职能部门之间存在意见分歧，并难以统一时，互相协调存在一定的困难。

（4）职能部门直接对工作部门下达工作指令，项目总监对工程项目的控制能力在一定的程度上被弱化。

3. 直线职能制监理组织

直线职能制监理组织形式是吸收了直线式监理组织形式和职能制监理组织形式的优点而形成的一种

组织形式。直线指挥部门拥有对下级实行指挥和发布命令的权力，并对该部门的工作全面负责；职能部门是直线指挥人员的参谋，它们只能对指挥部门进行业务指导，而不能对指挥部门直接进行指挥和发布命令，如图4.9所示。

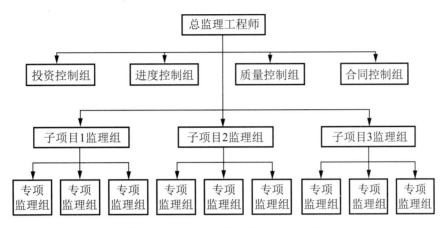

图4.9 直线职能制监理组织形式示意

4. 矩阵制项目监理组织

矩阵制是现代大型工程管理中广泛采用的一种组织形式，是美国在20世纪50年代所创立的，矩阵制的监理组织由横向职能部门系统和纵向子项目组织系统组成，如图4.10所示。它把职能原则和项目对象原则结合起来建立工程项目管理组织机构，使其既能发挥职能部门的横向优势，又能发挥项目组织的纵向优势。从系统论的观点来看，解决问题不能只靠某一部门的力量，一定要各方面专业人员共同协作。

【矩阵式结构与事业部式结构】

1）矩阵制项目监理组织形式的特征

（1）项目监理组织机构与职能部门的结合部同职能部门数相同，多个项目与职能部门的结合部呈矩阵状。

（2）把职能原则和对象原则结合起来，既能发挥职能部门的横向优势，又能发挥项目组织的纵向优势。

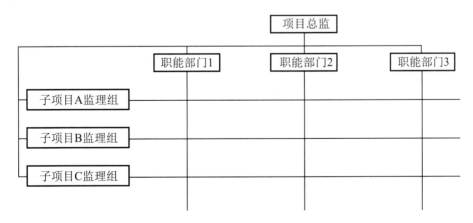

图4.10 矩阵制项目监理组织形式示意

（3）专业职能部门是永久性的，项目组织是临时性的。职能部门负责人对参与项目组织的人员有组织调配、业务指导和管理考察权，项目总监将参与项目组织的职能人员在横向上有效地组织在一起，为实现项目目标协同工作。

（4）矩阵中的每个成员或部门，接受原部门负责人和项目总监的双重领导，但部门的控制力要大于项目的控制力，部门负责人有权根据不同项目的需要和忙闲程度，在项目之间调配本部门人员。一个专业人员可能同时为几个项目服务，特殊人才可充分发挥作用，避免人才在一个项目中闲置又在另一个项目中短缺，大大提高了人才利用率。

（5）项目总监对"借"到本项目监理部来的成员，有权控制和使用，当感到人力不足或某些成员不得力时，他可以向职能部门求援或要求调换、退回原部门。

（6）项目监理部的工作有多个职能部门支持，项目监理部没有人员包袱。但要求在水平方向和垂直方向有良好的信息沟通及良好的协调配合，对整个企业组织和项目组织的管理水平和组织渠道畅通提出了较高的要求。

2）矩阵制项目监理组织形式的适用范围

（1）适用于平时承担多个需要进行项目监理工程的企业。在这种情况下，各项目对专业技术人才和管理人才都有需求，加在一起数量较大。采用矩阵制组织可以充分利用有限的人才对多个项目进行监理，特别有利于发挥稀有人才的作用。

（2）适用于大型、复杂的监理工程项目。因大型复杂的工程项目要求多部门、多技术、多工种配合实施，在不同阶段，对不同人员有不同数量和搭配各异的需求。显然，矩阵制项目监理组织形式可以很好地满足其要求。

3）矩阵制项目监理组织形式的优点

（1）能以尽可能少的人力，实现多个项目监理的高效率。通过职能部门的协调，一些项目上的闲置人才可以及时转移到需要这些人才的项目上去，防止人才短缺，项目组织因此具有弹性和应变力。

（2）有利于人才的全面培养。可以使不同知识背景的人在合作中相互取长补短，在实践中拓宽知识面，发挥纵向的专业优势，使人才成长建立在深厚的专业训练基础之上。

4）矩阵制项目监理组织形式的缺点

（1）由于人员来自监理企业职能部门，且仍受职能部门控制，故凝聚在项目上的力量减弱，往往使项目组织的作用发挥受到影响。

（2）管理人员或专业人员如果身兼多职地监理多个项目，便往往难以确定监理项目的优先顺序，有时难免顾此失彼。

（3）双重领导。项目组织中的成员既要接受项目总监的领导，又要接受监理企业中原职能部门的领导，在这种情况下，如果领导双方意见和目标不一致，甚至有矛盾时，当事人便无所适从。要防止这一问题产生，必须加强项目总监和部门负责人之间的沟通，还要有严格的规章制度和详细的计划，使工作人员尽可能明确在不同时间内应当干什么工作。

（4）矩阵制组织对监理企业管理水平、项目管理水平、领导者的素质、组织机构的办事效率、信息沟通渠道的畅通，均有较高要求。因此要精于组织、分层授权、疏通渠道、理顺关系。由于矩阵制组织的复杂性和结合部多，造成信息沟通量膨胀和沟通渠道复杂化，致使信息梗阻和失真，所以要求协调组织内部的关系时必须有强有力的组织措施和协调办法以排除难题，层次、权限要明确划分，当有意见分歧难以统一时，监理企业领导和项目总监要出面及时协调。

4.3.3 项目监理机构的人员配备

项目监理机构的人员配备要根据监理的任务范围、内容、期限、工程规模、技术的复杂程度等因素综合考虑，形成整体素质高的监理组织，以满足监理目标控制的要求。项目监理机构的人员包括项目总监理工程师、专业监理工程师、监理员（含试验员）及必要的行政文秘人员。在组建时必须注意人员的专业结构、职称结构要合理。

1）合理的专业结构

项目监理组织应当由与监理项目性质以及业主对项目监理的要求相适应的各专业人员组成，也就是说各专业人员要配套。

项目监理机构中一般要具有与监理任务相适应的专业技术人员，如一般的民用建筑工程监理要有土建、电气、测量、设备安装、装饰、建材等专业人员。如果监理工程有某些特殊性，或业主要求采用某些特殊的监控手段，或监理项目工程技术特别复杂而监理企业又没有某些专业的人员时，监理机构可以采取一些措施来满足对专业人员的要求。比如，在征得业主同意的前提下，可将这部分工程委托给有相应资质的监理机构来承担，或可以临时高薪聘请某些稀缺专业的人员来满足监理工作的要求，以此保证专业人员结构的合理性。

2）合理的职称结构

合理的职称结构是指监理机构中各专业的监理人员应具有的与监理工作要求相适应的高、中、初级职称比例。监理工作是高智能的技术性服务，应根据监理的具体要求来确定职称结构。如在决策、设计阶段，应以高、中级职称人员为主，基本不用初级职称人员；在施工阶段，就应以中级职称人员为主，高、初级职称人员为辅。合理的职称结构还包含另一层意思，就是合理的年龄结构，这两者实质上是一致的。在我国，职称的评定有比较严格的年限规定，获高级职称者一般年龄较大，中级职称多为中年人，初级职称者较年轻。老年人有丰富的经验和阅历，可是身体不好，高空和夜间作业受到限制，而年轻人虽然有精力，但是缺乏经验，所以，在不同阶段的监理工作中，这些不同年龄阶段的专业人员要合理搭配，以发挥他们的长处。施工阶段项目监理机构监理专业人员要求职称（年龄）结构见表4-3。

表4-3 施工阶段项目监理机构监理专业人员要求职称（年龄）结构

层　　次	人　　员	工作内容	职称（年龄）要求
决策层	项目总监、总监代表、专业监理工程师	项目监理策划、组织、协调、监控、评价等	高、中级为主，基本不用初级；老、中年人为主
执行层／协调层	专业监理工程师	监理工作的具体实施、指挥、控制、协调	中级为主，高、初级为辅；中年人为主
作业层／操作层	监理员	具体业务的执行，如旁站	初级为主；年轻人为主

3）项目监理机构监理人员数量的确定

监理人员数量要根据监理工程的规模、技术复杂程度、监理人员的素质等因素来确定。实践中，一般要考虑以下因素。

（1）工程建设强度。工程建设强度是指单位时间内投入的工程建设资金数量，用公式表示为：工程建设强度＝投资／工期。其中，投资和工期是指由监理单位所承担的那部分工程的投资和工期。工程建设强度可用来衡量一项工程的紧张程度，显然，工程建设强度越大，所需要投入的监理人员就越多。

（2）建设工程的复杂程度。每个工程项目都有特定的地点、气候条件、工程地质条件、施工方法、工程性质、工期要求、材料供应条件等。根据不同情况，可将工程按复杂程度等级划分为简单、一般、一般复杂、复杂和很复杂5级。定级可以用定量方法，对影响因素进行专家评估，考虑权重系数后计算其累加均值。工程项目由简单到很复杂，所需要的监理人员相应地由少到多。每完成100万美元所需监理人员可参考表4-4。

表4-4 每完成100万美元所需的监理人员

工程复杂程度	监理工程师/人	监理员/人	行政、文秘人员/人
简单	0.20	0.75	0.10
一般	0.25	1.00	0.10
一般复杂	0.35	1.10	0.25
复杂	0.50	1.50	0.35
很复杂	> 0.50	> 1.50	> 0.35

（3）监理单位的业务水平和监理人员的业务素质。每个监理单位的业务水平和对某类工程的熟悉程度不完全相同，同时，每个监理人员的专业能力、管理水平、工作经验等方面都有差异，所以在监理人员素质和监理的设备手段等方面也存在差异，这都会直接影响监理效率的高低。高水平的监理单位和高素质的监理人员可以投入较少的监理人力完成一个建设工程的监理工作，而一个经验不多或管理水平不高的监理单位则需投入较多的监理人力。因此，各监理单位应根据自己的实际情况确定监理人员需要量。

（4）监理机构的组织结构和任务职能分工。项目监理机构的组织结构形式关系到具体的监理人员的需求量，人员配备必须能满足项目监理机构任务职能分工的要求。必要时，可对人员进行调配。如果监理工作需要委托专业咨询机构或专业监测、检验机构进行，则项目监理机构的监理人员数量可以考虑适当减少。

例：某工程合同总价为4000万美元，工期为35个月，经专家对构成工程复杂程度的因素进行评估，工程为一般复杂工程等级，则：

工程建设强度 =4000÷（35×12）=13.7（百万美元/年）

由表4-2可知，相应监理机构所需监理人员为（百万美元/年）：

监理工程师0.35；监理员1.10；行政文秘人员0.25。

则各类监理人员数量为：

监理工程师0.35×13.7=4.8（人），取5人；

监理员1.10×13.7=15.1（人），取16人；

行政文秘人员0.25×13.7=3.4（人），取4人。

以上人员数量为估算，在实际工作中，可以此为基础，根据监理机构设置和工程项目的具体情况加以调整。

4.4 项目监理组织协调

4.4.1 组织协调的概念

所谓协调，就是以一定的组织形式、手段和方法，对项目中产生的不畅关系进行疏通，对产生的干扰和障碍予以排除的活动。项目的协调其实就是一种沟通，沟通能够确保及时和适当地对项目信息进行收集、分发、储存和处理，并对可预见问题进行必要的控制，以利于项目目标的实现。

项目系统是一个由人员、物质、信息等构成的人为组织系统，是由若干相互联系而又相互制约的要素有组织、有秩序地组成的具有特定功能和目标的统一体。项目的协调关系一般来可以分为3大类：一是"人员/人员界面"；二是"系统/系统界面"；三是"系统/环境界面"。

（1）"人员/人员界面"。项目组织是人的组织，是由各类人员组成的。人的差别是客观存在的，由于每个人的经历、心理、性格、习惯、能力、任务、作用的不同，在一起工作时，必定存在潜在的人员矛盾或危机。这种人和人之间的间隔，就是所谓的"人员/人员界面"。

（2）"系统/系统界面"。如果把项目系统看作是一个大系统，则可以认为它实际上是由若干个子系统组成的一个完整体系。各个子系统的功能不同，目标不同，内部工作人员的利益不同，容易产生各自为政的趋势和相互推托的现象。这种子系统和子系统之间的间隔，就是所谓的"系统/系统界面"。

（3）"系统/环境界面"。项目系统在运作过程中，必须和周围的环境相适应，所以项目系统必然是一个开放的系统。它能主动地从外部世界取得必要的能量、物质和信息。在这个过程中，存在许多障碍和阻力。这种系统与环境之间的间隔，就是所谓的"系统/环境界面"。

工程项目建设协调管理就是在"人员/人员界面""系统/系统界面""系统/环境界面"之间，对所有的活动及力量进行联结、联合、调和的工作。

由动态相关性原理可知，总体的作用规模要比各子系统的作用规模之和大，因而要把系统作为一个整体来研究和处理，为了顺利实现工程项目建设系统目标，必须重视协调管理，发挥系统整体功能。要保证项目的各参与方围绕项目开展工作，组织协调很重要，只有通过积极的组织协调才能使项目目标顺利实现。

4.4.2 项目监理组织协调的范围和层次

一般认为，协调的范围可以分为对系统内部的协调和对系统外层的协调。对于项目监理组织来说，系统内部的协调包括项目监理部内部协调、项目监理部与监理企业的协调；从项目监理组织与外部世界的联系程度来看，项目监理组织的外层协调又可以分为近外层协调和远外层协调。近外层和远外层的主要区别是，项目监理组织与近外层关联单位一般有合同关系，包括直接的和间接的合同关系，如与业主、设计单位、总包单位、分包单位等的关系；和远外层关联单位一般没有合同关系，但却受法律、法规和社会公德等的约束，如与政府、项目周边居民社区组织、环保、交通、环卫、绿化、文物、消防、公安等单位的关系。

项目监理组织协调的范围与层次如图4.11所示。

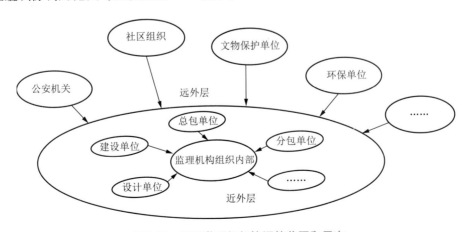

图4.11 项目监理组织协调的范围和层次

4.4.3 项目监理组织协调的内容

1. 项目监理组织内部协调

项目监理组织内部协调包括人际关系和组织关系的协调。项目组织内部人际关系指项目监理部内部各成员之间以及项目总监和下属之间的关系总和。内部人际关系的协调主要是指通过各种交流、活动，增进相互之间的了解和亲和力，促进相互之间的工作支持。另外还可以通过调解、互谅互让来缓和工作之间的利益冲突，化解矛盾，增强责任感，提高工作效率。项目内部要用人所长，责任分明、实事求是地对每个人的效绩进行评价和激励。组织关系协调是指项目监理组织内部各部门之间工作关系的协调，如项目监理组织内部的岗位、职能、制度的设置等，具体包括各部门之间的合理分工和有效协作。分工和协作同等重要，合理的分工能保证任务之间平衡匹配，有效协作既避免了相互之间的利益分割，又提高了工作效率。组织关系的协调应注意以下几个原则。

（1）要明确每个机构的职责。

（2）设置组织机构要以职能划分为基础。

（3）要通过制度明确各机构在工作中的相互关系。

（4）要建立信息沟通制度，制定工作流程图。

（5）要根据矛盾冲突的具体情况，及时、灵活地加以解决。

2. 项目监理组织近外层协调

近外层协调包括与业主、设计单位、总包单位、分包单位等的关系协调，项目与近外层关联单位一般有合同关系，包括直接的和间接的合同关系。工程项目实施的过程中，与近外层关联单位的联系相当密切，大量的工作需要互相支持和配合协调，能否如期实现项目监理目标，关键就在于近外层协调工作做得好不好，可以说，近外层协调是所有协调工作中的重中之重。

要做好近外层协调工作，必须做好以下几个方面的工作。

（1）首先要理解项目总目标，理解建设单位的意图。项目总监必须了解项目构思的基础、起因、出发点，了解决策背景，了解项目总目标。在此基础上，再对总目标进行分解，对其他近外层关联单位的目标也要做到心中有数。只有正确理解了项目目标，才能掌握协调工作的主动权，做到有的放矢。

（2）利用工作之便做好监理宣传工作，增进各关联单位对监理工作的理解，特别是对项目管理各方职责及监理程序的理解。虽然我国推行建设工程监理制度已有多年，可是社会对监理工作和性质还是有不少不正确的看法，甚至是误解。因此，监理单位应当在工作中尽可能地主动做好宣传工作，争取到各关联单位对自己工作的支持。如主动帮助建设单位处理项目中的事务性工作，以自己规范化、标准化、制度化的工作去影响和促进双方工作的协调一致。

（3）以合同为基础，明确各关联单位的权利和义务，平等地进行协调。工程项目实施的过程中，合同是所有关联单位的最高行为准则和规范。合同规定了相关工程参与单位的权利和义务，所以必须有牢固的合同观念，要清楚哪些工作是由什么单位做的，应在什么时候完成，要达到什么样的标准。如果出现问题，是哪个单位的责任，同时也要清楚自己的义务。例如在工程实施过程中，承包单位如果违反合同，监理必须以合同为基础，坚持原则，实事求是，严格按规范、规程办事。只有这样，才能做到有理有据，在工作中树立监理的权威。

（4）尊重各相关联单位。近外层相关联单位在一起参与工程项目建设，说到底最终目标还是一致的，就是完成项目的总目标。因而，在工程实施的过程中，出现问题、纠纷时一定要本着互相尊重的态度进行处理，对于承包单位，监理工程师应强调各方面利益的一致性和项目总目标，尽量少对承包单位行使处罚权或经常以处罚威胁，应鼓励承包单位将项目实施状况、实施结果和遇到的困难和意见向自己汇报，以寻找对目标控制可能的干扰，双方了解得越多、越深刻，监理工作中的对抗和争执就越少，出现索赔事件的可能性就越小。一个懂得坚持原则，又善于理解尊重承包单位项目经理的意见，工作方法灵活，随时可能提出或愿意接受变通办法的监理工程师肯定是受欢迎的，因而他的工作必定是高效的。

对分包单位的协调管理，主要是对分包单位明确合同管理范围，分层次管理。将总包合同作为一个独立的合同单元进行投资、进度、质量控制和合同管理，不直接和分包合同发生关系。对分包合同中的工程质量、进度进行直接跟踪监控，通过总包商进行调控、纠偏。分包商在施工中发生的问题，由总包商负责协调处理，必要时，监理工程师帮助协调。当分包合同条款与总包合同条款发生抵触时，以总包合同条款为准。此外，分包合同不能解除总包商对总包合同所承担的任何责任和义务，分包合同发生的索赔问题，一般由总包商负责，涉及总包合同中业主义务和责任时，由总包商通过监理工程师向业主提出索赔，由监理工程师进行协调。

【分包人签订施工合同前应注意两个问题】

对于建设单位，尽管有预定的目标，但项目实施必须执行建设单位的指令，使建设单位满意。如果建设单位提出了某些不适当的要求，则监理一定要把握好，如果一味迁就，则势必造成承包单位的不满，对监理工作的公正性产生怀疑，给自己的工作带来不便。此时，可利用适当时机，采取适当方式加以说明或解释，尽量避免发生误解，以使项目进行顺利。对于设计单位，监理单位和设计单位之间没有直接的合同关系，但从工程实施的实践来看，监理和设计之间的联系还是相当密切的，设计单位为工程项目建设提供图纸及工程变更设计图纸等，是工程项目主要相关联单位之一。

在协调的过程中，一定要尊重设计单位的意见，例如主动组织设计单位介绍工程概况、设计意图、技术要求、施工难点等；在图纸会审时请设计单位交底，明确技术要求，把标准过高、设计遗漏、图纸差错等问题解决在施工之前；在施工阶段，严格监督承包单位按设计图施工，主动向设计单位介绍工程进展情况，以便促使他们按合同规定或提前出图；若监理单位掌握比原设计更先进的新技术、新工艺、新材料、新结构、新设备，可主动向设计单位推荐，支持设计单位技术革新等；为使设计单位有修改设计的余地而不影响施工进度，可与设计单位达成协议，限定一个期限，争取设计单位、承包单位的理解和配合，如果逾期，设计单位要负责由此而造成的经济损失；结构工程验收、专业工程验收、竣工验收等工作，请设计代表参加；若发生质量事故，认真听取设计单位的处理意见；在施工中，发现设计问题，应及时主动通过建设单位向设计单位提出，以免造成大的直接损失。

（5）注重语言艺术和感情交流。协调不仅是方法问题、技术问题，更多的是语言艺术、感情交流。同样的一句话，在不同的时间、地点，以不同的语气、语速说出来，给当事人的感觉会是大不一样的，所产生的效果也会不同。所以，有时我们会看到，尽管协调意见是正确的，但由于表达方式不妥，反而会激化矛盾。而高超的协调技巧和能力则往往起到事半功倍的效果，令各方面都满意。在协调的过程中，要多换位思考，多做感情交流，只有在工作中不断积累经验，才能提高协调能力。

【言语交际应注意礼貌与协调】

3.项目监理组织远外层协调

远外层与项目监理组织不存在合同关系，只是通过法律、法规和社会公德来进行约束，相互支持、密切配合、共同服务于项目目标。在处理关系和解决矛盾过程中，应充分发挥中介组织和社会管理机构的作用。一个工程项目的开展还受政府部门及其他单位的影响，如政府部门、金融组织、社会团体、服务单位、新闻媒介等，对工程项目起着一定的或决定性的控制、监督、支持、帮助作用，这层关系若协调不好，工程项目实施也可能受到影响。

1）与政府部门的协调

（1）监理单位在进行工程质量控制和质量问题处理时，要做好与工程质量监督站的交流和协调。工程质量监督站是由政府授权的工程质量监督的实施机构，对委托监理的工程，质量监督站主要是核查勘察设计、施工承包单位和监理单位的资质，监督项目管理程序和抽样检验。当参加验收各方对工程质量验收意见不一致时，可请当地建设行政主管部门或工程质量监督机构协调处理。

（2）当发生重大质量、安全事故时，监理单位在配合承包单位采取急救、补救措施的同时，应督促承包单位立即向政府有关部门报告情况，接受检查和处理，应当积极主动配合事故调查组的调查，如果事故的发生有监理单位的责任，则应当主动要求回避。

（3）建设工程合同应当送公证机关公证，并报政府建设管理部门备案；征地、拆迁、移民要争取政府有关部门的支持和协调；现场消防设施的配置，宜请消防部门检查认可；施工中还要注意防止环境污染，特别是防止噪声污染，坚持做到文明施工，同时督促承包单位协调好和周围单位及居民区的关系。

2）与社会团体关系的协调

一些大中型工程项目建成后，不仅会给建设单位带来效益，还会给该地区的经济发展带来好处，同时会给当地人民生活带来方便，因此必然会引起社会各界的关注。建设单位和监理单位应把握机会，争取社会各界对工程建设的关心和支持，如争取媒体、社会组织或团体的关心和支持，这是一种对社会环境的协调。

根据目前的工程监理实践来看，对外部环境协调，由建设单位负责主持，监理单位主要是针对一些技术性工作协调。如建设单位和监理单位对此有分歧，可在委托监理合同中详细注明。做好远外层的协调，争取到相关部门和社团组织的理解和支持，对于顺利实现项目目标来说是必需的。

4.4.4 项目监理组织协调的方法

组织协调工作千头万绪，涉及面广，受主观和客观因素影响较大。为保证监理工作顺利进行，要求监理工程师知识面要宽，要有较强的工作能力，能够因地制宜、因时制宜处理问题。监理工程师组织协调可采用以下方法。

1. 会议协调法

工程项目监理实践中，会议协调法是最常用的一种协调方法。一般来说，它包括第一次工地会议、监理例会、专题现场协调会等。

1）第一次工地会议

第一次工地会议是在建设工程尚未全面展开前，由参与工程建设的各方互相认识、确定联络方式的会议，也是检查开工前各项准备工作是否就绪并明确监理程序的会议。会议由建设单位主持召开，建设单位、承包单位和监理单位的授权代表必须出席，必要时分包单位和设计单位也可参加，各方将在工程项目中担任主要职务的负责人及高级人员也应参加。第一次工地会议很重要，是项目开展前的宣传通报会。

【菩提岛工程现场协调会议】

第一次工地会议应包括以下主要内容。

（1）建设单位、承包单位和监理单位分别介绍各自驻现场的组织机构、人员及其分工。

（2）建设单位根据委托监理合同宣布对总监理工程师的授权。

（3）建设单位介绍工程开工准备情况。

（4）承包单位介绍施工准备情况。

（5）建设单位和总监理工程师对施工准备情况提出意见和要求。

（6）总监理工程师介绍监理规划的主要内容。

（7）研究确定各方在施工过程中参加工地例会的主要人员，召开工地例会周期、地点及主要议题。

第一次工地会议纪要应由项目监理机构负责起草，并经与会各方代表会签。

2）监理例会

监理例会是由监理工程师组织与主持，按一定程序召开的，研究施工中出现的计划、进度、质量及工程款支付等问题的工地会议。参加者有总监理工程师代表及有关监理人员、承包单位的授权代表及有关人员、建设单位代表及其有关人员。监理例会召开的时间根据工程进展情况安排，一般有周、旬、半月和月度例会等几种。工程监理中的许多信息和决定是在监理例会上获得和产生的，协调工作大部分也是在此进行的，因此监理工程师必须重视监理例会。

由于监理例会定期召开，一般均按照一个标准的会议议程进行，主要是对进度、质量、投资的执行情况进行全面检查；交流信息；并提出对有关问题的处理意见以及今后工作中应采取的措施；此外，还要讨论延期、索赔及其他事项。

监理例会的主要议题如下。

（1）对上次会议存在问题的解决和纪要的执行情况进行检查。

（2）工程进展情况。

（3）对下月（或下周）的进度预测。

（4）施工单位投入的人力、设备情况。

（5）施工质量、加工订货、材料的质量与供应情况。

（6）有关技术问题。

（7）索赔工程款支付。

（8）业主对施工单位提出的违约罚款要求。

会议记录由监理工程师形成纪要，经与会各方认可，然后分发给有关单位。会议纪要内容如下。

（1）会议地点及时间。

（2）出席者姓名、职务及其代表的单位。

（3）会议中发言者的姓名及所发言的主要内容。

（4）决定事项。

（5）诸事项分别由何人何时执行。

监理例会举行的次数较多，一定注意要防止流于形式。监理工程师要对每次监理例会进行预先筹划，使会议内容丰富，针对性强，可以真正发挥协调作用。

3）专题现场协调会

除定期召开工地监理例会以外，还应根据项目工程实施需要组织召开一些专题现场协调会议，如对于一些工程中的重大问题以及不宜在监理例会上解决的问题，根据工程施工需要，可召开有相关人员参加的现场协调会。如对复杂施工方案或施工组织设计审查、复杂技术问题的研讨、重大工程质量事故的分析和处理、工程延期、费用索赔等进行协调，可在会上提出解决办法，并要求相关方及时落实。

专题现场协调会一般由监理单位（或建设单位）或承包单位提出后，由总监理工程师及时组织。参加专题会议的人员应根据会议的内容确定，除建设单位、承包单位和监理单位的有关人员外，还可以邀请设计人员和有关部门人员参加。由于专题现场协调会研究的问题重大，又比较复杂，因此会前应与有关单位一起，做好充分的准备，如进行调查、收集资料，以便介绍情况。有时为了使协调会达成更好的共识，避免在会议上形成冲突或僵局，或为了更快地达成一致，可以先将会议议程打印发给各位参加者，并可以就议程与一些主要人员进行预先磋商，这样才能在有限的时间内，让有关人员充分地研究并得出结论。会议过程中，监理工程师应能驾驭会议局势，防止不正常的干扰影响会议的正常秩序。对于专题现场协调会，也要求有会议记录和纪要，作为监理工程师存档备查的文件。

2. 交谈协调法

并不是所有问题都需要开会来解决，有时可采用"交谈"这一方法。交谈包括面对面的交谈和电话交谈两种形式。由于交谈本身没有合同效力，加上其方便性和及时性，所以建设工程参与各方之间及监理机构内部都愿意采用这一方法进行协调。实践证明，交谈是寻求协作和帮助的最好方法，因为在寻求别人帮助和协作时，往往要及时了解对方的反应和意见，以便采取相应的对策。另外，相对于书面寻求协作，人们更难于拒绝面对面的请求。因此，采用交谈方式请求协作和帮助比采用书面方法实现的可能性要大，所以，无论是内部协调还是外部协调，这种方法的使用频率都是相当高的。

3. 书面协调法

当其他协调方法效果不好或需要精确地表达自己的意见时，可以采用书面协调的方法。书面协调法的最大特点是具有合同效力，包括以下几类。

（1）监理指令、监理通知、各种报表、书面报告等。
（2）以书面形式向各方提供详细信息和情况通报的报告、信函和备忘录等。
（3）会议记录、纪要、交谈内容或口头指令的书面确认。

各相关方对各种书面文件一定要严肃对待，因为它具有合同效力。例如对于承包单位来说，监理工程师的书面指令或通知是具有一定强制力的，即使有异议，也必须执行。

4. 访问协调法

访问协调法主要用于远外层的协调工作中，也可以用于建设单位和承包单位的协调工作，有走访和邀访两种形式。走访是指协调者在建设工程施工前或施工过程中，对与工程施工有关的各政府部门、公共事业

【破裂玻璃位置习钻，政府协调隐患消除】

机构、新闻媒介或工程毗邻单位等进行访问，向他们解释工程的情况，了解他们的意见。邀访是指协调者邀请相关单位代表到施工现场对工程进行巡视，了解现场工作。因为在多数情况下，这些有关方面并不了解工程，不清楚现场的实际情况，如果进行一些不恰当的干预，会对工程产生不利影响，此时采用访问法可能是一个相当有效的协调方法。大多数情况下，对于远外层的协调工作，一般由建设单位主持，监理工程师主要起协助作用。

总之，组织协调是一种管理艺术和技巧，监理工程师尤其是项目总监理工程师需要掌握领导科学、心理学、行为科学方面的知识和技能，如激励、交际、表扬和批评的艺术，开会的艺术，谈话的艺术和谈判的技巧等。而这些知识和能力的获得需要在工作实践中不断积累和总结，是一个长期的过程。

本 章 小 结

通过本章的学习，可以初步理解掌握组织的基本原理，重点是组织的概念、组织的构成因素、组织机构的设置原则等内容，包括项目监理组织机构及人员配备和几种常用的组织结构形式；掌握项目监理组织的协调方法，包括远外层和近外层的协调方法。

项目监理组织建立了，为使组织高效运行，做好组织协调工作意义重大。组织协调分为内部协调、远外层协调、近外层协调。三部分协调工作范围不同，内容不同，要注意使用不同方法。

大量工程实践表明，在对建设项目进行监理的过程中，监理工程师是否具有较强的组织协调能力是能否顺利完成监理目标的重要因素，有时甚至是决定性因素。因此，监理工程师必须学习掌握好有关建设工程组织协调的理论，才能做好日益复杂的工程监理工作。

习 题

一、思考题

1. 什么是组织？组织机构设置有哪些原则？

2. 常用的项目监理组织结构形式有哪几种？各有何优点和缺点？

3. 如何做好项目监理机构的人员配备？

4. 如何做好项目监理组织的协调工作？常用的协调方法有哪些？

二、单项选择题

1. 结构性组织存在的前提是（ ）。

　　A．权力划分　　　　B．目标　　　　C．分工与协作　　　　D．责任制度

2. 某项目部有不少不同专业的工程师，他们利用自己的知识、经验和能力工作，为项目最后顺利完工起到重要作用，这主要体现了组织机构活动的（ ）基本原理。

　　A．要素有用性　　B．动态相关性　　C．主观能动性　　D．规律效应性

3. 监理人员在施工现场对工程实体关键部位或关键工序的施工质量进行的监督检查活动称为（ ）。

　　A．见证取样　　　B．平行检验　　　C．旁站　　　　D．巡视

4. 直线制项目监理组织的优点不包括（ ）。

　　A．责任权力明确　　　　　　　　B．信息流通快

　　C．部门职能的专业分工明确　　　D．指令唯一

5. 因项目施工的过程中挖到有价值古墓，则项目部与文物管理部门之间的协调属于（ ）。

　　A．近外层协调　　B．远外层协调　　C．内部协调　　D．企业间协调

三、多项选择题

1. 李工具有一级建造师注册执业资格，那么在项目监理机构中，他有资格担任（ ）岗位职务。

　　A．总监理工程师　　B．总监理工程师代表　　C．专业监理工程师

D．监理员　　　　　　　　E．项目经理

2．对建设工程实施监理时，应遵守基本原则是（　　　）。

A．公正、独立、诚信、科学　B．公平、独立、诚信、科学　C．权责一致

D．总监理工程师负责制　　　E．严格监理、热情服务

3．在组建项目监理机构时必须注意监理人员应具有（　　　）。

A．合理的专业结构　　　B．合理的年龄结构　　　　C．合理的职称结构

D．合理的性别结构　　　E．合理的人员数量

4．项目监理组织常用的协调方法有（　　　）。

A．会议协调法　　　　　B．书面协调法　　　　　　C．访问协调法

D．电话协调法　　　　　E 交谈协调法

5．项目监理机构中管理层次包括（　　　）。

A．领导层　　　B．决策层　　　C．协调层和执行层　　　D．近外层　　　E．操作层

四、案例分析题

某监理公司承担了100km高速公路工程的施工监理工作，该工程包括路基和路面、桥梁、隧道三类主要项目。主要分别将路基和路面、桥梁、隧道工程发包给了三家承包商。针对此工程特点和发包情况，总监理工程师按照监理工作实施程序建立了监理机构，并拟定将现场监理机构设置为直线制和矩阵制两种方案供讨论。

问题：

（1）建设工程监理实施应当按照什么程序？

（2）建设工程监理实施的原则是什么？

（3）如果你是监理工程师，你推荐采取何种组织形式？为什么？

（4）绘出你推荐的监理机构组织结构形式示意图。

【第4章习题答案】

第5章

建设工程质量控制

**教学目标**

本章主要讲述建设工程质量控制的基本理论和方法。通过本章的学习，应达到以下目标：

（1）了解质量与工程质量的概念，工程质量的形成特点及其质量控制的意义；

（2）掌握施工阶段质量控制的依据、程序、方法与手段，特别要理解项目划分与控制点设置的意义；

（3）掌握施工质量验收的内容、程序、组织与方法；

（4）了解工程质量问题与质量事故的认定与处理程序。

教学要求

知识要点	能力要求	相关知识
建设工程质量控制	（1）了解质量与工程质量的概念； （2）熟悉工程质量的形成特点及其质量控制的意义	（1）质量与工程质量的概念； （2）建设工程质量的特点与影响因素； （3）建设工程质量控制概念
施工阶段的质量控制	（1）掌握施工阶段质量控制的依据、程序、方法与手段； （2）掌握项目划分与控制点设置方法	（1）工程质量形成过程与质量控制系统； （2）施工质量控制的依据与程序； （3）施工准备阶段的质量控制； （4）施工过程的质量控制
工程施工质量验收	（1）了解施工质量验收规范体系； （2）掌握施工质量验收项目划分及验收规定； （3）熟悉施工质量验收的程序与组织	（1）建筑工程质量验收规范体系； （2）施工质量验收的术语和基本规定； （3）建筑工程质量验收的划分、验收要点、程序与组织
工程质量问题与质量事故的处理	（1）了解工程质量问题与质量事故的概念； （2）熟悉质量问题与质量事故的处理程序	（1）工程质量问题与质量事故的概念； （2）工程质量问题与质量事故的分类；处理程序及监理工程师的工作

**基本概念**

质量、建设工程质量；建设工程质量控制；质量控制点；见证取样。

项目都有明确的质量目标，在项目实施中，需要对项目范围管理确认的全部活动进行计划（Plan）—执行（DO）—检查（Check）—处理（Action）的PDCA循环，以按期完成任务。

如某职业技术学院六层砖混结构学生公寓，建筑面积5635m²，建筑高度17.5m。为使其施工质量符合施工质量规范及合同文件要求，试编制该工程的施工质量控制点设置及监理方案，并进行现场巡视、平行检查及旁站监理，参与检验批、分项工程与分部工程验收工作。

5.1 建设工程质量控制概述

5.1.1 质量与建设工程质量的概念

1. 质量的概念

质量的定义是：一组固有特性满足要求的程度（2000版 GB/T19000—ISO 9000 族标准）。

【质量管理体系】

质量不仅是指产品质量，也可以是某项活动或过程、某项服务，还可以是质量管理体系的运行质量。质量是由一组固有特性组成，这些固有特性是指满足顾客和其他相关方要求的特性，并由其满足要求的程度加以表征。

"特性"可以是固有特性或赋予特性，可以是定性的，也可以是定量的。固有的意思是指在某事或某物中本来就有的，尤其是那种永久的特性，如可用性、安全性、可获得性、可靠性、可维修性、经济性、环境等。赋予的特性：如某一产品的价格，是可以变化的。质量特性是固有的特性，并通过产品、过程或体系设计和开发及其后实现过程形成的属性。

"要求"是指必须履行的需要或期望，通常有两种：一种是明示的要求，另一种是隐含的要求。明示的是指在合同、标准、规范、图纸等技术已经做出明确规定的要求；隐含需要则是指顾客或社会对实体的期望，是指那些人们所公认的、不言而喻的、不必做出规定的"需要"，如住宅应满足人们最起码的居住需要即属于"隐含需要"。

"满足要求"就是应满足明示的、隐含的需要和期望。满足要求的程度反映为质量的好坏。对质量的要求除考虑满足顾客的需要外，还应考虑其他相关方以及组织自身利益、提供原材料和零部件等的供方的利益和社会的利益等多种需求。例如需考虑安全性、环境保护、节约能源等外部的强制要求。只有全面满足这些要求，才能评定为好的质量。

满足要求的程度不是一成不变的，顾客和其他相关方质量要求是动态的、发展的和相对的。质量要求随着时间、地点、环境的变化而变化。如随着科学技术的发展、生活水平的提高，人们对产品、过程或体系的质量会提出新的要求。因此应定期评定质量要求，修订规范标准，不断开发新产品、改进老产品，以满足不断变化的质量要求。

2. 建设工程质量的概念

建设工程质量，简称工程质量，是指工程满足业主需要的、符合国家现行的有关法律、法规、技术规范标准、设计文件及合同规定的特性之总和。

建设工程质量的主体是工程项目，也包含工作质量。任何建设工程项目都是由分项工程、分部工程和单位工程所组成的，而建设工程项目的建设是通过一道道工序来完成和创造的。所以，建设工程项目质量包含工序质量、分项工程质量、分部工程质量和单位工程质量。工作质量是指参建各方为了保证工程项目质量所从事工作的水平和完善程度，包括社会工作质量和生产过程工作质量。社会工作质量，如社会调查、市场预测、质量回访和保修服务等；生产过程工作质量，如政治工作质量、管理工作质量、技术工作质量和后勤工作质量等。工程项目质量的好坏是决策、计划、勘察、设计、施工等单位各方面、各环节工作质量的综合反映，而不是单纯靠质量检验检查出来的。要保证工程项目的质量，就要求有关部门和人员细心工作，对决定和影响工程质量的所有因素严加控制，即通过提高工作质量来保证和提高工程项目的质量。

建设工程作为一种特殊的产品，除具有一般产品共有的质量特性，如性能、寿命、可靠性、安全性、经济性等满足社会需要的使用价值及其属性外，还具有特定的内涵。从功能和使用价值来看，工程项目质量又体现在适用性、耐久性、安全性、可靠性、经济性、环境协调性6个方面。由于工程项目是根据业主的要求而兴建的，不同的业主有不同的功能要求，所以，工程项目的功能与使用价值还是相对于业主的需要而言的，并无一个固定和统一的标准。

5.1.2 建设工程质量的特点

1. 建设工程的特点

（1）产品多样性，生产单件性。建设工程项目与工厂化连续生产的相同产品是不同的。建设工程项目是按业主的意图进行单项设计、单项施工而成的。建设工程所在地点的自然和社会环境、生产工艺过程等也各不相同，即使类型相同的工程项目，其设计、施工也存在千差万别。

（2）一次性与寿命的长期性。工程项目的实施必须一次成功，它的质量必须在建设的一次性过程中全部满足合同规定要求。不同于制造业产品，比如电视机，如果质量不合格可以报废，售出的还可以做退货或补偿处理。工程项目的设计基准期一般都为50年，或者100年甚至更长，质量不合格会长期影响使用，甚至危及生命财产的安全。

（3）高投入性。任何一个工程项目都要投入大量的人力、物力和财力，投入建设的时间也是一般制造业产品所不可比拟的。因此，业主和实施者对于每个项目都需要投入特定的大量管理资金。

（4）生产管理方式的特殊性。建设工程项目施工地点是特定的，产品位置是固定的，而材料、机械及操作人员是流动的。这些特点形成了工程项目管理方式的特殊性，体现在工程项目建设必须实施监督管理，这样对工程质量的形成有制约和提高的作用。

（5）生产周期长，具有风险性。建设工程项目一般是在自然环境中进行建设的，受大自然的影响多。建设周期一般也在几个月或几年，遭遇社会风险的机会也多，工程的质量会受到或大或小的影响。

（6）产品的社会性及生产的外部约束性。建设工程项目存在于城市或农村，其形象影响着城市的美观与否，其位置影响着城市的规划与交通，其结构影响着人们的生命安全。在建设过程中还受自然、社会的影响。

2. 工程质量的特点

由于上述建设工程项目的特点而形成了工程质量本身的特点，具体内容如下。

（1）影响因素多。如决策、设计、材料、机械、环境、施工工艺、施工方案、操作方法、技术措施、管理制度、施工人员素质等均直接或间接地影响工程项目的质量。

（2）质量波动大。工程建设因其具有复杂性、单一性，不像一般制造业产品的生产那样，有固定的生产流水线，有规范化的生产工艺和完善的检测技术，有成套的生产设备和稳定的生产环境，有相同系列规格和相同功能的产品，所以其质量波动性大。

（3）质量变异大。由于影响工程质量的因素较多，任一因素的变化，都可能会引起工程建设系统的质量变异，造成工程质量事故。

（4）质量隐蔽性。工程项目在施工过程中，由于工序交接多，中间产品多，隐蔽工程多，若不及时检查并发现其存在的质量问题，事后看表面质量可能很好，容易产生第二判断错误，即将不合格的产品认定为合格的产品。

（5）终检局限大。工程项目建成后，不可能像某些工业产品那样，可以拆卸或解体来检查内在的质量。所以工程项目终检时难以发现工程内在的、隐蔽的质量缺陷。因此，对于工程质量应更重视事前控制和事中控制，严格监督，防患于未然，将质量事故消灭在萌芽阶段。

（6）评价方法特殊。由于建设工程质量的影响因素多，终检难度大，因此，建设工程质量的施工质量评定始于开工准备，终于竣工验收，贯穿于工程的全过程。工程质量的检查评定及验收是按检验批、分项工程、分部工程、单位工程进行的。检验批合格质量又取决于主控项目和一般项目经抽样检验的试验结果。隐蔽工程在隐蔽前要检查合格后方可实施隐蔽验收，涉及结构安全的试块、试件以及有关材料，应按施工规定进行见证取样检测，涉及结构安全和使用功能的重要分部工程要进行抽样检测。工程质量是在施工单位按合格质量标准自行检验评定的基础上，由监理工程师（或建设单位项目负责人）组织有关单位、人员进行检验确认验收。这种评价方法体现了"验评分离、强化验收、完善手段、过程控制"的指导思想，又有别于工厂化生产的产品质量验收。

5.1.3 建设工程质量的影响因素

影响建设工程的因素很多，从建设工程质量形成的过程来分析，项目可行性研究、工程勘察设计、工程施工、工程竣工验收等各阶段对工程质量的形成有着不同的影响。也可以从影响工程质量的几个主要方面来分析，尤其是施工阶段，归纳起来主要有 5 个方面，即人员（Man）、机械（Machine）、材料（Material）、方法（Method）和环境（Environment），简称 4M1E 因素。

1. 人员

人是生产经营活动的主体，在建设工程中，项目建设的决策、管理、操作均是通过人来完成的。人员的素质是影响工程质量的第一因素。人员的影响包括：人的文化水平、技术水平、决策能力、管理能力、组织能力、作业能力、控制能力、身体素质及职业道德等。这些因素都将直接或间接地对工程项目的规划、决策、勘察、设计和施工的质量产生影响，因此，建设工程质量控制中人的因素是控制的重点。建筑行业实行经营资质管理和各类专业从业人员持证上岗制度就是保证人员素质的重要管理措施。

2. 机械

机械，即机械设备，包括组成工程实体及配套的工艺设备和施工机械设备两大类。工艺设备与建筑设备构成了工业产生的系统和完整的使用功能，如电梯、通风设备等，是生产与使用的物质基础。施工机具设备，包括大型垂直与横向运输设备、各类操作工具、各种施工安全设施、各类测量仪器和计量器具等，是施工生产的重要手段。工艺设备的性能是否先进、质量是否合格将直接影响工程使用功能和质量。施工机具的类型是否符合工程施工特点、性能是否先进稳定、操作是否方便安全等，都将影响在建工程项目的质量。

3. 材料

材料，即工程材料，包括工程实体所用的原材料、成品、半成品、构配件，是工程质量的物质基础。材料不符合要求，就不可能有符合要求的工程质量。工程材料选用是否合理、产品是否合格、材质是否经过检验、是否符合规范要求、运输与保管是否得当等，都将直接影响建设工程结构的刚度和强度、工程的外表及观感、工程的使用功能、工程的使用安全及工程的耐久性。

4. 方法

方法是指工艺方法，包括施工组织设计、施工方案、施工计划及工艺技术等。在建设工程施工中，方案是否合理，工艺是否先进，操作是否正确，都将对工程质量产生重大的影响。完善施工组织设计，大力采用新技术、新工艺、新材料、新设备，不断提高工艺技术水平，是保证工程质量稳定提高的重要因素。

5. 环境

环境是指对工程质量特性起重要作用的环境因素，包括：管理环境，如工程实施的合同结构与管理关系的确定，组织体制及质量管理制度等；技术环境，如工程地质、水文、气象等；作业环境，如作业面大小、防护设施、通风照明和通信条件等；周边环境，如工程邻近的地下管线、建（构）筑物等；社会环境，如社会秩序的安定与否。环境条件往往对工程质量产生特定的影响。拟定控制方案、措施时，必须全面考虑、综合分析，才能达到有效控制质量的目的。

5.1.4 建设工程质量控制的概念

1. 建设工程质量控制的含义

建设工程质量控制，就是为了实现项目的质量满足工程合同、规范标准要求所采取的一系列措施、方法和手段。质量控制有对直接从事质量活动者的控制和对他人质量行为进行监控的控制两种方法。前者被称为自控主体，后者被称为监控主体。监理单位与政府监督部门为监控主体，承建商，如勘测、设计单位与施工单位为自控主体。

（1）政府的工程质量控制，其性质属于监控。其目的在于维护社会公共利益，保证技术性法规和标准贯彻执行。其控制依据主要是有关的法律、法规。其控制内容为工程报建、施工图设计文件审查、施工许可、材料和设备准用、工程质量监督、工程竣工验收备案等主要环节。

（2）建设工程监理的质量控制，其性质属于监控，是指监理单位受业主委托，代表建设单位为保证工程合同规定的质量标准对工程项目的全过程进行的质量监督和控制。其目的在于保证工程项目能够按照工程合同规定的质量要求达到业主的建设意图。其控制依据是国家现行的法律、法规、合同、设计图纸。其内容包括勘察设计阶段的质量控制与施工阶段的质量控制。

（3）勘察设计单位的质量控制，其性质属于自控。勘察设计单位属于自控主体，它是以法律、法规及合同为依据，对勘察设计的整个过程进行控制，包括工作程序、工作进度、费用及成果文件所包含的功能和使用价值，以满足建设单位对勘察设计质量的要求。

（4）施工单位的质量控制，其性质属于自控。施工单位属于自控主体，它是以工程合同、设计图纸和技术规范为依据，对施工准备阶段、施工阶段、竣工验收交付阶段等施工全过程的工作质量和工程质量进行控制，以达到合同文件规定的质量要求。

2. 质量控制的意义

建设监理的主要工作是3个方面的控制：质量控制、造价控制与进度控制。质量控制作为监理工作控制的3个主要目标之一，质量目标是十分重要的。如果基本的质量目标不能实现，那么投资目标和进度目标都将失去控制的意义。尤其我国现阶段的监理工作主要是实施阶段，其实主要还是施工阶段的监理，而在施工阶段的监理工作中，大量的工作就是质量监理。因此，质量控制是监理工作中最重要、最基础的工作。

3. 质量控制的原则

在建设工程建设的质量控制中，监理工程师起着质量控制的主导作用，因为质量控制的中心工作由监理工程师承担。但工程质量的好坏，主要还是取决于承包人的施工水平和管理水平，因为承包人是质量的直接责任人，其质量管理是内因，监理工程师的工作只是外因，监理工程师的质量控制工作必须通过对承包人的实际工作进行监督管理才能发生作用。因此，监理工程师要熟悉质量管理的各个环节，善于抓主要矛盾，积极督促承包人做好质量管理工作，并与承包人密切配合，确保质量控制目标的实现。

监理工程师在工程质量控制过程中，应遵循以下几条原则。

（1）坚持质量第一的原则。建筑产品不仅具有造价高、使用时间长的特点，而且还关系到人民群众生命财产的安全。所以，监理工程师在处理投资、进度、质量三者关系时，应坚持"百年大计，质量第一"的原则，且自始至终把"质量第一"作为对工程质量控制的基本原则。

（2）坚持以人为核心的原则。人是影响建设工程质量的第一要素。在建设工程中，各阶段或各参建单位人员的素质、工作态度、人员的行为都会影响工程质量。所以，在工程质量控制中，要坚持"以人为核心"的控制原则，重点控制人的素质和人的行为，充分调动人的积极性，发挥人的创造性，提高人的工作质量，保证工程质量。

（3）坚持以预防为主的原则。质量控制工作有事前控制、事中控制与事后控制三种方式。对于一些影响工程质量的因素，事前是可以预料的，在质量控制中，采取积极主动的措施，应事先对影响质量的各种因素加以控制，可减少事后进行处理所造成的不必要损失。所以，应坚持"预防为主"的原则，做好事前控制和事中控制。

（4）坚持质量标准的原则。工程质量的评价标准是有关的法律、法规与技术标准。工程质量是否符合合同规定的质量标准要求，应通过质量检验，并和质量标准对照，符合质量标准要求的即合格，不符合质量标准要求的即不合格，必须做出处理。不是业主说了算或是任何人说了算的，监理工程师在评定工程质量时必须坚持"质量标准"的原则。

（5）坚持科学、公正、守法的职业道德规范的原则。在工程质量控制中，特别是在工程质量评价时，监理工程师起着主导作用。监理人员必须坚持"科学、公正、守法"的职业道德规范，要实事求是，尊重科学，以事实、资料、数据为依据，以法律、法规、技术标准为准绳，要坚持原则，遵纪守法，秉公监理，客观、公正地处理质量问题。

4. 质量管理主体的责任与义务

为加强对建设工程质量的管理，保证建设工程质量，保护人民生命财产安全，国务院2000年1月10日第25次常务会议能过了《建设工程质量管理条例》。其中规定：建设单位、勘察单位、设计单位、施工单位、监理单位应依法对建设工程质量负责。

1）建设单位的质量责任

（1）建设单位应按有关规定选择相应资质等级的勘察、设计单位和施工单位，并真

【建设工程质量管理条例】

实、准确、齐全地提供与建设工程有关的原始资料。依法对建设工程项目的勘察、设计、施工、监理以及工程建设有关重要设备材料等的采购进行招标，择优选定中标者。不得将建设工程项目肢解发包；不得迫使承包方以低于成本的价格竞标；不得任意压缩合理工期；不得明示或暗示设计单位或施工单位违反建设强制性标准，降低建设工程质量。对国家规定强制实行监理的工程项目，建设单位必须委托有相应资质等级的工程监理单位进行监理。建设单位应与监理单位签订监理合同，明确双方的责任和义务。

（2）在工程开工前，建设单位应负责办理有关施工图设计文件审查、工程质量监督手续，领取工程施工许可证。在施工过程中，涉及建筑主体和承重结构变动的装修工程，建设单位应在施工前委托原设计单位或者相应资质等级的设计单位提出设计方案，没有设计方案，不得施工。建设工程项目竣工后，应组织设计、施工、工程监理等有关单位进行竣工验收。

（3）按照合同的约定，由建设单位负责采购供应的建筑材料、建筑构配件和设备，应符合设计文件和合同要求，不得明示或暗示施工单位使用不合格的建筑材料、建筑构配件和设备。

（4）建设单位应及时收集、整理建设项目各环节的文件资料，建立健全建设项目档案，并在建设工程竣工验收后，及时向建设行政主管部门移交建设项目档案资料。

2）勘察、设计单位的质量责任

（1）勘察、设计单位应当依法取得相应等级的资质证书，必须在其资质等级许可的范围内承揽相应的勘察、设计任务，禁止承揽超越其资质等级许可范围以外的任务，不得转包或违法分包所承揽的任务，不得以其他勘察、设计单位的名义承揽业务，也不得允许其他单位或个人以本单位的名义承揽工程。

（2）勘察、设计单位必须按照国家现行的有关规定、工程建设强制性技术标准和合同要求进行勘察、设计工作，并对所编制的勘察、设计文件的质量负责。勘察单位提供的地质、测量、水文等勘察成果文件必须真实、准确。设计单位应根据勘察成果文件进行建设工程设计，提供的设计文件应当符合国家规定的设计深度要求，注明工程合理使用年限。设计文件中选用的材料、构配件和设备，应当注明规格、型号、性能等技术指标，其质量必须符合国家规定的标准。除有特殊要求的建筑材料、专用设备、工艺生产线外，不得指定生产厂、供应商。设计单位应就审查合格的施工图设计文件向施工单位做出详细说明。在施工过程中，应负责解决施工中对设计提出的问题，负责设计变更。应当参与工程质量事故分析，并对因设计造成的质量事故，提出相应的技术处理方案。

3）施工单位的质量责任

（1）施工单位应依法取得相应的资质证书，必须在其资质等级许可的范围内承揽工程，禁止承揽超越其资质等级业务范围的任务，不得转包或违法分包，不得以其他施工单位的名义承揽工程也不得允许其他单位或个人以本单位的名义承揽工程。

（2）施工单位对所承揽的建设工程的施工质量负责。应当建立健全质量管理体系，落实质量责任制，确定工程项目的项目经理、技术负责人和施工管理负责人。实行总承包的工程，总承包单位应对全部建设工程质量负责。建设工程勘察、设计、施工、设备采购中的一项或多项实行总承包的，总承包单位应对其承包的建设工程或采购的设备的质量负责；总包单位依法将建设工程分包给其他单位的，分包单位应按照分包合同约定对其分包工程的质量向总承包单位负责，总承包单位与分包单位对分包工程的质量承担连带责任。

（3）施工单位必须按照工程设计图纸和施工技术规范标准组织施工，不得擅自修改工程设计。在施工中，必须按照工程设计要求、施工技术规范标准和合同约定，对建筑材料、构配件、设备和商品混凝土进行检验，不得偷工减料，不得使用不符合设计和强制性技术标准要求的产品，不得使用未经检验和试验或检验和试验不合格的产品。

4）工程监理单位的质量责任

（1）工程监理单位应依法取得相应等级的资质证书，并在其资质等级许可的范围内承担工程监理业务。禁止超越本单位资质等级许可的范围或以其他工程监理单位的名义承担工程监理业务，不允许其他单位或个人以本单位的名义承担工程监理业务，不得转让工程监理业务。

（2）工程监理单位与被监理工程的施工承包单位以及建筑材料、建筑构配件和设备供应单位有隶属关系或者其他利害关系的，不得承担该项建设工程的监理业务。

（3）工程监理单位应当依照法律、法规以及有关技术标准、设计文件和建设工程承包合同，代表建设单位对施工质量实施监理，并对施工质量承担监理责任。

（4）工程监理单位应当选派具备相应资格的总监理工程师和监理工程师进驻施工现场。未经监理工程师签字，建筑材料、建筑构配件和设备不得在工程上使用或者安装，施工单位不得进行下一道工序的施工。未经总监理工程师签字，建设单位不拨付工程款，不进行竣工验收。

（5）监理工程师应当按照工程监理规范的要求，采取旁站、巡视和平行检验等形式，对建设工程实施监理。

5）建筑材料、构配件及设备生产或供应单位的质量责任

建筑材料、构配件及设备生产或供应单位对其生产或供应的产品质量负责。生产厂家或供应商必须具备相应的生产条件、技术装备和质量管理体系，所生产或供应的建筑材料、构配件及设备的质量应符合国家和行业现行的技术规定的合格标准和设计要求，并与说明书和包装上的质量标准相符，且应有相应的产品检验合格证，设备应有详细的使用说明等。

6）工程检测单位的质量责任

工程检测单位和人员具备相应的资质和资格，且具有计量证书。各项管理制度齐全，质量管理体系文件执行有效。机构设置合理，试验人员具备相应资格，配备齐全，并全部到位。检测仪器、设备的管理规范，符合计量管理规定。计量仪器、设备管理台账清晰、准确、完整。检测依据、内容和方法正确，记录齐全；检测报告形成程序合理、数据及内容准确。检测设备及工作环境符合卫生、环保、消防和安全等有关规定。

5.2　施工阶段的质量控制

工程施工是使业主及工程设计意图最终实现并形成工程实体的阶段，也是最终形成工程产品质量和工程项目使用价值的重要阶段。因此，施工阶段的质量控制不但是施工监理重要的核心内容，也是工程项目质量控制的重点。

监理工程师对工程施工的质量控制，就是按照监理合同赋予的权利，针对影响工程质量的各种因素，对建设工程项目的施工过程进行有效的监督和管理。

5.2.1　工程质量形成过程与质量控制系统

1. 工程质量形成过程

由于施工阶段是使工程设计意图最终实现，并形成工程实体的阶段，也是最终形成工程实体质量的

系统过程，所以施工阶段的质量控制是一个由对投入的资源和条件的质量控制，进而对生产过程及各环节质量进行控制，直到对所完成的工程产出品的质量检验与控制为止的全过程的系统控制过程。这个系统过程可以按施工阶段工程实体质量形成的时间阶段划分，也可以根据施工层次加以分解来划分。

1）按工程实体质量形成过程的时间阶段划分

（1）施工准备。它是指在各工程对象正式施工活动开始前的各项准备工作，这是确保施工质量的先决条件，包括相应施工技术标准的准备，质量管理体系、施工质量检验制度、综合施工质量水平评定考核制度的建立，施工方案的编制，各类人员、机械设备的配备，原材料、构配件的准备，图纸会审，技术交底等。

（2）施工过程。它是指在施工过程各生产要素的实际投入和作业技术活动的实施，包括作业技术交底、各道工序的形成，以及作业者对质量的自控和来自有关管理者的监控行为。

（3）竣工验收。它是指对于通过施工过程所完成的具有独立的功能和使用价值的最终产品（单位工程或整个工程项目）及有关方面（例如质量文档）的质量认可。

2）按工程项目施工层次划分

任何一个大中型工程建设项目都可划分为若干层次。建筑工程项目按照国家标准可以划分为单位工程、分部工程、分项工程、检验批等层次，而对于水利水电、港口交通等工程项目则可划分为单项工程、单位工程、分部工程、分项工程等几个层次，各层次之间具有一定的施工先后顺序的逻辑关系。显然，施工工序质量控制是最基本的质量控制，它决定了有关检验批的质量，而检验批的质量又决定了分项工程的质量等。

2. 工程质量控制系统过程

按工程实体形成过程结合施工层次，形成的工程质量控制系统过程，如图5.1所示。

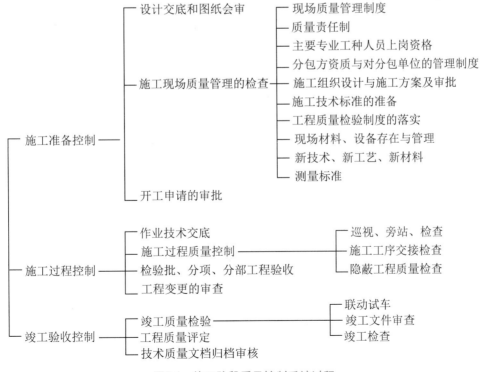

图5.1 施工阶段质量控制系统过程

5.2.2 施工质量控制的依据与程序

1. 施工质量控制的依据

施工阶段监理工程师进行质量控制的依据，一般有以下4种类型。

1）工程承包合同文件

工程施工承包合同文件（还包括招标文件、投标文件及补充文件）和委托监理合同中分别规定了工程项目参建各方在质量控制方面的权利和义务的条款，有关各方必须履行在合同中的承诺。监理单位既要履行监理合同的条款，又要监督建设单位、施工单位、设计单位和材料供应单位履行有关的质量控制条款。因此，监理工程师要熟悉这些条款，据以进行质量监督和控制。当发生质量纠纷时，应及时采取措施予以解决。

2）设计文件

"按图施工"是施工阶段质量控制的一项重要原则。因此，经过批准的设计图纸和技术说明书等设计文件是质量控制的重要依据。监理单位应组织设计单位及施工单位进行设计交底及图纸会审工作，以便使相关各方了解设计意图和质量要求。

3）国家及政府有关部门颁布的有关质量管理方面的法律、法规性文件

它包括三个层次：第一个层次是国家的法律，第二个层次是部门的规章，第三个层次是地方的法规与规定。国家建设行政主管部门所颁发的有关质量管理方面的法规性文件主要有以下几个。

【中华人民共和国建筑法】

  （1）《中华人民共和国建筑法》。

  （2）《建设工程质量管理条例》。

  （3）《建筑业企业资质管理规定》。

  （4）《房屋建筑工程和市政基础设施工程竣工验收备案管理暂行办法》。

  （5）《城市建筑档案管理规定》。

  （6）《建筑工程五方责任主体项目责任质量终身追究暂行办法》（建质〔2014〕124号）。

其他各行业如交通、能源、水利、冶金、化工等政府主管部门和省、市、自治区的有关主管部门，也均根据本行业及地方的特点，制定和颁布了有关的法规性文件。

4）有关质量检验与控制的专门技术标准

这类文件依据一般是针对不同行业、不同的质量控制对象而制定的技术法规性的文件，包括各种有关的技术标准、技术规范、规程或质量方面的规定。

技术标准有国际标准（如ISO系列）、国家标准、行业标准和企业标准之分。它是建立和维护正常的生产和工作秩序应遵守的准则，也是衡量工程、设备和材料质量的尺度，如质量检验及评定标准，材料、半成品或构配件的技术检验和验收标准等。技术规程或规范，一般是执行技术标准，保证施工有秩序地进行而为有关人员制定的行动的准则，通常它们与质量的形成有密切关系，应严格遵守。例如：施工技术规程、操作规程、设备维护和检修规程、安全技术规程以及施工及验收规范等。各种有关质量方面的规定，一般是有关主管部门根据需要而发布的带有目标方针性的文件，它对于保证标准规程、规范的实施具有指令性的特点。此外，对于大型工程，尤其是在对外承包工程和外资、外贷工程的质量监理与控制中，还会涉及国际和国外标准或规范，当需要采用某些国际或国外的标准或规范进行质量控制时，还需要熟悉它们。

这些专门性的标准通常有以下几类。

（1）建设工程项目施工质量验收标准。这类标准主要是由国家或行业部门统一制定的，用以作为检

验和验收工程项目质量水平所依据的技术法规性文件。例如，评定建设工程施工质量验收的标准规范有《建筑工程施工质量验收统一标准》(GB 50300—2013)、《混凝土结构工程施工质量验收规范》(GB 5204—2015)、《建筑装饰装修工程质量验收规范》(GB 50210—2011)、《建筑给排水及采暖工程施工质量验收规范》(GB 50242—2002) 等。对于其他行业如水利、电力、交通等工程项目的质量验收，也有与之类似的相应的质量验收标准。

(2) 有关工程材料、半成品和构配件质量控制方面的技术标准。这类标准有材料及其制品质量的技术标准，材料或半成品等的取样、试验等方面的技术标准或规程，材料验收、包装、标志方面的技术标准和规定。如水泥、木材及其制品、钢材、砖瓦、砌块、石材、石灰、砂、玻璃、陶瓷及其制品等的质量标准；木材的物理力学试验方法总则，钢材的机械及工艺试验取样法，水泥安定性检验方法等；型钢的验收、包装、标志及质量证明书的一般规定；钢管验收、包装、标志及质量证明书的一般规定等。

(3) 控制施工作业活动质量的技术规程。为了保证施工工序的质量，在操作过程中应遵照执行的技术规程，例如电焊操作规程、砌砖操作规程、混凝土施工操作规程等。

(4) 凡采用新材料、新工艺、新技术、新设备的工程，应事先进行试验，并应有权威性技术部门的技术鉴定书及有关的质量数据、指标，以此作为判断与控制质量的依据。

2. 施工质量控制的工作程序

在施工阶段监理中，监理工程师的质量控制任务就是要对施工的全过程、全方位进行监督、检查与控制，不仅涉及最终产品的检查、验收，而且涉及施工过程的各环节及中间产品的监督、检查与验收。一般按以下程序进行。

1) 开工条件审查（事前控制）

单位工程（或重要的分部、分项工程）开工前，承包商必须做好施工准备工作，然后填报《工程开工报审表》(附录1表B2)、《工程复工报审表》(附录1表B3)，并附上该项工程的开工报告、施工组织设计（施工方案），特别要注明进度计划、人员及机械设备配置、材料准备情况等，报送监理工程师审查。若审查合格，则由总监理工程师批复，准予施工。否则，承包单位应进一步做好施工准备，具备施工条件时，再次填报开工申请。

2) 施工过程中督促检查（事中控制）

在施工过程中监理工程师应督促承包单位加强内部质量管理，同时监理人员进行现场巡视、旁站、平行检验、实验室试验等工作，涉及结构安全的试块、试件以及有关材料，应按规定进行见证取样检测；对涉及结构安全和使用功能的重要分部工程，应进行抽样检测。承担见证取样及有关结构安全检测的单位应具有相应资质。每道工序完成后，承包单位应进行自检，填写相应质量验收记录表，自检合格后，填报《＿＿＿ 报审、报验表》(附录1表B7)，交监理工程师检验。

3) 质量验收（事后控制）

当一个检验批、分项、分部工程完成后，承包单位应首先对检验批、分项、分部工程进行自检，填写相应质量验收记录表，确认工程质量符合要求，然后向监理工程师提交《＿＿＿ 报审、报验表》(附录1表B7)，附上自检的相关资料。监理工程师收到检查申请后应在合同规定的时间内到现场检验，并组织施工单位项目专业质量（技术）负责人等进行验收，现场检查及对相关资料审核，验收合格后由监理工程师予以确认，并签署质量验收证明（附录2表D、表E、表F、表G）。反之，则指令承包单位进行整改或返工处理。一定要坚持上道工序被确认质量合格后，方能准许下道工序施工的原则，按上述程序完成逐道工序。

施工阶段工程质量控制工作流程图如图5.2所示。

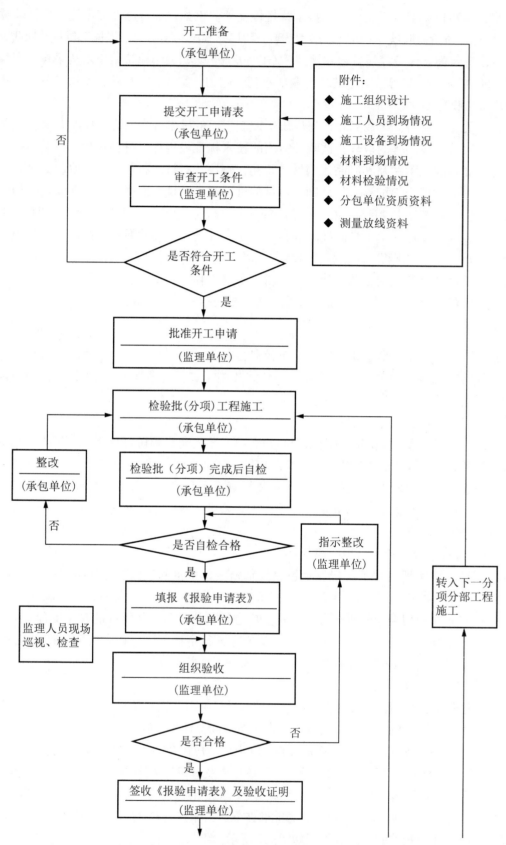

图5.2 施工阶段工程质量控制工作流程图

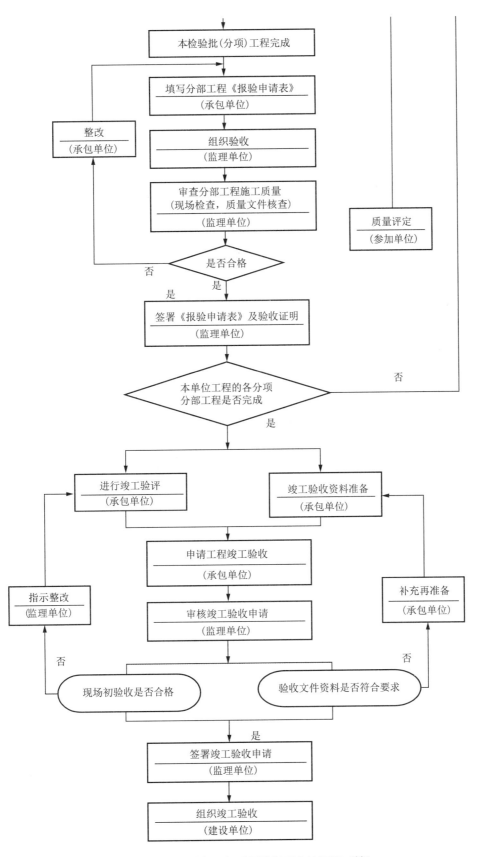

图5.2　施工阶段工程质量控制工作流程图（续）

5.2.3 施工准备阶段的质量控制

施工准备阶段的质量控制属事前控制，如事前的质量控制工作做得充分，不仅是工程项目施工的良好开端，而且会为整个工程项目质量的形成创造极为有利的条件。

1. 监理工作准备

1）组建项目监理机构，进驻现场

在签订委托监理合同后，监理单位要组建项目监理机构，在工程开工前3～4周派出满足工程需要的监理人员进驻现场，开始施工监理准备工作。

2）完善组织体系，明确岗位职责

项目监理机构进驻现场后，应完善组织体系，明确岗位责任。监理机构（监理部）的组织体系一般有两种设置形式：一是按专业分工（图5.3），可分为土建、水暖、电气、试验、测量等；二是按项目分工（图5.4），建设工程可按单位工程划分、道路工程按路段划分。在一些情况下，专业和项目也可混合配置，但无论怎样设置，工程监理工作面应全部覆盖，不能有遗漏，确保每个施工面上都应有基层的监理员。做到岗位明确、责任到人。

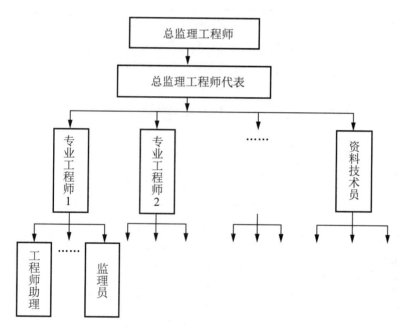

图5.3 按专业分工设置监理机构

3）编制监理规划性文件

监理规划应在签订委托监理合同后开始编制，由总监理工程师主持，专业监理工程师参加。编制完成后须经监理单位技术负责人审核批准，并应在召开第一次工地会议前报送建设单位。监理规划的编制应针对项目实际情况，明确项目监理机构的工作目标，确定具体的监理工作制度、程序、方法和措施，并具有可操作性。

监理部进驻现场后，总监理工程师应组织专业监理工程师编制专业监理细则，编制完成后须经总监理工程师审定后执行，并报送建设单位。监理细则应写明控制目标、关键工序、重点部位、关键控制点以及控制措施等内容。

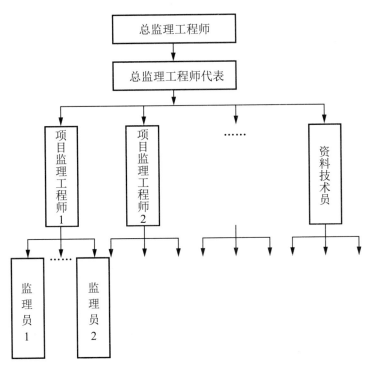

图5.4 按项目分工设置监理机构

4）拟定监理工作流程

要使监理工作规范化，就应在开工之前编制监理工作流程。图5.5～图5.10是一个建筑工程施工阶段的质量监理工作流程。工程项目的实际情况不同，施工监理流程也有所不同。同一类型的工程，由于项目的大小、项目所处的地点、周围的环境等各种因素的不同，其监理工作流程也有所不同。

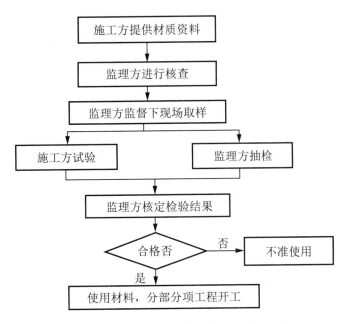

图5.5 工程材料、半成品检查检验程序图

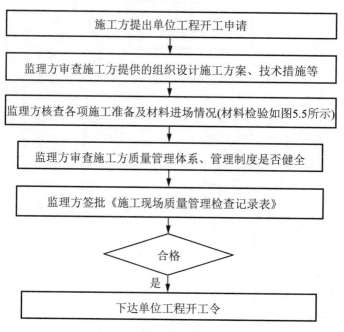

图5.6　单位工程开工申请审查程序图

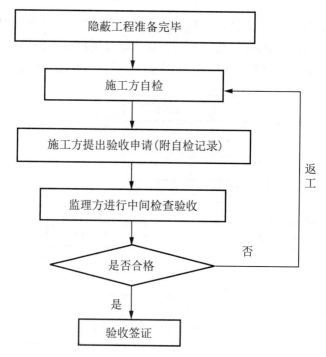

图5.7　隐蔽工程检查、验收程序图

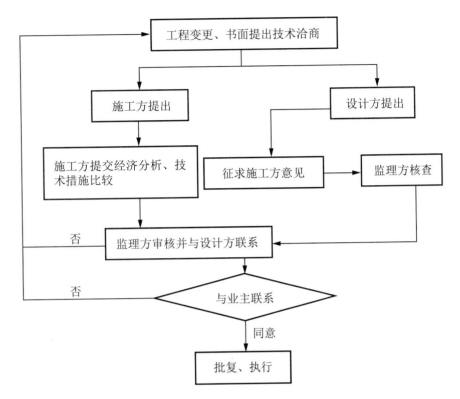

图5.8 工程变更、技术洽商审查批复程序图

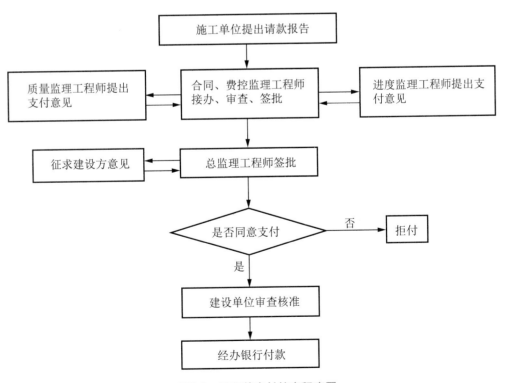

图5.9 工程款支付签审程序图

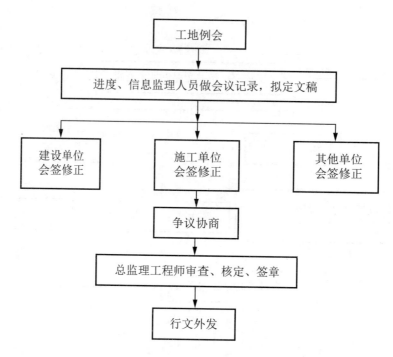

图5.10　工地例会纪要签发程序图

5）监理设备仪器准备

在工程开工以前应做好充分准备，有充分的办公、生活设施，包括用房、办公桌椅、文件柜、通信工具、交通工具、试验测量仪器等。这些装备中，用房、桌椅、生活用具等应由业主提供，也可以折价由承包人提供，竣工之后归业主所有，还可以根据监理合同规定检测仪器等由监理公司自备。

6）熟悉监理依据，准备监理资料

开工之前总监理工程师应组织监理工程师熟悉图纸、设计文件、施工承包合同；对图纸中存在的问题通过建设单位向设计单位提出书面意见和建议；准备监理资料所用的各种表格、各种规范及与本工程有关的资料。

2. 开工前的质量监理工作

1）招投标阶段对承包单位资质的审查

（1）根据工程的类型、规模和特点，确定参与投标企业的资质等级，并取得招投标管理部门的认可。

（2）对符合参与投标承包企业的考核包括以下内容。

① 查对《营业执照》及《建筑业企业资质证书》，并了解其实际的建设业绩、人员素质、管理水平、资金情况、技术装备等。

② 考核承包企业近期的表现，查对年检情况，资质升降级情况，了解其是否有工程质量、施工安全、现场管理等方面的问题，企业管理的发展趋势，质量是否呈上升趋势，选择向上发展的企业。

③ 查对近期承建工程，实地参观考核工程质量情况及现场管理水平。在全面了解的基础上，重点考核与拟建工程类型、规模和特点相似或接近的工程。优先选取创出名牌优质工程的企业。

2）对中标进场的承包企业质量管理体系的核查

（1）了解企业的质量意识、质量管理情况，重点了解企业质量管理的基础工作、工程项目管理和质量控制的情况。

（2）贯彻 ISO 9000 标准、体系建立和通过体系认证的情况。

（3）企业领导班子的质量意识及质量管理机构落实、质量管理权限实施的情况等。

（4）审查承包单位现场项目经理部的质量管理体系。工程承包单位健全的质量管理体系，对于取得良好的施工效果具有重要作用，因此，监理工程师做好承包单位质量管理体系的审查，是搞好监理工作的重要环节，也是取得好的工程质量的重要条件。

① 承包单位向监理工程师报送项目经理部的质量管理体系的有关资料，包括组织机构、各项制度、管理人员、专职质检员、特种作业人员的资格证、上岗证、试验相关资料。

② 监理工程师对报送的相关资料进行审核，并进行实地检查。

③ 经审核，承包单位的质量管理体系满足工程质量管理的需要，总监理工程师予以确认；对于不合格人员，总监理工程师有权要求承包单位予以撤换，体系不健全、制度不完善之处要求工程承包单位尽快整改。

3）参与设计技术交底

设计交底一般由建设单位主持，参加单位有设计单位、承包单位和监理单位的主要项目负责人及有关人员。

通过设计交底，监理工程师应了解以下基本内容。

（1）建设单位对本工程的要求，施工现场的自然条件、工程地质与水文地质条件等。

（2）设计主导思想，建筑艺术要求与构思、使用的设计规范、抗震设防烈度、基础设计、主体结构设计、装修设计、设备设计（设备选型）等，工业建筑应包括工艺流程与设备选型。

（3）对基础、结构及装修施工的要求，对建材的要求，对使用新技术、新工艺、新材料的要求，对建筑与工艺之间配合的要求以及施工中的注意事项等。

（4）设计单位对监理单位和承包单位提出的施工图纸中的问题的答复。

设计交底应形成会议纪要，会后由承包单位负责整理，总监理工程师签认。

4）审查承包单位的现场项目质量管理体系、技术管理体系和质量管理体系

对质量管理体系、技术管理体系和质量保证体系应审核以下内容。

（1）质量管理、技术管理和质量保证的组织机构。

（2）质量管理、技术管理制度。

（3）专职人员和特种作业人员的资格证、上岗证。

审查由总监理工程师组织进行。

5）施工组织设计（质量计划）的审查

（1）质量计划与施工组织设计。

质量计划是质量策划结果的一项管理文件。对工程建设而言，质量计划主要是针对特定的工程项目为完成预定的质量控制目标，编制专门规定的质量措施、资源和活动顺序的文件。其作用是对外作为针对特定工程项目的质量保证，对内作为针对特定工程项目质量管理的依据。根据质量管理的基本原理，质量计划包含为达到质量目标、质量要求的计划、实施、检查及处理这四个环节的相关内容，即 PDCA 循环。具体而言，质量计划应包括下列内容：编制依据；项目概况；质量目标；组织机构；质量控制及管理组织协调的系统描述；必要的质量控制手段，检验和试验程序等；确定关键过程和特殊过程及作业的指导书；与施工过程相适应的检验、试验、测量、验证要求；更改和完善质量计划的程序等。

① P（计划）：计划主要是确定为达到预期的各项质量目标，通过施工组织设计文件的编制，提出作

业技术活动方案，即施工方案，包括施工工艺、方法、机械设备、脚手模具等施工手段配置的技术方案和施工区段划分、施工流向、工艺顺序及劳动组织等组织方案。

② D（实施）：进行质量计划目标和施工方案的交底，落实相关条件并按质量计划的目标所确定的程序和方法展开作业技术活动。

③ C（检查）：首先是检查有没有严格按照预定的施工方案认真执行，其次是检查实际的施工结果是否达到预定的质量要求。

④ A（处理）：对检查中发现偏离目标值的纠偏及改正，出现质量不合格的处置及不合格的预防，包括应急措施和预防措施与持续改进的途径。

国外工程项目中，承包单位要提交施工计划及质量计划。施工计划是承包单位进行施工的依据，包括施工方法、工序流程、进度安排、施工管理安全对策、环保对策等。在我国现行的施工管理中，施工承包单位要针对每一特定工程项目进行施工组织设计，以此作为施工准备和施工全过程的指导性文件。为确保工程质量，承包单位在施工组织设计中加入了质量目标、质量管理及质量保证措施等质量计划的内容。

质量计划与现行施工管理中的施工组织设计既有相同的地方，又存在差别。

① 对象相同。质量计划和施工组织设计都是针对某一特定工程项目而提出的。

② 形式相同。二者均为文件形式。

③ 作用既相同又存在区别。投标时，投标单位向建设单位提供的施工组织设计或质量计划的作用是相同的，都是对建设单位做出工程项目质量管理的承诺；施工期间承包单位编制的详细的施工组织设计仅供内部使用，用于具体指导工程项目的施工，而质量计划的主要作用是向建设单位做出保证。

④ 编制的原理不同。质量计划的编制是以质量管理标准为基础的，从质量职能上对影响工程质量的各环节进行控制；而施工组织设计则是从施工部署的角度，着重于技术质量形成规律来编制全面施工管理的计划文件。

⑤ 在内容上各有侧重点。质量计划的内容按其功能包括质量目标、组织结构和人员培训、采购、过程质量控制的手段和方法；而施工组织设计是建立在对这些手段和方法结合工程特点具体而灵活运用的基础上的。

（2）施工组织设计的审查。

工程项目开工之前，总监理工程师应组织专业监理工程师审查承包单位编制的施工组织设计／（专项）施工方案提出审查意见，并经总监理工程师审核、签认后报建设单位。《施工组织设计／（专项）施工方案报审表》见附录1表B1的格式。

① 施工组织设计／（专项）施工方案的审查程序如下。

（a）工程项目开工前约定的时间内，承包单位必须完成施工组织设计的编制及内部自审批准工作，填写《施工组织设计／（专项）施工方案报审表》报送项目监理机构审定。

（b）总监理工程师组织专业监理工程师审查，提出意见后，由总监理工程师签认同意，批准实施。需要承包单位修改时，由总监理工程师、监理工程师签发书面意见，退回承包单位修改后再报审，重新审查。

（c）已审定的施工组织设计由项目监理机构报送建设单位。

（d）承包单位应按审定的施工组织设计文件组织施工。如需对其内容做较大的变更，应在实施前将变更内容以书面形式报送项目监理机构审核。

（e）对于重大或特殊的工程，项目监理机构对施工组织设计审查后，还应报送监理单位技术负责人审查，提出审查意见后由总监理工程师签发，必要时与建设单位协商，组织有关专业部门和有关专家会审。

(f) 规模大、工艺复杂的工程、群体工程或分期出图的工程，经总监理工程师批准可分阶段报审施工组织设计；技术复杂或采用新技术的分项、分部工程，承包单位还应编制该分项、分部工程的施工方案，报项目监理机构审查。

② 审核施工组织设计的主要内容如下。

(a) 承包单位的审批手续是否齐全。

(b) 施工总平面布置图是否合理。

(c) 施工布置是否合理，施工方法是否可行，质量保证措施是否可靠并具有针对性。

(d) 工期安排是否满足建设工程施工合同要求。

(e) 进度计划是否能保证施工的连续性和均衡性，所需的人力、材料、设备的配置与进度计划是否协调。

(f) 质量管理和技术管理体系，质量保证措施是否健全且切实可行；承包单位是否了解并掌握了本工程的特点及难点，施工条件是否分析充分。

(g) 安全、环保、消防和文明施工措施是否符合有关规定。

(h) 季节施工方案和专项施工方案的可行性、合理性和先进性。

(i) 监理工程师认为应审核的其他内容。

6) 第一次工地会议（略）

3. 现场施工准备的质量控制

1) 查验承包单位的测量放线

施工测量放线是建设工程产品形成的第一步，其质量好坏，将直接影响工程产品的质量，并且制约着施工过程中相关工序的质量。因此，工程测量控制是施工中事前质量控制的一项基础工作。监理工程师应将其作为保证工程质量的一项重要的内容，在监理工作中，应进行工程测量的复核控制工作。专业监理工程师应按以下要求对承包单位报送的测量放线成果及保护措施进行检查，符合要求时，专业监理工程师对承包单位报送的施工测量成果报验申请予以签认。

(1) 检查承包单位专职测量人员的岗位证书及测量设备检定证书。

(2) 复核控制桩的校核成果、控制桩的保护措施以及平面控制网、高程控制网和临时水准点的测量成果。《施工控制测量成果报验表》应符合附录1表B5的格式。

① 交桩和定位放线检查。勘察、设计单位在现场逐点向监理、业主代表交桩，并转交各桩点的坐标、高程等数据资料。这些桩点包括：全部测量导线点、基准水准点以及设计时测放的所有桩位。交桩后，专业监理工程师应组织人力对主要桩点复测检查，误差应在规范规定的范围之内。确认桩点准确无误后，应立即通知承包人接桩，承包人接桩后应进行各桩位的复核，经规划部门确认桩位正确之后，承包单位应向项目监理部提出开工申请，批准后方可定位测量，建立施工控制网，同时做好基桩的保护。

② 复测施工测量控制网。在工程总平面图上，各种建筑物或构筑物的平面位置是用施工坐标系统的坐标来表示的。复测施工测量控制网时，应查验施工控制网的平面图与高程控制点，查验施工轴线控制桩位置，查验轴线位置、高程控制标志，核查铅直度控制。

2) 施工平面布置的检查

为了保证承包单位能够顺利地施工，监理工程师应检查施工现场总体布置是否合理，是否有利于保证施工的顺利进行，是否有利于保证施工质量，特别是要对场区的道路、消防、防洪排水、设备存放、供电、给水、混凝土搅拌及主要垂直运输机械设备布置等进行重点检查。

3）检查进场的主要施工设备

施工机械设备是影响施工质量的重要因素。除应检测其技术性能、工作效率、工作质量、安全性能外，还应考虑其数量配置对施工质量的影响与保证条件。

（1）监理工程师应审查施工现场主要设备的规格、型号是否符合施工组织设计的要求。例如选择起重机械进行吊装施工时，其起重量、起重高度及起重半径均应满足吊装要求。

（2）监理工程师应审查施工机械设备的数量是否足够。例如在大规模的混凝土灌注时，是否有备用的混凝土搅拌机和振捣设备，以防止由于机械发生故障，使混凝土浇筑工作中断等。

（3）对需要定期检定的设备应检查承包单位提供的检定证明，如测量仪器、检测仪器、磅秤等应按规定进行。

4）审查分包单位的资质

分包工程开工前，专业监理工程师应审查承包单位报送的分包单位资格报审表和分包单位的有关资质资料，《分包单位资格报审表》采用附录1表B4的格式。

审查内容如下。

（1）审查分包单位的营业执照、企业资质等级证书、特殊行业施工许可证、国外（境外）企业在国内承包工程许可证等。

（2）审查分包单位的业绩。

（3）审查拟分包工程的内容与范围。

（4）专职人员和特种作业人员的资格证、上岗证，如质量员、安全员、资料员、电工、电焊工、塔式起重机驾驶员等。

5）工程材料、半成品、构配件报验的签认

工程中需要的原材料、半成品、构配件等将成为工程的组成部分。其质量的好坏直接影响到建筑产品的质量，因此事先对其质量进行严格控制很有必要。

（1）承包单位应按有关规定对主要原材料进行复试，填写《工程材料／构配件／设备报审表》（附录1表B6），报项目监理部签认，同时应附数量清单、出厂质量证明文件和自检结果作为附件。

（2）对新材料、新产品要核查鉴定证明和确认文件。

（3）对进场材料应进行见证抽样复试，必要时可会同建设单位到材料厂家进行实地考察。

（4）审查《混凝土、砌筑砂浆配合比申请单和配合比通知单》、签认《混凝土浇灌申请书》，对现场搅拌混凝土，应检查其设备（含计量设备）与现场管理；对商品混凝土生产厂家，应考察其资质和生产能力。

（5）要求承包单位在订货前向监理工程师申报，建立合格供货商名录。对于重要的材料、半成品或构配件，还应提交样品，供试验或鉴定之用。经监理工程师审查同意后方可进行订货。进场后应提供构配件和设备厂家的资质证明及产品合格证明，进口材料和设备商检证明，并按规定进行复试。

（6）监理工程师应参与加工订货厂家的考察、评审，根据合同的约定参与订货合同的拟定和签约工作。

（7）进场的构配件和设备承包单位应进行检验、测试，判断合格后，填写《材料／构配件／设备报验单》报项目监理部。

（8）监理工程师进行现场检验，签认审查结论。

出厂质量文件主要有：产品合格证及技术说明书；质量检验证明；检测与试验者的资格证明；关键工序操作人员资格证明及操作记录（例如大型预应力构件的张拉应力工艺操作记录）；不合格品或质量问题处理的说明及证明；有关图纸及技术资料；必要时，还应附有权威性认证资料。

6）审查主要分部（分项）工程施工方案

（1）对某些主要分部（分项）工程，项目监理部可规定在施工前承包单位应将施工工艺、原材料使用、劳动力配置、质量保证措施等情况编写专项施工方案，填写《施工组织设计／（专项）施工方案报审表》，报项目监理部审定。

（2）承包单位应将季节性的施工方案（冬施、雨施等），提前填写《施工组织设计（方案）报审表》，报项目监理部审定。

4.审查现场开工条件，签发开工令

总监理工程师应组织专业监理工程师审查施工单位报送的开工报审表及相关资料，同时具备以下条件的，由总监理工程师签署审查意见，报建设单位批准后，总监理工程师签发开工令。

（1）设计交底和图纸会审已完成。

（2）施工组织设计已由总监理工程师签认。

（3）施工单位现场质量、安全生产管理体系已建立，管理及施工人员已到位，施工机械具备使用条件，主要工程材料已落实。

（4）进场道路及水、电、通信等已满足开工要求。

《工程开工报审表》应符合附录1表B2的格式。《工程开工令》应符合附录1表A2的格式。

5.2.4 施工过程的质量控制

1.施工过程质量监理程序

施工阶段的监理是建设工程产品生产全过程的监控，监理工程师要做到全过程监理、全方位控制，对重点部位及重点工序应重点控制，尤其应重点控制各工序之间的交接。一般的监理程序如图5.11所示。过程控制中应坚持上道工序被确认质量合格后，才能准许进行下道工序施工的原则，如此循环，直至每一道合格的工序均被确认。当一个检验批、分项工程、分部工程施工完工后，承包单位应自检，自检合格后向监理单位申报验收，由监理单位组织相关单位验收，工程的阶段验收均需参加验收的各方签字确认后方可继续下面的工作，不合格的应停工整改，待再次验收合格后继续施工。当单位工程或施工项目完成后，承包单位提出竣工报告，由建设单位主持勘察单位、设计单位、监理单位、施工单位进行验收并向建设行政管理部门备案。

2.施工过程质量控制的方法与手段

1）利用施工文件控制

（1）审查承包单位的技术文件。事前控制的主要内容是要审查承包单位的技术文件。需要审查的文件有设计图纸、施工方案、分包申请、变更申请、质量问题与质量事故处理方案、各种配合比、测量放线方案、试验方案、验收报告、材料证明文件、开工申请等，通过审查这些文件的正确性、可靠性来保证工程的顺利开展。

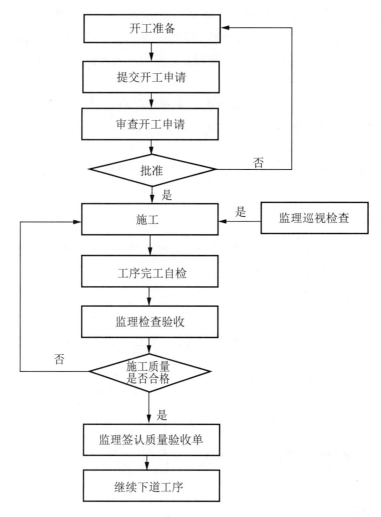

图5.11　施工过程中的一般监理程序

（2）下达指令性文件。下达指令性文件是运用监理工程师指令控制权的具体形式。所谓指令文件是表达监理工程师对施工承包单位提出指示和要求的书面文件，用以向施工单位指出施工中存在的问题，提请施工单位注意，以及向施工单位提出要求或指示其做什么或不做什么等的内容。监理工程师的各项指令都应是书面的或有文件记载方为有效，并作为技术文件资料存档。如因时间紧迫，来不及做出正式的书面指令，也可以用口头指令的方式下达给施工单位，但随即应按合同规定及时补充书面文件对口头指令予以确认。在施工过程中，如发现施工方法与施工方案不符、所使用的材料与设计要求不符、施工质量与规范标准不符、施工进度与合同要求不符等，监理工程师有权下达指令性文件，令其改正。这些文件有"监理通知""工程暂停令""监理报告"。

（3）审核作业指导书。施工组织设计（方案）是保证工程施工质量的纲领性文件。作业指导书（技术交底）是对施工组织设计或施工方案的具体化，是更细致、明确、具体的技术实施方案，是工序施工或分项工程施工的具体指导性文件。作业指导书要紧紧围绕与具体施工有关的操作者、机械设备、使用的材料、构配件、工艺、工法、施工环境、具体管理措施等方面进行，要明确做什么、谁来做、如何做、作业标准和要求、什么时间完成等。为保证每一道工序的施工质量，每一分项工程开始实施前均要进行交底。技术交底的内容包括施工方法、质量要求和验收标准，施工过程中注意的问题，可能出现的意外情况及应采取的应对措施与应急方案。

作业指导书由项目部主管技术人员编制，并经项目总工程师批准。分项工程施工前，承包单位应将作业指导书报监理工程师审查。无作业指导书或作业指导书未经监理工程师批准，相应的工序或分项工程不得进入正式实施。

2）应用支付手段控制

支付手段是业主按监理委托合同赋予监理工程师的控制权。所谓支付控制权就是：对施工承包单位支付任何工程款项，均需由监理工程师开具支付证明书，没有监理工程师签署的支付证书，业主不得向承包方进行支付工程款。而工程款支付的条件之一就是工程质量要达到施工质量验收规范以及合同规定的要求。如果承包单位的工程质量达不到要求的标准，又不能按监理工程师的指示予以处理使之达到要求的标准，监理工程师有权采取拒绝开具支付证书的手段，停止对承包单位支付部分或全部工程款，由此造成的损失由承包单位负责。监理工程师可以使用计量支付控制权来保障工程质量，这是十分有效的控制和约束手段。

3）现场监理的方法

（1）现场巡视。现场巡视是监理人员最常用的手段之一，通过巡视，一方面可掌握正在施工的工程质量情况，另一方面可掌握承包单位的管理体系是否运转正常。其具体方法是通过目视或常用工具检查施工质量，例如，用百格网检查砌砖的砂浆饱满度、用坍落度筒检测混凝土的坍落度、用尺子检测桩机的钻头直径以保证基桩直径等。在施工过程中发现偏差，及时纠正，并指令施工单位处理。

（2）旁站监理。旁站监理也是现场监理人员经常采用的一种检查形式。原建设部于 2002 年 7 月 17 日发布的《房屋建筑工程施工旁站监理管理办法（试行）》规定了房屋建筑工程施工旁站监理（以下简称旁站监理），是指监理人员在房屋建筑工程施工阶段监理中，对关键部位、关键工序的施工质量实施全过程现场跟班的监督活动。对房屋建设工程的关键部位、关键工序，如在基础工程方面包括土方回填，混凝土灌注桩浇筑，地下连续墙、土钉墙、后浇带及其他结构混凝土、防水混凝土浇筑，卷材防水层细部构造处理，钢结构安装等；在主体结构工程方面包括梁柱节点钢筋隐蔽过程，混凝土浇筑，预应力张拉，装配式结构安装，钢结构安装，网架结构安装，索膜安装等。

旁站监理人员的主要职责如下。

① 检查施工企业现场质检人员到岗、特殊工种人员持证上岗，以及施工机械、建筑材料准备情况。

② 在现场跟班监督关键部位、关键工序的施工执行施工方案以及工程建设强制性标准的情况。

③ 核查进场建筑材料、建筑构配件、设备和商品混凝土的质量检验报告等，并可在现场监督施工企业进行检验或者委托具有资格的第三方进行复验。

④ 做好旁站监理记录（表式见附录 1 表 A6《旁站记录》）和监理日记，保存旁站监理原始资料。

监理企业在编制监理规划时，应当制定旁站监理方案，明确旁站监理的范围、内容、程序和旁站监理人员职责等。旁站监理方案应当送建设单位和施工单位各一份，并抄送工程所在地的建设行政主管部门或其委托的工程质量监督机构。

（3）平行检验。平行检验是指项目监理机构利用一定的检查或检测手段，在承包单位自检的基础上，按照一定的比例独立进行检查或检测的活动。

（4）见证取样和送检见证试验。见证取样和送检是指在工程监理人员或建设单位驻工地人员的见证下，由施工单位的现场试验人员对工程中涉及结构安全的试块、试件和材料在现场取样，并送至经过省级以上建设行政主管部门对其计量认证的质量检测单位进行检测的行为。见证试验是指对在现场进行一些检验检测，由施工单位或检测机构进行检测，监理人员全过程进行见证并记录试验检测结果的行为。

【房屋建筑工程和市政基础设施工程实行见证取样和送检的规定】

原建设部于 2000 年以建〔2000〕211 号发布了《房屋建筑工程和市政基础设施工程实行见证取样和送检的规定》，规定了下列试块、试件和材料必须实施见证取样和送检：

① 用于承重结构的混凝土试块；

② 用于承重墙体的砌筑砂浆试块；

③ 用于承重结构的钢筋及连接接头试件；

④ 用于承重墙的砖和混凝土小型砌块；

⑤ 用于拌制混凝土和砌筑砂浆的水泥；

⑥ 用于承重结构的混凝土中使用的掺加剂；

⑦ 地下、屋面、厕浴间使用的防水材料；

⑧ 国家规定必须实行见证取样和送检的其他试块、试件和材料。

文件规定，在施工过程中，见证人员应按照见证取样和送检计划，对施工现场的取样和送检进行见证，取样人员应在试样或其包装上做出标识、封志。标识和封志应标明工程名称、取样部位、取样日期、样品名称和样品数量，并由见证人员和取样人员签字。见证人员应制作见证记录，并将见证记录归入施工技术档案。见证人员和取样人员应对试样的代表性和真实性负责。

见证取样的试块、试件和材料送检时，应由送检单位填写委托单，委托单应有见证人员和送检人员签字。检测单位应检查委托单及试样上的标识和封志，确认无误后方可进行检测。

检测单位应严格按照有关管理规定和技术标准进行检测，出具公正、真实、准确的检测报告。见证取样和送检的检测报告必须加盖见证取样检测的专用章。

4）现场质量检查的手段

现场检验的方法有目测法、量测法和试验法。

（1）目测法。目测法即凭借感官进行检查，一般采用看、摸、敲、照等手法对检查对象进行检查。

① "看"就是根据质量标准要求进行外观检查，例如钢筋有无锈蚀、批号是否正确；水泥的出厂日期、批号、品种是否正确；构配件有无裂缝；清水墙表面是否洁净，油漆或涂料的颜色是否良好、均匀；工人的施工操作是否规范；混凝土振捣是否符合要求等。

② "摸"就是通过触摸手感进行检查、鉴别，例如油漆的光滑度；浆活是否牢固、不掉粉；模板支设是否牢固；钢筋绑扎是否正确等。

③ "敲"就是运用敲击方法进行声感检查，例如对墙面瓷砖、大理石镶贴、地砖铺砌等的质量均可通过敲击检查，根据声音虚实、脆闷判断有无空鼓等质量问题。

④ "照"就是通过人工光源或反射光照射，仔细检查难以看清的部位，如构件的裂缝宽度、孔隙大小等。

（2）量测法。量测法就是利用量测工具或计量仪表，通过实际量测结果与规定的质量标准或规范的要求相对照，从而判断质量是否符合要求。量测的手法可归纳为：靠、吊、量、套。

① "靠"是用直尺、塞尺检查诸如地面、墙面的平整度等。一般选用 2m 靠尺，在缝隙较大处插入塞尺，测出平整度差的大小。

② "吊"是指用铅直线检查垂直度，如检测墙、柱的垂直度等。

③ "量"是指用量测工具或计量仪表等检测轴线尺寸、断面尺寸、标高、温度、湿度等数值并确定其偏差，例如室内墙角的垂直度、门窗的对角线、摊铺沥青拌合料的温度等。

④ "套"是指以方尺套方辅以塞尺，检查诸如踢脚线的垂直度、预制构件的方正、门窗口及构件的对角线等。

（3）试验法。试验法是指通过现场取样，送实验室进行试验，取得有关数据，分析判断质量是否合格。

① 力学性能试验，如测定抗拉强度、抗压强度、抗弯强度、抗折强度、冲击韧性、硬度、承载力等。

② 物理性能试验，如测定比重、密度、含水量、凝结时间、安定性、抗渗性、耐磨性、耐热性、隔声性能等。

③ 化学性能试验，如材料的化学成分（钢筋的磷、硫含量）、耐酸性、耐碱性、抗腐蚀等。

④ 无损测试，如超声波探伤检测、磁粉探伤检测、X 射线探伤检测、γ 射线探伤检测、渗透液探伤检测、低应变检测桩身完整性等。

3. 施工活动前的质量控制（质量预控）

1）质量控制点的设置

（1）质量控制点的概念。

质量控制点是指为了保证施工质量而确定的重点控制对象，包括重要工序、关键部位和薄弱环节，是质量控制人员在分析项目的特点之后，把影响工序施工质量的主要因素、对工程质量危害大的环节等事先列出来，分析影响质量的原因，并提出相应的措施，以便进行预控的关键点。

在国际上质量控制点又根据其重要程度分为见证点（Witness Point）、停止点（Hold Point）和旁站点（Stand Point）。

见证点（或截留点）监督也称为 W 点监督。凡是列为见证点的质量控制对象，在规定的关键工序（控制点）施工前，施工单位应提前通知监理人员在约定的时间内到现场进行见证和对其施工实施监督。如果监理人员未能在约定的时间内到现场见证和监督，则施工单位有权进行该 W 点的相应的工序操作和施工。工程施工过程中的见证取样和重要的试验等应作为见证点来处理。监理工程师收到通知后，应按规定的时间到现场见证。对该质量控制点的实施过程进行认真的监督、检查，并在见证表上详细记录该项工作所在的建筑物部位、工作内容、数量、质量等后签字，作为凭证。如果监理人员在规定的时间未能到场见证，施工单位可以认为已获监理工程师认可，有权进行该项施工。

停止点也称为"待检点"或 H 点监督，其重要性高于见证点的质量控制点，是指那些施工过程或工序施工质量不易或不能通过其后的检验和试验而充分得到验证的"特殊工序"。凡列为停止点的控制对象，要求必须在规定的控制点到来之前通知监理人员对控制点实施监控，如果监理人员未在约定的时间到现场监督、检查，施工单位应停止进入该 H 点相应的工序，并按合同规定等待监理人员，未经认可不能越过该点继续活动。所有的隐蔽工程验收点都是停止点。另外，某些重要的工序如预应力钢筋混凝土结构或构件的预应力张拉工序，某些重要的钢筋混凝土结构在钢筋安装后、混凝浇筑之前，重要建筑物或结构物的定位放线后，重要的重型设备基础预埋螺栓的定位等均可设置停止点。

旁站点（或 S 点），是指监理人员在房屋建设工程施工阶段监理中，对关键部位、关键工序的施工质量实施全过程现场跟班的监督活动，如混凝土灌注、回填土等工序。

（2）控制点选择的一般原则。

可作为质量控制点的对象涉及面广，它可能是技术要求高、施工难度大的结构部位，也可能是使用影响质量的关键工序、操作或某一环节，也可以是施工质量难以保证的薄弱环节，还可能是使用新技术、新工艺、新材料的部位。具体包括以下内容。

① 施工过程中的关键工序或环节以及隐蔽工程，如预应力张拉工序、钢筋混凝土结构中的钢筋绑扎工序。

② 施工中的薄弱环节或质量不稳定的工序、部位或对象，例如地下防水工程、屋面与卫生间防水工程。

③ 对后续工程施工或安全施工有重大影响的工序，例如原配料质量、模板的支撑与固定等。

④ 采用新技术、新工艺、新材料的部位或环节。

⑤ 施工条件困难或技术难度大的工序，例如复杂曲线模板的放样，预应力张拉等。

（3）常见控制点设置。

① 质量的控制点设置位置。一般工程的质量控制点设置位置见表5-1。

表5-1　质量控制点的设置位置

分项工程	质量控制点
测量定位	标准轴线桩、水平桩、龙门板、定位轴线
地基、基础	基坑（槽）尺寸、标高、土质，地基承载力，基础垫层标高，基础位置、尺寸、标高，预留洞孔，预埋件的位置、规格、数量，基础墙皮数杆及标高，杯底弹线
砌体	砌体轴线、皮数杆、砂浆配合比、预留洞孔、预埋件位置及数量、砌块排列
模板	位置、尺寸、标高，预埋件位置，预留洞孔尺寸、位置，模板强度及稳定性，模板内部清理及润湿情况
钢筋混凝土	水泥品种、强度等级，砂石质量，混凝土配合比，外加剂比例，混凝土振捣，钢筋品种、规格、尺寸、接头，预留洞（孔）及预埋件规格数量和尺寸，预制构件的吊装等
吊装	吊装设备、吊具、索具、地锚
钢结构	翻样图、放大样、胎模与胎架、连接形式的要点（焊接及残余变形）
装修	材料品质、色彩、各种工艺

② 隐蔽工程。一般工程隐蔽验收见表5-2。

（4）质量控制点的设置。

设置质量控制点是保证达到施工质量要求的必要前提。在工程开工前，监理工程师就要明确提出要求，要求承包单位在工程施工前根据施工过程质量控制的要求，列出质量控制点明细表，表中详细地列出各质量控制点的名称或控制内容、检验标准及方法等，提交监理工程师审查批准后，在此基础上实施质量预控。监理工程师在拟订质量控制工作计划时，应予以详细考虑，并以制度来保证落实。

表5-2　隐蔽工程验收项目表

项目	检查内容
土方	基坑（槽或管沟）开挖，排水盲沟设置情况，填方土料，冻土块含量及填土压实试验记录
地基与基础工程	基坑（槽）底土质情况，基底标高及宽度，对不良基土采取的处理情况，地基夯实施工记录，桩施工记录及桩位竣工图
砖体工程	基础砌体，沉降缝，伸缩缝和防震缝，砌体中配筋
钢筋混凝土工程	钢筋的品种、规格、形状尺寸、数量及位置，钢筋接头情况，钢筋除锈情况，预埋件数量及其位置，材料代用情况
屋面工程	保温隔热层、找平层、防水层
地下防水工程	卷材防水层及沥青胶结材料防水层的基层，防水层被土、水、砌体等掩盖的部位，管道设备穿过防水层的封固处
地面工程	地面下的基土；各种防护层以及经过防腐处理的结构或连接件
装饰工程	各类装饰工程的基层情况

项目	检查内容
管道工程	各种给、排水，暖、卫暗管道的位置、标高、坡度、试压通水试验、焊接、防腐、防锈、保温及预埋件等情况
电气工程	各种暗配电气线路的位置、规格、标高、弯度、防腐、接头等情况，电缆耐压绝缘试验记录，避雷针的接地电阻试验
其他	完工后无法进行检查的工程，重要结构部位和有特殊要求的隐蔽工程

质量控制点表式见表5-3。在工程开工前，由专业监理工程师组织承包单位编制，并由总监理工程师批准后执行。

表5-3　××工程质量控制点

工程编号				工程名称	质量控制点			质量验收标准及方法
分部	子分部	分项	检验批		W点	H点	S点	

（5）作为质量控制点重点控制的对象。

影响工程施工质量的因素有许多种，对质量控制点的控制重点有以下几方面。

① 人的行为。人是影响施工质量的第一因素。如对高空、水下、危险作业等，对人的身体素质或心理应有相应的要求；对技术难度大或精度要求高的作业，如复杂模板放样、精密的设备安装等，对人的技术水平均有相应的要求。

② 物的状态。组成工程的材料性能、施工机械或测量仪器是直接影响工程质量和安全的主要因素，应予以严格控制。

③ 关键的操作。如预应力钢筋的张拉工艺操作过程及张拉力的控制，是可靠地建立预应力值和保证预应力构件质量的关键过程。

④ 技术参数。例如对回填地基土进行压实时，填料的含水量、虚铺厚度与碾压遍数等参数是保证填方质量的关键。

⑤ 施工顺序。对于某些工作必须严格保证作业之间的顺序，例如，对于冷拉钢筋应当先对焊、后冷拉，否则会失去冷拉强度；对于屋架固定一般应采取对角同时施焊，以免焊接应力使已校正的屋架发生变形等。

⑥ 技术间歇。有些作业之间需要有必要的技术间歇时间，例如砖墙砌筑与抹灰工序之间，以及抹灰与粉刷或喷涂之间，均应保证有足够的间歇时间；混凝土浇筑后至拆模之间也应保持一定的间歇时间等。

⑦ 新工艺、新技术、新材料的应用。由于缺乏经验，施工时可作为重点进行严格控制。

⑧ 易发生质量通病的工序。例如防水层的铺设，管道接头的渗漏等。

⑨ 对工程质量影响重大的施工方法。如液压滑模施工中的支承杆失稳问题、升板法施工中提升差的控制等，都是一旦施工不当或控制不严，即可能引起重大质量事故问题，也应作为质量控制的重点。

⑩ 特殊地基或特种结构。如湿陷性黄土、膨胀土等特殊土地基的处理、大跨度和超高结构等难度大

的施工环节和重要部位等都应予特别重视。

2）审查作业指导书

分项工程施工前，承包单位应将作业指导书报监理工程师审查。无作业指导书或作业指导书未经监理工程师批准，相应的工序或分项工程不得进入正式实施。承包单位强行施工，可视为擅自开工，监理工程师有权令其停止该分项的施工。

3）测量器具精度与实验室条件的控制

（1）施工测量开始前，监理工程师应要求承包单位报验测量仪器的型号、技术指标、精度等级、计量部门的检定证书，测量人员的上岗证明，监理工程师审核确认后，方可进行正式测量作业。在施工过程中，监理工程师也应定期与不定期地检查计量仪器、测量设备的性能和精度状况，保证其处于良好的状态之中。

（2）工程作业开始前，监理部应要求承包单位报送实验室（或外委实验室）的资质证明文件，列出本实验室所开展的试验、检测项目、主要仪器、设备；法定计量部门对计量器具的检定证明文件；试验检测人员的上岗资质证明；实验室管理制度等。监理工程师也应到实验室考核，确认能满足工程质量检验要求，则予以批准，同意使用，否则，承包单位应进一步完善、补充，在未得到监理工程师同意之前，实验室不得从事该工程项目的试验工作。

4）劳动组织与人员资格控制

开工前监理工程师应检查承包单位的人员与组织，其内容包括相关制度是否健全，如各类人员的岗位职责、现场的安全消防规定、紧急情况的应急预案等，并应有措施保证其能贯彻落实。

应检查管理人员是否到位、操作人员是否持证上岗。如技术负责人、专职质检人员、安全员、测量人员、材料员、试验员是否在岗；特殊作业的人员（如电焊工、电工、起重工、架子工、爆破工）是否持证上岗。

4. 施工活动过程中的质量控制

1）坚持质量跟踪监控

在施工活动过程中，监理工程师应对施工现场有目的地进行巡视检查和旁站，必要时进行平行检查。在巡视过程中发现和及时纠正施工中所发生的不符合要求的问题。应对施工过程的关键工序、特殊工序、重点部位和关键控制点进行旁站。对所发现的问题应先口头通知承包单位改正，然后由监理工程师签发《监理通知》，承包单位应将整改结果书面回复，监理工程师进行复查。

2）抓好承包单位的自检与专检

承包单位是施工质量的直接实施者和责任者，有责任保证施工质量合格。监理工程师的质量检查与验收，是对承包单位作业活动质量的复核与确认，但决不能代替承包单位的自检，而且，监理工程师的检查必须是在承包单位自检并确认合格的基础上进行的。专职质检员没有检查或检查不合格不能报监理工程师，否则监理工程师有权拒绝进行检查。

监理工程师的质量监督与控制就是要使承包单位建立起完善的质量自检体系并运转有效。承包单位的自检体系表现在以下几点。

（1）承包单位应有专职质检员进行专检。

（2）承包单位对作业活动成果必须自检。

（3）不同工序交接、转序必须由相关人员交接检查。

3）技术复核与见证取样

对于涉及施工作业技术活动基准和依据的技术工作，都应该严格进行专人负责的复核性检查，以避免基准失误给整个工程质量带来难以补救的或全局性的危害，如工程的定位轴线、标高、预留孔洞的位置和尺寸、预埋件、管线的坡度、混凝土配合比等。技术复核是承包单位应履行的技术工作责任，其复核结果应报送监理工程师复验确认后，才能进行后续项目的施工。

为确保工程质量，原建设部规定，在市政工程及房屋建筑工程项目中，对工程材料、承重结构的混凝土试块，承重墙体的砂浆试块、结构工程的受力钢筋（包括接头）实行见证取样。见证取样的频率，国家或地方主管部门有规定的，执行相关规定；施工承包合同中如有明确规定的，执行施工承包合同的规定。见证取样的频率和数量，包括在承包单位自检范围内，所占比例一般为30%。

4）工程变更控制

施工过程中，由于勘察设计的原因，或外界自然条件的变化，或施工工艺方面的限制，或建设单位要求的改变，都会引起工程变更。工程变更的要求可能来自建设单位、设计单位或施工承包单位。变更以后，往往会引起质量、工期、造价的变化，也可能导致索赔。所以，无论哪一方提出的工程变更要求，都应持十分谨慎的态度。在工程施工过程中，无论是建设单位或者施工及设计单位提出的工程变更或图纸修改，都应通过监理工程师审查并经有关方面研究，确认其必要性后，由总监理工程师发布变更指令，方能生效并予以实施。

5）工地例会管理

工地例会是施工过程中参建各方沟通情况、解决分歧、形成共识、做出决定的主要方式，通过工地例会，监理工程师检查分析施工过程的质量状况，指出存在的问题，承包单位提出整改的措施，并做出相应的保证。例会应由总监理工程师主持。会议纪要应由项目监理机构负责起草并经与会各方代表会签。工地例会应包括以下主要内容。

（1）检查上次例会议定事项的落实情况，分析未落实事项的原因。

（2）检查分析工程项目进度计划的完成情况，提出下一阶段的任务。

（3）检查分析工程项目质量的状况，针对存在的质量问题提出改进措施。

（4）检查工程量核定及工程款支付情况。

（5）解决需要协调的有关事项。

（6）其他有关事宜。必要时总监理工程师或专业监理工程师应视需要及时组织专题会议，解决施工过程中的问题和各种专项问题。

6）工程暂停令、复工令的应用

根据委托监理合同中建设单位对监理工程师的授权，出现下列情况时，总监理工程师有权行使质量控制权，下达《工程暂停令》，及时进行质量控制，所用表式见附录1表A5。

项目监理机构发现下列情形之一的，总监理工程师应及时签发工程暂停令，要求施工单位停工整改。

（1）施工单位未经批准擅自施工的。

（2）施工单位未按审查通过的工程设计文件施工的。

（3）施工单位未按批准的施工组织设计施工或违反工程建设强制性标准的。

（4）施工存在重大质量事故隐患或发生质量事故的。

项目监理机构应对施工单位的整改过程和结果进行检查、验收，符合要求的，总监理工程师应及时签发复工令。

施工单位未提出复工申请的，总监理工程师应根据工程实际情况指令施工单位恢复施工。

应该注意的是：总监下达停工指令及复工指令，宜事先向建设单位报告。

5. 施工活动结果的质量控制

要保证最终单位工程产品的合格，必须使每道工序及各个中间产品均符合质量要求。施工活动结果在土建工程中一般有：基槽（基坑）验收，隐蔽工程验收，工序交接，检验批、分项、分部工程验收，不合格项目处理等。

1）基槽（基坑）验收

基槽（开挖）是地基与基础施工中的一个关键工序，对后续工程质量影响大，一般作为一个检验批进行质量验收，有专用的验收表格。基槽（基坑）开挖质量验收主要涉及地基承载力和地质条件的检查确认，所以基槽开挖验收均要有勘察设计单位的有关人员参加，并请当地或主管质量监督部门参加，经现场检查，测试（或平行检测）确认其地基承载力是否达到设计要求，地质条件是否与设计相符。如相符，则共同签署验收资料，如达不到设计要求或与勘察设计资料不符，则应采取措施进一步处理或变更工程，由原设计单位提出处理方案，经承包单位实施完毕后重新验收。

2）隐蔽工程验收

隐蔽工程验收是指将被后续工程施工所覆盖的分项、分部工程，在隐蔽前所进行的检查验收。由于其检查对象将要被后续工程所覆盖，给以后的检查整改造成障碍，所以它是质量控制的一个关键过程，一般有专用的隐蔽工程验收表格。

隐蔽工程验收项目应在监理规划中列出，例如：基槽开挖及地基处理；钢筋混凝土中的钢筋工程；埋入结构中的避雷导线；埋入结构中的工艺管线；埋入结构中的电气管线；设备安装的二次灌浆；基础、厕浴间、屋顶防水；装修工程中吊顶龙骨及隔墙龙骨；预制构件的焊（连）接；隐蔽的管道工程水压试验或闭水试验等。

隐蔽工程施工完毕，承包单位应先进行自检，自检合格后，填写《报验申请表》，附上相应的或隐蔽工程检查记录及有关材料证明、试验报告、复试报告等，报送项目监理机构。监理工程师收到报验申请后首先对质量证明资料进行审查，并按规定时间与承包单位的专职质检员及相关施工人员一起到现场检查，如符合质量要求，监理工程师在《___报审、报验表》及隐蔽工程检查记录上签字确认，准予承包单位隐蔽、覆盖，进入下一道工序施工。否则，指令承包单位整改，整改后，自检合格再报监理工程师复验。

3）工序交接

工序交接是指作业活动中一种作业方式的转换及作业活动效果的中间确认，也包括相关专业之间的交接。通过工序交接的检查验收或办理交接手续，保证上道工序合格后方可进入下道工序，使各工序间和相关专业工程之间形成一个有机整体，也使各工序的相关人员担负起各自的责任。

4）检验批、分项、分部工程验收

检验批、分项、分部工程完成后，承包单位应先自行检查验收，确认合格后向监理工程师提交验收申请，由监理工程师予以检查、确认。如确认其质量符合要求，则予以确认验收。如有质量问题，则指令承包单位进行处理，待质量合乎要求后再予以检查验收。对涉及结构安全和使用功能的重要分部工程应进行抽样检测。

5）单位工程或整个工程项目的竣工验收

一个单位工程或整个工程项目完成后，承包单位应先进行竣工自检，自验合格后，向项目监理机构提交《单位工程竣工验收报审表》(附录1表B10)，总监理工程师组织专业监理工程师进行竣工初验，初验合格后，总监理工程师对承包单位的《单位工程竣工验收报审表》予以签认，并上报建设单位，同时提出"工程质量评估报告"，由建设单位组织竣工验收。监理单位参加由建设单位组织的正式竣工验收。

(1) 初验应检测的内容。

① 审查施工承包单位所提交的竣工验收资料，包括各种质量控制资料、安全和功能检测资料及各种有关的技术性文件等。

② 审核承包单位提交的竣工图，并与已完工程、有关的技术文件（如图纸、工程变更文件、施工记录及其他文件）对照进行核查。

③ 总监理工程师组织专业监理工程师对拟验收工程项目的现场进行检查，如发现质量问题应指令承包单位进行处理。

（2）工程质量评估报告。

项目监理机构应审查施工单位提交的单位工程竣工验收报审表及竣工资料，组织工程竣工预验收。存在问题的，应要求施工单位及时整改；合格的，总监理工程师应签发单位工程竣工验收报审表。《单位工程竣工验收报审表》应符合附录 1 表 B10 的格式。

工程竣工预验收合格后，项目监理机构应编写工程质量评估报告，经总监理工程师和工程监理单位技术负责人审核签字后报建设单位。

"工程质量评估报告"是监理单位对所监理的工程的最终评价，是工程验收中的重要资料，它由项目总监理工程师和监理单位技术负责人签署，主要包括以下内容。

① 工程项目建设概况介绍，参加各方的单位名称、负责人。

② 工程检验批、分项、分部、单位工程的划分情况。

③ 工程质量验收标准，各检验批、分项、分部工程质量验收情况。

④ 地基与基础分部工程中，涉及桩基工程的质量检测结论，基槽承载力检测结论，涉及结构安全及使用功能的检测结论，建筑物沉降观测资料。

⑤ 施工过程中出现的质量事故及处理情况，验收结论。

⑥ 结论。本工程项目（单位工程）是否达到合同约定，是否满足设计文件要求，是否符合国家强制性标准及条款的规定。

5.3 工程施工质量验收

工程施工质量验收是工程建设质量控制的一个重要环节，包括工程施工质量的中间验收和工程的竣工验收两个方面。通过对工程建设中间产出品和最终产品的质量把关验收，以确保达到业主所要求的功能和使用价值，实现建设投资的经济效益和社会效益。

5.3.1 建设工程质量验收规范体系简介

为进一步做好工程质量验收工作，结合建设工程质量管理的方针和政策，增强各规范间的协调性及适用性，并考虑与国际惯例接轨，原建设部于 2001 年 7 月 20 日颁布了《建筑工程施工质量验收统一标准》（GB 50300—2001），在建筑工程施工质量验收标准、规范体系的编制中坚持了"验评分离、强化验收、完善手段、过程控制"的指导思想，统一了建筑工程施工质量的验收方法、质量标准和程序；规定了建筑工程各专业工程施工验收规范编制的统一标准和单位工程验收质量标准、内容和程序等；增加了建筑工程施工现场质

【建筑工程施工质量验收统一标准】

量管理和质量控制要求；提出了检验批质量抽验的抽样方案要求；规定了建筑工程施工质量验收中子单位和子分部工程的划分，涉及建筑工程安全和主要使用功能的见证取样及抽样检测。《建筑工程施工质量验收统一标准》（GB 50300—2001）及其施工质量验收系列标准在十多年的应用中，在保证工程施工质量方面发挥了巨大的作用。

住房和城乡建设部根据原建设部《关于印发〈2007 年工程建设标准制订、修订计划（第一批）〉的通知》（建标〔2007〕125 号）的要求，由中国建筑科学研究院会同有关单位在原《建筑工程施工质量验收统

一标准》（GB 50300—2001）的基础上修订形成了国家标准《建筑工程施工质量验收统一标准》（GB 50300—2013），从2014年6月1日起实施。原《建筑工程施工质量验收统一标准》（GB 50300—2001）同时废止。

本次标准修订继续遵循"验评分离、强化验收、完善手段、过程控制"的指导原则，在验收体系及方法上与原标准保持了一致，仅做了局部的修订。修订的主要内容有：增加符合条件时，可适当调整抽样复验、试验数量的规定；增加制定专项验收要求的规定；增加检验批最小抽样数量的规定；增加建筑节能分部工程，增加铝合金结构、太阳能热水系统、地源热泵系统子分部工程；修改主体结构、建筑装饰装修等分部工程中的分项工程划分；增加计数抽样方案的正常检验一次、二次抽样判定方法；增加工程竣工预验收的规定；增加勘察单位应参加单位工程验收的规定；增加工程质量控制资料缺失时，应进行相应的实体检验或抽样试验的规定。本次标准修订，除了以上新增部分，还对原条文有些局部的修改。

建筑工程施工质量验收统一标准的编制依据，主要是《中华人民共和国建筑法》《建设工程质量管理条例》《建筑结构可靠度设计统一标准》及其他有关设计规范等。建设工程各专业工程施工质量验收规范必须与本标准配合使用。验收统一标准及专业验收规范体系的落实和执行，还需要有关标准的支持，其支持体系如图5.12所示。

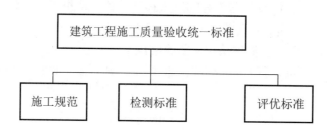

图5.12　工程质量验收规范支持体系示意图

建筑工程施工质量验收统一标准与施工质量验收规范有：《建筑工程施工质量验收统一标准》（GB 50300—2013）；《建筑地基基础工程施工质量验收规范》（GB 50202—2002）；《砌体工程施工质量验收规范》（GB 50203—2011）；《混凝土结构工程施工质量验收规范》（GB 50204—2015）；《钢结构工程施工质量验收规范》（GB 50205—2001）；《木结构工程施工质量验收规范》（GB 50206—2012）；《屋面工程质量验收规范》（GB 50207—2012）；《地下防水工程质量验收规范》（GB 50208—2011）；《建筑地面工程施工质量验收规范》（GB 50209—2010）；《建筑装饰装修工程质量验收规范》（GB 50210—2011）；《建筑给水排水及采暖工程施工质量验收规范》（GB 50242—2002）；《通风与空调工程施工质量验收规范》（GB 50243—2002）；《建筑电气工程施工质量验收规范》（GB 50303—2015）；《电梯工程施工质量验收规范》（GB 50310—2002）；《智能建筑工程质量验收规范》（GB 50339—2013）；等等。

【砌体工程施工质量验收规范】

建筑工程施工规范有：《建筑地基基础工程施工规范》（GB 51004—2015）；《砌体工程施工规范》（GB 50924—2014）；《混凝土结构工程施工规范》（GB 50666—2011）；《钢结构工程施工规范》（GB 50755—2012）；《木结构工程施工规范》（GB/T 50722—2012）；《大体积混凝土施工规范》（GB 50496—2009）；《建筑工程绿色施工规范》（GB/T 50905—2014）；《混凝土质量控制标准》（GB 50164—2011）；《混凝土强度检验评定标准》（GB/T 50107—2010）；等等。

建筑工程施工质量评价标准有：《建筑工程施工质量评价标准》（GB/T 50375—2016）等。

5.3.2 施工质量验收的术语与基本规定

1. 施工质量验收的术语

(1) 验收。建筑工程质量在施工单位自行检查合格的基础上,由工程质量验收责任方组织,工程相关单位参加,对检验批、分项、分部、单位工程及隐蔽工程的质量进行抽样检验,对技术文件进行审核,并根据设计文件和相关标准以书面形式对工程质量是否达到合格做出确认。

(2) 检验批。按相同的生产条件或按规定的方式汇总起来供抽样检验用的,由一定数量样本组成的检验体。检验批是施工质量验收的最小单位,是分项工程乃至整个建筑工程质量验收的基础。

(3) 主控项目。建筑工程中对安全、节能、环境保护和主要使用功能起决定性作用的检验项目。如在混凝土工程中:受力钢筋的品种、级别、规格、数量和连接方式必须符合设计要求;纵向受力钢筋连接方式应符合设计要求。

(4) 一般项目。除主控项目以外的检验项目。如"钢筋的接头宜设置在受力较小处。同一纵向受力钢筋不宜设置两个或两个以上接头。接头末端至钢筋弯起点的距离不应小于钢筋直径的 10 倍"及"钢筋应平直、无损伤,表面不得有裂纹、油污、颗粒状或片状老锈"等都是一般项目。

(5) 观感质量。通过观察和必要的测试所反映的工程外在质量和功能状态。

(6) 返修。对工程不符合标准规定的部位采取的整修等措施。

(7) 返工。对不合格的工程部位采取的重新制作、重新施工等措施。

(8) 复验。建筑材料、设备等进入施工现场后,在外观质量检查和质量证明文件核查符合要求的基础上,按照有关规定从施工现场抽取试样送至实验室进行检验的活动。

(9) 错判概率。合格批被判为不合格批的概率,即合格批被拒收的概率,用 α 表示。

(10) 漏判概率。不合格批被判为合格批的概率,即不合格批被误收的概率,用 β 表示。

2. 施工质量验收的基本规定

1) 施工现场质量管理要求

建筑工程的质量控制应为全过程控制。施工现场质量管理应有健全的质量管理体系、相应的施工技术标准、施工质量检验制度和综合施工质量水平评定考核制度,并做好施工现场质量管理检查记录。

施工现场质量管理检查记录应由施工单位按表 5-4 填写,由总监理工程师(建设单位项目负责人)进行检查,并做出检查结论。

表5-4 施工现场质量管理检查记录

开工日期: 2016 年 6 月 10 日

工程名称	北京龙旗广场筑业大厦		施工许可证号	4110812014060222201	
建设单位	北京筑业建筑开发有限公司		项目负责人	孙国明	
设计单位	北京筑业建筑工程设计院		项目负责人	温德成	
监理单位	北京筑业建筑工程监理有限责任公司		总监理工程师	惠天	
施工单位	北京工建标建筑有限公司	项目负责人	赵斌	项目技术负责人	曾小墨

序号	项目	主要内容
1	项目部质量管理体系	现场有健全的过程控制和合格控制的质量管理体系，有三检及交接检制度，有每周质量例会制度，有月度质量评比奖励制度，有完善的质量事故责任制度
2	现场质量责任制	质量岗位职责制度，设计交底制度，技术交底制度，成品挂牌制度。现场责任明确
3	主要专业工种操作岗位证书	测量员、焊工、电工、钢筋工、木工、混凝土工、起重工、架子工、塔式起重机司机、施工电梯司机等专业工种上岗证书齐全
4	分包单位管理制度	分包管理制度细致明确
5	图纸会审记录	已经进行了图纸会审，四方签字确认完毕
6	地质勘察资料	勘察资料齐全，已使用，四方签字确认
7	施工技术标准	操作和验收标准正确，满足工程实际需要
8	施工组织设计、施工方案编制及审批	施工组织设计，专项施工方案均报监理审批完成
9	物资采购管理制度	采购制度合理
10	施工设施和机械设备管理制度	施工设施和机具管理责任落实到人，奖惩制度严密可行
11	计量设备配备	设备准确，并由专人负责校准
12	检测试验管理制度	检测试验制度完善，检测试验计划经过监理审批
13	工程质量检查验收制度	验收制度合理，符合法规、规范的要求，各项验收环节已经落实到人
14		

自检结果：符合要求

施工单位项目负责人：赵斌

　　　　　　　　　　　　　　2016 年 3 月 11 日

检查结论：合格

总监理工程师：惠天

　　　　　　　　　　　　　2016 年 3 月 12 日

2）填写说明

（1）填写基本要求。

①"施工现场质量管理检查记录"应在进场后、开工前填写。

② 施工单位项目经理部应按规定填写"施工现场质量管理检查记录"，报项目总监理工程师检查，并

做出检查结论。

③ 通常每个单位工程只填写一次，但当项目管理有重大变化调整时，应重新检查填写。

（2）表头填写说明。

"工程名称"栏：要填写工程名称全称，有多个单位工程的小区或群体工程要填写到单位工程。"施工许可证号"栏：填写当地建设行政主管部门批准发给的施工许可证（开工证）的编号。"开工日期"栏：填写工程正式开工日期。"建设单位"栏：写合同文件中的甲方，单位名称要与合同签章上的单位相一致。建设单位"项目负责人"栏，要填写合同书上签字人或签字人以书面形式委托的代表。"设计单位"栏：填写设计合同中签章单位的名称，其全称应与印章上的名称一致。设计单位"项目负责人"栏，应是设计合同书签字人或签字人以文字形式委托的该项目负责人。"监理单位"栏：填写单位全称，应与合同或协议书中的名称一致。"总监理工程师"栏应是合同或协议书中明确的项目监理负责人。"施工单位"栏：填写施工合同中签章单位的全称，与签章上的名称一致。"项目负责人"栏、"项目技术负责人"栏与合同中明确的项目负责人、项目技术负责人一致。

（3）检查项目填写说明。

① 项目部质量管理体系。

（a）质量管理体系是否建立，是否持续有效。

（b）核查现场质量管理制度内容是否健全、有针对性、时效性等。

（c）各级专职质量检查人员的配备是否符合相关规定。

② 现场质量责任制。

（a）质量责任制是否健全、有针对性、时效性等。

（b）检查质量责任制的落实到位情况。

③ 主要专业工种操作岗位证书。核查主要专业工种操作上岗证书是否齐全、有效及符合相关规定。

④ 分包单位管理制度。

（a）审查分包方资质是否满足施工要求。

（b）分包单位的管理制度是否健全。

（c）总包单位填写"分包单位资质报审表"，报项目监理部审查。

（d）审查分包单位的营业执照、企业资质等级证书、专业许可证、人员岗位证书。

（e）审查分包单位的业绩情况。

（f）经审查合格后，施工单位签发"分包单位资质报审表"。

⑤ 图纸会审记录。

（a）审查设计交底是否已完成。

（b）审查图纸会审工作是否已完成。

⑥ 地质勘察资料。地质勘察资料是否齐全。

⑦ 施工技术标准。操作验收标准齐全，能满足本施工要求。

⑧ 施工组织设计、施工方案编制及审批。

（a）施工组织设计、施工方案编制、审核、批准，必须符合有关规范的规定。

（b）主要分部（分项）工程施工前，施工单位应编写专项施工方案，填写"工程技术文件报审表"报项目监理部审核。

（c）在施工过程中，当施工单位对已批准的施工组织设计进行调整、补充或变动时，应经专业监理工程师审查，并应由总监理工程师签认。

（d）专业监理工程师应要求施工单位报送重点部位、关键工序的施工工艺和确保工程质量的措施，审核同意后予以签认。

（e）当施工单位采用新材料、新工艺、新设备时，专业监理工程师应要求施工单位报送相应的施工工艺措施和证明材料，组织专题论证，经审定后予以签认。

（f）上述方案经专业监理工程师审查，由总监理工程师签认。

⑨ 物资采购管理制度。物资采购管理制度应合理可行，物资供应方应能够满足工程对物资质量、供货能力的要求。

⑩ 施工设施和机械设备管理制度。应建立施工设施的设计、建造、验收、使用、拆除和机械设备的使用、运输、维修、保养的管理制度，项目经理部应落实过程控制与管理。

⑪ 计量设备配备。检查计量设备是否先进可靠，计量是否准确。

⑫ 检测试验管理制度。工程质量检测试验制度应符合相关标准规定，并应按工程实际编制检测试验计划，监理审核批准后，按计划实施。

⑬ 工程质量检查验收制度。施工现场必须建立工程质量检查验收制度，制度必须符合法规、标准的规定，并应严格贯彻落实，以确保工程质量符合设计要求和标准规定。

根据检查情况，将检查结果填到相对应的栏目中。可直接将有关制度的名称写上，具体工作应说明是否落实，资料是否齐全。

（4）自检结果填写说明。

由施工单位项目负责人负责建立、健全和落实施工现场各项质量管理制度，施工单位项目部自检符合开工条件后，填写"施工现场质量管理检查记录"并向总监理工程师申报。

（5）检查结论填写说明。

由总监理工程师填写。总监理工程师对施工单位报送的各项资料进行验收核查，验收核查合格后，签署认可意见。"检查结论"要明确，是符合要求还是不符合要求。

3. 施工质量控制规定

（1）建筑工程采用的主要材料、半成品、成品、建筑构配件、器具和设备应进行进场检验。凡涉及安全、节能、环境保护和主要使用功能的重要材料、产品，应按各专业工程施工规范、验收规范和设计文件等规定进行复验，并应经监理工程师检查认可。

（2）各施工工序应按施工技术标准进行质量控制，每道施工工序完成后，经施工单位自检符合规定后，才能进行下道工序施工。各专业工种之间的相关工序应进行交接检验，并应记录。

监理工程师只可能对重要工序的质量检查确认，不会也不可能对全部工序检查，新标准的表述更准确，更具有操作性。

（3）对于监理单位提出检查要求的重要工序，应经监理工程师检查认可，才能进行下道工序施工。

（4）符合下列条件之一时，可按相关专业验收规范的规定适当调整抽样复验、试验数量，调整后的抽样复验、试验方案应由施工单位编制，并报监理单位审核确认。

① 同一项目中由相同施工单位施工的多个单位工程，使用同一生产厂家的同品种、同规格、同批次的材料、构配件、设备。如果按每一个单位工程分别进行复验、试验势必会造成重复，且必要性不大。

② 同一施工单位在现场加工的成品、半成品、构配件用于同一项目中的多个单位工程。仅针对施工现场加工的成品、半成品、构配件等，不针对施工安装后形成的结构部分。

③ 在同一项目中，针对同一抽样对象已有检验成果可以重复利用。在实际工程中，同一专业内或不同专业之间对同一对象难免会有重复检验的情况。例如，主体结构分部对混凝土结构墙体已验收，节能

工程分部也需对墙体验收；装饰装修工程和节能工程中对门窗的气密性试验等。因此本条规定可避免对同一对象的重复检验，可重复利用检验成果，只需复制后分别归档即可。

（5）当专业验收规范对工程中的验收项目未做出相应规定时，应由建设单位组织监理、设计、施工等相关单位制定专项验收要求。涉及安全、节能、环境保护等项目的专项验收要求应由建设单位组织专家论证。专项验收要求应符合设计意图，包括分项工程及检验批的划分、抽样方案、验收方法、判定指标等内容。为保证工程质量，重要的专项验收要求应在实施前组织专家论证。

4. 施工质量验收要求

1）建筑施工质量验收要求

（1）建筑工程施工质量验收均应在施工单位自检合格的基础上进行。

（2）参加工程施工质量验收的各方人员应具备相应的资格。

（3）检验批的质量应按主控项目和一般项目验收。

（4）对涉及结构安全、节能、环境保护和主要使用功能的试块、试件及材料，应在进场时或施工中按规定进行见证取样检测。

（5）隐蔽工程在隐蔽前应由施工单位通知有关单位进行验收，并应形成验收文件，验收合格方可继续施工。

（6）对涉及结构安全、节能、环境保护和主要使用功能的重要分部工程，应在验收前按规定进行抽样检验。

（7）工程的观感质量应由验收人员进行现场检查，并应共同确认。

2）建筑工程施工质量验收合格的规定

（1）符合工程勘察、设计文件的要求。

（2）符合《建筑工程施工质量验收统一标准》（GB 50300—2013）和相关专业验收规范的规定。

3）检验批质量检验方案选取

（1）计量、计数或计量 - 计数的抽样方案。

（2）一次、二次或多次抽样方案。

（3）对重要的检验项目，当有简易快速的检验方法时，选用全数检验方案。

（4）根据生产连续性和生产控制稳定性情况，采用调整型抽样方案。

（5）经实践证明有效的抽样方案。

4）检验批抽样样本抽取

检验批抽样样本应随机抽取，满足分布均匀、具有代表性的要求，抽样数量不应低于有关专业验收规范及表 5-5 的规定。明显不合格的个体可不纳入检验批，但必须进行处理，使其满足有关专业验收规范的规定，对处理的情况应予以记录并重新验收。

表5-5 检验批最小抽样数量

检验批的容量	最小抽样数量	检验批的容量	最小抽样数量
2 ～ 15	2	151 ～ 280	13
16 ～ 25	3	281 ～ 500	20
26 ～ 90	5	501 ～ 1200	32
91 ～ 150	8	1201 ～ 3200	50

最小抽样数量有时不是最佳的抽样数量，因此规范规定抽样数量尚应符合有关专业验收规范的规定。检验批中明显不合格的个体（统计学中称为"异常值"），按照《数据的统计处理和解释正态样本异常值的判断和处理》（GB/T 4883—2008）的规定，对异常值可剔除。这些个体的异常值往往与其他个体存在较大差异，纳入检验批统计后会增大验收结果的离散性，影响整体质量水平的评估。异常值可能是总体固有的随机变异性的极端表现，也可能是由于试验条件和试验方法的偶然偏离所致，或产生于检测过程的人为失误。异常值主要可通过肉眼观察或较简便的测试确定。为了避免出于某种目的的对异常值的人为剔除，对任何异常值，若无从技术上和物理上说明其异常的充分理由，则不得剔除或进行修正。

5）计量抽样的错判概率和漏判概率

计量抽样的错判概率 α 和漏判概率 β 的取值。主控项目：对应于合格质量水平的 α 和 β 均不宜超过 5%。一般项目：对应于合格质量水平的 α 不宜超过 5%，β 不宜超过 10%。

抽样检验必然存在这两类风险，通过抽样检验的方法使检验批 100% 合格是不合理的也是不可能的，在抽样检验中，两类风险一向控制范围是：供方风险 $\alpha=1\% \sim 5\%$；使用方风险 $\beta=5\% \sim 10\%$。对于工程质量验收的主控项目，其 α、β 均不宜超过 5%。对于一般项目，α 不宜超过 5%，β 不宜超过 10%。

错判概率 α 和漏判概率 β 在质量检验中是难以避免的客观存在，影响对计量抽样的测量特性的评定，需运用统计方法理论进行评定。按照《建筑结构检测技术标准》（GB/T 50344—2004）的要求，对计量抽样检测批的检测结果，宜提供推定区间，即由推定的上限值和下限值界定的区间。推定区间的置信度、α、β 的取值通常为：

（1）当推定区间的置信度为 0.90，错判概率 α 和漏判概率 β 均为 0.05；

（2）当推定区间的置信度为 0.85，取错判概率 α 为 0.05（供方风险），漏判概率 β 为 0.10（顾客风险）（置信度——被测特性量的真值落在某一区间的概率）。

5.3.3 建筑工程质量验收的划分

建筑工程施工质量验收涉及建筑工程施工过程控制和竣工（最终）验收控制，均是工程施工质量控制的重要环节，另外，随着经济发展和施工技术的进步，建筑规模较大的单体工程和具有综合使用功能的综合性建筑物比比皆是。有时投资者为追求最大的投资效益，在建设期间需要将其中一部分提前建成使用。因此，合理划分建筑工程施工质量验收层次就显得非常必要。

建筑工程质量验收应划分为单位（子单位）工程、分部（子分部）工程、分项工程和检验批。

《建筑工程施工质量验收统一标准》（GB 50300—2013）中的第 4.0.7 条规定："施工前，应由施工单位制定分项工程和检验批的划分方案，并由监理单位审核。对于附录 B 及相关专业验收规范未涵盖的分项工程和检验批，可由建设单位组织监理、施工等单位协商确定。"

1. 单位工程的划分

单位工程的划分应按下列原则确定。

（1）具备独立施工条件并能形成独立使用功能的建筑物及构筑物为一个单位工程，如一个单位的办公楼、某城市的广播电视塔等。

（2）规模较大的单位工程，可将其能形成独立使用功能的部分划分为一个子单位工程。一些具有独立施工条件和能形成独立使用功能的子单位工程划分，在施工前由建设、监理、施工单位自行商议确定，并据此收集整理施工技术资料和验收。

2. 分部工程的划分

分部工程的划分应按下列原则确定。

（1）分部工程的划分应按专业性质、建筑部位确定，如建筑工程划分为地基与基础、主体结构、建筑装饰装修、屋面、建筑给水排水及采暖、通风与空调、建筑电气、智能建筑、建筑节能、电梯10个分部工程。对于大型工业建筑，应根据行业特点来划分。

（2）当分部工程较大或较复杂时，可按施工程序、专业系统及类别等划分为若干个子分部工程，如智能建筑分部工程中就包含了火灾及报警消防联动系统、安全防范系统、综合布线系统、智能化集成系统、电源与接地、环境、住宅（小区）智能化系统等子分部工程。

3. 分项工程的划分

分项工程应按主要工种、材料、施工工艺、设备类别等进行划分，如混凝土结构工程中按主要工种分为模板工程、钢筋工程、混凝土工程等分项工程；按施工工艺又分为预应力现浇混凝土结构、装配式结构等分项工程。

4. 检验批的划分

分项工程可由一个或若干个检验批组成，检验批可根据施工及质量控制和专业验收需要按楼层、施工段、变形缝等进行划分，如一栋6层住宅建筑主体结构的钢筋分项工程最少按6个检验批来进行验收。

5. 室外工程的划分

室外工程可根据专业类别和工程规模划分单位（子单位）工程、分部（子分部工程），见附录2表C。

建筑工程分部（子分部）工程、分项工程的具体划分，见附录2表B。

施工质量施工检验项目表由施工单位编制、监理单位审批、建设单位批准发布。验收范围划分表见表5-6。

表5-6　施工质量验收范围划分表例

工程编号						工程名称	验收单位					质量验收表编号
单位工程	子单位工程	分部工程	子分部工程	分项工程	检验批		施工单位	勘测单位	设计单位	监理单位	建设单位	
01	00					主厂房工程	√		√	√	√	
		01				地基处理工程	√	√	√	√		
			01			先张法预应力管桩	√	√	√	√		
				01		先张法预应力管桩	√			√		
					01	先张法预应力管桩	√			√		表5.4.16
					02	打桩	√			√		

5.3.4 建筑工程施工质量验收

1. 检验批的质量验收

1) 检验批的合格规定

（1）主控项目的质量经抽样检验均应合格。

（2）一般项目的质量经抽样检验合格。当采用计数抽样时，合格点率应符合有关专业验收规范的规定，且不得存在严重缺陷。对于计数抽样的一般项目，正常检验的一次、二次抽样可按表5-7和表5-8判定。

（3）具有完整的施工操作依据、质量验收记录。

为了使检验批的质量满足安全和功能的基本要求，各专业验收规范应对各检验批的主控项目、一般项目的合格质量给予明确的规定。《计数抽样检验程序 第1部分：按接收质量限（AQL）检索的逐批检验抽样计划》（GB/T 2828.1—2003）给出了计数抽样正常检验一次抽样、正常检验二次抽样结果的判定方法，分别见表5-7和表5-8。

表5-7　一般项目正常检验一次抽样判定

样本容量	合格判定数	不合格判定数	样本容量	合格判定数	不合格判定数
5	1	2	32	7	8
8	2	3	50	10	11
13	3	4	80	14	15
20	5	6	125	21	22

表5-8　一般项目正常检验二次抽样判定

抽样次数	样本容量	合格判定数	不合格判定数	抽样次数	样本容量	合格判定数	不合格判定数
（1） （2）	3 6	0 1	2 2	（1） （2）	20 40	3 9	6 10
（1） （2）	5 10	0 3	3 4	（1） （2）	32 64	5 12	9 13
（1） （2）	8 16	1 4	3 5	（1） （2）	50 100	7 18	11 19
（1） （2）	13 26	2 6	5 7	（1） （2）	80 160	11 26	16 27

注：（1）和（2）表示抽样次数，（2）对应的样本容量为两次抽样的累计数量。

对于一般项目正常检验一次抽样，假设样本容量为20，在20个试样中被判为不合格的试样数≤5个时，该检测批可判定为合格；当20个试样中被判为不合格试样≥6个时，则该检测批可判定为不合格。

对于一般项目正常检验二次抽样，假设样本容量为20，当20个试样中有被判为不合格的试样数≤3个时，该检测批可判定为合格；被判为不合格试样数≥6个时，该检测批可判定为不合格；当被判为不合格的试样数为4个或5个时，应进行第二次抽样，样本容量也为20个，两次抽样的样本容量为40，当两次不合格试样之和≤9个时，该检测批可判定为合格，当两次不合格试样之和≥10个时，该检测批可判定为不合格。

表 5-7 和表 5-8 给出的样本容量不连续，对合格判定数和不合格判定数有时需要进行取整处理。例如样本容量为 15，按表 5-7 内插，得出的合格判定数为 3.571，不合格判定数为 4.571，取整可得合格判定数为 4，不合格判定数为 5。

2）检验批的验收

检验批的验收是建筑工程验收中最基本的验收单元。质量验收包括了质量资料检查和主控项目与一般项目的检验两个方面的内容。

（1）资料检查。

质量控制资料反映了检验批从原材料到验收的各施工工序的施工操作依据，其完整性是检验批合格的前提，一般有：

① 图纸会审、设计变更、洽商记录；

② 建筑材料、成品、半成品、建筑构配件、器具和设备的质量证明书及进场检（试）验报告；

③ 工程测量、放线记录；

④ 按专业质量验收规范规定的抽样检验报告；

⑤ 隐蔽工程检查记录；

⑥ 施工过程记录和施工过程检查记录；

⑦ 新材料、新技术、新工艺的施工记录；

⑧ 质量管理资料和施工单位操作依据等。

（2）主控项目与一般项目的检验。

检验批的质量合格与否主要取决于对主控项目和一般项目的检验结果。主控项目是对检验批的质量起决定性影响的检验项目，因此必须全部符合有关专业工程验收规范的规定。主控项目的检查具有否决权，不允许有不符合要求的检验结果。如钢筋安装检验批中，"钢筋安装时，受力钢筋的品种、级别、规格和数量必须符合设计要求"；如不符合，仅此一项，本检验批即不符合质量要求，不可验收。一般项目则应满足规范要求。又如受力钢筋间距一项，检查 10 处，其偏差在 ±10mm 以内的点大于 80%，且其中超差点的超差量小于允许偏差的 150%，即本项合格。

3）检验批的质量验收记录示例

检验批的质量验收记录由施工项目专业质量检查员填写，监理工程师（建设单位专业技术负责人）组织项目专业质量检查员等进行验收，填写示例见表 5-9。

表5-9　砖砌体检验批质量验收记录　　编号：02020101001

单位（子单位）工程名称	北京龙旗广场筑业大厦	分部（子分部）工程名称	主体结构／砌体结构	分项工程名称	砖砌体
施工单位	北京工建标建筑有限公司	项目负责人	赵斌	检验批容量	50m³
分包单位	/	分包单位项目负责人	/	检验批部位	三层墙 A ~ G/1 ~ 9
施工依据	《砌体结构工程施工规范》（GB 50924—2014）		验收依据	《砌体结构工程施工质量验收规范》（GB 50203—2011）	

续表

		验收项目		设计要求及规范规定	最小/实际抽样数量	检查记录	检查结果
主控项目	1	砖强度等级必须符合设计要求		设计要求 MU10	/	见证复验合格，报告编号×××	√
	2	砂浆强度等级必须符合设计要求		设计要求 M10	/	见证复验合格，报告编号×××	√
	3	砂浆饱满度	墙水平灰缝	≥80%	5/5	抽查5处，合格5处	√
			柱水平及竖向灰缝	≥90%	/	/	
	4	转角、交接处		第5.2.3条	5/5	抽查5处，合格5处	√
	5	斜槎留置		第5.2.3条	/	/	
	6	直槎拉结钢筋及接槎处理		第5.2.4条	5/5	抽查5处，合格5处	√
一般项目	1	组砌方法		第5.3.1条	5/5	抽查5处，合格5处	100%
	2	水平灰缝厚度		8~12mm	5/5	抽查5处，合格5处	100%
	3	竖向灰缝宽度		8~12mm	5/5	抽查5处，合格5处	100%
	4	轴线位移		≤10mm	全/16	共16处，全部检查，合格16处	100%
	5	基础、墙、柱顶面标高		±15mm以内	5/5	抽查5处，合格5处	100%
	6	每层墙面垂直度		≤5mm	5/5	抽查5处，合格5处	100%
	7	表面平整度	清水墙柱	≤5mm	5/5	抽查5处，合格5处	100%
			混水墙柱	≤8mm	7	/	
	8	水平灰缝平直度	清水墙	≤7mm	5/5	抽查5处，合格5处	100%
			混水墙	≤10mm	/	/	
	9	门窗洞口高、宽（后塞口）		±10mm以内	5/5	抽查5处，合格5处	100%
	10	外墙上下窗口偏移		≤20mm	5/5	抽查5处，合格5处	100%
	11	清水墙游丁走缝		≤20mm	5/5	抽查5处，合格5处	100%

施工单位检查结果：符合要求

专业工长：王晨
项目专业质量检查员：孔凡民
2014年××月××日

监理单位验收结论：合格

专业监理工程师：刘东
2014年××月××日

4）填写说明

（1）填写依据。

《砌体结构工程施工质量验收规范》（GB 50203—2011）。

《建筑工程施工质量验收统一标准》（GB 50300—2013）。

（2）检验批划分。

根据《砌体结构工程施工质量验收规范》（GB 50203—2011）中第3.0.20条的规定，砌体结构工程检验批的划分应同时符合下列规定：所用材料类型及同类型材料的强度等级相同；砌体体积不超过250 m³；主体结构砌体一个楼层（基础砌体可按一个楼层计）；填充墙砌体量少时可多个楼层合并。

（3）《砌体结构工程施工质量验收规范》（GB 50203—2011）规范内容摘要如下。

① 主控项目如下。

（a）5.2.1砖和砂浆的强度等级必须符合设计要求。

抽检数量：每一生产厂家，烧结普通砖、混凝土实心砖每15万块，烧结多孔砖、混凝土多孔砖、蒸压灰砂砖及蒸压粉煤灰砖每10万块各为一验收批，不足上述数量时按1批计，抽检数量为1组。砂浆试块的抽检数量执行本规范第4.0.12条的有关规定。

检验方法：查砖和砂浆试块试验报告。

（b）5.2.2砌体灰缝砂浆应密实饱满，砖墙水平灰缝的砂浆饱满度不得低于80%；砖柱水平灰缝和竖向灰缝饱满度不得低于90%。

抽检数量：每检验批抽查不应少于5处。

检验方法：用百格网检查砖底面与砂浆的黏结痕迹面积。每处检测3块砖，取其平均值。

（c）5.2.3砖砌体的转角处和交接处应同时砌筑，严禁无可靠措施的内外墙分砌施工。在抗震设防烈度为8度及8度以上的地区，对不能同时砌筑而又必须留置的临时间断处应砌成斜槎，普通砖砌体斜槎水平投影长度不应小于高度的2/3，多孔砖砌体的斜槎长高比不应小于1/2。斜槎高度不得超过一步脚手架的高度。

抽检数量：每检验批抽查不应少于5处。

检验方法：观察检查。

（d）5.2.4非抗震抗震设防及抗震设防烈度为6度、7度地区的临时间断处，当不能留斜槎时，除转角处外，可留直槎，但直槎必须做成凸槎，且应加设拉结钢筋。拉结钢筋应符合下列规定：每120mm墙厚放置1φ6拉结钢筋（120mm厚墙应放置2φ6拉结钢筋）；间距沿墙高不应超过500mm，且竖向间距偏差不应超过100mm；埋入长度从留槎处算起每边均不应小于500mm，对抗震设防烈度为6度、7度的地区，不应小于1000mm；末端应有90°弯钩。

抽检数量：每检验批抽查不应少于5处。

检验方法：观察和尺量检查。

② 一般项目如下。

（a）5.3.1砖砌体组砌方法应正确，内外搭砌，上下错缝。清水墙、窗间墙无通缝；混水墙中不得有长度大于300mm的通缝，长度为200～300mm的通缝每间不超过3处，且不得位于同一面墙体上。砖柱不得采用包心砌法。

抽检数量：每检验批抽查不应少于5处。

检验方法：观察检查。砌体组砌方法抽检每处应为3～5m。

（b）5.3.2砖砌体的灰缝应横平竖直，厚薄均匀，水平灰缝厚度及竖向灰缝宽度宜为10mm，但不应小于 8mm，也不应大于 12mm。

抽检数量：每检验批抽查不应少于 5 处。

检验方法：水平灰缝厚度用尺量 10 皮砖砌体高度折算；竖向灰缝宽度用尺量 2m 砌体长度折算。

（c）5.3.3 砖砌体尺寸、位置的允许偏差及检验应符合规范表 5.3.3 的规定。

5）现场验收检查原始记录（图 5.13）

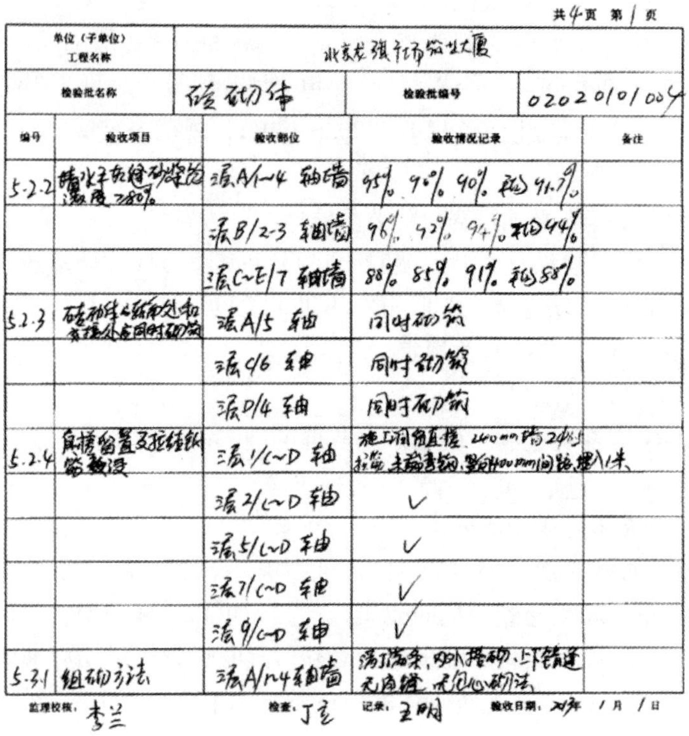

共4页 第1页

单位（子单位）工程名称	北京龙强广场商业大厦			
检验批名称	砖砌体	检验批编号	02020101004	
编号	验收项目	验收部位	验收情况记录	备注
5.2.2	砖水平灰缝砂浆饱满度≥80%	1层A/1~4轴墙	95% 90% 90% 平均91.7%	
		1层B/2-3轴墙	96% 92% 94% 平均94%	
		3层C~E/7轴墙	88% 85% 91% 平均88%	
5.2.3	砖砌体转角处和交接处应同时砌筑	1层A/5轴	同时砌筑	
		1层C/6轴	同时砌筑	
		1层D/4轴	同时砌筑	
5.2.4	直槎留置及拉结钢筋设置	3层1/C~D轴	施工洞留直槎，240mm墙2Φ6拉筋，末端弯钩，竖向400mm间距，埋入1米	
		2层2/C~D轴	✓	
		1层5/C~D轴	✓	
		3层7/C~D轴	✓	
		1层9/C~D轴	✓	
5.3.1	组砌方法	1层A/1~4轴墙	满丁满条，内外搭砌，上下错缝，无通缝，无包心砌法	

监理校核：李兰　检查：丁亮　记录：王明　验收日期：2013年1月1日

图5.13　现场验收检查原始记录

6）填写说明

（1）表头填写说明。

“单位（子单位）工程名称”栏、“检验批名称”栏及“检验批编号”栏，按对应的“检验批质量验收记录”填写。

（2）验收项目填写说明。

编号：填写验收项目对应的验收规范条文号。

验收项目：按对应的“检验批质量验收记录”的验收项目的顺序，填写现场实际检查的验收项目及设计要求及规范规定的内容，如果对应多行检查记录，验收项目不用重复填写。

验收部位：填写本条验收的各个检查点的部位，每个部位占用一格，下个部位另起一行。

验收情况记录：采用文字描述、数据说明或者打“✓”的方式；不合格和超标的必须明确指出；对于定量描述的抽样项目，直接填写检查数据。

备注：发现明显不合格的个体的，要标注是否整改、复查是否合格。

监理校核：监理单位现场验收人员签字。

检查：施工单位现场验收人员签字。

记录：填写本记录的人签字。

验收日期：填写现场验收当天日期。

2. 分项工程质量验收

1）分项工程质量合格标准

（1）分项工程所含的检验批均应验收合格。

（2）分项工程所含的检验批的质量验收记录应完整。

2）分项工程验收

一般情况下，分项工程与检验批两者性质相同或相近，只是批量的大小不同，分项工程的验收在检验批验收合格的基础上进行。因此，只要构成分项工程的各检验批的验收资料文件完整，并且均已验收合格，则分项工程验收合格。

3）分项工程质量验收记录示例

分项工程质量应由监理工程师（建设单位项目专业技术负责人）组织项目专业技术负责人等进行验收，见表5-10。

表5-10　分项工程检验批质量验收记录表（填写示例）　　　　　　编号：

单位（子单位）工程名称	北京龙旗广场筑业大厦		分部（子分部）工程名称	建筑给水排水及供暖／卫生器具	
分项工程工程量	624件		检验批数量		
施工单位	北京工建标建筑有限公司	项目负责人	赵斌	项目技术负责人	曾小墨
分包单位	／	分包单位项目负责人	／	分包内容	／
序号	检验批名称	检验批容量	部位／区段	施工单位检查结果	监理单位验收结论
1	卫生器具安装		1～2层	符合要求	合格
2	卫生器具安装	30	3～4层	符合要求	合格
3	卫生器具安装	30	5～6层	符合要求	合格
4	卫生器具安装	30	7～8层	符合要求	合格
5	卫生器具安装		9～10层	符合要求	合格
6	卫生器具安装		11～12层	符合要求	合格
7	卫生器具安装		13～14层	符合要求	合格
8	卫生器具安装		15～16层	符合要求	合格
9	卫生器具安装		17～18层	符合要求	合格
10	卫生器具安装	22	19～20层	符合要求	合格
11					
12					

13					

说明：检验批质量验收记录资料齐全完整

施工单位检查结果	符合要求 10 项	
		专业技术负责人：曾小墨 2014 年 ×× 月 ×× 日
监理单位验收结论	验收合格	
		监理工程师：王洪宝 2014 年 ×× 月 ×× 日

4）填写说明

（1）填写基本要求。

① 分项工程所包含的检验批均已完工后，施工单位自检合格后，应填报"分项工程质量验收记录"。分项工程应由专业监理工程师组织施工单位项目专业技术负责人等进行验收并签认。

② 核对检验批的部位、区段是否全部覆盖分项工程的范围，确保没有遗漏的部位。

③ 检查各检验批的验收资料是否完整，做好整理、登记及保管，为下一步验收打下基础。

（2）分项工程质量验收记录编号。

根据《建筑工程质量验收统一标准》（GB 50300—2013）的附录 B 规定的分部（子分部）工程、分项工程的代码编写规范，将编号写在表的右上角。一个分项只有一个分项工程质量验收记录，所以不编写顺序号。其编号规则如下。

① 第 1、2 位数字是分部工程的代码。

② 第 3、4 位数字是子分部工程的代码。

③ 第 5、6 位数字是分项工程的代码。

（3）表头填写说明。

① 参见"检验批质量验收记录"的"表头填写说明"。

②"分项工程工程量"栏：指本分项工程的实际工程量，计量项目和单位按专业验收规范中对分项工程工程量的规定。

（4）序号填写说明。

按检验批的排列顺序依次填写，检验批项目多于一页时，增加表格，按顺序排号。

（5）"说明"栏的填写说明。

应说明所含检验批的质量验收记录是否完整。

（6）"施工单位检查结果"填写说明。

① 由施工单位项目技术负责人填写，填写"符合要求"或"验收合格"，并填写日期及签字。

② 如有分包单位施工的分项工程验收时，分包单位不签字，但应将分包单位名称、分包单位项目负责人和分包内容填到对应单元格内。

（7）"监理单位验收结论"填写说明。

此栏由专业监理工程师填写，在确认各项验收合格后，填入"验收合格"，并填写日期及签字。

3. 分部（子分部）工程质量验收

1）分部（子分部）工程质量合格标准

（1）分部（子分部）工程所含分项工程的质量均应验收合格。

（2）质量控制资料应完整。

（3）有关安全、节能、环境保护和主要使用功能的抽样检验结果应符合相应规定。

（4）观感质量应符合要求。

2）分部（子分部）工程验收

分部工程的验收在其所含各分项工程验收的基础上进行。首先，分部工程的各分项工程必须已验收合格，且相应的质量控制资料文件必须完整，这是验收的基本条件。此外，由于各分项工程的性质不尽相同，因此作为分部工程不能简单地组合而加以验收，尚须增加以下两类检查。

（1）使用功能检验。涉及安全、节能、环境保护和主要使用功能的地基与基础、主体结构、设备安装、建筑节能等分部工程应进行有关的见证检验或抽样检验。

（2）观感质量检查验收。以观察、触摸或简单量测的方式进行观感质量验收，并由验收人根据经验判断，给出质量评价。但并不给出"合格"或"不合格"的结论，而是综合给出"好""一般""差"的质量评价结果。对于"差"的检查点应进行返修处理。

3）分部（子分部）质量验收记录示例

分部（子分部）工程质量应由总监理工程师（建设单位项目专业负责人）组织施工项目经理和有关勘察、设计单位项目负责人进行验收，见表5-11。

表5-11　地基与基础分部工程质量验收记录表（填写示例）　　　　编号：

单位（子单位）工程名称	北京龙旗广场筑业大厦	子分部工程 数量	4	分项工程数量	6
施工单位	北京工建标建筑有限公司	项目负责人	赵斌	技术（质量）负责人	曾小墨
分包单位	/	分包单位 负责人	/	分包内容	/

序号	子分部工程名称	分项工程名称	检验批数量	施工单位 检查结果	监理单位 验收结论
	地基	水泥土搅拌桩地基	3	符合要求	合格
	基础	筏形与箱形基础	26	符合要求	合格
	土方	场地平垫	1	符合要求	合格
		土方开挖	1	符合要求	合格
	地下防水	主体结构防水	2	符合要求	合格
		细部构造防水	1	符合要求	合格
质量控制资料				检查42项，齐全有效	合格

续表

安全和功能检验结果	检查5项，符合要求	合格
观感质量检验结果		好
综合验收结论	地基与基础分部工程验收合格。	

施工单位（公章）	勘察单位（公章）	设计单位（公章）	监理单位（公章）
项目负责人：赵斌	项目负责人：胡有名	项目负责人：温德成	总监理工程师：王天
2014年7月16日	2014年7月16日	2014年7月16日	2014年7月16日

注：1. 地基与基础分部工程的验收应由施工、勘察、设计单位项目负责人和总监理工程师参加并签字。

2. 主体结构、节能分部工程的验收应由施工、设计单位项目负责人和总监理工程师参加并签字。

4）填写说明

（1）填写基本要求。

① 施工单位在分部或子分部工程完成后，进行自检，并核查分部工程所含分项工程是否齐全，有无遗漏，全部合格后，填报"分部工程质量验收记录"。

② 分部工程验收应由总监理工程师组织，施工单位项目负责人和项目技术、质量负责人参加。勘察、设计单位项目负责人和施工单位技术、质量部门负责人应参加地基与基础分部工程的验收。设计单位项目负责人和施工单位技术、质量部门负责人应参加主体结构、建筑节能分部工程的验收。

（2）分部工程质量验收记录编号。

根据《建筑工程施工质量验收统一标准》（GB 50300—2013）附录B规定的分部工程代码编写，其编号为两位，写在表的右上角。

（3）表头填写说明。

参见"检验批质量验收记录"的"表头填写说明"。"子分部工程数量"栏，填写该分部工程包含的实际发生的子分部工程的数量；"分项工程数量"栏，填写该分部工程包含的实际发生的分项工程的数量。

（4）施工单位检查结果填写说明。

由填表人依据分项工程验收记录填写，填写"符合要求"。

（5）监理单位验收结论填写说明。

由填表人依据分项工程验收记录填写，填写"合格"。

（6）质量控制资料填写说明。

对下列几项资料逐项核对检查：资料是否齐全；资料的内容有无不合格项；资料横向是否相互协调一致，有无矛盾；资料的分类整理是否符合要求，案卷目录、份数页数及装订等有无缺漏；各项资料签字是否齐全；全部项目都通过验收，即可在"施工单位检查结果"栏内填写检查结果"检查合格"并说明资料份数。

（7）安全和功能检验结果填写说明。

安全和功能检验，是指按规定或约定需在竣工时进行抽样检测的项目。这些项目凡能在分部（子分部）工程验收时进行检测的，应在分部（子分部）工程验收时进行检测；每个检测项目都通过审查，施工单位即可在"施工单位检查结果"栏填写"检查合格"。

（8）观感质量检验结果填写说明。

观感质量等级分为"好""一般""差"共三档。"好""一般"均为合格；"差"为不合格，需要修理或返工。

（9）综合验收结论填写说明。

由总监理工程师与各方协商，确认符合规定后，在此栏填入"××分部工程验收合格"。

（10）签字栏填写说明。

勘察、设计单位需参加地基与基础分部工程质量验收，由其项目负责人亲自签认；设计单位需参加主体结构和建筑节能分部工程质量验收，由设计单位的项目负责人亲自签认；施工方总承包单位由项目负责人亲自签认，分包单位不用签字，但必须参考其负责的分部工程的验收；监理单位作为验收方，由总监理工程师签认验收。未委托监理的工程，可由建设单位项目技术负责人签认验收。

4. 单位（子单位）工程质量验收

1）单位（子单位）工程质量合格标准

（1）单位（子单位）工程所含分部（子分部）工程的质量应验收合格；

（2）质量控制资料应完整；

（3）所含分部工程中有关安全、节能、环境保护和主要使用功能的检验资料应完整；

（4）主要功能项目的抽查结果应符合相关专业质量验收规范的规定；

（5）观感质量验收应符合要求。

2）单位（子单位）工程验收

单位工程质量验收也称质量竣工验收，是建筑工程投入使用前的最后一次验收，也是最重要的一次验收。验收合格的条件有5个，除构成单位工程的各分部工程应该合格，并且有关的资料文件应完整以外，还须进行以下3个方面的检查。

涉及安全和使用功能的分部工程应进行检验资料的复查。不仅要全面检查其完整性（不得有漏检缺项），而且对分部工程验收时补充进行的见证抽样检验报告也要复核。这种强化验收的手段体现了对建筑安全和主要使用功能的重视。

此外，对主要使用功能还须进行抽查。使用功能的检查是对建筑工程和设备安装工程最终质量的综合检验，也是用户最为关心的内容。因此，在分项、分部工程验收合格的基础上，竣工验收时再做全面检查。抽查项目是在检查资料文件的基础上由参加验收的各方人员商定，并用计量、计数的抽样方法确定检查部位。检查要求按有关专业工程施工质量验收标准的要求进行。

最后，还须由参加验收的各方人员共同进行观感质量检查。检查的方法、内容、结论等应在分部工程的相应部分中阐述，共同确定是否通过验收。

3）单位（子单位）工程质量验收记录示例

单位（子单位）工程质量竣工验收记录表（表5-12）由施工单位填写，验收结论由监理（建设）单位填写。综合验收结论由参加验收各方共同商定，由建设单位填写，应对工程质量是否符合设计和规范要求及总体质量水平做出评价。

表5-12为单位工程质量验收的汇总表。本表与分部（子分部）工程验收记录和单位（子单位）工程质量控制资料核查记录、单位（子单位）工程安全和功能检验资料核查及主要功能抽查记录、单位（子单位）工程观感质量检查记录配合使用，详见附录2。

表5-12　单位（子单位）工程质量竣工验收记录表（填写示例）　　　　编号：

工程名称	北京龙旗广场筑业大厦	结构类型	框架－剪力墙结构	层数／建筑面积	20层／120388m²
施工单位	北京工建标建筑有限公司	技术负责人	任东海	开工日期	2014年6月10日
项目负责人	赵斌	项目技术 负责人	曾小墨	完工日期	2014年××月×日

序号	项目	验收记录	验收结论
1	分部工程验收	共10分部，经查符合设计及标准规定10分部	所有分部工程质量验收合格
2	质量控制资料核查	共59项，经核查符合规定59项	质量控制资料全部符合相关规定
3	安全和使用功能核查及抽查结果	共核查41项，符合规定41项共抽查13项，符合规定13项经返工处理符合规定0项	核查及抽查项目全部符合规定
4	观感质量验收	共抽查28项，达到"好"和"一般"共抽查28项，经返修处理符合要求的0项	好

综合验收结论	工程质量合格

参加验收单位	建设单位（单位公章）项目负责人：孙国明 2014年××月××日	监理单位（单位公章）总监理工程师：王天 2014年××月××日	施工单位（单位公章）项目负责人：赵斌 2014年××月××日	设计单位（单位公章）项目负责人：温德成 2014年××月××日	勘察单位（单位公章）项目负责人：胡有名 2014年××月××日

注：单位工程验收时，验收签字人员应由相应单位的法人代表书面授权。

4）填写说明

（1）填写基本要求。

① 单位工程完工，施工单位自检合格后，报请监理单位。监理单位组织进行工程预验收，合格后施工单位填写"单位工程质量竣工验收记录"，向建设单位提交工程竣工报告。

② 工程竣工正式验收应由建设单位组织，参加单位包括设计单位、监理单位、施工单位、勘察单位等。验收合格后，验收记录上各单位必须签字并加盖公章，验收签字人员应由相应单位的法人代表书面授权。

③ 进行单位工程质量竣工验收时，施工单位应同时填报"单位工程质量控制资料检查记录""单位工程安全和功能检验资料核查及主要功能抽查记录""单位工程观感质量检查记录"，作为"单位工程质量竣工验收记录"的附表。

（2）表头填写说明。

参见"检验批质量验收记录"的"表头填写说明"。

（3）验收记录填写说明。

"验收记录"栏由监理单位填写。

（4）验收结论填写说明。

"验收结论"栏由监理单位填入具体的验收结论。

"分部工程验收"栏根据"分部工程质量验收记录"填写。应对所含各分部工程，由竣工验收组成员共同逐项核查；"质量控制资料核查"栏根据"单位工程质量控制资料核查记录"的核查结论填写；建设单位组织由各方代表组成的验收组成员，或委托总监理工程师，按照"单位工程质量控制资料核查记录"的内容，对资料进行逐项核查；"安全和使用功能核查及抽查结果"栏根据"单位工程安全和功能检验资料核查及主要功能抽查记录"的核查结论填写。对于分部工程验收时已经进行了安全和功能检测的项目，单位工程验收时不再重复检测。但要核查以下内容：单位工程验收时按规定、约定或设计要求，需要进行的安全功能抽测项目是否都进行了检测；具体检测项目有无遗漏；抽测的程序、方法是否符合规定；抽测结论是否达到设计要求及规范规定。

(5)"观感质量验收"栏根据"单位工程观感质量检查记录"的检查结论填写。建设单位组织验收组成员，对观感质量进行抽查，共同做出评价，观感质量评价分为"好""一般""差"三个等级。

(6) 综合验收结论填写说明。

"综合验收结论"栏应由参加验收各方共同商定，并由建设单位填写，主要对工程质量是否符合设计和规范要求及总体质量水平做出评价。

5. 施工质量不符合要求时的处理

一般情况下，不合格现象在最基层的验收单位，即检验批时就应发现并及时处理，否则将影响后续检验批和相关的分项工程、分部工程的验收。因此所有质量隐患必须尽快消灭在萌芽状态，这也是本标准以强化验收促进过程控制原则的体现。非正常情况按下列情况进行处理。

(1) 经返工重做或更换器具、设备检验批，应重新进行验收。在检验批验收时，其主控项目不能满足验收规范规定或一般项目超过偏差限值的子项不符合检验规定的要求时，应及时进行处理。其中，严重的缺陷应推倒重来；一般的缺陷通过返修或更换器具、设备予以解决，应允许施工单位在采取相应的措施后重新验收。如能够符合相应的专业工程质量验收规范，则应认为该检验批合格。

(2) 经有资质的检测单位鉴定达到设计要求的检验批，应予以验收。个别检验批发现试块强度等不满足要求等问题，难以确定是否验收时，应请具有资质的法定检测单位检测。当鉴定结果能够达到设计要求时，该检验批仍应认为通过验收。

(3) 经有资质的检测单位鉴定达不到设计要求但经原设计单位核算认可能满足结构安全和使用功能的检验批，可予以验收。这是指如经检测鉴定达不到设计要求，但经原设计单位核算，仍能满足结构安全和使用功能的情况，该检验批可以予以验收。一般情况下，规范标准给出了满足安全和功能的最低限度要求，而设计往往在此基础上留有一些余量。不满足设计要求和符合相应规范标准的要求，两者并不矛盾。

(4) 经返修或加固的分项、分部工程，虽然改变外形尺寸但仍能满足安全使用要求的，可按技术处理方案和协商文件进行验收。这是指更为严重的缺陷或者超过检验批的更大范围内的缺陷，可能影响结构的安全性和使用功能。若经法定检测单位检测鉴定以后认为达不到规范标准的相应要求，即不能满足最低限度的安全储备和使用功能的，则必须按一定的技术方案进行加固处理，使之能保证其满足安全使用的基本要求。这样会造成一些永久性的缺陷，如改变结构外形尺寸，影响一些次要的使用功能等。为了避免社会财富遭受更大的损失，在不影响安全和主要使用功能条件下，可按技术处理方案和协商文件进行验收，但不能作为轻视质量而回避责任的一种出路，这是应该特别注意的。

(5) 分部工程、单位（子单位）工程存在最为严重的缺陷，经返修或加固处理仍不能满足安全使用要求的，严禁验收。

5.3.5　建筑工程施工质量验收的程序与组织

1. 检验批及分项工程的验收

检验批及分项工程应由监理工程师（建设单位项目技术负责人）组织施工单位项目专业质量（技术）负责人等进行验收。

检验批和分项工程是建筑工程质量的基础，因此，所有检验批和分项工程均应由监理工程师或建设单位项目技术负责人组织验收。验收前，施工承包单位应先填好"检验批和分项工程的质量验收记录"（有关监理记录和结论不填），并由项目专业质量检验员和项目专业技术负责人分别在检验批和分项工程质量检验记录中相关栏目内签字，然后由监理工程师组织，严格按规定程序进行验收。

2. 分部工程的验收

分部工程应由总监理工程师（建设单位项目负责人）组织施工单位项目负责人和项目技术、质量负责人等进行验收。由于地基基础、主体结构技术性能要求严格，技术性强，关系到整个工程的安全，因此规定与地基基础、主体结构分部工程相关的勘察、设计单位工程项目负责人和施工单位技术、质量部门负责人也应参加相关分部工程验收。

3. 单位（子单位）工程的验收

一个单位工程竣工后，对满足生产要求或具备使用条件，施工单位已预验，监理工程师已初验通过的单位（子单位）工程，建设单位可组织进行验收。单位（子单位）工程的验收，一般应分为竣工初验与正式验收两个步骤。

1）竣工初验

当单位（子单位）工程达到竣工验收条件后，施工单位应进行自检，自检合格后填写《单位工程竣工验收报审表》（附录1表B10），并将全部竣工资料报送项目监理机构，申请竣工验收。总监理工程师应组织各专业监理工程师对竣工资料及各专业工程的质量情况进行全面检查，对检查出的问题，应督促施工单位及时整改。经项目监理机构对竣工资料及实物全面检查、验收合格后，由总监理工程师签署工程竣工报验单，并向建设单位提出质量评估报告。

2）正式验收

建设单位收到工程验收报告后，应由建设单位（项目）负责人组织施工（含分包单位）、设计、监理等单位（项目）负责人进行单位（子单位）工程验收。单位工程由分包单位施工时，分包单位对所承包的工程项目应按规定的程序检查评定，总包单位应派人参加。分包工程完成后，应将工程有关资料提交至总包单位。建设工程经验收合格的，方可交付使用。参加验收各方对工程质量验收意见不一致时，可请当地建设行政主管部门或工程质量监督机构协调处理。

建设工程竣工验收应当具备下列条件。

（1）完成建设工程设计和合同约定的各项内容。

（2）有完整的技术档案和施工管理资料。

（3）有工程使用的主要建筑材料、建筑构配件和设备的进场试验报告。

（4）有勘察、设计、施工、工程监理等单位分别签署的质量合格文件。

（5）有施工单位签署的工程保修书。

4.单位工程竣工验收备案

单位工程质量验收合格后，建设单位应在规定时间内将工程竣工验收报告和有关文件，报建设行政管理部门备案。

5.4 工程质量问题与质量事故的处理

由于建筑工程具有建设工期长、所用材料品种多、影响因素复杂的特点，建设中往往会出现一些质量问题，甚至是质量事故。监理工程师应学会区分工程质量问题和质量事故，正确处理工程质量问题和质量事故。

5.4.1 工程质量问题与质量事故

根据《生产安全事故报告和调查处理条例》（中华人民共和国国务院令、第493号2007年3月28日国务院第172次常务会议通过，自2007年6月1日起施行）、住房和城乡建设部《关于做好房屋建筑和市政基础设施工程质量事故报告和调查处理工作的通知》（建质〔2010〕111号）和1990年原建设部建工字第55号文件关于第3号部令有关问题的说明：凡是工程质量不合格的，必须进行返修、加固或报废处理，由此造成直接经济损失低于5000元的称为质量问题；直接经济损失在5000元（含5000元）以上的称为工程质量事故。

【江西丰城发电厂事故调查报告】

5.4.2 工程质量问题的处理程序

当发生工程质量问题时，监理工程师首先应判断其严重程度，并签发《监理通知》，责成施工承包单位写出质量问题报告，提出处理方案，报监理工程师审核，必要时应经建设单位和设计单位认可。质量问题处理完毕，施工承包单位应报验，监理工程师应组织有关人员对处理的结果进行严格的检查、鉴定和验收，写出质量问题处理报告，报建设单位和监理单位存档。

【生产安全事故报告和调查处理条例】

对因设计单位原因等非施工单位责任引起的质量问题，应通过建设单位要求设计单位或责任单位提出处理方案，处理质量问题所需的费用或延误的工期，由责任单位承担，若质量问题属施工单位责任，施工单位应承担各项费用损失并接受合同约定的处罚，工期不予顺延。

5.4.3 工程质量事故处理

1.质量事故的分类

国家现行对工程质量通常采用按造成损失严重程度进行分类，其基本分类如下。

1）一般质量事故

（1）直接经济损失在5000元（含5000元）以上，不满50000元的；

（2）影响使用功能和工程结构安全，造成永久质量缺陷的。

2）严重质量事故

（1）直接经济损失在 50000 元（含 50000 元）以上，不满 10 万元的；

（2）严重影响使用功能或工程结构安全，存在重大质量隐患的；

（3）事故性质恶劣或造成 2 人以下重伤的。

3）重大质量事故

（1）工程倒塌或报废的；

（2）由于质量事故，造成人员死亡或重伤 3 人以上的；

（3）直接经济损失 10 万元以上的。

按国家建设行政主管部门的规定，建设工程重大事故分为 4 个等级。工程建设过程中或由于勘察设计、监理、施工等过失造成工程质量低劣，而在交付使用后发生的重大质量事故，或因工程质量达不到合格标准，而需加固补强、返工或报废，直接经济损失 10 万元以上的重大质量事故，由于施工安全问题，如施工脚手架、平台倒塌，机械倾覆、触电、火灾等造成的建设工程重大事故，分为以下四级。

① 凡造成死亡 30 人以上或直接经济损失 300 万元以上的为一级。

② 凡造成死亡 10 人以上 29 人以下或直接经济损失 100 万元以上，不满 300 万元的为二级。

③ 凡造成死亡 3 人以上 9 人以下或重伤 20 人以上或直接经济损失 30 万元以上，不满 100 万元的为三级。

④ 凡造成死亡 2 人以下，或重伤 3 人以上 19 人以下或直接经济损失 10 万元以上，不满 30 万元的为四级。

4）特别重大事故

凡具备国务院发布的《特别重大事故调查程序暂行规定》所列，一次死亡 30 人及其以上，或直接经济损失达 500 万元及其以上，或其他性质特别严重，以上 3 个影响具备其中之一的均属特别重大事故。

2. 质量事故的处理程序

工程质量事故发生后，总监理工程师应签发《工程暂停令》，并要求停止进行质量缺陷部位和与其有关联部位及下道工序施工，应要求施工单位采取必要的措施，防止事故扩大并保护好现场。同时，要求质量事故发生单位迅速按类别和等级向相应的主管部门上报，并于 24 小时内写出书面报告。

监理工程师在事故调查组展开工作后，应积极协助，客观地提供相应证据，若监理方无责任，监理工程师可应邀参加调查组，参与事故调查；若监理方有责任，则应予以回避，但应配合调查组工作。

当监理工程师接到质量事故调查组提出的技术处理意见后，可组织相关单位研究，并责成相关单位完成技术处理方案，并予以审核签认。必要时，应委托法定工程质量检测单位进行质量鉴定或请专家论证，以确保技术处理方案可靠、可行、保证结构安全和使用功能。技术处理方案核签后，监理工程师应要求施工单位制定详细的施工方案，必要时应编制监理实施细则，对工程质量事故技术处理进行监理，技术处理过程中的关键部位和关键工序应进行旁站，并会同设计、建设等有关单位共同检查认可。

对施工承包单位按方案处理完工后，应进行自检并报验结果，监理工程师组织有关各方进行检查验收，必要时应进行处理结果鉴定。要求事故单位整理编写质量事故处理报告，并审核签认，组织将有关技术资料归档。

5.5 案例分析

【背景】

某火电厂大型动力基础为厚大钢筋混凝土结构，负责该项目的专业监理工程师在该工程开工前审查了承包人的施工方案，编制了监理实施细则，并设置了质量控制点。

【问题】

(1) 请给出作为质量控制点选择对象和质量控制工作的主要方面。

(2) 为抢进度，承包单位在完成钢筋工程后马上派质检员找专业监理工程师进行钢筋隐蔽工程验收。该监理工程师立即到现场进行检查，发现钢筋焊接接头、钢筋间距和保护层等方面不符合设计图纸和规范要求，当即口头指示承包单位整改。

① 如此进行隐蔽工程验收，在程序上有何不妥？正确的程序为何？

② 监理工程师要求承包单位整改的方式有何不妥之处？

(3) 承包单位在自购钢筋进场之前按要求向专业监理工程师提交了合格证，在监理员的见证下取样，送样进行复试，结果合格，专业监理工程师经审查同意该批钢筋进场使用；但在隐蔽工程验收时，发现承包单位未做钢筋焊接试验，故专业监理工程师责令承包单位在监理人员见证下取样送检，试验结果发现钢筋母材不合格；经对钢筋重新检验，最终确认该批钢筋不合格。监理工程师随即发出不合格项目通知，要求承包单位拆除不合格钢筋，同时报告了业主代表。承包单位以本批钢筋已经监理人员验收，不同意拆除，并提出若拆除，应延长工期8天、补偿直接损失10万元的索赔要求。业主认为监理单位有责任，要求监理单位按委托监理合同约定的比例赔偿业主损失3000元。

① 监理机构是否应承担质量责任？为什么？

② 承包单位是否应承担质量责任？为什么？

③ 业主对监理单位提出赔偿要求是否合理？为什么？

④ 监理工程师对承包单位的索赔要求应如何处理？为什么？

【分析】

(1) 题：选择质量控制点的对象和质量控制点，即重点控制部位的重点控制对象是：重点部位、重点工序和重点质量因素。

(2) 题：

① 如此进行隐蔽工程验收不妥，正确的验收程序为：隐蔽工程结束后，承包单位先自检，自检合格后，填写《报验申请表》并附证明材料，报监理机构；监理工程师收到报验申请表后先审查质量证明资料，并在合同约定时间内到场检查；检查合格，在报验申请表及检查证上签字确认，进行下道工序，否则，签发不合格项目通知，要求承包人整改。

② 监理工程师要求承包人整改的方式不妥，理由是监理工程师应按规范要求下发"不合格项目通知"，书面指令承包人整改。

(3) 题：

① 监理机构不承担质量责任，因为监理机构没有违背《建筑法》和《建设工程质量管理条例》有关监理单位质量责任的规定。

② 承包单位应承担质量责任，因为承包单位购进了不合格材料。

③ 业主对监理单位提出赔偿要求不合理，因为其质量责任不在监理单位，且也没有给业主造成直接损失。

④ 监理工程师不应同意承包单位的索赔要求，因为承包单位采购了不合格材料，尽管此批钢筋已经监理工程师检验，但根据《建设工程施工合同》约定，无论工程师是否参加了验收，当其对某部分的工程质量有怀疑时，有权要求承包人重新检验，检验合格，发包人承担由此发生的全部合同价款，赔偿承包人损失，并相应顺延工期；检验不合格，承包人承担发生的全部费用，工期不予顺延。

5.6　某工程质量验收评估报告示例

1. 工程概况

1）合同约定质量目标

合格。

2）工程基本情况（表5-13）

表5-13　工程基本情况

建筑布置形式	L形	结构形式	砖混结构
建筑面积	5635 ㎡	建筑高度	17.7m
安全等级	二级	抗震设防烈度	8度
地基处理方案	碎石桩	基础形式	钢筋混凝土筏板
钢材等级	HPB300、HRB335级	混凝土材料等级	C25，C15（垫层）
墙砌体材料等级	MU10蒸压灰砂砖，±0.00以下为M10水泥砂浆，±0.00～9.90m采用混合砂浆，9.90m以上采用M7.5混合砂浆		

地基处理采用碎石桩，毛砂垫层。

开工日期：2012年12月8日。竣工日期：2013年9月25日。

本工程质量内容如下。

在整个工程质量控制过程中，我们坚持以设计文件和有关规范为依据，以质量预控为重点，通过对施工单位的质保体系、特殊工种人员上岗证、原材料构配件质量、施工机具、设备和施工过程的全方位监理，达到了对工程实体质量的全过程控制。

（1）抓好组织建设，保证管理到位。

在工程开始时，我们抓了施工单位的质量保证体系建设，配齐施工管理人员。特别重视了各工种的质量检查人员的配置、在岗情况以及工作效果。经过反复强调、经常检查，保证了施工单位各工种质量检查人员的在岗率和责任心，对保证工程质量起到了很好的作用。

（2）加强质量预控，保证开工有序。

在工程进展过程中，我们坚持实行"分部、分项工程开工许可"制度，即对每一个分部、分项工程在开工前审批其"工程技术交底"，以检查其人员、机具、材料、方案措施等的准备情况。杜绝了盲目开工，使工程进展顺利。

（3）严格验收程序，保证工程质量。

工程验收是最后保证质量的手段，我们在监理过程中予以了充分的重视。首先严格验收程序，坚持施工单位先自检、工程报验、监理单位验收的程序。其次，对本工程的所有检验批、分项和分部工程实行了全部与施工单位平行检查。对工程的质量真正做到心中有数，评价有据，保证了工程质量。

在参建各方的共同努力下，经过监理单位的认真监理，并于2013年7月10日通过了经市建筑工程质量监督站对参建单位主体工程实行的质量监督检查，主体工程预验收达到合格要求。

2. 工程质量预验收情况及评述

1）分部（子分部）工程验收结果（表5-14）

表5-14　分部（子分部）工程验收结果统计

序号	分部工程	子分部工程	验收单编号	验收结果	备注
1	地基与基础	地下防水	0105	合格	
		混凝土工程	0106	合格	
		砌体基础	0107	合格	
2	主体结构	混凝土结构	0201	合格	
		砌体结构	0202	合格	
3	建筑装饰装修	地面	0301	合格	
		抹灰	0302	合格	
		门窗	0303	合格	
		吊顶	0304	合格	
		装面砖	0306	合格	
		涂饰	0308	合格	
		细部	0310	合格	
4	建筑屋面	卷材防水屋面	0401	合格	
5	建筑给水、排水及采暖	室内给水系统	0501	合格	
		室内排水系统	0502	合格	
		卫生器具安装	0504	合格	
		室内采暖系统	0505	合格	
6	建筑电气	电气照明安装	0605	合格	
		防雷及接地安装	0607	合格	

2）工程资料评定结果

（1）主要材料质量评定结果见表5-15。

表5-15　主要材料质量评定结果

序号	试验项目	试验组数	合格组数	合格率/（%）	结论
1	钢筋	118	118	100	合格

续表

序号	试验项目	试验组数	合格组数	合格率/（%）	结论
2	机红砖	140	140	100	合格
3	水泥	120	120	100	合格
4	砂	225	225	100	合格
5	碎石	630	630	100	合格
6	钢筋焊接	4	4	100	合格

（2）混凝土抗压强度报告见表5-16。

表5-16　混凝土抗压强度报告表

序号	试验项目及部位	试验组数	合格组数	合格率/（%）	结论
1	基础垫层C15混凝土	1	1	100	合格
2	基础筏板混凝土	9	9	100	合格
3	地下室梁板混凝土	6	6	100	合格
4	一层梁板混凝土	7	7	100	合格
5	二层梁板混凝土	8	8	100	合格
6	三层梁板混凝土	6	6	100	合格
7	四层梁板混凝土	9	9	100	合格
8	五层梁板混凝土	9	9	100	合格
9	屋顶洗衣间梁板混凝土	3	3	100	合格

（3）砂浆试块强度报告见表5-17。

表5-17　砂浆试块强度报告表

序号	试验项目及部位	试验组数	合格组数	合格率/（%）	结论
1	基础砌体	6	6	100	合格
2	一层砌体	9	9	100	合格
3	二层砌体	10	10	100	合格
4	三层砌体	9	9	100	合格
5	四层砌体	6	6	100	合格
6	五层砌体	5	5	100	合格
7	屋顶洗衣间砌体	2	2	100	合格

（4）沉降观测结果见表5-18，沉降观测点布置图如图5.14所示。

表5-18 沉降观测结果

序号	测点号	最终沉降量 /mm	序号	测点号	最终沉降量 /mm
1	1	17	4	4	17
2	2	15	5	5	16
3	3	17	6	6	17

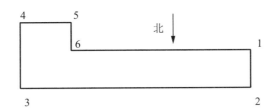

图5.14 沉降观测点布置图

表 5-18 的观测结果表明，地基沉降稳定。

（5）施工保证资料检查结果（见保证资料核查表）（略）。

（6）安全和功能检验（检测）报告（略）。

（7）观感打分（单位工程观感质量评定表）（略）。

（8）特殊问题详述。

地面的水磨石面层观感较差，已做处理。

3. 质量评估意见

（1）根据分部、分项工程验收结果，得出总的质量评价。

① 本工程共 6 个分部工程，全部合格。

② 保证资料基本齐全、准确。

③ 观感：一般。

综合评定结论：合格。

尚有缺陷但达到合格的分部、分项评估：地面的水磨石面层观感较差，待施工单位进一步处理后重新进行验收。

（2）做出让步处理的分部、分项评估。

本工程没有做出让步处理的分部、分项工程。

本 章 小 结

通过本章的学习，了解建设工程质量控制的基本方法和理论，本章的主要内容为：质量与工程质量的概念，工程质量的形成特点及其质量控制的意义；施工阶段质量控制的依据、程序、方法与手段；施工质量验收的内容、程序、组织与方法；工程质量问题与质量事故处理的认定与处理程序。本章重点为施工阶段的质量控制。

建设工程质量控制是建设工程监理的核心工作，掌握本章内容，有助于学生在将来的监理工作中，应用所学知识，做好一般工程的质量控制工作。

习　题

一、思考题

1. 什么是质量？其含义包括哪些方面？

2. 什么是建设工程质量？工程质量的特点有哪些？

3. 试述影响工程质量的因素。

4. 什么是工程质量控制？简述工程质量控制的内容。

5. 简述监理工程师进行工程质量控制应遵循的原则。

6. 施工准备、施工过程、竣工验收各阶段的质量控制包括哪些主要内容？

7. 施工质量控制的依据主要有哪些方面？

8. 简要说明施工阶段监理工程师质量控制的工作程序。

9. 监理工程师对承包单位进行资质核查的内容是什么？

10. 监理工程师审查施工组织设计的原则有哪些？

11. 对工程所需的原材料、半成品、构配件的质量控制主要从哪些方面进行？

12. 设计交底中，监理工程师应主要了解哪些内容？

13. 什么是质量控制点？选择质量控制点的原则是什么？在工程监理中如何落实对质量控制点的控制？

14. 监理工程师如何做好作业技术活动过程的质量控制？

15. 什么是见证取样？其工作程序和要求有哪些？

16. 工程变更的要求可能来自何方？其变更程序如何？监理工程师如何处理设计变更？

17. 监理工程师进行现场质量检验的方法有哪几类？其主要内容包括哪些方面？

18. 施工阶段监理工程师可以通过哪些手段进行质量监督控制？

19. 为什么要进行施工验收项目的划分？在工程监理中如何使用划分表对工程质量进行控制？

20. 什么是建筑工程施工质量验收的主控项目和一般项目？

21. 试说明建筑工程施工质量验收的基本规定。

22. 建筑工程施工质量验收中单位工程、分部工程、分项工程及检验批的划分原则是什么？

23. 试说明单位（子单位）工程的验收程序与组织。

24. 试说明当建筑工程质量不符合要求时应如何进行处理。

二、单项选择题

1. 监理工程师要求（　　）对给定的原始基准点、基准线和标高等测量控制点复核。

　　A. 施工承包单位　　　　　　　B. 建设单位

　　C. 设计单位　　　　　　　　　D. 分包单位

2. 建设工程开工前，（　　）办理工程质量监督手续。

　　A. 施工单位负责　　　　　　　B. 建设单位负责

　　C. 监理单位负责　　　　　　　D. 监理单位协助建设单位

3. 在建筑工程施工质量验收统一标准中，（　　）是指对安全、卫生、环境保护和公众利益起决定性作用的检验项目。

　　A. 主控项目　　　　　　　　　B. 一般项目

C．保证项目　　　　　　　　D．基本项目

4．检验批和分项工程应由（　　　）组织验收。

A．项目经理　　　　　　　　B．项目专业质量检验员

C．监理工程师　　　　　　　D．项目专业技术负责人

5．工程质量事故发生后，总监理工程师首先要做的事情是（　　　）。

A．签发《工程暂停令》　　　B．要求施工单位保护现场

C．要求施工单位24h内上报　D．发出质量通知单

6．建筑工程质量是指工程满足业主需要的，符合国家法律、法规、技术规范标准、（　　　）的特性综合。

A．必须履行　　　　　　　　B．合同文件及合同规定

C．通常隐含　　　　　　　　D．满足明示

三、多项选择题

1．建筑工程质量的特性除安全性、可靠性外，还表现为（　　　）。

A．适用性　　　　　　　　　B．耐久性

C．经济性　　　　　　　　　D．与环境协调性

E．有效性

2．影响工程质量的环境因素包括（　　　）。

A．工程技术环境　　　　　　B．工程劳动环境

C．工程社会环境　　　　　　D．工程管理环境

E．工程作业环境

3．选择质量控制点的一般原则有（　　　）。

A．关键工序　　　　　　　　B．隐蔽工程

C．施工中的薄弱环节　　　　D．技术难度大的工序

E．施工方法

4．现场质量检验的主要方法有（　　　）。

A．目测法　　　　　　　　　B．量测法

C．分层法　　　　　　　　　D．控制图法

E．试验法

5．分部工程质量验收中，观感质量验收评价的结论有（　　　）。

A．优　　　B．好　　　C．合格　　　D．一般　　　E．差

6．监理工程师在工程质量控制中应遵循（　　　）等原则。

A．质量第一　　　　　　　　B．预防为主

C．以人为核心　　　　　　　D．坚持质量标准

E．安全第一

四、案例分析题

1．监理工程师在某工业工程施工过程中进行质量控制，控制的主要内容有：

（1）协助承包商完成工序控制；

（2）严格工序间的交接检查；

（3）重要的工程部位或专业工程进行旁站监督与控制，还要亲自试验或进行技术复核，见证取样；

（4）对完成的分项、分部（子分部）工程按相应的质量检查、验收程序进行验收；

（5）审核设计变更和图纸修改；

（6）按合同行使质量监督权；

（7）组织定期或不定期的现场会议，及时分析、通报工程质量情况，并协调有关单位间的业务活动。

问题：

（1）分部工程质量如何验收？分部工程质量验收的内容是什么？

（2）监理工程师在工序施工之前应重点控制哪些影响工程质量的因素？

（3）监理工程师现场监督和检查哪些内容？质量检验应采用什么方法？

2. 某工程在施工过程中，施工单位未经监理工程师事先同意，订购了一批钢管，钢管运抵施工现场后监理工程师进行了检验，检验中监理人员发现钢管质量存在以下问题：

（1）施工单位未能提交产品合格证、质量保证书和检测证明资料；

（2）实物外观粗糙、标识不清，且有锈斑。

问题：

监理工程师应如何处理上述问题？

3. 某住宅项目的施工单位未经监理人员同意，擅自浇筑了顶层混凝土楼板。监理工程师发现后，要求施工单位采取措施确保工程质量。但最终由于该批混凝土存在严重质量问题已经对工程的安全功能产生隐患，必须拆除，重新施工。经估算，直接经济损失将达到60万元以上。由于这次质量事故，开发商不得不延误一个月的交房期限，并因此将承担由于拖后交房产生的违约金125万元。

问题：

（1）工程质量事故分为哪几类？本工程质量事故直接经济损失为多少？质量事故属于哪一类？

（2）请列出监理工程师处理质量事故的依据。

（3）工程质量事故处理方案有哪几类？

（4）如果建设方向施工方提出索赔，监理工程师应该做些什么工作？

（5）请阐述质量事故处理中监理工程师应做哪些工作。

【第5章习题答案】

第6章
建设工程造价控制

教学目标

本章主要讲述建设工程造价控制的基本理论和方法。通过本章的学习，应达到以下目标：
(1) 了解建设工程投资的构成；
(2) 熟悉建设项目决策阶段、设计阶段、施工招投标阶段和竣工验收阶段造价控制的工作内容；
(3) 掌握施工阶段监理工程师造价控制的工作内容。

教学要求

知识要点	能力要求	相关知识
建设工程造价控制概述	(1) 了解建设工程造价控制以及英联邦国家工料测量师的造价控制工作； (2) 熟悉建设工程项目投资的构成	(1) 建设工程投资费用构成； (2) 建设项目投资动态控制； (3) 英联邦国家工料测量师造价控制工作
建设项目决策阶段的造价控制	(1) 了解建设项目决策阶段造价控制的意义； (2) 熟悉监理工程师在工程建设项目决策阶段造价控制的工作	(1) 建设项目决策阶段造价控制意义； (2) 建设项目决策阶段造价控制工作
设计阶段的造价控制	熟悉监理工程师在设计阶段进行造价控制工作的主要内容	(1) 设计标准、标准化设计和限额设计； (2) 设计方案优化； (3) 设计概算和施工图预算的审查
施工招投标阶段的造价控制	熟悉监理工程师在施工招投标阶段进行造价控制工作的主要内容	(1) 招标程序及招标文件的编制； (2) 招标控制价的编制与审查； (3) 现场考察和召开标前会议； (4) 评审投标书； (5) 签订施工承包合同
施工阶段的造价控制	(1) 了解施工阶段造价控制的基本原理； (2) 熟悉施工阶段造价控制的措施和工作内容	(1) 投资动态控制； (2) 造价控制的措施、工作流程及内容
竣工验收阶段的投资控制	(1) 熟悉工程竣工验收阶段监理工程师的职责； (2) 熟悉竣工结算的审查	(1) 工程竣工结算文件的编制； (2) 对竣工结算文件的审查

建设工程项目投资；投资动态控制；工料测量师；建设项目投资决策；设计标准、标准化设计；限额设计。

引例

嘉闵高架新建工程，主线长 951km，其中地面道路长约 552km，项目总投资 628838 万元，其中工程投资 335756 万元，占到整个项目投资的 50% 以上，因此对工程实施阶段的造价控制尤为重要。

工程总工期 19 个月。该项目作为上海市虹桥枢纽工程的外围配套道路，关系到上海世博会的顺利开展，如何进行综合平衡管理，尽可能地保证工期、质量与投资三者的优化，将工程做好做精，在确保投资不超概算的情况下，按时、保质地完成工程，是摆在建设者面前的重大考验。

按照实施阶段的建设程序，分别描述该项目在设计、招标、施工和结算审价等阶段的造价控制工作。

6.1　建设工程造价控制概述

6.1.1　建设工程项目投资的构成

建设工程项目投资，就是指进行某项工程建设所花费的全部费用。建设工程项目投资包括固定资产投资和流动资产投资两部分。

建设工程项目总投资中固定资产投资的构成由设备、工器具购置费用、建筑安装工程费用、工程建设其他费用、预备费、建设期贷款利息、固定资产投资方向调节税等组成。流动资产投资是指生产经营性项目投产后，为正常生产运营，用于购买材料、燃料、支付工资及其他经营费用所需的周转资金。

1. 设备工器具购置费

设备工器具购置费用是指按照建设工程项目设计文件要求，建设单位或其委托单位购置或自制达到固定资产标准的设备和新建、扩建项目配制的首套工器具及生产家具所需的投资费用。它是由设备购置费和工具、器具及生产家具购置费两部分组成的。在生产性建设项目中，设备及工器具购置费用占总投资费用的比重增大，意味着生产技术的进步和资本有机构成的提高，所以它是固定资产投资中的积极部分，通常称为积极投资。

2. 建筑安装工程费

建筑安装工程费用是指建设单位用于建筑和安装工程方面的投资。

【建筑安装工程费用项目组成】

按照国家住建部、财政部《建筑安装工程费用项目组成》（建标〔2013〕44 号）文件，建筑安装工程费用项目按费用构成要素组成划分为人工费、材料（包括工程设备）费、施工机具使用费、企业管理费、利润、规费和税金；按工程造价形成划分为分部分项工程费、措施项目费、其他项目费、规费和税金。其中，人工费、材料（包括工程设备）费、施工机具使用费、企业管理费、利润包含在分部分项工程费、措施项目费、其他项目费中。

3. 工程建设其他费

工程建设其他费用是指从工程筹建起到工程竣工验收交付使用止的整个建设期间，除建筑安装工程费用和设备、工器具购置费用以外的，为保证工程建设顺利完成和交付使用后能够正常发挥效用而发生的各项费用。

工程建设其他费用，按其内容可分为土地使用费、与项目建设有关的其他费用、与未来企业生产经营有关的其他费用。

4. 预备费

预备费包括基本预备费和涨价预备费。

基本预备费是指在初步设计及概算内难以预料的工程费用。

涨价预备费是指建设项目在建设期间内由于价格等变化引起工程投资变化的预测预留费用。

5. 建设期贷款利息和固定资产投资方向调节税

建设期贷款利息包括向国内银行和其他非银行金融机构贷款、出口信贷、外国政府贷款、国际商业银行贷款以及在境内外发行的债券等在建设期间内应偿还的利息。

固定资产投资方向调节税是为了贯彻国家产业政策，控制投资规模，引导投资方向，调整投资结构，加强重点建设，促进国民经济持续、稳定、协调发展，对在我国境内进行固定资产投资的单位和个人征收的税种。自 2000 年 1 月 1 日起发生的投资额，暂停征收固定资产投资方向调节税。

6.1.2　监理工程师在造价控制中的作用

通过监理工程师实施的造价控制工作，在保证建设项目质量、安全、工期目标实现的基础上，使建设项目在预定的投资额内建成动用。具体而言就是，可行性研究阶段确定的投资估算额控制在建设单位投资机会、投资意向设定的范围内；设计概算是技术设计和施工图设计的项目造价控制目标，不得突破投资估算；建安工程承包合同价是施工阶段控制建安工程投资的目标，施工阶段投资额不得突破合同价。要在不同的建设阶段将其相应的投资额控制在规定的投资目标限额内。

通过监理工程师实施的造价控制工作，发挥监理工程师提供的高智能技术服务的作用，使建设项目各阶段造价控制工作始终处于受控状态，做到有目标、有计划、有控制措施，使每个阶段的投资发生做到最大可能的合理化。在建设项目实施的各个阶段，合理确定造价控制目标，采取组织、技术、经济、合同与信息等措施，有效控制投资，并应用主动控制原理做到事前控制、事中控制、事后控制相结合，合理地处理投资过程中索赔与反索赔事件，以取得令人满意的效果。

6.1.3　建设项目投资动态控制

建设项目造价控制是一个全过程动态控制的过程，在这一动态控制过程中，监理工程师应着重做好以下几项工作。

（1）对计划目标值的论证和分析。由于各种主观和客观因素的制约，项目规划中的计划目标值有可能是难以实现或不尽合理的，需要在项目实施的过程中合理调整或细化和精确化。只有项目目标是正确合理的，项目造价控制方能有效。

（2）及时对工程进展做出评估。做到及时收集实际数据，没有实际数据的收集，就无法清楚工程的实际进展状况，更不可能判断造价控制是否存在偏差。因此，数据的及时、完整和正确性是确定造价控制偏差的基础。

（3）进行项目计划值与实际值的比较，判断是否存在造价控制偏差。这种比较同样要求在项目规划阶段就对数据体系进行统一的设计，以保证比较工作的效率和有效性。

（4）采取技术、组织、合同等控制措施，以确保造价控制目标的实现。

6.1.4 英联邦国家工料测量师在造价控制中的主要任务

在英联邦国家，负责建设项目造价控制工作的通常是工料测量师。英联邦国家的基本建设程序一般分为两大阶段，即合同签订前和合同签订后两个阶段。工料测量师在工程建设中的主要任务和作用如下。

1. 在立约前阶段的任务

（1）在工程建设开始阶段，业主提出建设任务和要求，如建设规模、技术条件和可筹集到的资金等。这时工料测量师要和建筑师、工程师共同研究提出"初步投资建议"，对拟建项目做出初步的经济评价，并和业主讨论在工程建设过程中工料测量师行的服务内容、收费标准，同时着手一般准备工作并制订今后的行动计划。

（2）在可行性研究阶段，工料测量师根据建筑师和工程师提供的建设工程的规模、场址、技术协作条件，对各种拟建方案制定初步估算，有的还要为业主估算竣工后的经营费用和维护保养费，从而向业主提交估价和建议，以便业主决定项目执行方案，确保该方案在功能上、技术上和财务上的可行性。

（3）在方案建议（有的称为总体建议）阶段，工料测量师按照不同的设计方案编制估算书，除反映总投资额外，还要提供分部工程的投资额，以便业主能确定拟建项目的布局、设计和施工方案。工料测量师还应为拟建项目获得当局批准而向业主提供必要的报告。

（4）在初步设计阶段，根据建筑师、工程师草拟的图纸，制订建设投资分项初步概算。根据概算及建设程序，制订资金支出初步估算表，以保证投资得到最有效的运用，并可作为确定项目投资限额使用。

（5）在详细设计阶段，根据近似的工料数量及当时的价格，制订更详细的分项概算，并将它们与项目投资限额相比较。

（6）对不同的设计及材料进行成本研究，并向建筑师、工程师或设计人员提出成本建议，协助他们在投资限额范围内设计。

（7）就工程的招标程序、合同安排、合同内容方面提供建议。

（8）制定招标文件、工料清单、合同条款、工料说明书及投标书，供业主招标或供业主与选定的承包人议价。

（9）研究并分析收回的投标，包括进行详尽的技术及数据审核，并向业主提交对各项投标的分析报告。

（10）为总承包单位及指定供货单位或分包单位制定正式的合同文件。

2. 在立约后阶段的任务

（1）工程开工后，对工程进度进行估计，并向业主提出中期付款的建议。

（2）工程进行期间，定期制订最终成本估计报告书，反映施工中存在的问题及投资的支付情况。

（3）制订工程变更清单，并与承包人达成费用上增减的协议。

（4）就考虑中的工程变更的大约费用，向建筑师提供建议。

（5）审核及评估承包人提出的索赔，并进行协商。

（6）与工程项目顾问团的其他成员（建筑师、工程师等）紧密合作，在施工阶段严格控制成本。

（7）办理工程竣工结算。该结算是工程最终成本的详细说明。

（8）回顾分析项目管理和执行情况。

由于工料测量师在工程建设中的主要任务就是对项目投资进行全面系统的控制，因而，工料测量师所担负的造价控制工作涵盖了我国推行的建设项目总承包管理模式下要求的造价控制工作。对于在我国监理工程师进行建设项目全过程造价控制工作以及建设项目总承包模式合同下的造价控制工作的开展有参考借鉴作用。

6.2　建设项目决策阶段的造价控制

6.2.1　建设项目决策阶段造价控制的意义

1. 建设项目投资决策的含义

建设项目投资决策是选择和决定投资行为方案的过程，是对拟建项目的必要性和可行性进行技术经济分析论证，对不同建设方案进行技术经济比较做出判断和决定的过程。监理工程师在建设项目决策阶段的造价控制，主要体现在建设项目可行性研究阶段协助建设单位或直接进行项目的造价控制，以保证项目投资决策的合理性。

建设项目决策阶段，进行项目建议书以及可行性研究的编制，除了论证项目在技术上是否先进、适用、可靠外，还包括论证项目在财务上是否赢利，在经济上是否合理。决策阶段的主要任务就是找出技术经济统一的最优方案，而要实现这一目标，就必须做好拟建项目方案的造价控制工作。

2. 工程项目决策阶段造价控制的意义

在工程项目决策阶段，监理工程师根据建设单位提供的建设工程的规模、场址、协作条件等，对各种拟建方案进行固定资产投资估算，有时还要估算项目竣工后的经营费用和维护费用，从而向建设单位提交投资估算和建议，以便建设单位对可行方案的决策，确保建设方案在功能上、技术上和财务上的可行性，确保项目的合理性。

具体而言，就是通过可行性研究阶段投资估算的合理确定、最佳投资方案的优选，达到资源的合理配置，促使建设项目的科学决策。反之，投资方案确定不合理，就会造成项目决策失误。另外，决策阶段所确定的投资额是否合理，直接影响到整个项目设计、施工等后续阶段的投资合理性，决策阶段所确定的投资额作为整个项目的限额目标，对于建设项目后续设计概算、施工图预算、承包合同价、结算价、竣工决算都有直接影响。

通过监理工程师在决策阶段的造价控制，确定出合理的投资估算，优选出可行方案，为建设单位进行项目决策提供了依据，并为建设项目主管部门审批项目建议书、可行性研究报告及投资估算提供基础资料，也为项目规划、设计、招投标、设备购置、资金筹措等提供了重要依据。

6.2.2　监理工程师在工程建设项目决策阶段造价控制的工作

工程项目决策阶段的可行性研究是指运用多种科学手段，综合论证一个工程项目在技术上是否先进、适用、可靠，在经济上是否合理，在财务上是否赢利，为投资决策提供科学依据。投资者为了排除盲目性，减少风险，一般都要委托咨询、设计等部门进行可行性研究，委托监理单位进行可行性研究的管理或对可行性报告进行审查。

监理工程师在可行性研究决策阶段进行监理工作，主要是通过编制、审查可行性研究报告实现的。其具体任务主要是审查拟建项目投资估算的正确性与投资方案的合理性。在可行性研究阶段进行造价控制，主要应围绕对投资估算的审查和投资方案的分析、比选进行。

1. 对投资估算的审查

1) 审查投资估算基础资料的正确性

对建设项目进行投资估算，咨询单位、设计单位或项目管理公司等投资估算编制单位一般得事先确定拟建项目的基础数据资料，如项目的拟建规模、生产工艺设备构成、生产要素市场价格行情、同类项目历史经验数据，以及有关投资造价指标、指数等，这些资料的准确性、正确性直接影响到投资估算的准确性。监理工程师应对其逐一进行分析。

对拟建项目生产能力，应审查其是否符合建设单位投资意图，通过直接向建设单位咨询、调查的方法即可判断其是否正确。对于生产工艺设备的构成可对相关设备制造厂或供货商进行咨询。对于同类项目历史经验数据及有关投资造价指标、指数等资料的审查可参照已建成同类型项目，或尚未建成但设计方案已经批准，图纸已经会审，设计概算、施工图预算已经审查通过的资料作为拟建项目投资估算的参考资料。同时还应对拟建项目生产要素市场价格行情等进行准确判断，审查所套用指标与拟建项目的差异及调整系数是否合理。

2) 审查投资估算所采用方法的合理性

投资估算方法有很多，有静态投资估算方法和动态投资估算方法，静态、动态投资估算又分别有很多方法，究竟选用何种方法，监理工程师应根据投资估算的精确度要求以及拟建项目技术经济状况的已知情况来决定。

在项目建议书、初步可行性研究阶段，对投资估算精度允许偏差较大时，可用单位生产能力估算法、资金周转率法等。

在已知拟建项目生产规模，并有同类型项目建设经验数据时，可用生产规模指数估算法，但要注意生产规模指数的取值及调价系数等的差异。

当拟建项目生产工艺流程及其技术比较明确、设备组成比较明确时，可运用比例估算法。

2. 对项目投资方案的审查

对项目投资方案的审查，主要是通过对拟建项目方案进行重新评价，看原可行性研究报告编制部门所确定的方案是否为最优方案。监理工程师对投资方案审查时，应做好如下工作。

(1) 列出实现建设单位投资意图的各个可行方案，并尽可能地做到不遗漏。因为遗漏的方案如果是最优方案，那么将会直接影响到可行性研究工作质量，直接影响到投资效果。

(2) 熟悉建设项目方案评价的方法，包括项目财务评价、国民经济评价方法，以及评价内容、评价指标及其计算，评价准则等。要求监理工程师对拟建项目建设前期、建设时期、建成投产使用期全过程项目的费用支出和收益以及全部财务状况进行了解，弄清各阶段项目财务现金流量，利用动态、静态方法计算出各种可行性方案的评价指标，进行财务评价。

监理工程师通过对方案的审查、比选，确定最优方案的过程就是实现建设项目方案技术与经济统一的过程，也就同时做到了投资的合理确定和有效控制。

6.3　设计阶段的造价控制

工程设计是可行性研究报告经批准后，工程开始施工前，设计单位根据已批准的设计任务书，为具体实现拟建项目的技术、经济要求，拟定建筑、安装及设备制造等所需的规划、图纸、数据等技术文件的工作。一般工程项目进行初步设计和施工图设计两阶段设计，大型和技术复杂的工程项目可在两阶段之间增加技术设计阶段。

按我国现行有关规定，建设项目初步设计阶段应编制初步设计概算，技术设计阶段编制修正概算，施工图设计阶段编制施工图预算。设计概算不得突破已经批准的投资估算，施工图预算不得超过批准的设计概算。这就为设计阶段监理工程师进行造价控制明确了目标和任务。

在设计阶段反映建设工程投资的合理性，主要体现在设计方案是否合理，以及设计概算、施工图预算是否符合规定的要求，即初步设计概算不超投资估算，施工图预算不超设计概算。为实现这一目标，监理工程师在设计阶段进行造价控制的工作主要包括以下内容。

6.3.1　设计标准与标准化设计

1. 设计标准

设计标准是国家经济建设的重要技术规范，不仅是建设工程规模、内容、建造标准、安全、预期使用功能的要求，而且是降低造价、控制工程投资的依据，此外还提供了设计所必需的指数、定额。执行了设计标准，就保证了设计方案的正确性、投资的合理性。

2. 标准化设计

标准化设计又称定型设计、通用设计，是工程建设标准化的组成部分，各类工程建设的构件、配件、零部件，通用的建筑物、构筑物、公用设施等，只要有条件的都应该实施标准化设计。标准化设计是经过多次反复实践，加以检验和补充完善的，所以能较好地贯彻国家技术经济政策，密切结合自然条件和技术发展水平，合理利用能源，充分考虑施工生产、使用、维修的要求，既经济又优质。在工程设计中采用标准化设计可促进工业化水平、加快工程进度、节约材料、降低建设投资。监理工程师建议设计单位推行标准化设计，是设计阶段做好造价控制的一项重要工作。

6.3.2　限额设计

1. 限额设计的概念

限额设计就是按照批准的投资估算控制初步设计及其概算，按照批准的初步设计概算控制施工图设计及预算。即将上阶段设计审定的投资额和工程量先行分解到各专业，然后再分解到各单位工程和分部工程。各专业在保证使用功能的前提下，按分配的投资限额控制设计，严格控制技术设计和施工图设计的不合理变更，以保证总投资不被突破。

监理工程师应事先确定或明确设计各阶段、各专业、各单位工程、各分部工程的限额设计目标，并依此对设计各阶段、各专业投资额进行控制。

2. 限额设计的实施

限额设计控制工程投资可以从两个角度入手，一种是按照限额设计过程从前往后依次进行控制，称为纵向控制；另一种是对设计单位及其内部各专业、科室及设计人员进行考核，实施奖惩，进而保证设计质量的一种控制方法，称为横向控制。横向控制首先必须明确各设计单位以及设计单位内部各专业科室对限额设计所负的责任，将工程投资按专业进行分配，并分段考核，下段指标不得突破上段指标，责任落实越接近于个人，效果越明显，并赋予责任者履行责任的权利；其次，要建立健全奖惩制度。设计人员在保证工程安全和不降低工程功能的前提下，采用新技术、新工艺、新材料、新设备节约了工程项目的投资的，设计单位应根据节约投资额的大小，对设计人员进行奖励；因设计人员设计错误、漏项或扩大规模、提高标准而导致工程静态投资超支的，要视其超支比例扣减相应比例的设计费。

3. 限额设计控制要点

（1）严格按建设程序办事。限额设计的前提是严格按建设程序办事，根据这一思想，限额设计的做法是将设计任务书的投资额作为初步设计投资的控制限额，将初步设计概算投资额作为施工图设计的造价控制限额，以施工图预算作为按施工图施工投资的依据。

（2）在投资决策阶段，要提高投资估算的准确性，据此确定限额设计。为了适应限额设计的要求，在可行性研究阶段就要树立限额设计的观念，充分收集资料，提出多种方案，认真进行技术经济分析和论证，从中选出技术先进、经济合理的方案作为最优方案，并以批准的可行性研究报告和下达的设计任务书中的投资估算额，作为控制设计概算的限额。

（3）充分重视、认真对待每个设计环节及每项专业设计。在满足功能要求的前提下，每个设计环节和每项专业设计都应按照国家的有关政策规定、设计规范和标准进行，注意它们对投资的影响。在投资限额确定的前提下，通过优化设计满足设计要求的途径很多，这就要求设计人员善于思考，在设计中多做经济分析，发现偏离限额时立即改变设计。

（4）加强设计审核。设计单位和监理单位有关部门和人员必须做好审核工作，既要审核技术方案，又要审核投资指标；既要控制总投资，又要控制分部分项工程投资。要把审核设计文件作为动态造价控制的一项重要措施。

（5）建立设计单位内部经济责任制。设计单位要进行全员的经济控制，必须在目标分解的基础上，科学地确定投资限额，然后把责任落实到每个人身上。建立设计质量保证体系时，必须把投资经济指标作为设计质量控制的内容之一。

（6）施工图设计应尽量吸收施工单位人员的意见，使之符合施工要求。施工图设计交底会审后，应进行一次性洽商修改，以尽量减少施工过程中的设计变更，避免造成投资失控。

6.3.3 设计方案的优化

在设计过程中，为保证设计方案既满足技术要求、使用功能要求，又经济合理，需要对设备工艺流程、建筑、结构、水、电、暖、卫、设备等各可行方案进行技术经济分析，从中选出最佳方案。监理工程师协助建设单位做好设计方案优选或直接参与设计方案优选的工作，这也是建设项目设计阶段造价控制的重要工作。

设计方案的优化，除上述通过推行标准设计，实施限额设计做法外，也可通过设计招标或设计方案竞选的途径优化设计方案，还可通过运用价值工程优化设计方案。

1.通过设计招标和设计方案竞选优化设计方案

建设单位首先就拟建工程项目的设计任务通过新闻媒介、报纸、期刊、信息网络等发布公告，吸引设计单位参加设计招标或设计方案竞选，以获得众多的设计方案；然后组织专家评定小组，采用科学合理的方法，按照经济、适用、美观的原则，以及技术先进、功能全面、结构合理、安全适用、满足建筑节能、消防及环保等要求，综合评定各设计方案优劣，从中选择最优方案，或将各方案的可取之处进行组合，提出最佳方案。

2.运用价值工程优化设计方案

价值工程是建筑设计、施工中有效地降低工程成本的科学方法。价值工程是对所研究对象的功能与费用进行系统分析，不断创新，提高研究对象的价值的一种技术经济分析方法。其目的是以研究对象的最低寿命周期成本可靠地实现使用者所需的功能，以获取最佳的综合效益。在设计阶段应用价值工程进行造价控制的步骤如下。

（1）对象选择。在设计阶段应用价值工程控制工程投资，应以对造价控制影响较大的项目作为价值工程的研究对象。因此，经常应用ABC分析法，即将设计方案的投资分解并分成A、B、C三类，A类投资比重大，品种数量少，作为实施价值工程的重点。

（2）功能分析。分析研究对象具有哪些功能，各项功能之间的关系如何。

（3）功能评价。评价各项功能，确定功能评价系数，并计算实现各项功能的实际成本是多少，从而计算各项功能的价值系数。价值系数小于1的，应该在功能水平不变的条件下降低成本，或在成本不变的条件下提高功能水平。价值系数大于1的，如果是重要的功能，应该提高成本，保证重要功能的实现；如果该项功能不重要，可以不做改变。

（4）分配目标成本。根据限额设计的要求，确定研究对象的目标成本，并以功能评价系数为基础，将目标成本分摊到各项功能上，与各项功能的实际成本进行对比，确定成本改进期望值，成本改进期望值大的，应首先重点改进。

（5）方案创新及评价。根据价值分析结果及目标成本分配结果的要求，提出各种方案，并应用加权评分法选出最优方案，使设计方案更加合理。

6.3.4　设计概算的审查

在初步设计阶段进行造价控制，除做好设计方案审查工作外，还应对设计概算进行审查以保证初步设计概算不超过投资估算。监理工程师对设计概算的审查，有利于合理分配投资资金，加强投资计划管理，有助于合理确定和有效控制工程投资；有利于促进概算编制单位严格执行国家有关概算编制规定和费用标准；有利于促进设计的技术先进性与经济合理性；有利于核定建设项目的投资规模；有利于为建设项目投资的落实提供可靠的依据。对设计概算应审查的主要内容如下。

1.审查设计概算的编制依据

审查设计概算编制依据的合法性，即编制是否经过国家或授权机关批准；审查设计概算编制依据的时效性，即编制概算所依据的定额、指标、价格、取费标准等是不是现行有效的；审查设计概算编制依据的适用范围，即所依据的定额、价格、指标、取费标准等是否符合工程项目所在地、所在行业的实际情况等。

2. 审查设计概算的编制内容

（1）审查设计概算的编制是否符合国家的建设方针、政策，是否根据工程所在地的自然条件编制。

（2）审查建设规模（投资规模、生产能力等）、建设标准（用地指标、建筑标准等）、配套工程、设计定员等是否符合原已批准的可行性研究报告或立项批文的标准。对总概算投资超过批准投资估算10%以上的，应查明原因，重新上报审批。

（3）审查编制方法、计价依据和程序是否符合现行规定，包括定额或指标的适用范围和调整方法是否正确，进行定额或指标的补充时，要求补充定额的项目划分、内容组成、编制原则等要与现行的定额精神一致。

（4）审查工程量计算是否正确。工程量的计算是否根据初步设计图纸、概算定额、工程量计算规则和施工组织设计的要求进行，有无多算、重算和漏算，尤其对工程量大，投资大的项目要重点审查。

（5）审查材料用量和价格。审查主要材料如钢材、水泥、木材等的用量数据是否正确，材料预算价格是否符合工程所在地的价格水平，材料价差调整是否符合现行规定及其计算是否正确等。

（6）审查设备规格、数量和配置是否符合设计要求，是否与设备清单一致，设备预算价格是否真实，设备原价和运杂费的计算是否正确，非标准设备原价的计价方法是否符合规定，进口设备的各项费用的组成及其计算程序、方法是否符合国家主管部门的规定。

（7）审查建筑安装工程的各项费用的计取是否符合国家或地方有关部门的现行规定，计算程序和取费标准是否正确。

（8）审查综合概算、总概算的编制内容、方法是否符合现行规定和设计文件的要求，有无设计文件外项目，有无将非生产性项目以生产性项目形式列入的情况。

（9）审查总概算文件的组成内容，是否完整地包括了建设项目从筹建到竣工投产为止的全部费用组成。

（10）审查工程建设其他各项费用。按国家和地区规定逐项审查，不属于总概算范围的费用项目不能列入概算。审查费率或计取标准是否按国家、行业有关部门规定计算，有无随意列项，有无多列、交叉计列和漏项等。

（11）审查项目的"三废"治理。拟建项目必须同时安排废水、废气、废渣的治理方案和投资，对于未做安排或漏项或多算、重算的项目，要按国家有关规定核实投资，以满足"三废"排放标准。

（12）审查技术经济指标。技术经济指标计算方法和程序是否正确，综合指标和单项指标与同类型工程指标相比，是偏高还是偏低，其原因是什么并予以纠正。

（13）审查投资经济效果。设计概算是初步设计经济效果的反映，要按照生产规模、工艺流程、产品品种和质量，从企业的投资效益和投产后的运营效益全面分析，是否达到了技术先进可靠、经济合理的要求。

3. 审查设计概算的编制深度

（1）审查编制说明。审查编制说明，可以检查概算的编制方法、深度和编制依据等重大原则问题，若编制说明有差错，具体概算必有差错。

（2）审查概算编制深度。一般大中型项目的设计概算，应有完整的编制说明和"三级概算"（即建设项目总概算表、单项工程综合概算表、单位工程概算表），并按有关规定的深度进行编制。审查是否符合规定的"三级概算"，各级概算的编制、核对、审核是否按规定签署，有无随意简化，有无把"三级概算"简化为"二级概算"，甚至"一级概算"。

（3）审查概算的编制范围。审查概算编制范围及具体内容是否与主管部门批准的建设项目范围及具体工程内容一致；审查分期建设项目的建筑范围及具体工程内容有无重复交叉，是否重复计算或漏算；审查其他费用应列的项目是否符合规定，静态投资、动态投资和经营性项目铺底流动资金是否分别列出等。

4. 审查设计概算的方法

采用适当的方法审查设计概算，是确保审查质量、提高审查效率的关键，常用的方法有以下几种。

1）对比分析法

对比分析法中对比要素有：建设规模、标准与立项批文对比；工程数量与设计图纸对比；综合范围、内容与编制方法、规定对比；各项取费与规定标准对比；材料、人工单价与统一信息对比；引进设备、技术投资与报价要求对比；技术经济指标与同类工程对比；等等。对比分析法即通过以上对比，发现设计概算存在的主要问题和偏差。

2）查询核实法

查询核实法是对一些关键设备和设施、重要装置、引进工程图纸不全、难以核算的较大投资进行多方查询核对，逐项落实的方法。主要设备的市场价向设备供应部门或招标机构查询核实；重要生产装置、设施向同类企业（工程）查询了解；引进设备价格及有关税费向进出口公司调查落实；复杂的建筑安装工程向同类工程的建设、承包、施工单位征求意见，深度不够或不清楚的问题直接向原概算编制人员、设计者询问清楚。

3）联合会审法

联合会审前，可采取多种形式分头审查，包括设计单位自审，主管、建设、承包单位初审，监理工程师评审，邀请同行专家预审，审批部门复审等，经层层审查把关后，由有关单位和专家进行联合会审。

6.3.5 施工图预算的审查

1. 审查施工图预算的内容

审查施工图预算，重点是施工图预算的工程量计算是否准确，定额消耗量、单价套用是否合理，各项取费标准是否符合现行规定等。

2. 审查施工图预算的方法

审查施工图预算的方法很多，主要有全面审查法、标准预算审查法、分组计算审查法、对比审查法、筛选审查法、重点抽查法、利用手册审查法等。

1）全面审查法

全面审查法又叫逐项审查法，就是按预算定额顺序或施工的先后顺序，逐一地全部进行审查的方法。此方法的优点是全面、细致，经审查的工程预算差错比较少，质量比较高；缺点是审查工作量相对比较大。对于一些工程量较小、工艺比较简单的工程，当编制工程预算的技术力量又比较薄弱时，可采用全面审查法。

2）标准预算审查法

对于利用标准图纸或通用图纸施工的工程，先集中力量，编制标准预算，以此为标准审查预算的方法。按标准图纸设计或通用图纸施工的工程一般上部结构及其做法相同，可集中力量细审一份预算，或编制一份预算，作为这种标准图纸的标准预算，或用这种标准图纸的工程量为标准，对照审查，而对局部不同的部分做单独审查即可。这种方法的优点是审查时间短、效果好、好定案；缺点是只适用于按标准图纸设计的工程，适用范围小。

3）分组计算审查法

分组计算审查法是一种加快审查工程量速度的方法，具体做法是把预算中的项目划分为若干组，并把相邻且有一定内在联系的项目编为一组，审查或计算同一组中某个分项工程量，利用工程量间具有相同或相似计算基础的关系，判断同组中其他几个分项工程量计算的准确程度的方法。

例如，土建工程中将底层建筑面积、地面面层、地面垫层、楼面面层、楼面找平层、楼板体积、天棚抹灰、天棚刷浆、屋面层等编为一组。先把底层建筑面积、楼（地）面面积计算出来，而楼面找平层、顶棚抹灰、刷白的工程量与楼（地）面面积相同；垫层工程量等于地面面积乘以垫层厚度；空心楼板工程量由楼面工程量乘以楼板的折算厚度计算；底层建筑面积加挑檐面积，乘以坡度系数（平屋面不乘）就是屋面工程量；底层建筑面积乘以坡度系数（平屋面不乘）再乘以保温层的平均厚度为保温层工程量。

4）对比审查法

对比审查法是用已建成工程的预算或虽未建成但已审查修正的工程预算对比审查拟建类似工程预算的一种方法。对比审查法，一般有以下几种情况，应根据工程的不同条件，区别对待。

（1）两个工程采用同一个施工图，但基础部分和现场条件不同。其新建工程基础以上部分可采用对比审查法，不同部分可分别采用相应的审查方法进行审查。

（2）两个工程设计相同，但建筑面积不同。根据两个工程建筑面积之比与两个工程分部分项工程量之比基本一致的特点，可审查新建工程各分部分项工程的工程量；或者用两个工程每平方米建筑面积造价以及每平方米建筑面积的各分部分项工程量，进行对比审查，如果基本相同时，说明新建工程预算是正确的，反之，说明新建工程预算有问题，监理工程师应找出差错原因，加以更正。

（3）两个工程的面积相同，但设计图纸不完全相同时，可把相同的部分，如厂房中的柱子、屋架、屋面、围护结构等进行工程量的对比审查，不能对比的分部分项工程按图纸计算。

5）筛选审查法

筛选审查法，是统筹法的一种，也是一种对比审查方法。建筑工程虽然有建筑面积和高度的不同，但是它们的各分部分项工程的工程量、造价、用工量在每个单位面积上的数值变化不大，我们把这些数据加以汇集、优选、归纳为工程量、造价、用工3个单方基本值表，并注明其适用的建筑标准。这些基本值犹如"筛子孔"，用来筛选各分部分项工程，筛下去的就不审查了，没有筛下去的就意味着此分部分项的单位建筑面积数值不在基本值范围之内，应对该分部分项工程详细审查。当所审查的预算的建筑面积标准与"基本值"所适用的标准不同时，就要对其进行调整。

筛选审查法的优点是简单易懂，便于掌握，审查速度和发现问题快。但解决差错和分析其原因需要继续审查。因此，此方法适用于住宅工程或不具备全面审查条件的工程。

6）重点审查法

重点审查法是抓住工程预算的重点进行审查的方法。审查的重点一般是：工程量大或投资较多的工程、结构复杂的工程、补充单位估价表、各项费用的计取（计费基础、取费标准等）。

7）利用手册审查法

利用手册审查法是把工程中常用的构件、配件事先整理成预算手册，按手册对照审查的方法。如工程常用的预制构配件：洗池、大便台、检查井、化粪池、碗柜等，是几乎每个工程都有的项目，把这些按标准图集计算出工程量，套上单位工程的消耗量或单价，编制成预算手册使用，可大大简化预算结算的编审工作。

3. 审查施工图预算的步骤

（1）做好审查前的准备工作。包括熟悉施工图纸，了解预算包括的范围，弄清预算采用的单位估价表。

（2）选择合适的审查方法，按相应的内容审查。由于各工程项目规模、工程所处地区自然、技术、经济条件存在差异，繁简程度不同，工程项目施工方法和施工承包单位情况不一样，所编工程预算的质量也不同，因此，需选择适当的审查方法进行审查。

（3）调整预算。对工程施工图预算审查以后，如果不存在问题，监理工程师批准其作为签订合同、工程施工、结算的依据；如果发现需要进行增加或核减的，经与编制单位协商，统一意见后，进行相应的修正。

在设计阶段，监理工程师通过上述各项具体工作，达到初步设计不超投资估算，施工图预算不超过设计概算的造价控制目标。

6.4 施工招投标阶段的造价控制

施工招投标阶段是优选施工承包单位的阶段，监理工程师协助建设单位做好招投标阶段的工作，选择能满足工程建设质量、安全、投资、工期目标的施工承包单位，使工程建设目标的实现从施工主体资格的控制上得到保证，也就为在项目施工实施阶段投资的有效控制奠定了基础。

根据我国目前建设工程项目管理制度及委托监理项目的具体情况，在施工招投标阶段委托监理单位进行项目管理的监理工程师，可协助建设单位或者由建设单位委托的招标代理机构直接参与施工招投标阶段有关造价控制工作。在施工招投标阶段，与造价控制有关的监理工作内容如下。

6.4.1 招投标的组织、协调工作

在施工招投标阶段，监理工程师应当在建设单位授权范围内对工程施工招标程序、招标工作、合同安排、合同内容等方面提供建议或直接参与其具体工作。

1.建设项目招标程序及具体工作

1）招标的准备工作

建设项目招标前，建设单位应当办理有关的审批手续、确定招标方式以及标段合理划分等。

（1）确定招标方式。按照现行法律、法规规定，工程建设项目招标分为公开招标和邀请招标两种方式。国有资金占控股或者主导地位的依法必须进行招标的项目，应当公开招标，但经国家发改委或者省、自治区、直辖市人民政府依法批准可以进行邀请招标的和重点建设项目除外。但有下列情形之一的，可以邀请招标：技术复杂、有特殊要求或者受自然环境限制，只有少量潜在投标人可供选择；采用公开招标方式的费用占项目合同金额的比例过大。

（2）标段的划分。一个工程项目应当作为整体进行招标。但是，对于大型的项目，作为一个整体进行招标大大降低招标的竞争性，因为符合招标条件的潜在投标人数量太少。这时就应当将招标项目划分成若干个标段分别进行招标。但也不能将标段划分得太小，太小的标段将失去对实力雄厚的潜在投标人的吸引力。建设项目的施工招标，一般可以将一个项目分解为单位工程及特殊专业工程分别招标，但不允许将单位工程肢解为分部、分项工程进行招标，标段的划分应考虑以下因素。

① 招标项目的专业要求，如果招标项目的几部分内容专业要求接近，则可以考虑作为一个整体进行招标；如果招标项目的几部分内容专业要求相距甚远，则考虑划分为不同的标段分别招标。

② 招标项目的管理要求，如果分标段发包，各个独立施工承包单位的协调管理比较困难，则应当考虑将整个项目发包给一个施工承包单位；反之，一个项目划分为几个标段，各标段之间相互干扰不大，方便建设单位进行统一管理，就可以考虑对各标段分别招标。

③ 对工程投资的影响，这种影响是由多方面的因素造成的，直接影响是由管理费的变化引起的。一个项目作为一个整体招标，则承包单位往往要进行分包，分包的价格一般不如直接发包的价格低；另外，一个项目作为一个整体招标，有利于施工承包单位的统一管理，人工、机械设备、临时设施等可统一使用，降低现场管理费用。划分标段与否应当视具体情况分析决定。

④ 工程中各项工作的衔接，如果建设项目的各项工作的衔接、交叉和配合少、责任清楚，则可考虑划分为几个标段分别发包；反之，则应考虑将项目作为一个整体发包给一个承包商。

2）招标公告或投标邀请书的编制与发布

建设单位采用公开招标方式的，应当发布招标公告；采用邀请招标方式的，向 3 个以上具备承担招标项目能力的、资信良好的特定法人或者其他组织发出参加投标的邀请。

（1）招标公告和投标邀请书的内容。按照《招标投标法》的规定，招标公告与投标邀请书应当载明同样的事项，具体包括的内容有招标人的名称和地址，招标项目的性质、数量、实施地点、实施时间以及获取招标文件的办法等。

【招标投标法】

（2）公开招标项目招标公告的发布。为了规范招标公告发布行为，保证潜在投标人平等、便捷、准确地获取招标信息，国家有关部门对强制招标项目招标公告的发布做出了明确的规定。规定包括对招标公告发布的监督，对建设单位的要求，对指定媒介的要求，以及对招标公告文本内容的要求等。监理工程师受委托编制招标公告时应注意招标公告要符合有关要求。

3）资格预审

资格预审是建设单位在招标开始之前或开始初期，由建设单位对申请参加投标的潜在投标人进行资质条件、业绩、信誉、技术、资金等多方面情况进行资格审查。只有在资格预审中被认定为合格的潜在投标人（或投标人），才可以参加投标。通过资格预审应排除那些不合格的投标人，进而降低建设单位的采购成本，提高招标工作的效率。对投标人资格审查的重点是专业资格审查，具体包括以下内容。

（1）施工经历，包括以往承担类似项目的业绩。

（2）为承担本项目所配备的人员状况，包括管理人员和主要人员的名单和简历。

（3）为履行合同任务而配备的机械、设备及施工方案等情况。

（4）财务状况，包括申请人的资产负债表、现金流量表等。

4）编制和发售招标文件

招标文件应包括项目的技术要求、对投标人资格审查的标准、投标报价要求和评标标准等所有实质性要求和条件，以及拟签合同的主要条款。因招标文件中提出的各项要求，对整个招标工作乃至承发包双方都有约束力，因此，监理工程师应根据建设单位的要求、工程项目的具体情况等认真、细致地编制。

招标文件的内容应当包括下列内容。

（1）投标须知。

（2）招标工程的技术要求和设计文件。

（3）采用工程量清单招标的，应当提供工程量清单。

（4）投标函的格式及附录。

（5）拟签订合同的主要条款。

（6）要求投标人提交的其他材料。

在编制施工招标文件时，下列有关事项将作为监理工程师造价控制工作的重点。

（1）招标文件中说明评标原则和评标办法。

（2）投标价格中，一般结构不太复杂或工期在 12 个月以内的工程，可采用固定价格，考虑一定的风险系数。结构较复杂或大型的工程，工期在 12 个月以上的，采用调整价格。价格的调整方法及调整范围应当在招标文件中明确。

（3）在招标文件中应明确投标价格计算依据，如工程计价类别，执行的概预算定额及费用定额，执行的人工、材料、机械设备政策性调整文件，材料、设备计价方法及采购、运输、保管的责任，工程量清单等。

（4）如果建设单位对工期有特殊要求，比国家定额工期缩短较大幅度时，在招标文件中应规定赶工措施费的计算要求。

（5）材料、设备的采购、运输、保管的责任应在招标文件中明确，如建设单位提供材料或设备，应列明材料或设备的名称、品种或型号、数量，提供日期和交货地点等，还应在招标文件中明确建设单位提供材料或设备计价和结算退款等方法。

（6）关于工程量清单的编制，应按国家颁布的统一工程项目划分，统一项目编码，统一计量单位和工程量计算规则，根据施工图纸计算工程量，提供给投标单位作为投标报价的基础，并在招标文件中写明结算拨付工程款时以实际工程量为依据。

招标文件一般发售给通过资格预审、获得投标资格的投标人。

5）现场考察和召开标前会议

见本教材 6.4.4 节内容。

6）投标

在投标人进行投标过程中，监理工程师应对投标人的投标文件是否在规定的截止时间前提交，以及是否按招标文件规定的份数、密封要求等提交进行审核把关。

7）开标、评标和定标

监理工程师应协助建设单位在规定的时间、地点进行开标、评标和定标工作。参加评标的监理工程师应客观、公正地评标，并帮助建设单位制定评标原则、评标方法，组建评标委员会，定标以后帮助建设单位起草、发送中标通知书。

2. 建设项目合同安排及合同内容

招投标工作结束后，应在规定的时间内，按招标文件规定的要求进行合同签订的安排，确定合同的类型、选择合同格式、起草合同条款等。

1）建设工程施工合同类型

以付款方式进行划分，合同分为以下 3 种类型。

（1）总价合同。总价合同指在合同中确定一个完成项目的总价，施工承包单位据此完成项目全部内容的合同。这种合同类型能够使建设单位在评标时易于确定报价最低的投标人作为中标人，易于进行支付计算。这种合同仅适用于工程量不太大且能精确计算、工期较短、技术不太复杂、风险不大的项目。这种合同类型要求建设单位提供详细而全面的施工图设计文件，施工承包单位能准确计算工程量。

（2）单价合同。单价合同是施工承包单位在投标时，按招标文件就分部分项工程所列出的工程量表确定各分部分项工程费用的合同类型。按工程量清单计价模式进行招投标，签订合同所采用的就是单价合同类型。这种类型适用范围比较宽，其风险可以得到合理的分摊，一般建设单位承担工程量的风险，施工承包单位承担价格的风险，这类合同能够成立的关键在于双方对单价和工程量计算方法的确认，在合同履行中需要注意的问题是双方对实际工程量计量的确认。

（3）成本加酬金合同。成本加酬金合同是建设单位向施工承包单位支付工程项目的实际成本，并按事先约定的某一种方式支付酬金的合同类型。在这类合同中，建设单位需承担项目实际发生的一切费用，因而也就承担了项目的全部风险；而施工承包单位由于无风险，其报酬往往也较低。

2）建设工程施工合同类型的选择

以付款方式不同划分的合同类型，在选择时应考虑如下因素。

（1）项目规模和工期长短。如果项目的投资建设规模较小、工期较短，则合同类型的选择余地较大，总价合同、单价合同及成本加酬金合同都可选择。如果项目投资建设规模大、工期长，则项目的风险也大，合同履行的不可预测因素也多，这种情况下不宜采用总价合同。

（2）项目的竞争情况。如果在某一时期和某一地点，愿意承包某一项目的投标人较多，则建设单位拥有较多的主动权，可按照总价合同、单价合同、成本加酬金合同的顺序进行选择。如果愿意承包项目的投标人较少，则施工承包单位拥有的主动权较大，可以尽量选择施工承包单位愿意采用的合同类型。

（3）项目的复杂程度。项目的复杂程度高，则意味着对施工承包单位的技术水平要求高并且项目风险较大。此时，施工承包单位对合同的选择有较大的主动权，总价合同被选用的可能性较小。如果项目的复杂程度较低，则建设单位对合同类型的选择拥有较大的主动权。

（4）项目的单项工程的明确程度。如果单项工程的类别和工程量都已十分明确，则可选用的合同类型较多，总价合同、单价合同、成本加酬金合同都可以选择。如果单项工程的分类详细而明确，但实际工程量与预计的工程量可能有较大出入时，则优先选择单价合同；如果单项工程的分类和工程量都不甚明确，则不能采用单价合同。

（5）项目的外部环境因素。项目的外部环境因素包括：项目所在地区的政治局势，经济局势因素（如通货膨胀、经济发展速度等），当地劳动力素质，交通、生活条件等。如果项目的外部环境恶劣则意味着项目的成本高、风险大、不可预测的因素多，施工承包单位很难接受总价合同方式，而较适合采用成本加酬金合同类型。

3）建设工程施工合同条款

建设工程施工合同条款一般包括合同双方的权利、义务，施工组织设计和工期，施工质量和检验，合同价款与支付，竣工验收与结算，安全施工，专利技术及特殊工艺，文物和地下障碍物，不可抗力事件，保险，担保，工程分包，合同解除，违约责任，争议的解决等。由于工程项目目标的系统性、统一性，所以关于工程建设质量、进度、造价控制的条款都直接或间接影响到建设项目的投资及费用。承发包双方签订合同时，采用《建设工程施工合同（示范文本）》（GF—2013—0201）签订合同。《建设工程施工合同（示范文本）》（GF—2013—0201）是国家住建部、国家工商行政管理总局根据有关工程建设施工的法律、法规，结合我国工程建设的实际情况，并借鉴国际上广泛使用的土木工程施工合同，特别是参照了FIDIC土木工程施工合同条件编制发布的，具有广泛的通用性和适用性。

【建设工程施工合同（示范文本）】

6.4.2 编制施工招标文件

【建设工程工程量清单计价规范】

施工招标文件的内容除投标人须知、工程图纸、合同条款等内容外，还应制定技术说明书、工程量清单，并使其符合《建设工程工程量清单计价规范》（GB 50500—2013）的规定。尤其是工程量清单的编制是否正确合理，直接影响到投标单位的投标报价及施工阶段的造价控制。

工程量清单应按统一的项目编码、统一的项目名称、统一的计量单位、统一的工程量计算规则计算填写；特别是在给出工程量清单的过程中，监理工程师要根据工程项目的具体投资、施工图纸、建设单位要求等，将各项目特征、工程内容准确、详细地予以描述。做好这些工作，不仅为投标人进行投标报价提供了一个明确的投标报价依据，还可以尽量避免施工阶段产生过多的费用索赔，造成不必要的合同纠纷。

6.4.3 招标控制价的编制与审查

在招标文件编制时，视具体合同形式要求，若事先设定招标控制价，监理工程师还应计算或审查招标控制价，为评标提供依据。我国目前建设工程施工招标控制价的确定主要采用工程量清单计价方法。

根据《建筑工程施工发包与承包计价管理办法》（住建部令第 16 号）的规定，发包价的计算方法分为工料单价法和综合单价法。

1）工料单价法

工料单价法是以分部分项工程量乘以单价后的合计为人工费、材料（包括工程设备）费、施工机械使用费，汇总后另加企业管理费、利润、规费、税金等，生成招标控制价。具体计算时，人工费、材料（包括工程设备）费、施工机械使用费按预算表计算；企业管理费、利润、规费的计算应区分土建工程和安装工程，计算时分别以某一费用为计算基础乘以相应的费率计算；税金按规定的计税基础和税率计算。

【建筑工程施工发包与承包计价管理办法】

2）综合单价法

综合单价法是以分部、分项工程单价为全费用单价，全费用单价经综合计算后生成，其内容包括人工费、材料（包括工程设备）费、施工机械使用费、企业管理费、利润、规费和税金，措施项目的综合单价也可按人工费、材料（包括工程设备）费、施工机械使用费、企业管理费、利润、规费和税金生成全费用价格。各分项工程量乘以综合单价的合价汇总后，生成招标控制价。

监理工程师对招标控制价的审查主要是审查招标控制价编制是否真实、准确，招标控制价如有漏洞，应予以调整和修正。审查内容一般包括：计价依据，如工程承包范围、招标文件规定的计价方法及招标文件的其他有关条款；招标控制价组成内容，如工程量清单及其单价组成；招标控制价的相关费用，如人工、材料、机械台班的市场价格、赶工措施费、现场因素费、不可预见费等。审查招标控制价的方法类似于施工图预算的审查方法。

6.4.4 现场考察和召开标前会议

1. 现场考察

如果招标文件中规定建设单位组织投标人在开标前进行现场考察答疑，则监理工程师应做好组织协调工作，让所有的投标人了解现场实际施工条件，了解工程场地和周围情况。向投标人介绍有关现场的情况：施工现场是否达到招标文件规定的条件；施工现场的地理位置和地形、地貌；施工现场的地质、土质、地下水位、水文等情况；施工现场气候条件，如气温、温度、风力、年雨雪量等；现场环境，如交通、饮水、污水排放、生活用地、通信等；工程在施工现场中的位置或布置；临时用地、临时设施的搭建等。介绍现场情况的目的在于让投标人获取认为有必要的信息。为便于投标人提出问题并得到解答，现场考察一般安排在标前会议的前 1 ~ 2 天。

2. 召开标前会议

投标人在领取招标文件、图纸和有关技术资料及勘察现场提出的疑问，建设单位可通过标前会议进行解答。召开标前会议，监理工程师应注意以下几方面的事项。

（1）标前会议的目的在于澄清招标文件中的疑问，解答投标人对招标文件和勘察现场中所提出的疑惑。投标预备会可安排在发出招标文件 7 日后、28 日内举行。

（2）标前会议由建设单位或委托监理方主持召开，在会议上对招标文件和现场情况做介绍或解释，解答投标单位提出的疑惑，包括书面提出的和口头提出的询问。

（3）标前会议上应对图纸进行交底和解释。

（4）标前会议结束后，应整理会议记录和解答内容，尽快以书面形式将问题及解答同时发送到所有获得招标文件的投标人。

（5）所有参加投标预备会的投标人应签到登记，以证明出席标前会议。

（6）无论招标人以书面形式向投标人发放的任何资料文件，还是投标单位以书面形式提出的问题，均以书面形式予以确认。

6.4.5 评审投标书

监理工程师应参加开标、评标工作，协助建设单位评审投标书，除了对投标书进行行政性评审外，重点对投标书中技术标部分的保证质量、安全、使用功能的技术、组织措施进行审核，并对照技术标中确定的施工方法、技术、组织措施审查商务标中投标报价的工程量计算是否合理、正确，人工、材料、机械费用、管理费、风险费用等组价是否合理，并根据"合理低标价"原则选定中标候选人，向建设单位提出建议。

1. 对投标书的评审

监理工程师对投标书的评审可分为初步评审和详细评审，其中初步评审的内容包括对投标书的符合性评审、技术性评审和商务性评审。

1）初步评审

（1）投标书的符合性评审。投标文件的符合性评审包括商务符合性和技术符合性评审。投标文件应实质上响应招标文件的所有条款、条件，无显著的差异或保留。所谓显著的差异或保留包括以下情况：对工程的范围、质量及使用性能产生实质性影响；偏离了招标文件的要求，而对合同中规定的建设单位的权力或者投标人的义务造成实质性的限制；纠正这种差异或者保留将会对提交了实质性响应要求的投标书的其他投标人的竞争地位产生不公正影响。

（2）投标书的技术性评审。投标书的技术性评审包括：方案可行性评审和关键工序评审，劳务、材料、机械设备、质量控制措施评审以及对施工现场周围环境的保护评审。

（3）投标书的商务性评审。投标书的商务性评审包括：投标报价校核，审查全部报价数据计算的正确性，分析报价构成的合理性，并与标底价格进行比较等。

2）详细评审

详细评审就是对经过初步评审合格的投标文件，根据招标文件确定的评标标准和方法，对其技术标部分和商务标部分做进一步评审、比较。

2. 提出评标报告

如果监理工程师直接参加评标，对投标书评审后应编制评标报告，提出中标候选人或直接选定中标人。

评标报告一般包括以下内容。

（1）基本情况和数据表。

（2）评标委员会成员名单。

（3）开标记录。

（4）符合要求的投标一览表。

（5）废标情况说明。

（6）评标标准、评标方法或者评标因素一览表。

（7）经评审的价格或者评分比较一览表。

（8）经评审的投标人排序。

（9）推荐的中标候选人名单与签订合同前要处理的事宜。

（10）澄清、说明、补正事项纪要。

6.4.6　签订施工承包合同

经过评标，确定中标单位后，监理工程师应协助建设单位拟定中标通知书并签订施工承包合同。在编制中标通知书时，应特别标明投资时的合理低标价即为中标价，并说明中标价是签订合同的依据。在签订施工承包合同时，在合同条款的选定、合同价格、结算方式、费用索赔等方面要细致斟酌，做到公平、独立、诚信、科学。

6.5　施工阶段的造价控制

建设项目的投资主要发生在施工阶段，而施工阶段造价控制所受的自然条件、社会环境条件等主客观因素影响又是最突出的。如果在施工阶段监理工程师不严格进行造价控制，将会造成较大的投资损失以及出现整个建设项目投资失控的现象。

6.5.1　施工阶段造价控制的基本原理

由于建设工程项目管理是动态管理的过程，所以监理工程师在施工阶段进行造价控制的基本原理也应该是动态控制的原理。监理工程师在施工阶段进行造价控制的基本原理是把计划投资额作为造价控制的目标值，在工程施工过程中定期地进行投资实际值与目标值的比较，通过比较发现并找出实际支出额与造价控制目标值之间的偏差，然后分析产生偏差的原因，并采取有效措施加以控制，以保证造价控制目标的实现。施工阶段造价控制应涵盖从工程项目开工直到竣工验收的全过程。

6.5.2　施工阶段造价控制的措施

在施工阶段，监理工程师应从组织、技术、经济、合同等多方面采取措施控制投资。

1. 组织措施

组织措施是指从造价控制的组织管理方面采取的措施，包括以下方面。

（1）在项目监理组织机构中落实造价控制的人员、任务分工和职能分工、权力和责任。

（2）编制施工阶段造价控制工作计划和详细的工作流程图。

2. 技术措施

从造价控制的要求来看，技术措施并不都是因为发生了技术问题才加以考虑，也可能是因为出现了较大的投资偏差而加以应用。不同的技术措施会有不同的经济效果。

（1）对设计变更进行技术经济比较，严格控制设计变更。

（2）继续寻找建设设计方案，挖潜节约投资的可能性。

（3）审核施工承包单位编制的施工组织设计，对主要施工方案进行技术经济分析比较。

3. 经济措施

（1）编制资金使用计划，确定、分解造价控制目标。

（2）进行工程计量。

（3）复核工程付款账单，签发付款证书。

（4）对工程实施过程中的投资支出做出分析与预测，定期或不定期地向建设单位提交项目造价控制存在问题的报告。

（5）在工程实施过程中，进行投资跟踪控制，定期地进行投资实际值与计划值的比较，若发现偏差，分析产生偏差的原因，采取纠偏措施。

4. 合同措施

合同措施在造价控制工作中主要指索赔管理。在施工过程中，索赔事件的发生是难免的，监理工程师在发生索赔事件后，要认真审查有关索赔依据是否符合合同规定，索赔计算是否合理等。

（1）做好建设项目实施阶段质量、进度等控制工作，掌握工程项目实施情况，为正确处理可能发生的索赔事件提供依据，参与处理索赔事宜。

（2）参与合同管理工作，协助建设单位合同变更管理，并充分考虑合同变更对投资的影响。

6.5.3 施工阶段造价控制的工作流程

施工阶段造价控制的工作流程如图6.1所示。

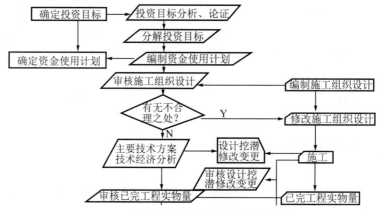

图6.1 施工阶段造价控制流程

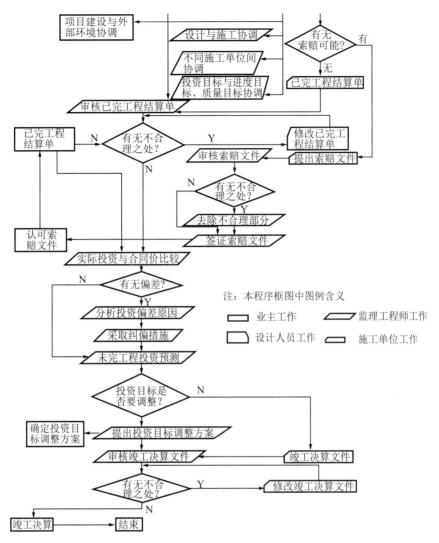

图6.1 施工阶段造价控制流程（续）

6.5.4 施工阶段造价控制的工作内容

1. 确定造价控制目标，编制资金使用计划

施工阶段造价控制目标，一般是以招投标阶段确定的合同价作为造价控制目标，监理工程师应对投资目标进行分析、论证，并进行投资目标分解，在此基础上依据项目实施进度，编制资金使用计划。做到控制目标明确，便于实际值与目标值的比较，使造价控制具体化、可实施。

施工阶段投资资金使用计划的编制方法如下。

1）按项目结构划分编制资金使用计划

根据工程分解结构的原理，一个建设项目可以由多个单项工程组成，每个单项工程还可以由多个单位工程组成，而单位工程又可分解成若干个分部和分项工程。按照不同子项目的投资比例将投资总费用分摊到单项工程和单位工程中去，不仅包括建筑安装工程费用，而且还包括设备购置费用和工程建设其他费用，从而形成单项工程和单位工程资金使用计划。在施工阶段，要对各单位工程的建筑安装工程费用做进一步的分解，形成具有可操作性的分部、分项工程资金使用计划。

例如：某学校建设项目的分解过程，就是该项目施工阶段资金使用计划的编制依据。为满足造价控制的需要，建设项目分解为单项工程、单位工程、分部工程和分项工程，如图 6.2 所示。

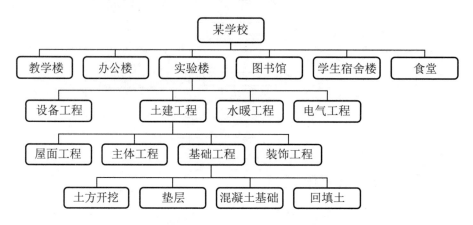

图6.2　工程项目分解示意

按项目结构编制的资金使用计划表，其栏目有：工程分项编码、工程内容、工程量单位、工程数量、计划综合单价、计划资金需要量等，见表 6-1。

2）按时间进度编制资金使用计划

工程项目的总投资是分阶段、分期支出的，考虑到资金的合理使用和效益，监理工程师有必要将总投资目标按使用计划时间（年、季、月、旬）进行分解，编制工程项目年、季、月、旬资金使用计划，并报告建设单位，据此筹措资金、支付工程款，尽可能减少资金占用和利息支付。

表6-1　按项目结构编制的资金使用计划表

工程分项编码	工程内容	工程量		计划综合单价	计划资金需要量	合计
		单位	数量			
合计						

在按时间进度编制工程资金使用计划时，必须先确定工程的时间进度计划，通常可用横道图或网络图，根据时间进度计划所确定的各子项目的开始时间和结束时间，安排工程投资资金支出，同时对时间进度计划也形成一定的约束作用。其表达形式有多种，其中资金需要量曲线和资金累计曲线（S 形曲线）较常见。

在工程时间进度计划的基础上，已知各子项目的时间安排（开始时间和结束时间）和该子项目的资金量分布，即可绘制资金需要量曲线。

$$q_j = \sum_{i=1}^{k} r_{ij}$$

式中，r_{ij}——第 i 个子项目在 j 时段内的资金的需要量；

k——j 时段内子项目的数量；

q_j——j 时段内各子项目资金总需要量。

如果按时间顺序将各时间段内资金需要量进行累加，则可得到资金累计曲线，即 S 形曲线。

$$Q_t = \sum_{j=1}^{t} q_j$$

式中，Q_t——t 时刻内各子项目资金累计需要量；

t——时间坐标。

例如，某工程时间进度计划，见表6-2。根据表中各子项目的时间安排和资金分布，可以绘出工程资金需要量曲线，如图6.3所示；也可绘出工程资金累计曲线（S 形曲线），如图6.4所示。从这两幅图中，可以掌握该工程资金每月的需要量和各个月份的累计需要量，从而将合同价在时间和地点上做了分配，确定出合同履行过程中建设单位在造价控制方面的分目标和总目标。

2. 审核施工组织设计

施工组织设计是施工承包单位依据投标文件编制的指导施工阶段开展工作的技术经济文件。监理工程师审核其保证质量、安全、工期、投资的技术组织方案的合理性、科学性，从而判断主要技术、经济指标的合理性，通过设计控制、修改、优化，达到预先控制、主动控制的效果，从而保证施工阶段造价控制的效果。

表6-2 某工程时间进度计划及投资额分布

工程子项目	投资额/万元	进度计划/月									
		1	2	3	4	5	6	7	8	9	10
厂房土建	500	50	60	100	110	110	70				
厂房建筑设备	200				30	50	70	50			
办公楼	150					30	60	60			
仓库	100						20	40	40		
零星	50									20	30
合计	1000	50	60	100	140	160	170	130	100	60	30
累计额	1000	50	110	210	350	510	680	810	910	970	1000
累计百分比/（%）	100	5	11	21	35	51	68	81	91	97	100

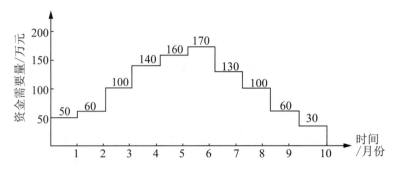

图6.3 按时间进度编制的工程费用计划——工程资金需要量计划

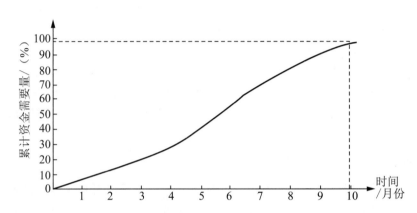

图6.4 按时间进度编制的工程费用计划——工程资金累计曲线（S形曲线）

对施工组织设计的审核，可从施工方案、进度计划、施工现场布置，以及保证质量、安全、工期的措施是否合理、可行等内容进行。采取不同的施工方法，选用不同的施工机械设备，不同的施工技术、组织措施，不同的施工现场布置等，都会直接影响到工程建设投资，监理工程师对施工组织设计具体内容的审核，从造价控制的角度讲，就是审核施工承包单位采取的施工方案，编制的进度计划，设计的现场平面布置，采取的保证质量、安全、工期的措施能否保证在招投标及签订合同阶段已经确定的投资额或合同价范围内完成工程项目建设。

在施工阶段审核施工组织设计，还应注意施工承包单位开工前编制的施工组织设计内容应与招投标阶段技术标中施工组织设计承诺的内容一致，并注意与商务标中分部分项工程清单、措施项目清单、零星工作项目表中的单价形成是统一的。即采取什么施工方案，实际发生多少工程量，用多少人工、材料、机械，发生多少费用，与投标报价清单是吻合的。为此，审核施工组织设计，应与投标报价中的分部分项工程量清单综合单价分析表、措施项目费用分析表，以及实施工程承包单位的资金使用计划结合起来进行，从而达到通过审核施工组织设计预先控制资金使用的效果。

3. 审核已完工程实物量并计量

审核已完工程实物量，是施工阶段监理工程师做好造价控制的一项最重要的工作。无论建设项目施工合同的签订是工程量清单还是施工图预算加签证等形式，按照合同规定实际发生的工程量进行工程价款结算是大多数工程项目施工合同所要求的。为此监理工程师应依据施工设计图纸、工程量清单、技术规范、质量合格证书等认真做好工程计量工作，并据此审核施工承包单位提交的已完工程结算单，签发付款证书。

项目监理机构应按下列程序进行工程计量和工程款支付工作。

（1）施工承包单位统计经专业监理工程师质量验收合格的工程量，按施工合同的约定填报工程量清单和《工程款支付申请表》，《工程款支付申请表》应采用附录1表B11的格式。

（2）专业监理工程师进行现场计量，按施工合同的约定审核工程量清单和《工程款支付申请表》，并报总监理工程师审定。

（3）总监理工程师签署《工程款支付证书》，并报建设单位。《工程款支付证书》的格式、要求见附录1表A8。

（4）未经监理人员质量验收合格的工程量，或不符合规定的工程量，监理人员应拒绝计量，并拒绝该部分的工程款支付申请。

4.处理变更索赔事项

在施工阶段，不可避免地会发生工程量变更、工程项目变更、进度计划变更、施工条件变更等，也经常会出现索赔事项，直接影响到工程项目的投资。科学、合理地处理索赔事件，是施工阶段监理工程师的重要工作。总监理工程师应从项目投资、项目的功能要求、质量和工期等方面审查工程变更的方法，并且在工程变更实施前与建设单位、施工承包单位协商确定工程变更的价款。专业监理工程师应及时收集、整理有关的施工和监理资料，为处理费用索赔提供证据。监理工程师应加强主动控制，尽量减少索赔，及时、合理地处理索赔，保证投资支出的合理性。

1）项目监理机构处理费用索赔的依据

（1）国家有关的法律、法规和工程项目所在地的地方法规。

（2）本工程的施工合同文件。

（3）国家、部门和地方有关的标准、规范和定额。

（4）施工合同履行过程中与索赔事件有关的凭证。

2）项目监理机构处理费用索赔的程序

（1）施工承包单位在施工合同规定的期限内向项目监理机构提交对建设单位的费用索赔意向通知书。

（2）总监理工程师指定专业监理工程师收集与索赔有关的资料。

（3）施工承包单位在承包合同规定的期限内向项目监理机构提交对建设单位的费用索赔报审表。

（4）总监理工程师初步审查费用索赔报审表，符合费用索赔条件（索赔事件造成了施工承包单位直接经济损失、索赔事件是由于非承包单位的责任发生的）时予以受理。

（5）总监理工程师进行费用索赔审查，并在初步确定一个额度后，与承包单位和建设单位进行协商。

（6）总监理工程师应在施工合同规定的期限内签署费用索赔报审表，或在施工合同规定的期限内发出要求施工承包单位提交有关索赔报告的进一步详细资料的通知，待收到施工单位提交的详细资料后，按第（4）～（6）条的规定程序进行。

《费用索赔报审表》应符合附录1表B13的格式及内容。

5.实际投资与计划投资比较，及时进行纠偏

专业监理工程师应及时建立月完成工程量和工作量统计表，对实际完成量与计划完成量进行比较、分析，定期地将实际投资与计划投资（或合同价）做比较，发现投资偏差，计算投资偏差，分析投资偏差产生的原因，制定调整措施，并应在监理月报中向建设单位报告。

投资偏差是指投资计划值与实际值之间存在的差异，即

投资偏差＝已完工程实际投资－已完成工程计划投资

　　　　＝已完工程量×实际单价－已完工程量×计划单价

上式中结果为正表示投资增加，结果为负表示投资节约。需要注意的是，与投资偏差密切相关的是进度偏差，在进行投资偏差分析时要同时考虑进度偏差，只有进度计划正常的情况下，投资偏差为正值时，才表示投资增加；如果实际进度比计划进度超前，单纯分析投资偏差是看不出本质问题的。为此，在进行投资偏差分析时往往同时还进行进度偏差计算分析。

进度偏差 = 已完工程实际时间 − 已完工程计划时间

投资偏差 = 拟完工程计划投资 − 已完工程计划投资

　　　　 = 拟完工程量 × 计划单价 − 已完工程量 × 计划单价

进度偏差计算结果为正值时，表示工期拖延；结果为负值时，表示工期提前。

引起投资偏差的原因，主要包括4个方面：客观原因，包括人工费涨价、材料费涨价、自然因素、地基因素、交通原因、社会原因、法规变化等；建设单位原因，包括投资规划不当、组织不落实、建设手续不齐备、未及时付款、协调不佳等；设计原因，包括设计错误或缺陷、设计标准变更、图纸提供不及时、结构变更等；施工原因，包括施工组织设计不合理、质量事故、进度安排不当等。从偏差产生的原因看，由于客观原因是无法避免的，施工原因造成的损失由施工承包单位自己负责。因此，监理工程师投资纠偏的主要对象是由建设单位原因和设计原因造成的投资偏差。

除上述造价控制工作内容外，监理工程师还应协助建设单位按期提供合格的施工现场、符合要求的设计文件以及应由建设单位提供的材料、设备等，避免索赔事件的发生造成投资费用增加。在工程价款结算时，还应审查有关变更费用的合理性，审查价格调整的合理性等。

6.6　竣工验收阶段的造价控制

竣工验收是工程项目建设全过程的最后一个程序，是检验、评价建设项目是否按预定的投资意图全面完成工程建设任务的过程，是投资成果转入生产使用的转折阶段。

1. 工程竣工结算过程中监理工程师的职责

工程项目进入竣工验收阶段，按照我国工程项目施工管理惯例，也就进入了工程尾款结算阶段，监理工程师应在全面检查验收工程项目质量的基础上，对整个工程项目施工预付款、已结算价款、工程变更费用、合同规定的质量保留金等综合考虑分析计算后，审核施工承包单位工程尾款结算报告，符合支付条件的，报建设单位进行支付。

工程竣工结算是指施工承包单位按照合同规定的内容全部完成所承包的工程，经验收质量合格，并符合合同要求之后，向建设单位进行的最终工程价款结算。

办理工程价款结算的一般公式如下：

竣工结算工程价款 = 预算（或概算）或合同价 + 施工过程中预算或合同价款调整数额 − 预付及已结算工程价款 − 保修金

我国《建设工程施工合同（示范文本）》(GF—2013—0201) 对竣工结算的规定如下。

（1）工程竣工验收报告经建设单位认可后28天内，施工承包单位向建设单位递交竣工结算报告及完整的结算资料，双方按照协议书约定的合同价款及专用条款约定的合同价款调整内容，进行工程竣工结算。

（2）建设单位在收到施工承包单位递交的竣工结算报告及结算资料后28天内进行核实，给予确认或者提出修改意见。建设单位确认竣工结算报告后，通知经办银行向施工承包单位支付工程竣工结算价款。

（3）建设单位收到竣工结算报告及结算资料后28天内无正当理由不支付工程竣工结算价款，从第29天起按施工承包单位向银行贷款利率支付拖欠工程价款的利息，并承担违约责任。

（4）建设单位收到竣工结算报告及结算资料后28天内不支付工程竣工结算价款，施工承包单位可以催告建设单位支付结算价款。建设单位在收到竣工结算报告及结算资料56天内仍不支付的，施工承包单位可以与建设单位协议工程折价，也可以由施工承包单位申请人民法院将该工程依法拍卖，施工承包单位就该工程折价或拍卖的价款优先受偿。

（5）工程竣工验收报告经建设单位认可后28天内，施工承包单位未能向建设单位递交竣工结算报告及完整的结算资料，造成工程竣工结算不能正常进行或工程竣工结算价款不能及时支付，建设单位要求交付工程的，施工承包单位应当交付；建设单位不要求交付工程的，施工承包单位承担保管责任。

（6）建设单位和施工承包单位对工程竣工结算价款发生争议时，按争议的约定处理。

按照我国现行《建设工程监理规范》（GB/T 50319—2013）的规定和委托建设监理工程项目管理的通常做法，在竣工结算过程中，监理机构及其监理工程师的主要职责是：一方面承发包双方之间的结算申请、报表、报告及确认等资料均通过监理机构传递，监理方起协调、督促作用；另一方面，施工承包单位向建设单位递交的竣工结算款支付申请应由专业监理工程师审查，总监理工程师对专业监理工程师的审查意见进行审核，签认后报建设单位审批，同时抄送施工单位，并就工程竣工结算事宜与建设单位、施工单位协商；达成一致意见的，根据建设单位审批意见向施工单位签发竣工结算支付证书；不能达成一致意见的，应按施工合同约定处理。

2. 竣工结算的审查

对工程竣工结算的审查是竣工验收阶段监理工程师的一项重要工作。经审查核定的工程竣工结算是核定建设工程投资造价的依据，也是建设项目验收后编制竣工决算和核定新增固定资产价值的依据。监理工程师应严把竣工结算审核关。在审查竣工结算时应从以下几方面入手。

（1）核对合同条款。首先，应对竣工工程内容是否符合合同条件要求，工程是否竣工验收合格进行核对。只有按合同要求完成全部工程并验收合格才能进行竣工结算。其次，应按合同约定的结算方法、计价定额、取费标准、主材价格和优惠条款等，对工程竣工结算进行审核，若发现合同开口或有漏洞，应请建设单位和施工承包单位认真研究，明确结算要求。

（2）检查隐蔽验收记录。所有隐蔽工程均需进行验收，有隐检记录，并经监理工程师签证确认。审核竣工结算时应检查隐蔽工程施工记录和验收签证，做到手续完整、工程量与竣工图一致方可列入结算。

（3）落实设计变更签证。设计修改变更应由设计单位出具设计变更通知单和修改图纸，设计、核审人员签字并加盖公章，经建设单位和监理工程师审查同意、签证，重大设计变更应经原审批部门审批，否则不应列入结算。

（4）按图核实工程数量。竣工结算的工程量应依据竣工图、设计变更单和现场签证等进行核算，并按国家统一的计算规则计算工程量。

（5）认真核实单价。结算单价应按现行的计价原则和计价方法确定，不得违背。

（6）注意各项费用计取。建筑安装工程的取费标准，应按合同要求或项目建设期间与计价定额配套使用的建筑安装工程费用定额及有关规定执行，先审核各项费率、价格指数或换算系数是否正确，价差调整计算是否符合要求，再核实特殊费用和计算程序。要注意各项费用的计取基数，如安装工程间接费是以人工费（或人工费与机械费合计）为基数，此处人工费是直接工程费中的人工费（或人工费与机械费合计）与措施费中的人工费（或人工费与机械费合计），再加上人工费（或人工费与机械费）调整部分之和。

（7）防止各种计算误差。工程竣工结算子目多、篇幅大，往往有计算误差，应认真核算，防止因计算误差多计或少算。

3. 协助建设单位编制竣工决算文件

所有竣工验收的项目，在办理验收手续之前，必须对所有财产和物资进行清理，编制竣工决算。通过竣工决算，一方面反映建设项目实际造价和投资效果，另一方面还可以通过竣工决算与概算、预算的对比分析，考核造价控制的工作成效，总结经验教训，积累技术经济方面的基础资料，提高未来建设工程的投资效益。

竣工决算是建设工程从筹建到竣工投产全过程中发生的所有实际支出费用，包括设备工器具购置费、建筑安装工程费和其他费用等。竣工决算由竣工决算报表、竣工财务决算说明书、竣工工程平面示意图、工程投资造价比较分析4部分组成。

1）竣工决算的编制依据

（1）可行性研究报告、投资估算书、初步设计或扩大初步设计、（修正）总概算及其批复文件。

（2）设计变更记录、施工记录或施工签证及其他施工发生的费用记录。

（3）经批准的施工图预算或标底造价、承包合同、工程结算等有关资料。

（4）历年基建计划、历年财务决算及批复文件。

（5）设备、材料调价文件和调价记录。

（6）其他有关资料。

2）竣工决算的编制步骤

（1）整理和分析有关依据资料。

在编制竣工决算文件之前，应系统地收集、整理所有的技术资料、费用结算资料、有关经济文件、施工图纸和各种变更与签证资料，并分析它们的正确性。

（2）清理各项财务、债务和结余物资。

在收集、整理和分析有关资料时，要特别注意建设工程从筹建到竣工投产或使用的全部费用的各项账务、债权和债务的清理，做到工程完毕账目清晰。既要核对账目，又要查点库存实物的数量，做到账与物相等，账与账相符；对结余的各种材料、工器具和设备，要逐项清点核实，妥善管理，并按规定及时处理，收回资金。对各种往来款项要及时进行全面清理，为编制竣工决算提供准确的数据和结果。

（3）填写竣工决算报表。

填写建设工程竣工决算表格中的内容，应按照编制依据中的有关资料进行统计或计算各个项目和数量，并将其结果填到相应表格的栏目内，完成所有报表的填写。

（4）编制建设工程竣工决算说明。

按照建设工程竣工决算说明的内容要求，根据编制依据材料填写在报表中，一般以文字说明表述。

（5）做好工程造价对比分析。

（6）整理、装订好竣工图。

（7）上报主管部门审查。

4. 工程投资造价比较分析

工程投资造价比较分析时，可先对比整个项目的总概算，然后将建筑安装工程费、设备工器具费和其他工程费用逐一与竣工决算表中所提供的实际数据和相关资料及批准的概算、预算指标、实际的工程投资造价进行对比分析，以确定竣工项目总投资造价是节约还是超支，并在对比的基础上，总结先进经验，找出节约和超支的内容及其原因，提出改进措施，在实际工作中，监理工程师应主要分析以下内容。

（1）主要实物工程量。对于实物工程量出入比较大的情况，必须查明原因。

（2）主要材料消耗量。考核主要材料消耗量，要按照竣工决算表中所列明的主要材料实际超概算的消耗量，查明是在工程的哪个环节超出量最大，再进一步查明超耗的原因。

（3）考核建设单位管理费、建筑及安装工程措施费、间接费等的取费标准、建设单位管理费、建筑及安装工程措施费、间接费等的取费要按照国家有关规定以及工程项目实际发生情况，根据竣工决算报表中所列的数额与概预算或措施项目清单、其他项目清单中的所列数额进行比较，依据规定查明是否多列或少列费用项目，确定其节约或超支的数额，帮助建设单位查明原因。对整个建设项目建设投资情况进行总结，提出成功经验及应吸取的教训。

6.7 建设工程造价控制实例分析

例：某项工程建设单位与施工承包单位签订了施工合同，合同中含有两个子项工程，估算工程量 A 项为 2300m³，B 项为 3200m³，经协商合同价 A 项为 180 元/m³，B 项为 160 元/m³。承包合同规定：

（1）开工前建设单位向施工承包单位支付合同价 20% 的预付款；

（2）建设单位自第一个月起，从施工承包单位的工程款中，按 5% 的比例扣留保修金；

（3）当子项工程实际工程量超过估算工程量 10% 时，可进行调价，调整系数为 0.9；

（4）根据市场情况规定价格调整系数平均按 1.2 计算；

（5）监理工程师签发月度付款最低金额为 25 万元；

（6）预付款在最后两个月扣除，每月扣 50%。

施工承包单位每月实际完成并经监理工程师签证确认的工程量见表 6-3。

表6-3 某工程每月实际完成并经监理工程师签证确认的工程量　　　　　单位：m³

月份	1月	2月	3月	4月
A 项	500	800	800	600
B 项	700	900	800	600

第一个月，工程量价款为：500×180+700×160=20.2（万元）

应签证的工程款为：20.2×1.2×（1–5%）=23.028（万元）

由于合同规定监理工程师签发的最低金额为 25 万元，故本月监理工程师不予签发付款凭证。

求预付款、从第二个月起每月工程量价款、监理工程师应签证的工程款、实际签发的付款凭证金额分别是多少？

解：（1）预付款金额为：（2300×180+3200×160）×20%=18.52（万元）

（2）第二个月，工程量价款为：800×180+900×160=28.8（万元）

应签证的工程款为：28.8×1.2×0.95=32.832（万元）

本月工程师实际签发的付款凭证金额为：23.028+32.832=55.86（万元）

（3）第三个月，工程量价款为：800×180+800×160=27.2（万元）

应签证的工程款为：27.2×1.2×0.95=31.008（万元）

应扣预付款为：18.52×50%=9.26（万元）

应付款为：32.008-9.26=21.748（万元）

因本月应付款金额小于25万元，故监理工程师不予签发付款凭证。

（4）第四个月，A项工程累计完成工程量2700m³，比原估算工程量2300m³超出400m³，超出部分已超过估算工程量的10%，其单价应进行调整。则：

超过估算工程量10%的工程量为：2700-2300×（1+10%）=170（m³）

这部分工程量单价应调整为：180×0.9=162（元/m³）

A项工程工程量价款为：（600-170）×180+170×162=10.494（万元）

B项工程累计完成工程量为3000m³，比原估算工程量3200m³减少200m³，不超过估算工程量，其单价不予进行调整。

B项工程工程量价款为：600×160=9.6（万元）

本月完成A、B两项工程量价款合计为：10.494+9.6=20.094（万元）

应签证的工程款为：20.094×1.2×0.95=22.907（万元）

本月监理工程师实际签发的付款凭证金额为：21.748+22.907-18.52×50%=35.395（万元）

本章小结

通过本章的学习，可以加深对项目投资构成以及监理工程师在工程项目各阶段造价控制过程中工作内容的了解，掌握在施工阶段监理工程师造价控制的工作内容。

在施工阶段，监理工程师采用动态控制的方法，并在组织、技术、经济、合同等多方面采取措施，对工程项目进行造价控制。

习 题

一、思考题

1. 简述建设工程项目总投资的组成内容。

2. 设计概算审查的内容包括哪些方面？

3. 施工图预算审查的方法有哪些？

4. 简述施工阶段造价控制的措施。

5. 竣工决算文件中工程投资造价比较分析的内容包括哪些？

二、单项选择题

1. 某建设工程项目，建筑安装工程费1000万元，设备工器具购置费700万元，涨价预备费250万元，基本预备费100万元，工程建设其他费500万元，建设期利息80万元，流动资金为1200万元，铺底流动资金为500万元，则该项目的静态投资部分为（　　）万元。

    A．2300　　　　B．550　　　　C．2630　　　　　　D．2930

2. 建设工程总投资包括（   ）。

A．固定资产投资和流动资产投资　　　B．工程造价和建设期利息

C．流动资产投资和建筑安装工程费用　D．建设投资和流动资产投资

3. 建筑安装工程费用组成中，（   ）不属于规费。

A．养老保险费　　　　　　　　　　B．失业保险费

C．工伤保险费　　　　　　　　　　D．劳动保护费

4. 关于审查施工图预算的审查方法，不正确的说法是（   ）。

A．全面审查法优点是质量比较高，缺点是工作量大

B．对比审查法是把一单位工程按分部工程分解，再按直接费和间接费分解，然后与标准预算进行对比分析的方法

C．标准预算审查法的缺点是适用范围小，仅适用于采用标准图纸的工程

D．分组计算审查法是一种加快审查工程量速度的方法

5. 下列选项中，（   ）不属于施工图预算的编制方法。

A．定额单价法　　　　　　　　　C．实物量法

B．综合单价法　　　　　　　　　D．扩大单价法

三、多项选择题

1. 下列费用中，属于建筑安装工程规费的有（   ）。

A．劳动保护费　　　　　　　　　B．住房公积金

C．工伤保险费　　　　　　　　　D．医疗保险费

E．工程排污费

2. 下列方法中，可以用于编制施工图预算的有（   ）。

A．定额单价法　　　　　　　　　B．工程量清单单价法

C．扩大单价法　　　　　　　　　D．实物量法

E．综合单价法

3. 根据《建设工程工程量清单计价规范》的分类，其他项目清单内容包括（   ）。

A．规费　　　　　　　　　　　　B．暂列金额

C．暂估价　　　　　　　　　　　D．计日工

E．总承包服务费

4. 工程计量时，监理人应予计量的工程量有（   ）。

A．承包人超出设计图纸和设计文件要求所增加的工程量

B．工程量清单中的工程量

C．有缺陷工程的工程量

D．工程变更导致增加的工程量

E．承包人原因导致返工的工程量

5. 下列产生投资偏差的原因中，属于监理工程师纠偏重点的是（   ）。

A．物价上涨原因　　　　　　　　B．设计原因

C．业主原因　　　　　　　　　　D．施工原因

E．客观原因

四、案例分析题

某工程，建设单位与施工单位按照《建设工程施工合同（示范文本）》（GF—2013—0201）签订了合同，工程价款为8000万元；工期12个月；预付款为签约合同价的15%。专用条款约定，预付款自工程开工后的第2个月起在每月应支付的工程进度款中扣回200万元，扣完为止；当实际工程量的增加值超过工程量清单项目招标工程量的15%时，超过15%以上部分的结算综合单价的调整系数为0.9；当实际工程量的减少值超过工程量清单项目招标工程量的15%时，实际工程量结算综合单价的调整系数为1.1；工程质量保证金每月按进度款的3%扣留。

施工过程中发生如下事件。

事件1：设计单位修改图纸使局部工程量发生变化，造价增加28万元。施工单位在按批准后的修改图纸完成工程施工后的第30天，经项目监理机构向建设单位提交增加合同价款28万元的申请报告。

事件2：为降低工程造价，总监理工程师按建设单位要求向施工单位发出变更通知，加大外墙涂料装饰范围，使外墙涂料装饰的工程量由招标时的4200m²增加到5400m²；相应的干挂石材幕墙由招标时的2800m²减少到1600m²。外墙涂料装饰项目投标综合单价为200元/m²，干挂石材幕墙项目投标综合单价为620元/m²。

事件3：经招标，施工单位以412万元的总价采购了原工程量清单中暂估价为350万元的设备，花费了1万元的招标采购费用。招标结果经建设单位批准后，施工单位于第7个月完成了设备安装施工，要求建设单位当月支付的工程进度款中增加63万元。施工单位前7个月计划完成的工程量价款见表6-4。

表6-4　计划完成工程量价款表

时间/月	1	2	3	4	5	6	7
工程量价款/万元	120	360	630	700	800	860	900

问题：

（1）事件1中，项目监理机构是否应同意增加28万元合同价款？请说明理由。

（2）事件2中，外墙涂料装饰、干挂石材幕墙项目合同价款调整额分别是多少？调整外墙装后可降低工程造价多少万元？

（3）事件3中，项目监理机构是否应同意施工单位增加63万元工程进度款的支付要求？请说明理由。

（4）该工程预付款总额是多少？应分几个月扣回？根据表6-4计算项目监理机构在第2个月和第7个月可签发的应付工程款。

【第6章习题答案】

第7章
建设工程进度控制

教学目标

本章主要讲述进度控制的基本理论和方法。通过本章的学习，应达到以下目标：

(1) 了解进度控制的主要任务和基本工作；

(2) 熟悉网络进度计划编制的方法；

(3) 掌握施工进度控制工作内容。

教学要求

知识要点	能力要求	相关知识
进度控制工作	(1) 了解进度控制的概念和实施阶段的控制任务； (2) 熟悉进度控制的工作程序	(1) 衡量进度的指标； (2) 项目控制目标关系； (3) 基本建设程序
进度控制方法	(1) 掌握进度计划形式； (2) 熟悉进度检查、调整方法	(1) 进度计划系统的类型； (2) 网络图绘制与时间参数计算； (3) 进度计划审查、实际进度检查内容
施工进度控制	(1) 了解进度目标如何确定； (2) 熟悉进度控制的监理工作内容	(1) 工程项目及其施工的特点； (2) 监理工作的目标与任务

基本概念

进度控制；进度目标；进度计划、检查、调整；关键线路；实际进度前锋线；切割线。

　　某建设工程项目为综合体建筑群，由6幢酒店、办公楼及公寓楼组成，总建筑面积约30万 m²。该建设项目分两期建设，第一期由4幢高层建筑组成，工期为2012年1月至2014年12月，第二期由2幢高层建筑组成，工期为2012年10月至2015年9月。为基坑围护桩及止水帷幕一次施工完成，施工进度计划的主要工作内容还有第一、二期的桩基施工、土方开挖、桩基检测、基础施工、三层地下结构施工、1～10层主体结构施工、11～27（28）层主体结构施工、二次结构及裙房施工、设备安装及装饰装修工程。

　　为保证本工程按期完工投入使用，试编制本工程施工阶段进度控制监理工作细则，对承包单位报送的施工进度计划进行审核，并跟踪监督施工进度计划的实施，及时召集协调会议、下达监理指令。

7.1　建设工程进度控制概述

7.1.1　进度控制的概念

　　在工程建设中，怎样保证工程项目按计划规定的轨道运行，是工程项目控制的任务。世界上没有不需要控制的项目，因为理想的完美无缺的计划是不存在的，理想的没有干扰并完全均衡地组织、分毫不差地按计划运行也是不可能的。这是因为项目实施是处在一个开放的动态条件下，环境的变化、业主目标的修正、技术设计的不确定性、施工方案的缺陷及其他风险的出现，使原计划必须不断修改，以适应新的变化。解决实施中发现的实际与原计划差异的矛盾及新的变化带来新的矛盾和问题都是控制。

　　广义的控制包括提出问题、研究问题、计划、控制、监督、反馈等完善的管理全过程。建设工程项目控制是指在实现项目的建设目标过程中，通过对原计划实施所检查收集到的实施信息，与原计划（标准）进行比较，发现偏差在允许偏差范围之外，采取措施纠正偏差，以保证按原计划正常实施的活动过程。直观地说，控制是指施控主体对受控客体（被控对象）的一种能动作用，此作用能使受控客体根据施控主体的预定目标而运动，最终实现这一目标。

　　建设工程监理进度控制指将工程项目建设各阶段的工作内容、工作程序、持续时间和衔接关系，根据进度总目标及优化资源的原则编制进度计划，并将该计划付诸实施。在实施过程中，监理工程师运用各种监理手段和方法，依据合同文件和法律法规所赋予的权力，监督工程项目任务承揽人采用先进合理的技术、组织、经济等措施，不断检查调整自身的进度计划，在确保工程质量、安全和投资费用的前提下，按照合同规定的工程建设期限加上监理工程师批准的工程延期时间以及预订的计划目标去完成项目建设任务。

　　需要注意的是，建设项目是一个系统工程，各重要目标之间存在相互依存、相互影响的关系，所以要特别强调综合控制，片面追求单一目标实现程度最优是不可取的。进度、质量、造价等职能控制工作之间有相互密切的内在联系，主要控制目标之间的关系如图7.1所示。

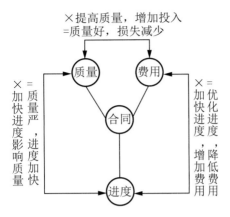

×提高质量，增加投入
=质量好，损失减少

图7.1　进度、质量、造价之间的关系

注："×"为相互矛盾；"="为相互统一。

对建设工程项目的控制贯穿于项目实施的全过程，而且首先应认识到对项目的控制越早，对计划（标准）的实现越有保障。其次，对控制工作而言，不能只看成是少数人的事情，而应该是全体参与人员的责任。最后应该明确要尽力提倡主动控制，即在实施前或偏离前已预测到偏离的可能，主动采取措施，提早防止偏离的发生。

7.1.2　进度控制的基本工作

1. 项目实施阶段进度控制的主要任务

项目实施阶段进度控制的主要任务有设计前准备阶段的工作进度控制、设计阶段的工作进度控制、招标工作进度控制、施工前准备工作进度控制、施工（土建和安装）阶段进度控制、工程物资采购工作进度控制、项目动用前的准备工作进度控制等。

设计前的准备工作进度控制的任务是搜集有关工期的信息，协助建设单位确定工期总目标；进行项目总进度目标的分析、论证，并编制项目总进度计划；编制准备阶段详细工作计划，并控制该计划的执行；施工现场条件的调查研究和分析等。

设计阶段进度控制的任务是编制设计阶段工作进度计划并控制其执行；编制详细的各设计阶段的出图计划并控制其执行。注意，尽可能使设计工作进度与招标、施工、物资采购等工作进度相协调。

施工阶段进度控制的任务是编制施工总进度计划及单位工程进度计划并控制其执行；编制施工年（或月、季、旬、周）实施计划并控制其执行。

供货进度控制的任务是编制供货进度计划并控制其执行，供货计划应包括供货过程中的原材料采购、加工制造、运输等主要环节。

2. 进度控制的基本工作

根据监理合同，监理单位从事的监理工作，可以是全过程的监理，也可以是阶段性的监理；可以是整个建设项目的监理，也可以是某个子项目的监理。监理的进度控制工作内容某种意义上可以说是取决于业主的委托要求。

某工程项目进度控制的监理工作及其流程如图 7.2 所示。

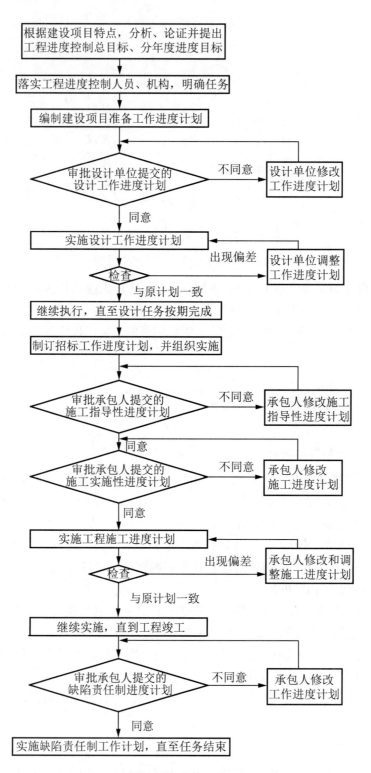

图7.2　工程进度控制监理工作及其程序框图

7.2 进度控制的主要方法

7.2.1 进度计划的编制方法

1. 横道图进度计划

横道图进度计划法是一种传统方法，它的横坐标是时间标尺，各工程活动（工作）的进度示线与之相对应，这种表达方式简便直观、易于管理使用，依据它直接进行统计计算可以得到资源需要量计划。

横道图的基本形式如图 7.3 所示。它的纵坐标按照项目实施的先后顺序自上而下表示各工作的名称、编号，为了便于审查与使用计划，在纵坐标上也可以表示出各工作的工程量、劳动量（或机械量）、工作队人数（或机械台数）、工作持续时间等内容。图中的横道线段表示计划任务各工作的开展情况，工作持续时间、开始与结束时间一目了然。它实质上是图和表的结合形式，在工程中广泛应用，很受欢迎。

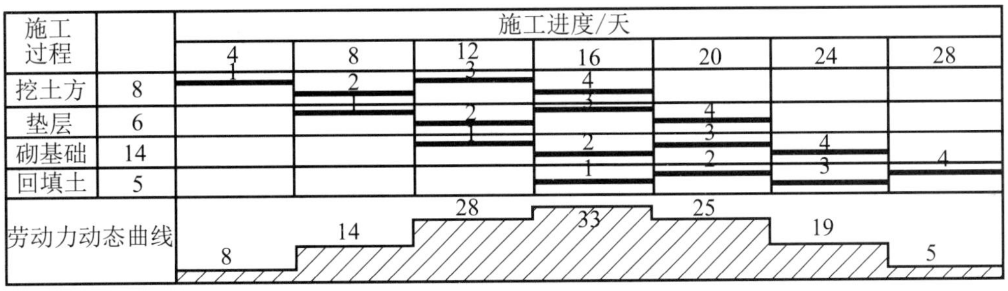

图7.3 分部工程施工进度计划横道指示图表

当然，横道图的使用也有局限性，主要是工作之间的逻辑关系表达不清楚，不能确定关键工作，对于计划偏差不能简单而迅速地进行调整，不能充分利用计算机等，尤其是当项目包含的工作数量较多时，这些缺点表现得更加突出。所以，它仅适用于以下情况：一些简单的小项目；工作划分范围很大的总进度计划；工程活动及其相互关系还分析得不是很清楚的项目初期的总体计划。

2. 网络图进度计划

1）网络计划的类型

网络图是由箭线和节点组成的，表示工作流程的网状图形。这种利用网络图的形式来表达各项工作的相互制约和相互依赖关系，并标注时间参数，用以编制计划、控制进度、优化管理的方法，统称为网络计划技术。我国《工程网络计划技术规程》(JGJ/T 121—2015)推荐的常用工程网络计划类型包括双代号网络计划、双代号时标网络计划、单代号网络计划、单代号搭接网络计划。

网络计划有着横道图无法比拟的优点，是目前最理想的进度计划与控制方法。我国目前较多使用的是双代号时标网络计划。国际上，美国较多使用双代号网络计划，欧洲较多使用单代号网络计划，其中德国普遍使用单代号搭接网络计划。

双代号网络图是以箭线及两端节点的编号表示工作的网络图，如图 7.4 所示。

【工程网络计划技术规程】

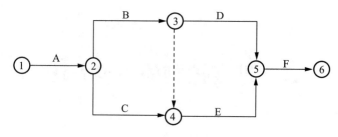

图7.4　双代号网络图

双代号时标网络图是以时间坐标为尺度编制的网络计划，如图 7.5 所示。

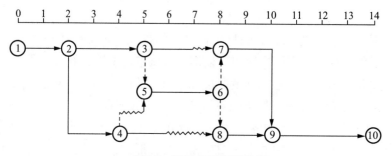

图7.5　双代号时标网络图

单代号网络图是以节点及其编号表示工作之间逻辑关系的网络图，如图 7.6 所示。

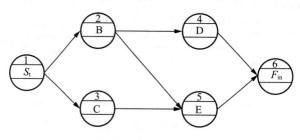

图7.6　单代号网络图

单代号搭接网络计划是前后工作之间有多种逻辑关系的肯定型（工作持续时间确定）的网络计划，如图 7.7 所示。

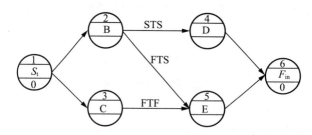

图7.7　单代号搭接网络计划

2）网络计划的绘制与计算

（1）网络计划的绘制。

网络图是工作流程图，各工作间的逻辑关系表示是否正确，是网络图能否反映工程实际情况的关键。为此，首要的事情是搞清楚各项工作之间的逻辑关系，工作间逻辑关系包括工艺逻辑关系和组织逻辑关系两种。由工艺确定的工作之间客观存在的先后顺序关系称工艺逻辑关系，如对于一个具体的分部工程来说，当确定了施工方法以后，则该分部工程的各个施工过程的先后顺序一般是固定的，不能随意颠倒。在不违反工艺关系的前提下，考虑工期、资源供给等影响，人为主观安排的工作先后顺序称为组织逻辑关系。

绘制网络图时，可根据紧前工作和紧后工作的任何一种关系进行绘制，通常是使用一种关系绘完图后，利用另一种关系进行检查。绘制网络图应从开始节点向着结束节点进行绘制，即从左向右绘制。在绘制网络图时，要自始至终遵守绘图规则，只有这样才能避免关系错误。同时，真正掌握与熟练绘图并不很难，只需多多练习即可。

网络计划是用来指导实际工作的，所以网络图除了要符合逻辑关系外，图面还需清晰、整齐。一般是先绘出草图，再加以整理，最终使之条理清楚、层次分明、形象直观。

某项计划任务的工作及其逻辑关系如表 7-1 所示，依此表绘制出的双代号网络图如图 7.8 所示。

表7-1 各工作间的逻辑关系

工作名称	A	B	C	D	E	F	G	H	I	J	K	L	M	N	O	P	Q
紧前工作	—	—	A	A	A	C	D	D	E	B	F	G	H	M	I、L、N	J	K、O、P

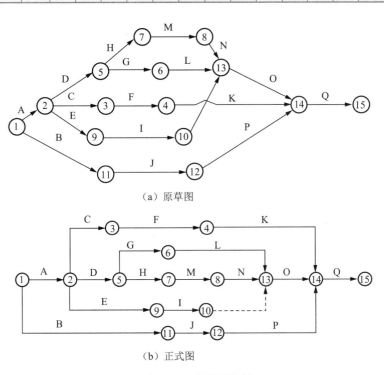

（a）原草图

（b）正式图

图7.8 双代号网络图

（2）网络计划的时间参数计算。

通过网络分析，能够给人们提供丰富的信息，如工作最早开始时间、工作最早完成时间、工作最迟完成时间、工作最迟开始时间、工作总时差及自由时差、工期等，利用这些时间参数可以方便而准确地进行进度调控。

网络计划时间参数计算方法有工作计算法和节点计算法。不论是哪种计算方法，掌握时间参数的计算顺序和计算式，正确运用这些时间参数判明关键线路及调整计划等，都有赖于对时间参数的概念理解透彻。如果对于时间参数概念记忆得滚瓜烂熟，那就完全可以直接在网络图上进行计算。

工作最早开始（完成）时间指各紧前工作（排在本工作之前的工作）全部完成后，本工作有可能开始（完成）的最早时刻。

工作最迟完成（开始）时间指在不影响整个任务按期完成的前提下，本工作必须完成（开始）的最迟时刻。

总时差指的是在不影响总工期的前提下，本工作可以利用的机动时间；自由时差指的是在不影响其紧后工作最早开始时间的前提下，本工作可以利用的机动时间。

经过有关时间参数计算后，需判断关键工作（总时差最小的工作），自始至终全部由关键工作组成的线路或线路上总的工作持续时间最长的线路称为关键线路，关键线路长度即为网络计划计算工期（T_c）。当计算工期不能满足要求工期（T_r）时，可设法通过压缩关键工作的持续时间来缩短关键线路长度，满足计划工期要求。

7.2.2 进度控制的原理与方法

1. 进度控制的原理

进度控制的原理是在工程项目实施中不断检查和监督各种进度计划执行情况，通过连续地报告、审查、计算、比较，力争将实际执行结果与原计划之间的偏差减少到最低限度，保证进度目标的实现。

进度控制就其全过程而言，主要工作环节首先是依进度目标的要求编制工作进度计划；其次是把计划执行中正在发生的情况与原计划比较；再次是对发生的偏差分析出现的原因；最后是及时采取措施，对原计划予以调整，以满足进度目标要求。以上四个环节缺一不可，当完成之后再开始下一个循环，直至任务结束。

进度控制的关键是计划执行中的跟踪检查和调整。

2. 实际进度与计划进度的比较方法

进度计划的检查方法主要是对比法，即实际进度与计划进度相对比较。通过比较发现偏差，以便调整或修改计划，保证进度目标的实现。

计划检查是对执行情况的总结，实际进度都是记录在原计划图上的，故因计划图形的不同而产生了各种检查方法。

1）横道图比较法

横道图比较检查的方法就是将项目实施中针对工作任务检查实际进度收集到的信息，经过整理后直接用横道双线（彩色线或其他线型）并列标于原计划的横道单线下方（或上方），进行直观比较的方法。例如某工程实际施工进度与计划进度的比较，如图7.9所示。

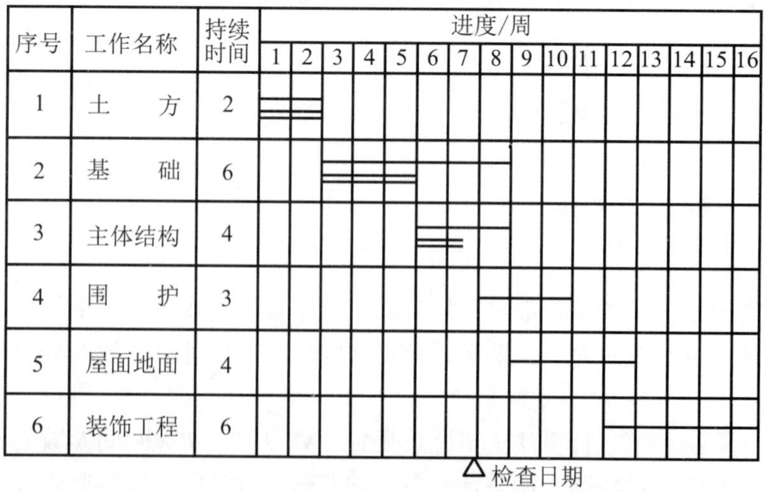

通过这种比较，管理人员能很清晰和方便地观察出实际进度与计划进度的偏差。需要注意的

图7.9 横道图检查

是，横道图比较法中的实际进度可用持续时间或任务量（如劳动消耗量、实物工程量、已完工程价值量等）的累计百分比表示。但由于计划图中的进度横道线只表示工作的开始时间、持续时间和完成时间，并不表示计划完成量，所以在实际工作中要根据工作任务的性质分别考虑。

工作进展有两种情况：一种是工作任务是匀速进行的（单位时间完成的任务量是相同的）；另一种是工作任务的进展速度是变化的。因此，进度比较法就需相应采取不同的方法。每一期检查，管理人员应将每一项工作任务的进度评价结果合理地标在整个项目的进度横道图上，最后综合判断工程项目的进度情况。

2）实际进度前锋线比较法

前锋线比较法主要适用于双代号时标网络图计划。该方法是从检查时刻的时间标点出发，用点画线依次连接各工作任务的实际进度点（前锋），最后回到计划检查的时点为止，形成实际进度前锋线，按前锋线判定工程项目进度偏差，如图 7.10 所示。

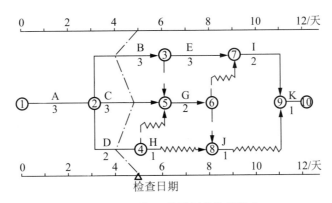

图7.10 时标网络计划前锋线检查

简单地讲，前锋线比较法就是通过实际进度前锋线，比较工作实际进度与计划进度偏差，进而判定该偏差对总工期及后续工作影响程度的方法。当某工作前锋点落在检查日期左侧，表明该工作实际进度拖延，拖延时间为两者之差；当该前锋点落在检查日期右侧，表明该工作实际进度超前，超前时间为两者之差。进度前锋点的确定可以采用比例法。这种方法形象直观，便于采取措施，但最后应针对项目计划做全面分析（主要利用总时差和自由时差），以判定实际进度情况对应的工期。Project 2000 软件具有前锋线比较的功能，并可以根据实际进度检查结果，直接计算出新的时间参数，包括相应的工期。

3）"切割线"检查

双代号网络计划"切割线"检查。这种方法就是利用切割线进行实际进度记录，如图 7.11 所示，点画线为"切割线"。在第 10 天进行记录时，D 工作尚需 1 天（方括号内的数）才能完成；G 工作尚需 8 天才能完成；L 工作尚需 2 天才能完成。这种检查可利用表 7-2 进行分析。判断进度进展情况是 D、L 工作正常，G 拖期 1 天。由于 G 工作是关键工作，所以它的拖期将导致整个计划拖期，故应调整计划，追回损失的时间。

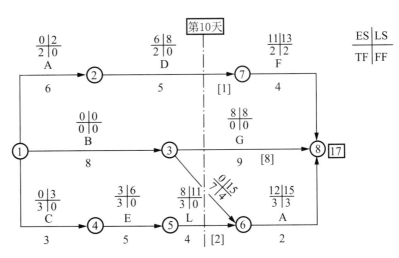

图7.11 双代号网络计划"切割线"检查

表7-2 网络计划进行到第10天的检查结果分析

工作编号	工作名称	检查时尚需时间	到计划最迟完成前尚有时间	原有总时差	尚有时差	情况判断
2—7	D	1	13－10=3	2	3－1=2	正常
3—8	G	8	17－10=7	0	7－8=－1	拖期1天
5—6	L	2	15－10=5	3	5－2=3	正常

3.进度计划实施中的调整

工程项目实施过程中工期经常发生延误，发生工期延误后，通常应采取积极的措施赶工，以弥补或部分地弥补已经产生的延误，主要通过调整后期计划，采取措施赶工，修改原网络进度计划等方法解决进度延误问题。

1）分析偏差对工期的影响

当出现进度偏差时，需要分析该偏差对后续工作及总工期产生的影响。偏差所处的位置及其大小不同，对后续工作和总工期的影响是不同的。某工作进度偏差的影响分析方法主要是利用网络计划中工作总时差和自由时差的概念进行判断：若偏差大于总时差，对总工期有影响；若偏差未超过总时差而大于自由时差，对总工期无影响，只对后续工作的最早开始时间有影响；若偏差小于该工作的自由时差，对进度计划无任何影响。如果检查的周期比较长，期间完成的工作比较多且有不符合计划情况时，往往需要对网络计划做全面的分析才能知道总的影响结果。

【某住宅小区工程赶工措施方案】

2）进度计划调整

进度计划的调整是利用网络计划的关键线路进行的。

（1）关键工作持续时间的缩短，可以减小关键线路的长度，即可以缩短工期，要有目的地去压缩那些能缩短工期的某些关键工作的持续时间，解决此类问题往往要求综合考虑压缩关键工作的持续时间对质量、安全的影响，对资源需求的增加程度等多种因素，从而对关键工作进行排序，优先压缩排序靠前，即综合影响小的工作的持续时间。这种方法的实质是"工期"优化。

（2）如果通过工期优化还不能满足工期要求时，必须调整原来的技术或组织方法，即改变某些工作间的逻辑关系。例如，从组织上可以把依次进行的工作改变为平行或互相搭接的以及分成几个施工区（段）进行流水施工的工作，都可以达到缩短工期的目的。

【流水施工】

（3）若遇非承包人原因引起的工期延误，如果要求其赶工，一般都会引起投资额度的增加。在保证工期目标的前提下，如何使相应追加费用的数额达到最小呢？关键线路上的关键工作有若干个，在压缩它们持续时间上，显然也有一个次序排列的问题需要解决，其实质就是"工期－费用"优化。

7.3 施工进度控制

7.3.1 工程进度目标的确定

为了提高进度计划的预见性和进度控制的主动性，在确定施工进度控制目标时，必须结合土木工程产品及其生产的特点，全面细致地分析与本工程项目进度有关的各种有利因素和不利因素，以便能制定出一个科学合理的、切合实际的进度控制目标。确定施工进度控制目标的主要依据有：施工合同的工期要求、工期定额及类似工程的实际进度、工程难易程度和施工条件的落实情况等。

在确定施工进度分解目标时，还要考虑以下几个方面的问题。

（1）对于建筑群及大型工程建筑项目，应根据尽早投入使用、尽快发挥投资效益的原则，集中力量分期分批配套建设。

（2）科学合理安排施工顺序。在同一场地上不同工种交叉作业，其施工的先后顺序反映了工艺的客观要求，而平行交叉作业则反映了人们争取时间的主观努力。施工顺序的科学合理能够使施工在时空上得到统筹安排，流水施工是理想的生产组织方式。

尽管施工顺序随工程项目类别、施工条件的不同而变化，但还是有其可供遵循的某些共同规律，如先准备，后施工；先地下，后地上；先外，后内；先土建，后安装等。

（3）参考同类工程建设的经验，结合本工程的特点和施工条件，制定切合实际的施工进度目标。避免制定进度时的主观盲目性，消除实施过程中的进度失控现象。

（4）做好资源配置工作。施工过程就是一个资源消耗的过程，要以资源支持施工。一旦进度确定，则资源供应能力必须满足进度的需要。技术、人力、材料、机械设备、资金统称为资源（生产要素），即5M。技术是第一生产力。在商品生产条件下，一切生产经营活动都离不开资金，它是一种流通手段，是财产、物资、活劳动的货币表现。

（5）土木工程的实施具有很强的综合性和复杂性，应考虑外部协作条件的配合情况，包括施工过程中及项目竣工动用所需的水、电、气、通信、道路及其他社会服务对项目的满足程度和满足时间，它们必须与工程项目的进度目标相协调。

（6）因为工程项目建设大多都是露天作业，以及建设地点的固定性，应考虑工程项目建设地点的气象、地形、地质、水文等自然条件的限制。

7.3.2 施工进度控制的监理工作

监理工程师对工程项目的施工进度控制从审核承包单位提交的施工进度计划开始，直至工程项目保修期满为止，其工作内容主要有以下几个方面。

1. 编制施工阶段进度控制工作细则

施工进度控制工作细则的主要内容包括以下内容。

（1）施工进度控制目标分解图。

（2）施工进度控制的主要工作内容和深度。

（3）进度控制人员的责任分工。

（4）与进度控制有关的各项工作时间安排及其工作流程。

（5）进度控制的手段和方法［包括进度检查周期、实际数据的收集、进度报告（表）格式、统计分析方法等］。

（6）进度控制的具体措施（包括组织措施、技术措施、经济措施及合同措施等）。

（7）施工进度控制目标实现的风险分析。

（8）尚待解决的有关问题。

2. 编制或审查施工进度计划

对于大型工程项目，由于单项工程数量较多、施工总工期较长，若业主采取分期分批发包，没有一个负责全部工程的总承包单位时，监理工程师就要负责编制施工总进度计划；或者当工程项目由若干个承包单位平均承包时，监理工程师也有必要编制施工总进度计划。施工总进度计划应确定分期分批的项目组成；各批工程项目的开工、竣工顺序及时间安排；全场性施工准备工作，特别是首批子项目进度安排及准备工作的内容等。

当工程项目有总承包单位时，监理工程师只需对总承包单位提交的工程总进度计划进行审查即可。而对于单位工程施工进度计划，监理工程师只负责审查而不负责编制。

审查施工总进度计划和阶段性施工进度计划的基本内容如下。

（1）施工进度计划应符合施工合同中工期的约定。

（2）施工进度计划中主要工程项目无遗漏，应满足分批动用或配套动用的需要，阶段性施工进度计划应满足总进度控制目标的要求。

（3）施工顺序的安排应符合施工工艺要求。

（4）施工人员、工程材料、施工机械等资源供应计划应满足施工进度计划的需要。

（5）施工进度计划应满足建设单位提供的施工条件（资金、施工图纸、施工场地、物资等）。

如果监理工程师在审查施工进度计划的过程中发现问题，应及时向承包单位提出书面修改意见，并协助承包单位修改，其中重大问题应及时向业主汇报。

尽管承包单位向监理工程师提交施工进度计划是为了听取建设性意见，但施工进度计划一经监理工程师确认，即应当视为合同文件的组成部分。它是以后处理承包单位提出的工程延期或费用索赔的一个重要依据。

3. 按年、季、月编制工程综合计划

在按计划期编制的进度计划中，监理工程师应着重解决各承包单位施工进度计划之间、施工进度计划与资源保障计划之间及外部协作条件的延伸性计划之间的综合平衡与相互衔接问题，并根据上期计划的完成情况对本期计划做必要的调整，从而作为承包单位近期执行的指令性（实施性）计划。

4. 下达工程开工令

总监理工程师应组织专业监理工程师审查施工单位报送的开工报审表及相关资料，同时具备下列条件时，签署审查意见，并报建设单位批准后，由总监理工程师签发工程开工令：设计交底和图纸会审已完成；施工组织设计已由总监理工程师签认；施工单位现场质量、安全生产管理体系，管理及施工人员已到位，施工机械具备使用条件，主要材料已落实；进场道路及水、电、通信等已满足开工要求。

【业主的准备工作】

根据承包单位和业主双方关于工程开工的准备情况，要尽可能及时发布工程开工令。因为从发布工程开工令之日算起，加上合同工期后即为工程竣工日期。如果拖延发布开工令，就等于推迟了竣工时间，影响投资回收，甚至可能引起承包单位的索赔。

5. 协助承包单位实施进度计划

监理工程师要随时了解施工进度计划执行过程中所存在的问题，并帮助承包单位予以解决，特别是承包单位无力解决的外层关系协调问题。

6. 监督施工进度计划的实施

这是工程项目施工阶段进度控制的经常性工作。监理工程师不仅要及时检查承包单位报送的施工进度报表和分析资料，同时还要进行必要的现场实地检查，核实所报送的已完成的项目时间及工程量，杜绝虚假现象。

在对工程实际进度资料进行整理的基础上，监理工程师应将其与计划进度相比较，以判定实际进度是否出现偏差。如果出现偏差，监理工程师应进一步分析偏差对进度控制目标的影响程度及其产生的原因，以便研究对策、提出纠偏措施建议，必要时还应对后期工程进度计划做适当的调整。计划调整要及时、有效。

专业监理工程师在检查进度计划实施情况时应做好记录，如发现实际进度与计划进度不符时，应签发监理通知，要求施工单位采取调整措施，确保进度计划的实施；由于施工单位原因导致实际进度严重滞后于计划进度时，总监理工程师应签发监理通知，要求施工单位采取补救措施，调整进度计划，并向建设单位报告工期延误风险。

监理活动中，监理例会应检查分析工程项目进度计划完成情况，提出下一阶段进度目标及其落实措施；监理月报应反映工程进展情况，实际进度与计划进度的比较，施工单位人、材、机进场及使用情况，在施部位工程照片等本月工程实施概况，尤其是工程进度控制的主要问题分析及处理情况。

7. 组织现场协调会

监理工程师应每月、每周定期组织召开不同层次的现场专题（协调）会议，以解决工程施工过程中的相互协调配合问题。

在平行、交叉施工单位多、工序交接频繁且工期紧迫的情况下，现场协调会甚至需要每日召开。在会上通报和检查当天的工程进度，确定薄弱环节，部署当天的赶工任务，以便为次日正常施工创造条件。

对于某些未曾预料的突发变故或问题，监理工程师还可以发布紧急协调指令，督促有关单位采取应急措施维护工程施工的正常秩序。

8. 签发工程进度款支付凭证

监理工程师应对承包单位申报的已完成分项工程量进行核实，在其质量通过检查验收后签发工程进度款支付凭证。

9. 审批工程延期

1）工期延误

当出现工期延误时，监理工程师有权要求承包单位采取有效措施加快施工进度。如果经过一段时间后，实际进度没有明显改进，仍然落后于计划进度，而且将影响工程按期竣工时，监理工程师应要求承包单位修改进度计划，并提交监理工程师重新确认。

监理工程师对修改后的施工进度计划的确认，并不是对工程延期的批准，他只是要求承包单位在合理的状态下施工。因此，监理工程师对进度计划的确认，并不能解除承包单位应负的一切责任，承包单位需要承担赶工的全部额外开支和延误工期的损失赔偿。

2）工程误期

如果由于承包单位以外的原因造成工期拖延，承包单位有权提出延长工期的申请。监理工程师应根据合同规定，审批工程延期时间，并应将其纳入合同工期，作为合同工期的一部分，即新的合同工期应等于原定的合同工期加监理工程师批准的工程延期时间。

监理工程师对于施工进度的拖延，是否批准为工程延期，对承包单位和业主都十分重要。如果承包单位得到监理工程师批准的工程延期，不仅可以不赔偿由于工期延长而支付的误期损失费，而且由业主承担由于工期延长所增加的费用。因此，监理工程师应按照合同的有关规定，公正区分工期延误和工程延期，在与建设单位和施工单位协商后，合理地签署工程延期审核意见并报建设单位。

批准工程延期应同时满足以下三个条件：施工单位在合同约定的期限内提出工程延期；施工进度滞后影响到施工合同约定的工期；因非施工单位原因造成施工进度滞后。

10. 向业主提供进度报告

监理工程师应随时整理进度材料，并做好工程记录，定期向业主提交工程进度报告。

11. 督促承包单位整理技术资料

监理工程师要根据工程进展情况，督促承包单位及时整理有关技术资料。

12. 审批竣工申请报告，协助组织竣工验收

当工程竣工后，监理工程师应审批承包单位在自行预验基础上提交的初验申请报告，组织业主和设计单位进行初验。在初验通过后填写初验报告及竣工验收申请书，并协助业主组织工程项目的竣工验收，编写竣工验收报告书。

13. 处理争议和索赔

在工程结算过程中，监理工程师要处理有关争议和索赔问题。

14. 整理工程进度资料

在工程完工以后，监理工程师应将工程进度资料收集起来，进行归类、编目和建档，以便为今后类似工程项目的进度控制提供参考。

15. 工程移交

监理工程师应督促承包单位办理工程移交手续，颁发工程移交证书。在工程移交后的保修期内，还要处理使用中（验收后出现）的质量缺陷或事故的原因等争议问题，并督促责任单位及时修理。当保修期满且再无争议时，工程项目进度控制的任务即告完成。

7.4 进度控制示例

【背景】

某工程项目的施工进度计划如图7.12所示，该图为按各工作的正常工作持续时间和最早时间绘制的双代号时标网络计划。图中箭线下方括号外数字为该工作的正常工作持续时间，括号内的数字为该工作的最短工作持续时间。第5天收工后检查施工进度完成情况发现：A工作已完成，D工作尚未开始，C工作进行1天，B工作进行2天。

已知：工期优化调整计划时，综合考虑对质量、安全、资源等影响后，压缩工作持续时间的先后顺序为C、I、H和D、E、B、G。

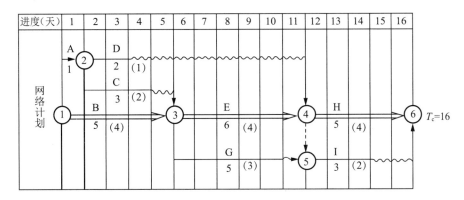

图7.12　原时标网络施工进度计划

【问题】

请分析此工程进度是否正常？若工期延误，试按原工期目标进行进度计划调整。

【解答】

（1）绘制实际进度前锋线，了解进度计划执行情况，如图 7.13 所示。

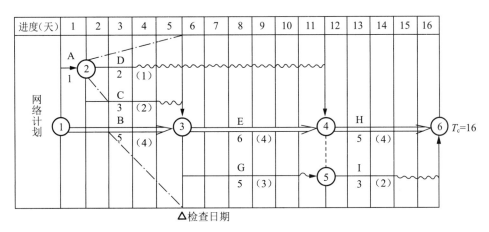

图7.13　实际进度前锋线检查

（2）进度检查结果的分析见表 7-3。

表7-3　网络计划检查结果分析

工作 代号	工作 名称	检查时尚 需时间	到计划最迟完 成前尚有时间	原有 总时差	尚有 总时差	情况 判断
2—4	D	2−0=2	11−5=6	8	6−2=4	正常
2—3	C	3−1=2	5−5=0	1	0−2=−2	拖期2天
1—3	B	5−2=3	5−5=0	0	0−3=−3	拖期3天

其中，工作D、C、B的总时差计算过程如下（总时差计算应从终点节点逆着箭线方向向着起点节点进行计算，其他工作总时差的计算此处省略）。

$TF_{2-4}=\min[TF_{4-5}，TF_{4-6}]+FF_{2-4}=\min[2，0]+8=8$（天）

$TF_{2-3}=\min[TF_{3-4}，TF_{3-5}]+FF_{2-3}=\min[0，3]+1=1$（天）

$TF_{1-3}=\min[TF_{3-4}，TF_{3-5}]+FF_{1-3}=\min[0，3]+0=0$

其中，工作D、C、B的最迟必须完成时间的计算过程如下。

$LF_{2-4} = EF_{2-4} + TF_{2-4} = 3+8 = 11$（天）

$LF_{2-3} = EF_{2-3} + TF_{2-3} = 4+1 = 5$（天）

$LF_{1-3} = EF_{1-3} + TF_{1-3} = 5+0 = 5$（天）

（3）根据表 7-3 的检查结果的分析结论，第 5 天收工后实际进度工期延误 3 天，未调整前的时间网络计划，即实际进度网络计划如图 7.14 所示。实际进度的网络计划绘制很简单，只需按检查日期，将实际进度前锋线拉直即可（尚未开始、正在进行而尚未完成的工作，在未来时间里的进展速度认可为编制原计划时确认的速度情况），显然它与列表分析的结论是一致的，列表分析与实际进度网络计划可以相互验证，以免出错。

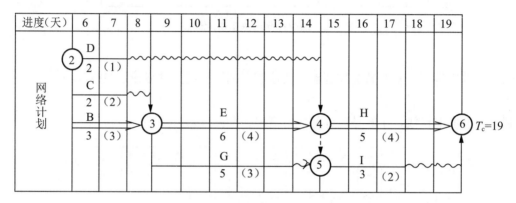

图7.14　未调整前的时标网络计划

（4）应压缩工期为：$\Delta T = T_c - T_r = 19 - 16 = 3$（天）。

第一步压缩：关键工作为 D、E、H，依工作排序首先压缩 H 工作持续时间 1 天，至最短工作持续时间 4 天。注意，压缩后需使被压缩之工作仍成为关键工作，否则需要减少压缩时间，即进行"松弛"，这里 H 工作仍是关键工作，如图 7.15 所示。

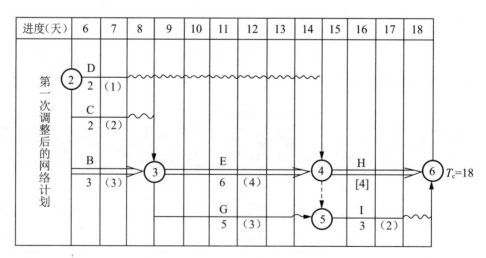

图7.15　第一次调整后的时标网络计划

第二步压缩：可压缩的关键工作为 B、E，压缩 E 工作持续 2 天至最短工作持续时间（需使之仍成为关键工作），如图 7.16 所示。

通过两次压缩使工期缩短了 3 天，满足了需求，计划调整完毕，第二次调整后的网络计划就是最终的修正计划。

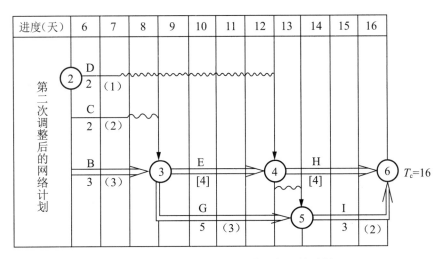

图7.16 第二次调整后的时标网络计划

【三峡工程进度
管理案例】

本 章 小 结

通过本章的学习，可以加深对工程项目进度控制原理与监理工作程序的理解，在工程建设过程中通过不同形式进度计划的编制、实际进度的检查与调整，具备进度控制的初步能力。

围绕监理工作的性质与任务，熟悉施工进度控制的基本工作内容。

习 题

一、思考题

1. 建设工程监理进度控制的概念是什么？

2. 监理进度控制一般都有哪些主要工作？

3. 施工进度控制的监理工作主要有哪些？

4. 工作之间逻辑关系的种类有哪些？

5. 什么是总时差和自由时差？

二、单项选择题

1. 工程建设施工阶段进度控制的最终目的是（　　）。

　A．为提前完成工程项目任务

　B．为多创收益

　C．保证工程项目按期建成交付使用

　D．保证工程项目顺利完工

2. 由（　　）签发工程开工令。

A．业主法定代表人

B．业主项目负责人

C．总监理工程师

D．施工项目经理

3. 在建设工程施工阶段，监理工程师控制施工进度的工作内容包括（　　）。

A．编制施工进度控制工作细则

B．编制施工准备工作计划

C．协助承包单位确定工程延期时间

D．及时支付工程进度款

4. 在建设工程进度监理过程中，现场实地检查工程进展情况属于（　　）的主要方式。

A．实际进度与计划进度的对比分析

B．实际进度数据的加工处理

C．进度计划执行中的跟踪检查

D．实际进度数据的统计分析

5. 在建设工程进度调整的系统过程中，采取措施调整进度计划时，应当以（　　）为依据。

A．本工作及后续工作的总时差

B．本工作及后续工作的自由时差

C．非关键工作所拥有的机动时间

D．总工期和后续工作的限制条件

三、多项选择题

1. 确定施工进度分解目标时，应考虑（　　）。

A．做好资金供应能力、施工力量配备、物资供应能力与施工进度的平衡工作

B．合理安排土建与设备的综合施工

C．确保工程质量达到设计要求

D．工程变更

E．外部工作条件的配合情况

2. 进度控制的经济措施包括（　　）。

A．建立进度信息网络

B．实施工期提前奖励和延期罚款

C．及时办理工程预付款支付手续

D．加强风险管理

E．及时办理工程进度款支付手续

3. 监理月报应反映但不属于重点内容的是（　　）。

A．工程形象进度

B．实际进度与计划进度的比较

C．施工单位人、材、机进场及使用情况

D．工程进度控制的主要问题分析及处理情况

E．在施部位工程照片等影像资料

4. 某城市立交桥工程在组织流水施工时，需要纳入施工进度计划中的施工过程包括（　　）。

A．桩基础灌制

B．梁的现场预制

C．商品混凝土的运输

D．钢筋混凝土构件的吊装

E．混凝土构件的采购运输

5. 按（ ）因素选择应优先缩短持续时间的关键工作。

A．缩短持续时间对质量和安全影响不大的工作

B．缩短持续时间所需增加的费用最少的工作

C．有充足备用资源的工作

D．缩短持续时间所需增加的工程量最少的工作

E．有充足劳动力的工作

四、案例分析题

1. 某工程双代号时标网络计划执行到第 4 周末，检查实际进度前锋线如图 7.17 所示，请分析该工程进度情况，并绘出相应的网络计划。

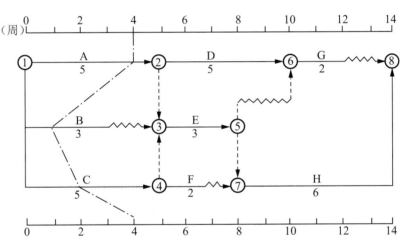

图7.17 某工程实际进度前锋线检查

2. 某分部工程双代号时标网络计划执行到第 6 天结束时，检查其实际进度前锋线如图 7.18 所示。针对检查结果，试分析该分部工程进度情况，并探讨原因。

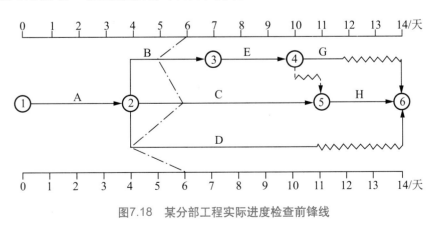

图7.18 某分部工程实际进度检查前锋线

【第 7 章习题答案】

第8章

建设工程安全生产管理

教学目标

本章主要讲述建设工程安全生产管理的相关知识。通过本章的学习，应达到以下目标：

（1）掌握建设工程安全生产管理的基本概念和相关理论；

（2）熟悉建设工程各参与主体的安全责任和法律责任；

（3）掌握监理工程师在建设工程安全生产管理中的主要工作。

教学要求

知识要点	能力要求	相关知识
安全生产管理的基本概念和相关理论	（1）掌握建设工程安全生产管理的基本概念； （2）熟悉建设工程安全生产的特点； （3）熟悉建设工程安全生产管理的原则和法律依据； （4）了解建设工程安全生产管理的任务和意义	（1）建设工程安全生产管理的相关概念； （2）建设工程安全生产的特点； （3）建设工程安全生产管理的原则和法律依据； （4）建设工程安全生产管理的任务和意义
建设工程各方主体安全生产管理的责任	（1）熟悉建设工程各方主体的安全责任； （2）熟悉建设工程各方主体的法律责任	（1）建设单位、施工承包单位、勘察单位、设计单位、工程监理单位的安全责任； （2）建设单位、施工承包单位、勘察单位、设计单位、工程监理单位的法律责任
监理方在安全生产管理中的主要工作	熟悉监理单位自身及在施工阶段的具体安全生产管理工作	（1）监理单位自身的安全管控； （2）监理方在施工准备阶段的工作； （3）监理方在施工过程中的工作

基本概念

安全生产管理；安全检查；建筑安全生产法规；安全责任；法律责任。

🏠 引例

2010 年 6 月 1 日，中水五局毛尔盖项目监理部安全工程师下发关于做好近期防强降雨、防次生地质灾害的通知，要求各承包人在汛期严格排查所辖标段的隐患，严防次生地质灾害。2010 年 8 月 7 日上午，项目监理机构两名现场监理员在到达工地的途中发现省道 S302 改线路段 3 号塌方体有零星掉块，他们并没有觉得自己不是安全部人员就事不关己，而是第一时间报告了安全部，安全部组织安全巡查，并进行了适时监控，下午 4 时左右安全部发现有塌方迹象后迅速上报，并通报了当地派出所实施交通管制，下午 18 时左右，发生大规模塌方。由于此次巡查到位，发现及时，中水五局毛尔盖项目部成功避让了此次地质灾害，最大限度地保障了参建职工、当地村民和过往人员的生命财产安全。

8.1 建设工程安全生产管理概述

安全生产关系人民群众的生命财产安全，关系改革发展和社会稳定的大局。建设工程安全生产不仅直接关系到建筑业企业自身的发展和收益，更是直接关系到人民群众包括生命健康在内的根本利益，影响构建社会主义和谐社会的大局。在国际经济交往与合作日益紧密的今天，安全生产还关系到我国在国际社会的声誉和地位。目前，我国正在进行有史以来最大规模的工程建设，随着工程建设项目趋向大型化、高层化和复杂化，给建筑业的安全生产带来了挑战。我国每年由于建筑事故伤亡的从业人员超过千人，直接经济损失逾百亿元，建筑业已经成为我国所有工业部门中仅次于采矿业的危险行业。因此，提高建筑业的安全生产管理水平、保障从业人员的生命安全意义重大，同时，我国提出要在 2020 年实现全面建设"小康社会"的奋斗目标，其中提高和改善建筑业的安全生产状况成为全面建设"小康社会"的重要内容之一。

1. 基本概念

1）安全生产

安全生产是指在生产过程中保障人身安全和设备安全。有两方面的含义：一是在生产过程中保护职工的安全和健康，防止工伤事故和职业病危害；二是在生产过程中防止其他各类事故的发生，确保生产设备的连续、稳定、安全运转，保护国家财产不受损失。

2）劳动保护

劳动保护是指国家采用立法、技术和管理等一系列综合措施，消除生产过程中的不安全、不卫生因素，保护劳动者在生产过程中的安全和健康，保护和发展生产力。

3）安全生产法规

安全生产法规是指国家关于改善劳动条件，实现安全生产，为保护劳动者在生产过程中的安全和健康而采取的各种措施的总和，是必须执行的法律规范。

4）施工现场安全生产保证体系

施工现场安全生产保证体系由建设工程承包单位制定，是实现安全生产目标所需的组织机构、职责、程序、措施、过程、资源和制度等。

5）安全生产管理目标

安全生产管理目标是建设工程项目管理机构制定的施工现场安全生产保证体系所要达到的各项基本安全指标。安全生产管理目标的主要内容有以下方面。

（1）杜绝重大人身伤亡、财产损失和环境污染等事故。

（2）一般事故频率控制目标。

（3）安全生产标准化工地创建目标。

（4）文明施工创建目标。

（5）其他目标。

6）安全检查

安全检查是指对施工现场安全生产活动和结果的符合性和有效性进行常规的检测和测量活动。其目的如下。

（1）通过检查，可以发现施工中人的不安全行为和物的不安全状态、不卫生问题，从而采取对策，消除不安全因素，保障安全生产。

（2）利用安全生产检查，进一步宣传、贯彻、落实国家安全生产方针、政策和各项安全生产规章制度。

（3）安全检查实质上也是群众性的安全教育。通过检查，增强领导和群众的安全意识，纠正违章指挥、违章作业，提高搞好安全生产的自觉性和责任感。

（4）通过检查可以互相学习、总结经验、吸取教训、取长补短，有利于进一步促进安全生产工作。

（5）通过安全生产检查，了解安全生产状态，为分析安全生产形势，研究加强安全管理提供信息和依据。

7）危险源

危险源是指可能导致死亡、伤害、职业病、财产损失、工作环境破坏或这些情况组合的因素或状态。

8）隐患

隐患是指未被事先识别或未采取必要防护措施可能导致事故发生的各种因素。

9）事故

事故是指任何造成疾病、伤害、死亡，财产、设备、产品或环境的损坏或破坏。施工现场安全事故包括：物体打击、车辆伤害、机械伤害、起重伤害、触电事故、淹溺、灼烫、火灾、高处坠落、坍塌、放炮、火药爆炸、化学爆炸、物理性爆炸、中毒和窒息及其他伤害。

10）应急救援

应急救援是指在安全生产措施控制失效情况下，为避免或减少可能引发的伤害或其他影响而采取的补救措施和抢救行为。它是安全生产管理的内容，是项目经理部实行施工现场安全生产管理的具体要求，也是监理工程师审核施工组织设计与施工方案中安全生产方面的重要内容。

11）应急救援预案

应急救援预案是指针对可能发生的、需要进行紧急救援的安全生产事故，事先制定好应对补救措施和抢救方案，以便及时救助受伤的和处于危险状态中的人员、减少或防止事态进一步扩大，并为善后工作创造好的条件。

12）高处作业

凡在坠落基准面 2m 或 2m 以上有可能坠落的高处进行作业，即称为高处作业。

13）临边作业

在施工现场任何处所，当高处作业中工作面的边沿并无围护设施或虽有围护设施，但其高度小于80cm 时，这种作业称为临边作业。

14）洞口作业

建筑物或构筑物在施工过程中，常会出现各种预留洞口、通道口、上料口、楼梯口、电梯井口，在其附近工作，称为洞口作业。

15）悬空作业

在周边临空状态下，无立足点或无牢靠立足点的条件下进行的高空作业，称为悬空作业。悬空作业通常在吊装、钢筋绑扎、混凝土浇筑、模板支拆以及门窗安装和油漆等作业中较为常见。一般情况下，对悬空作业采取的安全防护措施主要是搭设操作平台、佩戴安全带、张挂安全网等。

16）交叉作业

凡在不同层次中，处于空间贯通状态下同时进行的高空作业称为交叉作业。施工现场进行交叉作业是不可避免的，交叉作业会给不同的作业人员带来不同的安全隐患，因此，进行交叉作业时必须遵守安全规定。

2.建设工程安全生产的特点

建筑业从广义的概念来说是从事建筑安装工程的生产活动，为国民经济各部门建造房屋和构筑物，并安装机器设备。长期以来，由于人员流动性大、劳动对象复杂和劳动条件变化大等特点，建筑业在各个国家都是高风险的行业，伤亡事故发生率一直位于各行业的前列。因此，建设工程安全生产的特点是由工程建设过程及产品的特点决定的，只有了解了工程建设过程及产品的特点，才可有效防止建设工程安全生产事故的发生。

(1) 工程建设的产品具有产品固定、体积大、生产周期长的特点。无论是房屋建筑、市政工程、公路工程、铁路工程、水利工程等，只要工程项目选址确定后，就在这个地点施工作业，而且要集中大量的机械、设备、材料、人员，连续几个月甚至几年才能完成建设任务，因此发生安全事故的可能性也会增加。

(2) 建筑施工大多数是在露天的环境中进行，所进行的活动必然受到施工现场的地理条件和气象条件的影响。恶劣的气候环境很容易导致施工人员生理或心理上的疲劳，尤其是高空作业，如果工人的安全意识不强，在体力消耗的情况下，经常会造成安全事故。

(3) 建设工程是一个庞大的人机工程，这一系统的安全性不仅取决于施工人员的行为，还取决于各种施工机具、材料以及建筑产品的状态。建设工程中的人、物以及施工环境中存在的导致事故的风险因素非常多，如果不及时发现并且排除，将很容易导致安全事故。

(4) 建设项目的施工具有单一性的特点。不同的建设项目所面临的事故风险的大小和种类都是不同的。建筑业从业人员每一天所面对的都是一个几乎全新的工作环境，在完成一个建筑产品之后，又转移到下一个新项目的施工。项目施工过程中层出不穷的各种事故风险是导致建筑事故频发的重要原因。

(5) 工程建设中往往有多方参与，管理层次比较多，管理关系复杂。仅施工现场就涉及建设单位、施工单位、供应单位及监理单位等各方。各种错综复杂的人的不安全行为、物的不安全状态以及环境的不安全因素往往互相作用，构成安全事故的直接原因。

(6) 目前我国建筑业仍属于劳动密集型产业，技术含量相对偏低，建设工地上施工队伍大多由外来务工人员组成，由此造成管理难度增大。很多建筑工人来自农村，文化水平不高，自我保护能力和安全意识较弱，如果施工承包单位不重视岗前安全培训，往往会形成安全事故频发状态。

综上所述，建设工程安全事故很容易发生，因此"安全第一、预防为主"的指导思想就显得非常重要。做到"安全第一、预防为主"就可以减少甚至消除安全事故的发生，提高生产效率，顺利达到工程建设的目标。

3.建设工程安全生产管理的原则及法律依据

1）应遵循的原则

建设工程安全生产管理应遵循的原则如下。

【安全生产法】

（1）"安全第一、预防为主"的原则。根据《安全生产法》的总方针，"安全第一"表明了生产范围内安全与生产的关系，肯定了安全生产在建设活动中的首要位置和重要性；"预防为主"体现了事先策划、事中控制及事后总结，通过信息收集、归类分析、制定预案等过程进行控制和防范，体现了政府对建设工程安全生产过程中"以人为本"以及"关爱生命""关注安全"的宗旨。

（2）以人为本、关爱生命，维护作业人员合法权益的原则。安全生产管理应遵循维护作业人员的合法权益的原则，应改善施工作业人员的工作与生活条件。施工承包单位必须为作业人员提供安全防护设施，对其进行安全教育培训，为施工人员办理意外伤害保险，作业与生活环境应达到国家规定的安全生产、生活环境标准，真正体现出以人为本、关爱生命。

（3）职权与责任对等的原则。国务院建设行政主管部门和相关部门对建设工程安全生产管理的职权和责任应该相对等，其职能和权限应该明确；建设主体各方应该承担相应的法律责任，对工作人员不能够依法履行监督管理职责的，应该给予行政处分，构成犯罪的，依法追究刑事责任。

2）应遵循的法律依据

（1）《中华人民共和国建筑法》。

（2）《中华人民共和国安全生产法》。

（3）《中华人民共和国消防法》。

（4）《中华人民共和国刑法》。

（5）《中华人民共和国行政处罚法》。

（6）《生产安全事故报告和调查处理条例》。

（7）《安全生产许可证条例》。

（8）《建设工程安全生产管理条例》。

（9）《特种设备安全监察条例》。

（10）《民用爆炸物品安全管理条例》。

（11）《建筑安全生产监督管理规定》。

（12）《建设工程监理规范》（GB／T 50319—2013）。

（13）《建筑施工安全检查标准》（JGJ 59—2011）。

（14）《施工承包单位安全生产评价标准》（JGJ／T 77—2010）。

（15）《施工现场临时用电安全技术规范》（JGJ 46—2005）。

（16）《建筑施工高处作业安全技术规范》（JGJ 80—2016）。

（17）《建筑机械使用安全技术规程》（JGJ 33—2012）。

（18）其他相关法律规定。

4. 建设工程安全生产管理的任务及意义

建设工程安全生产管理的任务主要是贯彻落实国家有关安全生产的方针、政策，建设单位、勘察单位、设计单位、施工单位、工程监理单位及其他与建设工程安全生产有关的单位，必须遵守安全生产法律、法规的规定，保证建设工程安全生产，依法承担建设工程安全生产责任，消除工程建设过程中的冒险性、盲目性和随意性，减少不安全的隐患，杜绝各类伤亡事故的发生，实现安全生产，提高工程建设领域安全生产水平、确保人民群众生命财产安全、促进经济发展、维护社会稳定。

8.2 建设工程各方责任主体安全生产管理的责任

建设工程安全生产管理的范围包括土木工程、建筑工程、线路管道和设备安装工程、装修工程的新建、扩建、改建和拆除等有关活动以及对安全生产的监督管理。《建设工程安全生产管理条例》规定，建设单位、勘察单位、设计单位、施工承包单位、工程监理单位及其他与建设工程安全生产有关的单位，必须遵守安全生产法律、法规的规定，保证建设工程安全生产，依法承担建设工程安全生产责任。

【建设工程安全
生产管理条例】

8.2.1 建设主体单位的安全责任

1. 建设单位的安全责任

建设单位应当向施工承包单位提供施工现场与毗邻区域的供水、排水、供电、供气、供热、通信、广播电视等地下管线资料，气象和水文观测资料，相邻建筑物和构筑物、地下工程的有关资料，并保证资料的真实、准确、完整；建设单位不得对勘察、设计、施工、工程监理等单位提出不符合建设工程安全生产法律、法规和强制性标准规定的要求；不得压缩合同约定的工期；建设单位在编制工程概算时，应当确定建设工程安全作业环境及安全施工措施所需费用；建设单位不得明示或暗示施工承包单位购买、租赁、使用不符合安全施工要求的安全防护用具、机械设备、施工机具及配件、消防设施和器材；建设单位在申请领取施工许可证时，应当提供建设工程有关安全施工措施的资料；依法批准开工报告的建设工程，建设单位应当自开工报告批准之日起15日内，将保证安全施工的措施报送建设工程所在地的县级以上地方人民政府建设行政主管部门或者其他有关部门备案；建设单位应当将拆除工程发包给具有相应资质的施工承包单位；建设单位应当在拆除工程施工开始之日15日前，将下列资料报送建设工程所在地的县级以上地方人民政府建设行政主管部门或其他有关部门备案：施工承包单位资质等级证明；拟拆除建筑物、构筑物及可能危及毗邻建筑的说明；拆除施工组织方案；堆放、消除废弃物的措施，实施爆破作业的，应当遵守国家有关民用爆破物品管理的规定。

2. 施工承包单位的安全责任

（1）施工承包单位从事建设工程的新建、扩建、改建和拆除等活动，应当具备国家规定的注册资本、专业技术人员、技术装备和安全生产等条件，依法取得相应等级的资质证书，并在其资质等级许可的范围内承揽工程。

（2）施工承包单位主要负责人要依法对本单位的安全生产工作全面负责。施工承包单位应当建立健全安全生产责任制度和安全生产教育培训制度，制定安全生产规章制度和操作规程，保证本单位安全生产条件所需资金的投入，对所承担的建设工程进行定期专项安全检查，并做好安全检查记录。施工承包单位的项目负责人应当由取得相应执业资格的人员担任，对建设工程项目的安全施工负责，落实安全生产责任制度、安全生产规章制度和操作规程，确保安全生产费用的有效使用，并根据工程的特点组织制定安全施工措施，消除安全事故隐患，及时、如实报告生产安全事故。

（3）施工承包单位对列入建设工程预算的安全作业环境及安全施工措施所需费用，应当用于施工安全防护工具及设施的采购和更新，安全施工措施的落实，安全生产条件的改善，不得挪作他用。

（4）施工承包单位应当设立安全生产管理机构，配备专职安全生产管理人员。专职安全生产管理人员负责对安全生产进行现场监督检查。发现安全事故隐患，应当及时向项目负责人和安全生产管理机构报告；对违章指挥、违章操作的，应当立即制止。专职安全生产管理人员的配备办法由国务院建设行政主管部门会同国务院其他有关部门确定。

（5）建设工程实行施工总承包的，由总承包单位对施工现场的安全生产负总责。总承包单位应当自行完成建设工程主体结构的施工。总承包单位依法将建设工程分包给其他单位的，分包合同中应当明确各自在安全生产方面的权利、义务。总承包单位和分包单位对分包工程的安全生产承担连带责任。分包单位应当服从总承包单位的安全生产管理，分包单位不服从管理导致生产安全事故的，由分包单位承担主要责任。

（6）垂直运输机械作业人员、安装拆卸工、爆破作业人员、起重信号工、登高架设作业人员等特种作业人员，必须按照国家有关规定经过专门的安全作业培训，并取得特种作业操作资格证书后，方可上岗作业。

（7）施工承包单位应当在施工组织设计中编制安全技术措施和施工现场临时用电方案，对下列达到一定规模的危险性较大的分部分项工程编制专项施工方案，并附具安全验算结果，经施工承包单位技术负责人、总监理工程师签字后实施，由专职安全生产管理人员进行现场监督。

① 基坑支护与降水工程。

② 土方开挖工程。

③ 模板工程。

④ 起重吊装工程。

⑤ 脚手架工程。

⑥ 拆除、爆破工程。

⑦ 国务院建设行政主管部门或者其他有关部门规定的其他危险性较大的工程。对前面各款所列工程中涉及深基坑、地下暗挖工程、高大模板工程的专项施工方案，施工承包单位还应当组织专家进行论证、审查。

（8）建设工程施工前，施工承包单位负责项目管理的技术人员应当对有关安全施工的技术要求向施工作业班组、作业人员做出详细说明，并由双方签字确认。

（9）施工承包单位应当在施工现场入口处、施工起重机械、临时用电设施、脚手架、出入通道口、楼梯口、电梯井口、孔洞口、桥梁口、隧道口、基坑边沿、爆破物及有害危险气体和液体存放处等危险部位设置明显的安全警示标志。安全警示标志必须符合国家标准。施工承包单位应当根据不同施工阶段和周围环境及季节、气候的变化，在施工现场采取相应的安全施工措施。施工现场暂时停止施工的，施工承包单位应当做好现场保护，所需费用由责任方承担，或者按照合同约定执行。

（10）施工承包单位应当将施工现场的办公、生活区与作业区分开设置，并保持安全距离；办公、生活区的选址应当符合安全性要求。职工的膳食、饮水、休息场所等应当符合卫生标准。施工承包单位不得在尚未竣工的建筑物内设置员工集体宿舍。施工现场临时搭建的建筑物应当符合安全使用要求。施工现场使用的装配式活动房屋应当具有产品合格证。

（11）施工承包单位对因建设工程施工可能造成损害的毗邻建筑物、构筑物和地下管线等，应当采取专项防护措施。施工承包单位应当遵守有关环境保护法律、法规的规定，在施工现场采取措施，防止或者减少粉尘、废气、废水、固体废物、噪声、振动和施工照明对人和环境的危害和污染。在城市市区内的建设工程，施工承包单位应当对施工现场实行封闭围挡。

（12）施工承包单位应当在施工现场建立消防安全责任制度，确定消防安全责任人，制定用火、用电、使用易燃易爆材料等各项消防安全管理制度和操作规程，设置消防通道、消防水源、配备消防设施和灭火器材，并在施工现场入口处设置明显标志。

（13）施工承包单位应当向作业人员提供安全防护用具和安全防护服装，并书面告知危险岗位的操作规程和违章操作的危害。作业人员有权对施工现场的作业条件、作业程序和作业方式中存在的安全问题提出批评、检举和控告，有权拒绝违章指挥和强令冒险作业。在施工中发生危及人身安全的紧急情况时，作业人员有权立即停止作业或者在采取必要的应急措施后撤离危险区域。

（14）作业人员应当遵守安全施工的强制性标准、规章制度和操作规程，正确使用安全防护用具、机械设备等。

（15）施工承包单位采购、租赁的安全防护用具、机械设备、施工机具及配件，应当具有生产（制造）许可证、产品合格证，并在进入施工现场前进行查验。施工现场的安全防护工具、机械设备、施工机具及配件必须由专人管理，定期进行检查、维修和保养，建立相应的资料档案，并按照国家有关规定及时报废。

（16）施工承包单位在使用施工起重机械和整体提升脚手架、模板等自升式架设设施前，应当组织有关单位进行验收，也可以委托具有相应资质的检验检测机构进行验收；使用承租的机械设备和施工机具及配件的，由施工总承包单位、分包单位、出租单位和安装单位共同进行验收。验收合格的方可使用。《特种设备安全监察条例》规定的施工起重机械，在验收前应当经有相应资质的检验检测机构监督检验合格。

施工承包单位应当自施工起重机械和整体提升脚手架、模板等自升式架设设施验收合格之日起30日内，向建设行政主管部门或者其他有关部门登记。登记标志应当置于或者附着于该设备的显著位置。

（17）施工承包单位的主要负责人、项目负责人、专职安全生产管理人员应当经建设行政主管部门或者其他有关部门考核合格后方可任职。

施工承包单位应当对管理人员和作业人员每年至少进行一次安全生产教育培训，其教育培训情况记入个人工作档案。安全生产教育培训考核不合格的人员不得上岗。

（18）作业人员进入新的岗位或者新的施工现场前，应当接受安全生产教育培训。未经教育培训或者教育培训考核不合格的人员不得上岗作业。

施工承包单位在采用新技术、新工艺、新设备、新材料时，应当对作业人员进行相应的安全生产教育培训。

（19）施工承包单位应当为施工现场从事危险作业的人员办理意外伤害保险。意外伤害保险费由施工承包单位支付。实行施工总承包的，由总承包单位支付意外伤害保险费。意外伤害保险期限自建设工程开工之日起至竣工验收合格止。

3. 勘察单位的安全责任

勘察单位应该认真执行国家有关法律、法规和工程建设强制性标准，在进行勘察作业时，应当严格执行操作规程，采取措施保证各类管线、设施和周边建筑物、构筑物的安全，提供真实、准确、满足建设工程安全生产需要的勘察资料。

4. 设计单位在工程建设活动中的安全责任

设计单位和注册建筑师等注册执业人员应当对其设计负责；设计单位应当严格按照有关法律、法规和工程建设强制性标准进行设计，防止因设计不合理导致生产安全事故的发生，在设计中应当考虑施工安全操作和防护的需要，对涉及施工安全的重点部位和环节在设计文件中注明，并对防范生产安全事故提出指导意见；对于采用新结构、新材料、新工艺的建设工程和特殊结构的建设工程，设计单位应当在设计中提出保障施工作业人员安全和预防生产安全事故的措施建议。

5. 工程监理单位的安全责任

工程监理单位派驻工程建设项目的项目监理机构应当审查施工组织设计中的安全技术措施、施工单位报审的专项施工方案是否符合工程建设强制性标准，符合要求的，由总监理工程师签认后报建设单位，超过一定规模的危险性较大的分部分项工程的专项施工方案，应检查施工单位组织专家论证、审查的情况，以及是否附具安全验收结果。项目监理机构应要求施工单位按照已审查批准的安全技术措施、专项施工方案组织施工。项目监理机构应审查施工单位现场安全生产规章制度的建立和实施情况，并应审查施工单位安全生产许可证及施工单位项目经理、专职安全生产管理人员和特种作业人员的资格，同时应检查施工机械和设施的安全许可验收手续，定期巡视检查危险性较大的分部分项工程专项施工方案实施情况。发现未按专项施工方案施工时，应签发监理通知单，要求施工单位按专项施工方案实施。项目监理机构在实施监理过程中，发现工程存在安全事故隐患的，应签发监理通知，要求施工承包单位整改；情况严重时，应签发工程暂停令，并及时报告建设单位。施工承包单位拒不整改或者不停止施工时，项目监理机构应当及时向有关主管部门报送监理报告。工程监理单位和监理工程师应当按照法律、法规和工程建设强制性标准实施监理，并对建设工程安全生产承担监理责任。

8.2.2 建设主体单位的法律责任

按主体违反法律规定的不同，其违法的法律责任可分为**刑事责任、民事责任、行政责任三大类**。具体承担方式可以是人身责任、财产责任、行为能力责任等。

1. 建设单位的违法行为及法律责任

1）违法行为

（1）对勘察、设计、施工、工程监理等单位提出不符合安全生产法律、法规和强制性标准规定的要求的。

（2）要求施工承包单位压缩合同约定的工期的。

（3）将拆除工程发包给不具有相应资质等级的施工承包单位的。

2）法律责任

建设单位有以上行为之一的，责令限期改正，处20万元以上50万元以下的罚款；造成重大安全事故，构成犯罪的，对直接责任人员，依照刑法有关规定追究刑事责任；造成损失的，依法承担赔偿责任。

2. 勘察、设计单位的违法行为及法律责任

1）违法行为

（1）未按照法律、法规和工程建设强制性标准进行勘察、设计的。

（2）采用新结构、新材料、新工艺的建设工程和特殊结构的建设工程，设计单位未在设计中提出保障施工作业人员安全和预防生产安全事故的措施建议的。

2）法律责任

勘察、设计单位有以上行为之一的，责令限期改正，处10万元以上30万元以下的罚款；情节严重

的，责令停业整顿，降低资质等级，直至吊销资质证书；造成重大安全事故，构成犯罪的，对直接责任人员，依照刑法有关规定追究刑事责任；造成损失的，依法承担赔偿责任。

3. 施工承包单位的违法行为及法律责任

《建设工程安全生产管理条例》关于施工承包单位法律责任的条款较多，本节只以第六十五条来加以说明。

1）违法行为

(1) 安全防护用具、机械设备、施工机具及配件在进入施工现场前未经查验或者查验不合格即投入使用的。

(2) 使用未经验收或者验收不合格的施工起重机械和整体提升脚手架、模板等自升式架设设施的。

(3) 委托不具有相应资质的单位承担施工现场安装、拆卸施工起重机械和整体提升脚手架、模板等自升式架设设施的。

(4) 在施工组织设计中未编制安全技术措施、施工现场临时用电方案或者专项施工方案的。

2）法律责任

施工承包单位有以上行为之一的，责令限期改正；逾期未改正的，责令停业整顿，并处10万元以上30万元以下的罚款；情节严重的，降低资质等级，直至吊销资质证书；造成重大安全事故，构成犯罪的，对直接责任人员，依照刑法有关规定追究刑事责任；造成损失的，依法承担赔偿责任。

4. 监理单位的违法行为与法律责任

1）违法行为

(1) 未对施工组织设计中的安全技术措施或者专项施工方案进行审查的。此规定包含了三方面的含义：一是没有对施工组织设计进行审查；二是没有进行认真的审查；三是可能没有审查出导致安全事故发生的主要原因。因此，监理工程师对施工组织设计的审查应该是能够通过自己所掌握的专业知识进行详细的审查，应该做到满足《建设工程安全生产管理条例》和技术规定的要求，否则，将会为此承担法律责任。

(2) 发现安全事故隐患未及时要求施工承包单位整改或者暂时停止施工的。此条规定有两方面的含义：一是监理单位是否及时发现在施工中存在的安全事故隐患，包括不安全状态、不安全行为等；另一方面是发现了安全隐患是否及时要求施工承包单位整改或暂时停止施工。发现隐患，及时整改，可以避免或减少损失。

(3) 施工承包单位拒不整改或者不停止施工的，未及时向有关主管部门报告的。发现安全隐患，及时要求施工承包单位立即整改或停止施工，而施工承包单位拒不执行的，应当立即向建设单位或者有关主管部门报告，否则监理单位依然要承担法律责任。具体操作以监理通知或工作纪要等书面文字为依据。

(4) 未依照法律、法规和工程建设强制性标准实施监理的。监理单位是建设单位在施工现场的监管者，不仅要对质量、进度和投资进行控制，还要增加对安全的控制，即对建设工程安全生产承担监理责任。监理单位未能依照法律、法规和工程建设强制性标准对建设工程安全生产进行监理的，也要承担相应的法律责任。

2）法律责任

(1) 行政责任。对于监理单位的上述违法行为，首先应当责令限期改正；逾期未改正的，责令停业整顿，并处10万元以上30万元以下的罚款；情节严重的，降低资质等级，直至吊销资质证书；对于注册执业人员未执行法律、法规和工程建设强制性标准的，责令停止执业3个月以上1年以下；情节严重的，吊销执业资格证书，5年内不予注册；造成重大安全事故的，终身不予注册；构成犯罪的，依照刑法有关规定追究刑事责任。

（2）民事责任。监理单位基于建设单位委托合同参加到工程建设中来，由于自身产生的违法行为往往也是违约行为，损害了建设单位的利益，如果给建设单位造成损失，监理单位应当对建设单位承担赔偿责任。

（3）刑事责任。《中华人民共和国刑法》第一百三十七条规定：建设单位、设计单位、施工承包单位、工程监理单位违反国家规定，降低工程质量标准，造成重大安全事故的，对直接责任人员处5年以下有期徒刑或者拘役，并处罚金；后果特别严重的，处5年以上10年以下有期徒刑，并处罚金。

【中华人民共和国刑法】

8.2.3 政府主管部门对建设工程安全生产的监督管理

1.各级建设行政主管部门对建设工程安全生产的监督管理职责

（1）国务院建设行政主管部门的主要职责有：贯彻执行国家有关安全生产的法规、政策，起草或者制定建设工程安全生产管理的法规、标准，并监督实施；制定建设工程安全生产管理的中、长期规划和近期目标，组织建设工程安全生产技术的开发与推广应用；指导和监督检查省、自治区、直辖市人民政府建设行政主管部门对建设工程安全生产的监督管理工作；统计全国建筑职工因工伤亡人数，掌握并发布全国建设工程安全生产动态；负责对企业申报资质时安全条件的审查，行使安全生产否决权；组织建设工程安全大检查，总结交流安全生产管理经验，并表彰先进；检查和督促工程建设重大事故的调查。

（2）县级以上地方人民政府建设行政主管部门的主要职责有：贯彻执行国家和地方有关安全生产的法规、标准和政策，起草或者制定本行政区内建设工程安全生产管理的实施细则或者实施办法；制定本行政区域内建设工程安全生产管理的中、长期规划和近期目标，组织建设工程安全生产技术的开发与推广应用；建立建设工程安全生产的监督管理体系，制定本行政区域内建设工程安全生产监督管理工作制度，组织落实安全生产责任制；负责本行政区域内建筑职工因工伤亡的统计和上报工作，掌握和发布本行政区域建设工程安全生产动态，制定事故应急救援预案，并组织实施；负责对企业申报资质时安全条件的审查，行使安全生产否决权；组织开展本行政区域内建设工程安全大检查，总结交流安全生产管理经验，并表彰先进；组织检查施工现场、构配件生产车间等处的安全管理和防护措施，纠正违章指挥和违章作业；组织开展本行政区域内施工承包单位的生产管理人员、作业人员的安全生产教育、培训工作，监督检查施工承包单位对安全施工措施费的使用；领导和管理建设工程安全管理机构的工作。

2.严格监督、检查安全生产，依法及时进行纠正和处理

《建筑工程安全生产管理条例》规定了政府建设行政主管部门在其职责范围内有权检查有关单位安全生产的文件和资料，有权进入施工现场进行检查，对违反安全生产要求的行为进行纠正和对存在的安全隐患和危险情况责令处置，必要时责令立即撤出人员或者暂时停止施工。

8.3 监理方在安全生产管理中的主要工作

《建筑工程安全生产管理条例》第十四条规定："工程监理单位和监理工程师应当按照法律、法规和工程建设强制性标准实施监理，并对建设工程安全生产承担监理责任。"《建设工程监理规范》（GB/T

50319—2013）中5.5.1条规定："项目监理机构应根据法律法规、工程建设强制性标准，履行建设工程安全生产管理的监理职责，并应将安全生产管理的监理工作内容、方法和措施纳入监理规划及监理实施细则。"这些条款明确了工程监理的安全生产责任，可见安全监理责任重大。作为参与工程建设的独立一方，监理工程师应在其自身安全生产管理体系的建设、施工单位安全方案审核、现场安全生产管理等方面开展安全监理工作，对施工单位的安全投入、安全行为进行制约，防止建设工程安全事故的发生。

8.3.1　监理企业自身的安全管控

1. 编制安全监理文件

安全监理文件是开展安全监理工作的纲领。监理企业在接到某项目的监理任务时，要做好该项目的安全生产管理，首先要做好的工作应该是在项目施工开始前，项目监理机构组织有关监理人员分析本工程的特点，根据该项目的安全特点，有针对性地编制安全监理文件。安全监理文件包含安全监理规划，桩基、深基坑、塔式起重机（群塔）、临时用电、钢结构安装、高处作业、受限空间、电动吊篮、龙门架、脚手架、高架重荷模板、小型施工机具、文明施工、环境保护等专项安全监理实施细则。安全监理文件随工程进展逐步完成、完善，应具有很强的操作性，明确安全监理工作要点，达到指导安全监理工作的深度和水平。在安全监理文件中应根据项目安全特点分析、安全监理规划、安全监理实施细则，进行工程危险源分析，按工程施工阶段列出危险源清单。危险源清单随工程进展应阶段性更新，安全监理工程师根据危险源清单对施工现场进行有针对性、有侧重点的检查与督促。

2. 明确项目安全管理组织机构和安全监理工作程序

项目安全管理组织机构和安全监理工作程序是建设工程安全监理工作的基础和保证。监理工程师在开工伊始即应明确项目安全管理组织机构的形式构成及人员构成，明确安全监理工作程序，建立安全生产的控制体系，如图8.1所示。督促各参建单位建立并完善各项安全规章制度，建立健全安全生产责任制及安全管理网络。

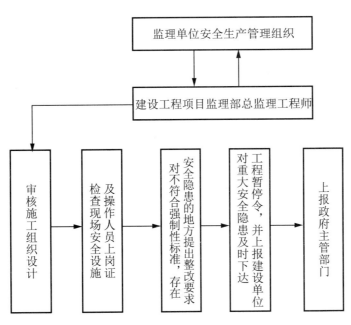

图8.1　监理单位安全生产管理体系

3. 建立安全监理工作制度，严格按工作制度开展安全监理工作

（1）每日例行巡查制度。安全监理工程师组织业主、总包单位、分包单位安全人员每日例行巡查工地。

（2）定期安全检查与不定期专项检查相结合的制度。

（3）节前、节后安全检查制度。重大节日前夕，监理工程师组织参建各方进行综合安全检查，保证节假日期间安全施工。节后同样组织安全检查，查找节日期间产生的安全问题，以利于整改。通过节前、节后安全检查制度保证施工现场平稳过渡，确保安全工作。

（4）每日安全监理巡查记录制度。安全监理工程师将每日巡查发现的问题进行梳理，采用文字与相片结合的方式形成每日安全监理巡查记录。安全监理巡查记录于次日 8：00 前发总包项目经理部，项目经理部在其早会期间正好通报现场存在的安全问题，有利于落实。

（5）安全周报、安全月报、专题安全形势分析报告制度。分别以每周、每月为单元进行安全监理工作总结，形成安全周报、安全月报，此两份报告包括对下周（月）安全监理工作筹划的内容。专题安全形势分析报告不定期编写，主要针对工程进展中碰到的较集中的安全问题进行专题分析，探寻对策，同时理清安全监理工作思路。

（6）安全信函、安全监理工程师通知单制度。对于一般的安全问题，采用安全信函的方式向施工单位发出，安全信函数量多，每日发出，对施工单位安全管理组织机构及人员形成强大的压力，安全信函落实率达到 70% ~ 80% 便能取得很好的安全监理工作成果。对于关键的问题采用安全监理工程师通知单方式发出，对此应非常慎重，确保落实率达到 100%。信函、通知单均采用文字加相片的方式，效果好。

（7）安全监理培训制度。对某一时段集中出现的安全问题，有针对性地开展安全监理培训工作，对提高安全监理工作效果有很大的好处。培训紧盯现场问题，只讲问题点及解决方案，不讲理论，培训对象就是现场一线操作工。

（8）其他相关制度。针对具体项目的特点，建立必要的相关安全监理制度。

4. 严格奖罚制度，利用奖罚手段提高安全管理工作效果

奖罚制度对提高安全管理工作效果行之有效。奖罚一定要有标准，在开工前制定。奖罚一定要具体到个人，对工人和安全管理人员一视同仁。在项目经理部，监理工程师会同总包单位在每周一上午举行一次奖励先进安全个人的活动，发衣服和其他一些日常用品，对形成安全氛围作用很大。管理人员和工人安全帽均有帽号，对违规人员只要用数码相机照到帽号即可。

5. 重视重大危险源管理，以危险源管理促进项目整体安全管理水平的提高

（1）针对项目特点，进行危险源分析、辨识。

（2）列出危险源清单，建立危险源管理台账，周期性排查，形成记录，查找问题。

（3）对查找出的重大危险源管理中的问题必须限期整改，没有回旋的余地，对施工单位形成强大的压力。

（4）危险源台账应随工程进展而更新。

8.3.2 施工准备阶段的安全生产管理

1. 施工承包单位安全生产管理体系的检查

项目监理机构应对施工承包单位的安全生产管理体系进行检查，主要包括以下几个方面。

（1）施工承包单位应具备国家规定的安全生产资质证书，并在其等级许可范围内承揽 工程。

（2）施工承包单位应成立以企业法人代表为首的安全生产管理机构，依法对本单位的安全生产工作全面负责。

（3）施工承包单位的项目负责人应当由取得安全生产相应资质的人担任，在施工现场应建立以项目经理为首的安全生产管理体系，对项目的安全施工负责。

（4）施工承包单位应当在施工现场配备专职安全生产管理人员，负责对施工现场的安全施工进行监督检查。

（5）工程实行总承包的，应由总包单位对施工现场的安全生产负总责，总包单位和分包单位应对分包工程的施工安全承担连带责任，分包单位应当服从总包单位的安全生产管理。

2. 施工承包单位安全生产管理制度的检查

项目监理机构应对施工承包单位的安全生产管理制度进行检查，主要包括以下几个方面。

（1）安全生产责任制。这是企业安全生产管理制度中的核心，是上至总经理下至每个生产工人对安全生产所应负的职责。

（2）安全技术交底制度。施工前由项目的技术人员将有关安全施工的技术要求向施工作业班组、作业人员做出详细说明，并由双方签字落实。

（3）安全生产教育培训制度。施工承包单位应当对管理人员、作业人员，每年至少进行一次安全教育培训，并把教育培训情况记入个人工作档案。

（4）施工现场文明管理制度。

（5）施工现场安全防火、防爆制度。

（6）施工现场机械设备安全管理制度。

（7）施工现场安全用电管理制度。

（8）班组安全生产管理制度。

（9）特种作业人员安全管理制度。

（10）施工现场门卫管理制度。

3. 工程项目施工安全监督机制的检查

项目监理机构应对施工承包单位针对工程项目施工安全监督机制进行检查，主要包括以下几个方面。

（1）施工承包单位应当制定切实可行的安全生产规章制度和安全生产操作规程。

（2）施工承包单位的项目负责人应当落实安全生产的责任制和有关安全生产的规章制度和操作规程。

（3）施工承包单位的项目负责人应根据工程特点，组织制定安全施工措施，消除安全隐患，及时、如实报告施工安全事故。

（4）施工承包单位应对工程项目进行定期与不定期的安全检查，并做好安全检查记录。

（5）在施工现场应采用专检和自检相结合的安全检查方法、班组间相互安全监督检查的方法。

（6）施工现场的专职安全生产管理人员在施工现场发现安全事故隐患时，应当及时向项目负责人和安全生产管理机构报告，对违章指挥、违章操作的应当立即制止。

4. 施工承包单位安全教育培训制度落实情况的检查

项目监理机构应对施工承包单位安全教育培训制度落实情况进行检查，主要包括以下几个方面。

（1）施工承包单位主要负责人、项目负责人、专职安全管理人员应当经建设行政主管部门进行安全教育培训，并经考核合格后方可上岗。

（2）作业人员进入新的岗位或新的施工现场前应当接受安全生产教育培训，未经培训或培训考核不合格的不得上岗。

（3）施工承包单位在采用新技术、新工艺、新设备、新材料时，应当对作业人员进行相应的安全生产教育培训。

（4）施工承包单位应当向作业人员以书面形式，告之危险岗位的操作规程和违章操作的危害，制定出保障施工作业人员安全和预防安全事故的措施。

（5）垂直运输机械作业人员，安装拆卸、爆破作业人员，起重信号、登高架设作业人员等特种作业人员，必须按照国家有关规定，经过专门的安全作业培训，并取得特种作业操作资格证书，方可上岗作业。

5. 施工承包单位安全生产技术措施的审查

项目监理机构应审查施工单位报审的以下危险性较大的专项施工方案，符合要求的，应由总监理工程师签认后报建设单位。超过一定规模的危险性较大的分部分项工程的专项施工方案，应检查施工单位组织专家论证、审查的情况，以及是否附具安全验算结果。

（1）基坑支护与降水工程专项措施。

（2）土方开挖工程专项措施。

（3）模板工程专项措施。

（4）起重吊装工程专项措施。

（5）脚手架工程专项措施。

（6）拆除、爆破工程专项措施。

（7）高处作业专项措施。

（8）施工现场临时用电安全专项措施。

（9）施工现场的防火、防爆安全专项措施。

（10）国务院建设行政主管部门或者其他有关部门规定的其他危险性较大的工程。

6. 文明施工的检查

项目监理机构应对施工承包单位文明施工措施情况进行检查，主要包括以下几个方面。

（1）施工承包单位应当在施工现场入口处，起重机械、临时用电设施、脚手架、出入通道口、电梯井口、楼梯口、孔洞口、基坑边沿，爆破物及有害气体和液体存放处等危险部位设置明显的安全警示标志。在市区内施工，应当对施工现场实行封闭围挡。

（2）施工承包单位应当在施工现场建立消防安全责任制度，确定消防安全责任人，制定用火、用电、使用易燃、易爆材料等各项消防安全管理制度和操作规程，设置消防通道、消防水源、配备消防设施和灭火器材，并在施工现场入口处设置明显的防火标志。

（3）施工承包单位应当根据不同施工阶段和周围环境及季节气候的变化，在施工现场采取相应的安全施工措施。

（4）施工承包单位对施工可能造成损害的毗邻建筑物、构筑物和地下管线，应当采取专项防护措施。

（5）施工承包单位应当遵守环保法律、法规，在施工现场采取措施，防止或减少粉尘、废水、废气、固体废物、噪声、振动和施工照明对人和环境的危害和污染。

（6）施工承包单位应当将施工现场的办公、生活区和作业区分开设置，并保持安全距离。办公生活区的选址应当符合安全性要求。职工膳食、饮水应当符合卫生标准，不得在尚未完工的建筑物内设员工集体宿舍。临建必须在建筑物 20m 以外，不得建在煤气管道和高压架空线路下方。

7. 其他方面安全隐患的检查

项目监理机构应对施工承包单位其他方面的安全隐患进行检查，主要包括以下几个方面。

（1）施工现场的安全防护用具、机械设备、施工机具及配件必须有专人保管，定期进行检查、维护和保养，建立相应的资料档案，并按国家有关规定及时报废。

（2）施工承包单位应当向作业人员提供安全防护用具和安全防护服装。

（3）作业人员有权对施工现场的作业条件、作业程序和作业方式中存在的安全问题提出批评、检举和控告，有权拒绝违章指挥和强令冒险作业。

（4）施工中发生危及人身安全的紧急情况时，作业人员有权立即停止作业或者采取必要的紧急措施后撤离危险区域。

（5）作业人员应当遵守安全施工的强制性标准、规章制度和操作规程，正确使用安全防护用具、机械设备。

（6）施工现场临时搭建的建筑物应当符合安全使用要求，施工现场使用的装配式活动房应有产品合格证。

8.3.3 施工过程的安全生产管理

1. 安全生产的巡视检查

巡视检查是监理工程师在施工过程中进行安全与质量控制的重要手段。在巡视检查中应该加强对施工安全的检测，防止安全事故的发生。项目监理机构应巡视检查危险性较大的分部分项施工方案实施情况。发现未按专项施工方案实施时，应签发监理通知单，要求施工单位按专项施工方案实施。项目监理机构在实施监理过程中，发现工程存在安全事故隐患时，应签发监理通知单，要求施工单位整改；情况严重时，应签发工程暂停令，并应及时报告建设单位。施工单位拒不整改或不停止施工时，项目监理机构应及时向有关主管部门报送监理报告。

1）高空作业情况

为防止高空坠落事故的发生，监理工程师应重点巡视现场，看施工组织设计中的安全措施是否落实。

（1）架设是否牢固。

（2）高空作业人员是否系保险带。

（3）是否采用防滑、防冻、防寒、防雷等措施，遇到恶劣天气不得高空作业。

（4）有无尚未安装栏杆的平台、雨篷、挑檐。

（5）孔、洞、口、沟、坎、井等部位是否设置防护栏杆，洞口下是否设置防护网。

（6）作业人员从安全通道上下楼，不得从架子攀登，不得随提升机、货运机上下。

（7）梯子底部坚实可靠，不得垫高使用，梯子上端应固定。

2）安全用电情况

为防止触电事故的发生，监理工程师应该予以重视，不合格的要求整改。

（1）开关箱是否设置漏电保护。

（2）每台设备是否一机一闸。

（3）闸箱三相五线制连接是否正确。

（4）室内外电线、电缆架设高度是否满足规范要求。

（5）电缆埋地是否合格。

（6）检查、维修是否带电作业，是否挂标志牌。

（7）相关环境下用电电压是否合格。

（8）配电箱、电气设备之间的距离是否符合规范要求。

3）脚手架、模板情况

为防止脚手架坍塌事故的发生，监理工程师对脚手架的安全应该引起足够重视，对脚手架的施工工序应该进行验收，主要有以下几点。

（1）脚手架用材料（钢管、卡子）质量是否符合规范要求。

（2）节点连接是否满足规范要求。

（3）脚手架与建筑物连接是否牢固、可靠。

（4）剪刀撑设置是否合理。

（5）扫地杆安装是否正确。

（6）同一脚手架用钢管直径是否一致。

（7）脚手架安装、拆除队伍是否具有相关资质。

（8）脚手架底部基础是否符合规范要求。

4）机械使用情况

由于使用过程中违规操作、机械故障等，会造成人员的伤亡。因此，对于机械安全使用情况，监理工程师应该进行验收，对于不合格的机械设备，应令施工承包单位将其清出施工现场，不得使用，对没有资质的操作人员停止其操作行为。验收检查主要有以下几点。

（1）具有相关资质的操作人员身体情况、防护情况是否合格。

（2）机械上的各种安全防护装置和警示牌是否齐全。

（3）机械用电连接等是否合格。

（4）起重机载荷是否满足要求。

（5）机械作业现场是否合格。

（6）塔式起重机安装、拆卸方案是否编制合理。

（7）机械设备与操作人员、非操作人员的距离是否满足要求。

5）安全防护情况

有了必要的防护措施就可以大大减少安全事故的发生，监理工程师对安全防护情况的检查验收主要有以下几点。

（1）防护是否到位，不同的工种应该有不同的防护装置，如安全帽、安全带、安全网、防护罩、绝缘服等。

（2）自身安全防护是否合格，如头发、衣服、身体状况等。

（3）施工现场周围环境的防护措施是否健全，如高压线、地下电缆、运输道路以及沟、河、洞等对建设工程的影响。

（4）安全管理费用是否到位，能否保证安全防护的设置需求。

2. 安全生产事故的救援与调查处理

安全事故发生后，应急救援工作至关重要。应急救援工作做得好可以最大限度地减少损失，可以及时挽救事故受伤人员的生命，可以使事故尽快得到妥善的处理与处置。

1）生产安全事故的应急救援预案

（1）县级以上地方人民政府建设行政主管部门应当根据本级人民政府的要求，制定本行政区域内建设工程特大生产安全事故的应急救援预案。

（2）施工承包单位应当制定本单位生产安全事故应急救援预案，建立应急救援组织或者配备应急救援人员，配备必要的应急救援器材、设备，并定期组织演练；施工现场应当根据本工程的特点、范围，对施工现场易发生重大事故的部位、环节进行监控，制定施工现场生产安全事故救援预案；实行施工总承包的，由总承包单位统一组织编制建设工程生产安全事故救援预案，工程总承包单位和分包单位按照应急救援预案各自建立应急救援组织或者配备应急救援人员，配备应急救援器材、设备，并定期组织演练。

2）生产安全事故的应急救援

安全事故发生后，监理工程师应积极协助、督促施工承包单位按照应急救援预案进行紧急救助，以最大限度地减少损失，挽救事故受伤人员的生命。

3）生产安全事故报告制度

监理单位在生产安全事故发生后，应督促施工承包单位及时、如实地向有关部门报告，应下达停工令，并报告建设单位，防止事故的进一步扩大和蔓延；施工承包单位发生安全事故的，应当按照国家有关伤亡事故报告和调查处理的规定，及时、如实地向负责安全生产的监督管理部门、建设行政主管部门或者其他有关部门报告；特种设备发生事故的，还应当同时向特种设备安全监督管理部门报告。

4）生产安全事故的调查处理

（1）事故的调查。特别是对于重大事故的调查应由事故发生地的市、县级以上建设行政主管部门或者国务院有关主管部门组成调查组负责进行，调查组可以聘请有关方面的专家协助进行技术鉴定、事故分析和财产损失的评估工作。调查的主要内容有：与事故有关的工程情况；事故发生的详细情况，如发生的地点、时间、工程部位、性质、现状及发展变化等；事故调查中的有关数据和资料；事故原因分析和判断；事故发生后所采取的临时防护措施；事故处理的建议方案及措施；事故涉及的有关人员及责任情况。

（2）事故的处理。首先必须对事故进行调查研究，收集充分的数据资料，广泛听取专家及各方面的意见和建议，经科学论证，决定该事故是否需要做出处理，并坚持实事求是的科学态度，制定安全、可靠、适用且经济的处理方案。

（3）事故处理报告应逐级上报。事故处理报告的内容包括：事故的基本情况；事故调查及检查情况；事故原因分析；事故处理依据；安全、质量缺陷处理方案及技术措施；实施安全、质量处理中的有关数据、记录、资料；对处理结果的检查、鉴定和验收；结论意见。

8.4　江西丰城发电厂冷却塔施工平台坍塌事故分析

1. 事故简介

2016 年 11 月 24 日，江西丰城发电厂三期扩建工程发生冷却塔施工平台坍塌特别重大事故，事故导致 73 人死亡，2 名在 7 号冷却塔底部作业的工人受伤，7 号冷却塔部分已完工工程受损。依据《企业职工伤亡事故经济损失统计标准》（GB 6721）等标准和规定统计，核定事故造成直接经济损失为 10197.2 万元。

2. 事故发生经过

江西丰城发电厂三期扩建工程建设规模为 2×1000MW 发电机组，总投资额为 76.7 亿元，属江西省电力建设重点工程。其中，建筑和安装部分主要包括 7 号、8 号机组建筑安装工程，电厂成套设备以外的辅助设施建筑安装工程，7 号、8 号冷却塔和烟囱工程等，共分为 A、B、C、D 标段。事发 7 号冷却塔属于江西丰城发电厂三期扩建工程 D 标段，是三期扩建工程中两座逆流式双曲线自然通风冷却塔其中的一座，采用钢筋混凝土结构。7 号冷却塔于 2016 年 4 月 11 日开工建设，4 月 12 日开始基础土方开挖，8 月 18 日完成环形基础浇筑，9 月 27 日开始筒壁混凝土浇筑，事故发生时，已浇筑完成第 52 节筒壁混凝土，高度为 76.7m。

2016 年 11 月 24 日 6 时许，混凝土班组、钢筋班组先后完成第 52 节混凝土浇筑和第 53 节钢筋绑扎作业，离开作业面。5 个木工班组共 70 人先后上施工平台，分布在筒壁四周施工平台上拆除第 50 节模板并安装第 53 节模板。此外，与施工平台连接的平桥上有 2 名平桥操作人员和 1 名施工升降机操作人员，在 7 号冷却塔底部中央竖井、水池底板处有 19 名工人正在作业。7 时 33 分，7 号冷却塔第 50～52 节筒壁混凝土从后期浇筑完成部位开始坍塌，沿圆周方向向两侧连续倾塌坠落，施工平台及平桥上的作业人员随同筒壁混凝土及模架体系一起坠落，在筒壁坍塌过程中，平桥晃动、倾斜后整体向东倒塌，事故持续时间 24 秒。

3. 事故原因分析

1）技术方面

经调查认定，事故的直接原因是施工单位在 7 号冷却塔第 50 节筒壁混凝土强度不足的情况下，违规拆除第 50 节模板，致使第 50 节筒壁混凝土失去模板支护，不足以承受上部荷载，从底部最薄弱处开始坍塌，造成第 50 节及以上筒壁混凝土和模架体系连续倾塌坠落。坠落物冲击与筒壁内侧连接的平桥附着拉索，导致平桥也整体倒塌。此外，造成该事故发生的技术方面原因还有项目部未将筒壁工程作为危险性较大的分部分项工程进行管理；筒壁工程施工方案存有重大缺陷，未按要求在施工方案中制定拆模管理控制措施，未辨识出拆模作业中存在的重大风险。在 2016 年 11 月 22 日气温骤降、外部施工条件已发生变化的情况下，项目部未采取相应技术措施。在上级公司提出加强冬期施工管理的要求后，项目部未按要求制定冬期施工方案。

2）管理方面

施工现场项目部及现场管理混乱。公司派驻的项目经理长期不在岗，安排无相应资质的人员实际负责项目施工组织。公司未要求项目部将筒壁工程作为危险性较大的分部分项工程进行管理，对项目部的施工进度管理缺失。对施工现场检查不深入，缺少技术、质量等方面的内容，未发现施工现场拆模等关键工序管理失控和技术管理存有漏洞等问题。项目部指定社会自然人组织劳务作业队伍挂靠劳务公司，施工过程中更换劳务作业队伍后，未按规定履行相关手续。对劳务作业队伍以包代管，夜间作业时没有安排人员带班管理。安全教育培训不扎实，安全技术交底不认真，未组织全员交底，交底内容缺乏针对性。在施工现场违规安排垂直交叉作业，未督促整改劳务作业队伍习惯性违章、施工质量低等问题。

安全生产管理机制不健全，安全技术措施存在严重漏洞。7 号冷却塔施工单位河北亿能公司未按规定设置独立安全生产管理机构，安全管理人员数量不符合规定要求；未建立安全生产"一岗双责"责任体系，未按规定组织召开公司安全生产委员会会议，对安全生产工作部署不足。公司及项目部技术管理、安全管理力量与发展规模不匹配，对施工现场的安全、质量管理重点把控不准确。

监理单位上海斯耐迪公司对项目监理部的人员配置不满足监理合同要求，项目监理部土建监理工程师数量不满足日常工作需要，部分新入职人员未进行监理工作业务岗前培训。公司在对项目监理部的检查工作中，未发现和纠正现场监理工作严重失职等问题。项目监理部未按照规定细化相应监理措施，未提出监理人员要对拆模工序现场见证等要求。对施工单位制定的 7 号冷却塔施工方案审查不严格，未发现方案中缺少拆模工序管理措施的问题，未纠正施工单位不按施工技术标准施工、在拆模前不进行混凝土试块强度检测的违规行为。项目监理部未针对施工进度调整加强现场监理工作，未督促施工单位采取有效措施强化现场安全管理。现场巡检不力，对垂直交叉作业问题未进行有效监督并督促整改，未按要求在浇筑混凝土时旁站，对施工单位项目经理长期不在岗的问题监理不到位。对土建监理工程师管理不严格，放任其在职责范围以外标段的《见证取样委托书》上签字，安排未经过岗前监理业务培训人员独立开展旁站及见证等监理工作。

4. 事故防范措施建议

（1）增强安全生产红线意识，进一步强化建筑施工安全工作。各地区、各有关部门和各建筑业企业要进一步牢固树立新发展理念，坚持安全发展，坚守发展决不能以牺牲安全为代价这条不可逾越的红线，充分认识到建筑行业的高风险性，杜绝麻痹意识和侥幸心理，始终将安全生产置于一切工作的首位。各有关部门要督促企业严格按照有关法律法规和标准要求，设置安全生产管理机构，配足专职安全管理人员，按照施工实际需要配备项目部的技术管理力量，建立健全安全生产责任制，完善企业和施工现场作业安全管理规章制度。要督促企业在施工过程中加强过程管理和监督检查，监督作业队伍严格按照法规标准、图纸和施工方案施工。

（2）进一步健全法规制度，明确工程总承包模式中各方主体的安全职责。各相关行业主管部门要及时研究制定与工程总承包等发包模式相匹配的工程建设管理和安全管理制度，完善工程总承包相关的招标投标、施工许可（开工报告）、竣工验收等制度规定，为工程总承包的安全发展创造政策环境。要按照工程总承包企业对工程总承包项目的质量和安全全面负责，依照合同约定对建设单位负责，分包企业按照分包合同的约定对工程总承包企业负责的原则，进一步明确工程总承包模式下建设、总承包、分包施工等各方参建单位在工程质量安全、进度控制等方面的职责。要加强对工程总承包市场的管理，督促建设单位加强工程总承包项目的全过程管理，督促工程总承包企业遵守有关法律法规要求和履行合同义务，强化分包管理，严禁以包代管、违法分包和转包。

（3）规范建设管理和施工现场监理，切实发挥监理管控作用。各建设单位要认真执行工程定额工期，严禁在未经过科学评估和论证的情况下压缩工期，要保证安全生产投入，提供法规规定和合同约定的安全生产条件，要加强对工程总承包、监理单位履行安全生产责任情况的监督检查。各监理单位要完善相关监理制度，强化对派驻项目现场的监理人员特别是总监理工程师的考核和管理，确保和提高监理工作质量，切实发挥施工现场监理管控作用。项目监理机构要认真贯彻落实《建设工程监理规范》(GB 50319) 等相关标准，编制有针对性、可操作性的监理规划及细则，按规定程序和内容审查施工组织设计、专项施工方案等文件，严格落实建筑材料检验等制度，对关键工序和关键部位严格实施旁站监理。对监理过程中发现的质量安全隐患和问题，监理单位要及时责令施工单位整改并复查整改情况，拒不整改的按规定向建设单位和行业主管部门报告。

5. 监理工程师的安全监理责任分析

监理单位在对筒壁工程实施安全监理工作中应做好以下工作。

（1）筒壁工程施工前，必须编制安全监理实施细则，安全监理实施细则应针对施工单位编制的专项施工方案和现场实际情况，依据安全监理方案提出的工作目标和管理要求，明确监理人员的分工和职责、安全监理工作的方法和手段、安全监理检查重点、检查频率和检查记录的要求。

（2）按法规规定认真对筒壁工程专项施工方案审核查验，主要审查一下内容。

① 专项施工方案的编制、审核、批准签署齐全有效。

② 专项施工方案的内容应符合工程建设强制性标准。

③ 监理人员每日对施工现场进行巡视时，应检查安全防护情况并做好记录。

④ 项目监理机构应指派专人负责基坑工程的安全监理；应依据专项施工方案及工程建设强制性标准进行检查；专业监理工程师或安全监理员应按照《安全监理实施细则》中明确的检查项目和频率进行安全检查；监理员每日应重点对筒壁工程进行巡视检查，应详细记录检查过程。

⑤ 当发现施工现场存在重大安全事故隐患时，总监理工程师应及时签发《工程暂停令》，暂停部分或全部工程的施工，并责令其限期整改。对施工单位拒不执行《工程暂停令》的，总监理工程师应向建设单位及监理单位报告；必要时应填写《安全隐患报告书》，向工程所在地建设主管部门报告，并同时报告建设单位。

本章小结

通过本章的学习，可以了解建设工程安全生产管理的特点及意义，建设工程安全生产管理的重大意义。熟悉建设工程各方主体的安全责任和法律责任，着重学习监理工程师在建设工程安全生产管理中的主要工作，通过一个电厂筒壁坍塌的典型案例分析阐述了安全事故发生的原因及预防措施及建设参与各方的安全责任。

习　题

一、思考题

1.试简述安全生产的含义。

2.试简述安全生产管理中，监理工程师的安全责任。

3.试简述监理单位和监理工程师在安全生产中的法律责任。

4.试简述"三宝""四口"防护检查标准。

5.试简述监理工程师在施工阶段安全生产控制中的主要工作。

二、单项选择题

1.建设工程安全生产管理的方针是（　　）。

    A．安全第一、预防为主　　　　B．安全第一、以人为本

    C．安全第一、四不放过　　　　D．安全第一、百年大计

2.（　　）是企业安全生产的第一责任人。

    A．项目经理　　B．项目负责人　　C．项目专职安全员　　D．企业经理

3.凡在有可能坠落的高处进行施工作业时，当坠落高度距离基准面（　　）m及以上时，该项作业

即称为高处作业。

　　A．1　　　　　　　　B．2　　　　　　　　C．3　　　　　　　　D．5

　　4．工人甲来到某建设单位，从事脚手架搭设工作。其从事的工作是对周围人员和设施的安全有重大危害因素的作业，该作业称为（　　）。

　　A．技术作业　　　　　B．危险作业　　　　C．高难度作业　　　D．特种作业

　　5．施工人员在正式进行本班的工作前，必须对所用的机械装置和工具进行仔细检查，下班前还必须进行班后检查，做好设备的维修保养等工作，保证交接安全，此项工作属于（　　）。

　　A．全面安全检查　　　B．经常性安全检查　　C．节假日安全检查　　D．专项安全检查

三、多项选择题

　　1．下列需要编制专项施工方案的有（　　）。

　　A．土方工程　　B．模板工程　　C．脚手架拆除D．深基坑支护E．防水工程

　　2．根据《建设工程安全生产管理条例》第五十七条的有关规定，工程监理单位有下列（　　）行为之一的，责令限期改正；逾期未改正的，责令停业整顿，并处10万元以上30万元以下的罚款；情节严重的，降低资质等级，直至吊销资质证书；造成重大安全事故，构成犯罪的，对直接责任人员，依照《刑法》有关规定追究刑事责任；造成损失的，依法承担赔偿责任。

　　A．未对施工组织设计中的安全技术措施或者专项施工方案进行审查的

　　B．发现安全事故隐患未及时要求施工单位整改或者暂时停止施工的

　　C．施工单位拒不整改或者不停止施工，未及时向有关主管部门报告的

　　D．未依照法律法规和工程建设强制性标准实施监理的

　　E．未经批准核发证书就自行上岗的

　　3．若监理单位发现施工单位的安全防护用具、机械设备、施工机具及配件在进入施工现场前未经查验或者查验不合格即投入使用的，工程监理单位应当（　　）。

　　A．责令限期改正

　　B．逾期未改正的，责令停业整顿，并处10万元以上30万元以下的罚款

　　C．情节严重的，降低资质等级，直至吊销资质证书

　　D．没收其违法所得

　　E．造成损失的，依法承担赔偿责任

　　4．施工单位的（　　）未履行安全生产管理职责的，责令限期改正；逾期未改正的，责令施工单位停业整顿；造成重大安全事故、重大伤亡事故或者其他严重后果，构成犯罪的，依照刑法有关规定追究刑事责任。

　　A．主要负责人　　　　B．作业人员　　　　　C．后勤人员

　　D．项目负责人　　　　E．职工代表

　　5．根据《建设工程安全生产管理条例》，施工单位应满足现场卫生、环境与消防安全管理方面的要求包括（　　）。

　　A．做好施工现场人员调查

　　B．将现场办公、生活与作业区分开设置，保持安全距离

　　C．提供的职工膳食、饮水、休息场所符合卫生标准

　　D．不得在尚未竣工的建筑物内设置员工集体宿舍

　　E、设置消防通道、消防水源，配备消防设施和灭火器材

四、案例分析题

某工程，建设单位通过公开招标与甲施工单位签订了施工总承包合同，依据合同，甲施工单位通过招标将钢结构工程分包给乙施工单位。施工过程中发生了下列事件。

事件1：甲施工单位项目经理安排技术员兼施工现场安全员，并安排其负责编制深基坑支护与降水工程专项施工方案，项目经理对该施工方案进行安全验算后，即组织现场施工，并将施工方案及验算结果报送项目监理机构。

事件2：乙施工单位采购的特殊规格钢板，因供应商未能提供出厂合格证明，乙施工单位按规定要求进行了检验，检验合格后向项目监理机构报验。为不影响工程进度，总监理工程师要求甲施工单位在监理人员的见证下取样复检，复验结果合格后，同意该批钢板进场使用。

事件3：为满足钢结构吊装施工的需要，甲施工单位向设备租赁公司租用了一台大型塔式起重机，委托一家有相应资质的安装单位进行塔式起重机安装。安装完成后，由甲、乙施工单位对该塔式起重机共同进行验收，验收合格后投入使用，并到有关部门办理了登记。

事件4：钢结构工程施工中，专业监理工程师在现场发现乙施工单位使用的高强螺栓未经报验，存在严重的质量隐患，即向乙施工单位签发了《工程暂停令》，并报告了总监理工程师。甲施工单位得知后也要求乙施工单位立刻停工整改。乙施工单位为赶工期，边施工边报验，项目监理机构及时报告了有关主管部门。报告发出的当天，发生了因高强螺栓不符合质量标准导致的钢梁高空坠落事故，造成一人重伤，直接经济损失4.6万元。

问题：

（1）指出事件1中甲施工单位项目经理做法的不妥之处，写出正确做法。

（2）事件2中，总监理工程师的处理是否妥当？说明理由。

（3）指出事件3中塔式起重机验收工作的不妥之处。

（4）指出事件4中专业监理工程师做法的不妥之处，说明理由。

（5）事件4中的质量事故，甲施工单位和乙施工单位各承担什么责任？说明理由。监理单位是否有责任？说明理由。该事故属于哪一类工程质量事故？处理此事故的依据是什么？

【第8章习题答案】

第9章
建设工程合同管理

教学目标

本章主要介绍建设工程合同管理的基本概念和合同的法律基础、合同管理、FIDIC 施工合同管理及相应案例。通过本章的学习，应达到以下目标：

(1) 理解并掌握建设工程合同管理的基本概念和合同的法律基础，例如合同关系、合同的主要内容、代理等内容；

(2) 熟悉建设工程合同管理，主要有招标投标管理、进度、质量、支付、不可抗力等内容；

(3) 了解 FIDIC 施工合同管理；

(4) 初步处理建设工程索赔问题。

教学要求

知识要点	能力要求	相关知识
建设工程合同管理的基本概念和合同的法律基础	（1）理解合同关系、合同的主要内容、代理等概念； （2）熟悉合同的法律基础	（1）合同、标的、质量、数量等要素内容； （2）委托代理、法定代理、指定代理； （3）法律关系主体、客体、内容
建设工程合同管理和 FIDIC 施工合同管理	（1）熟悉建设工程招标投标各阶段的程序及内容； （2）理解建设工程进度、质量、支付，发生不可抗力后双方的责任分担原则； （3）FIDIC 施工合同管理	（1）招标方式、公开招标和邀请招标； （2）合同文件的优先顺序； （3）进度、质量、支付管理和不可抗力； （4）FIDIC 通用条件和专用条件
建设工程合同管理和索赔案例	初步处理建设工程索赔问题	违约、工期索赔、费用索赔

基本概念

合同；合同法律关系；代理；招投标；合同管理；FIDIC 施工合同条件；索赔。

引例

监理工程师是一种复合型高智能人才，不仅要掌握扎实的专业知识，还要掌握有关建设工程经济、法律、合同等各个方面的大量知识。

例如，某项工程建设项目，业主与施工单位按《建设工程施工合同（示范文本）》签订了工程施工合同，工程未进行投保保险。在工程施工过程中，遭受暴风雨不可抗力的袭击，造成了相应的损失，施工单位及时向监理工程师提出索赔要求，并附与索赔有关的资料证据。

本案例中，监理工程师接到施工单位提交的索赔申请后，应进行哪些工作？如何处理施工单位提出的要求？要解决这些问题，监理工程师必须清楚索赔的处理程序和不可抗力发生的风险承担的原则。监理工程师在工作中将会大量涉及有关各项合同条款的内容。所以，熟练掌握建设工程合同管理内容是对一个监理工程师的基本要求。

9.1　建设工程合同管理概述

建设工程项目监理从本质上来说，是属于业主方项目管理的范畴。而合同管理则是工程项目管理的核心，也是监理工作的核心。监理工程师必须熟悉合同的内容，掌握合同管理的手段，依据合同对工程质量、投资、进度进行控制。

9.1.1　合同的概念

合同，又称"契约"。《中华人民共和国合同法》（以下简称《合同法》）第二条规定："合同是平等主体的自然人、法人、其他组织之间设立、变更、终止民事权利义务关系的协议。"《中华人民共和国民法通则》（以下简称《民法通则》）第八十五条规定："合同是当事人之间设立、变更、终止民事关系的协议。"

【不受法律保护的协议】

当事人可以是双方的，也可以是多方的。合同当事人的法律地位平等，一方不得将自己的意志强加给另一方。民事关系指民事法律关系，也就是民法规范所调整的财产关系和人身关系在法律上的表现。民事法律关系由权利主体、权利客体和内容三部分组成。任何合同都是一种民事法律行为，也是当事人的法律行为。依法订立的合同，对当事人具有法律约束力，并受法律保护。

当事人依法享有自愿订立合同的权利，任何单位和个人不得非法干预。根据《合同法》第十二条的规定，合同的内容由当事人约定，一般包含以下几个方面。

1. 当事人的名称或者姓名和住所

合同当事人包括自然人、法人、其他组织。明确合同主体对合同的履行和确定诉讼管辖具有重要的意义。自然人的姓名是指经户籍登记管理机关核准登记的正式用名。自然人的住所是指自然人有长期居住的意愿和事实的处所，即经常居住地。法人、其他组织的名称是指经登记主管机关核准登记的名称，如公司的名称以企业营业执照上的名称为准。法人和其他组织的住所是指它们的主要营业地或者主要办事机构所在地。当然，作为一种国家干预较多的合同，国家对建设工程合同的当事人有一些特殊的要求，如有时要求监理企业必须具有相应的资质等级。

2. 标的

合同标的是合同中权利义务所指向的对象，包括货物、劳务、智力成果等，如工程承包合同，其标的是完成工程项目。标的是一切合同的首要条款，没有标的合同是不存在的；标的不明确的合同无法履行，合同也不能成立。所以，标的是合同的首要条款。

3. 数量

数量是合同标的的具体化。标的的数量一般以度量衡作为计算单位，以数字作为衡量标的的尺度。没有数量或数量的规定不明确，当事人双方权利义务的多少，合同是否完全履行都无法确定。数量直接体现了合同双方权利义务的大小程度。

4. 质量

质量是标的的内在品质和外观形态的综合指标，质量也是合同标的的具体化。标的质量是指质量标准、功能技术要求、服务条件等，表明了标的的内在素质和外观形态。签订合同时，必须明确质量标准。合同对质量标准的约定应当是准确而具体的，对于技术上较为复杂的和容易引起歧义的词语、标准，应当加以说明和解释。对于强制性的标准，当事人必须执行，合同约定的质量不得低于该强制性标准。对于推荐性的标准，国家鼓励采用。当事人没有约定质量标准的，如果有国家标准，则依国家标准执行；如果没有国家标准，则依行业标准执行；没有行业标准，则依地方标准执行；没有地方标准，则依企业标准执行。由于建设工程中的质量标准大多是强制性的质量标准，当事人的约定不能低于这些强制性标准。质量是合同当事人履行权利和义务优劣的尺度，应加以明确。

5. 价款或者报酬

合同价款或报酬是接受标的的一方当事人以货币形式向另一方当事人支付的代价，作为对方完成合同义务的补偿。标的物的价款由当事人双方协商，但必须符合国家的物价政策。合同条款中应写明有关银行结算和支付方法的条款。价款或者报酬在监理合同中体现为监理费。合同中应明确数额、支付时间及支付方式。合同应遵循等价互利的原则。

【业主合同存漏洞】

6. 履行期限、地点和方式

履行期限是合同当事人完成合同所规定的各自义务的时间界限。履行期限是衡量合同是否按时履行的标准。合同当事人必须在规定的时间内履行自己的义务，否则应承担违约或延迟履行的责任。

履行地点指当事人交付标的和支付价款或酬金的地点，包括标的的交付、提取地点；服务、劳务或工程项目建设的地点；价款或劳务的结算地点。履行地点由当事人在合同中约定，没约定的则依法律规定或交易惯例确定。履行地点也是确定管辖权的依据之一。

履行方式是指合同当事人履行义务的具体方法，包括标的的交付方式和价款或酬金的结算方式。

履行的期限、地点和方式是确定合同当事人是否适当履行合同的依据。

7. 违约责任

即合同当事人任何一方，不履行或者不适当履行合同规定的义务而应当承担的法律责任。当事人可以在合同中约定，一方当事人违反合同时，必须向另一方当事人支付一定数额的违约金，或者约定违约损害赔偿的计算方法。规定违约责任，一方面可以促进当事人按时、按约履行义务，另一方面又可对当事人的违约行为进行制裁，弥补守约一方因对方违约而遭受的损失。

【新政致违约，不用担责】

8. 解决争议的方法

在合同履行过程中不可避免地会产生争议或纠纷，当合同当事人在履行合同过程中发生纠纷时，首先应通过协商解决，协商不成的，可以调解或仲裁、诉讼。解决争议的方法主要有4种：协商、调解、仲裁、诉讼。我国新的仲裁制度建立后，仲裁与诉讼成为平行的两种解决争议的最终方式。合同的当事人不能同时选择仲裁和诉讼作为争议解决的方式。如果当事人希望通过仲裁作为解决争议的方法，则必须在合同中约定仲裁条款，因为仲裁是以自愿为原则的。

与工程建设有关的合同主要有建筑工程勘察设计合同、设备和材料采购合同、建筑工程施工合同、劳务供应合同、租赁合同、委托监理合同、分包合同、贷款合同、保险合同等。

9.1.2 合同的法律基础

1. 合同法律关系

法律关系就是法律规范规定和调整的人们基于权利和义务所形成的一种特殊的社会关系。人们共同生活在一个空间，由于生存而展开的工作、学习、生活，加强了彼此的往来和联系，结成了各种各样的社会关系。在人与人的各种社会关系中，当某一社会关系受到特定法律规范确认或制约时，就上升为法律关系。

合同法律关系是指由合同法律规范所调整的、在民事流转过程中所产生的权利义务关系。合同法律关系包括合同法律关系主体、合同法律关系客体、合同法律关系内容3个要素。缺少任何一个要素则不能构成合同法律关系，改变任何一个要素，就不再是原来意义上的合同法律关系。合同法律关系是以客观存在的经济关系为基础，属于上层建筑的范畴。

2. 合同法律关系主体

合同法律关系的主体是指合同法律关系的参与者，是依法享有合同权利、承担合同义务的当事人。合同法律关系的主体可以是自然人、法人或其他组织。合同法律关系中，必定存在两个或者两个以上的主体，否则无法形成合同法律关系。

1）自然人

自然人是指基于自然状态出生而成为民事法律关系主体的有生命的人。作为合同法律关系主体的自然人必须具备相应的民事权利能力和民事行为能力。民事权利能力是指民事主体依法享有民事权利能力和承担民事义务的资格，它是公民获得民事权利、承担民事义务的前提。自然人的民事权利能力始于出生，终于死亡；民事行为能力是指民事主体以自己的行为参与民事法律关系，享受民事权利和承担民事义务的能力。根据自然人的年龄和精神状态，可以将自然人分为完全民事行为能力人、限制民事行为能力人和无民事行为能力人。自然人包括公民、外国人和无国籍人，他们都可作为合同法律关系的主体。

【限制民事行为能力人年龄】

2）法人

法人是指具有民事权利能力和民事行为能力，依法独立享有民事权利和承担民事义务的组织。法人是相对自然人而言的社会组织，是法律上的"拟制人"。根据我国《民法通则》的规定，法人应具备以下条件。

（1）依法成立。法人不能自然产生，法人必须是按照法定程序依法成立的社会组织，必须经有关管理部门批准登记后才能取得法人资格。

（2）有必要的财产或经费。法人必须要有独立的财产或独立经营管理的财产和活动经费，必须自负盈亏、独立经营、独立核算。这是法人进行民事活动的物质基础。

（3）有自己的名称、组织机构和场所。既然法人是法律上人格化的社会组织，必须要以自己的名义从事活动，承担责任，因此法人要有自己的名称，并按法人章程健全组织机构，以保证法人正常开展活动。法人的场所是法人进行业务活动的所在地，也是确定法律管辖的依据。

（4）能够独立承担民事责任。这就意味着法人能以自己的财产对其行为所产生的法律后果承担法律责任。

法人可分为企业法人和非企业法人。企业法人是从事生产、经营和服务性的活动，以赢利为目的的经济组织。非企业法人是非营利性的，从事经营活动以外的文教、卫生等其他社会活动的社会组织，包括机关法人、事业单位法人和社会团体法人。

3）其他组织

其他组织主要包括法人的分支机构、不具备法人资格的联营体、合伙企业、个人独资企业等，这些组织虽然不具备法人资格，但也可以成为合同法律关系的主体。

3. 合同法律关系客体

合同法律关系的客体是指合同法律关系主体的权利和义务共同指向的事物，它是构成合同法律关系的要素之一。我国合同法律关系客体的范围很广，一般可分为物、行为和智力成果。

1）物

物是指自然界存在的或劳动者生产的，能被人们控制和支配，并具有一定经济价值的物质财富。它可以有固定的形状，也可以没有固定的形状，但必须是物质的东西，它对人们都具有价值和使用价值。

作为合同法律关系客体的物，与自然科学界的"物"有着不同的含义。经济法律关系客体的物是具有法律意义的物，它是指由国家法律规定的，并能够为权利主体所支配和利用的具有经济价值的物。它可以分为生产资料和生活资料、流通物、动产和不动产、特定物与种类物、可分物与不可分物、主物与从物等。货币和有价证券也是法律意义上的物，也可作为合同法律关系的客体。

2）行为

行为是指人们受一定意识支配，具有法律意义的活动。作为合同法律关系客体的行为，一般表现为完成一定的工作的行为。合同法律关系主体的一方利用自己的资金和技术设备为对方完成一定的工作任务，并有一定的工作成果，而对方根据完成工作的数量和质量支付一定的报酬，如勘察设计和建筑安装工程等，这些行为都可以作为合同法律关系的客体。

3）智力成果

智力成果也称非物质财富，通常是指脑力劳动成果，包括科学发明创造等科研成果、理论学术著作和文艺创作等。这种脑力劳动的成果能作为客体是因为它具有商品的属性，从而能进入技术市场流通，把它运用于生产实践，可以创造出能满足一定社会需要的物质财富，能提高经济效益。通常这些智力成果有专利权、商标权、专有技术、著作权、工程设计等，都可作为合同法律关系的客体。

4. 合同法律关系内容

合同法律关系的内容是指合同法律关系主体依法享有的权利与承担的义务。合同法律关系的内容是合同的具体要求，决定了合同法律关系的性质，是连接合同法律关系主体的纽带。

1）合同权利

所谓合同权利是指合同法律关系主体依法享有的某种权益，也就是要求义务主体做出某种行为以实现或保护自身利益的资格。合同权利的含义有三点。

（1）享有合同权利的主体，在合同法律、法规所规定的范围内，根据自己意志从事一定的活动，支配一定的财产，以实现自己的利益。

（2）合同权利主体依照有关法律、法规或约定，可以要求特定的义务主体做出一定的行为，以实现自己的利益和要求。

【合同成摆设，
权利谁维护】

（3）在合同义务主体不能依法或不依法履行义务时，合同权利主体可以请求有关机关强制其履行，以保护和实现自己的利益。

2）合同义务

所谓合同义务是指法律规定的合同法律关系主体必须为一定作为行为或不作为行为的约束力。合同义务的含义有三点。

（1）承担合同义务的主体依照法律、法规或合同的规定，必须为一定作为行为或不作为行为，以实现合同权利主张的利益和要求。

（2）合同义务主体应自觉履行其义务，如果不履行或不全面履行义务，将受到国家强制力的制裁。

（3）合同义务主体履行义务仅限于法律、法规或合同规定的范围，不必履行上述规定以外的要求。

应当注意的是，在合同法律关系中，因合同法律关系的种类不同，合同权利与合同义务具有不同的属性，在平等的合同法律关系中合同权利与合同义务具有自愿性、对偿性。

5. 合同法律关系的产生、变更与消灭

1）法律事实

合同法律关系只有在具有一定的条件时才能产生、变更和消灭。能够引起合同法律关系产生、变更和消灭的客观现象和事实，就叫做法律事实，法律事实包括行为和事件。合同法律关系不会自然而然地产生，也不会因为存在法律规范或规定就可以在当事人之间产生合同法律关系，只有在一定的法律事实存在的条件下，才能在当事人之间产生一定的合同法律关系，使原来的合同法律关系发生变更或消灭。

【合同订立与合同生效是两码事】

2）行为

行为是指法律关系主体有意识的活动。能够引起法律关系发生变更或消灭的行为分为积极的作为和消极的不作为两种表现形式。

行为还可以分为合法行为和违法行为。凡是符合国家法律法规或国家法律所认可的行为都是合法行为。比如，在建设工程活动中，建设单位和监理单位签订了委托监理合同，产生了合同法律关系。合法的行为受国家法律保护；凡是违反国家法律规定的行为都是违法行为。比如，建设合同当事的一方违约，导致建设工程合同变更或消灭。

此外，国家政府的行政行为和发生法律效力的法院判决、裁定或仲裁机构发生法律效力的裁决等，也是一种法律事实，因为它也可以引起合同法律关系产生、变更和消灭。

3）事件

事件是不以合同法律主体的主观意志为转移而发生的能够引起合同法律关系产生、变更和消灭的客观现象。这些现象是否出现，合同当事人都无法预见和控制。

事件又可分为自然事件和社会事件两种。自然事件是由于自然现象所引起的客观事实，如海啸、地震、台风等；社会事件是指由于社会上发生了不以个人意志为转移的、难以预料的重大事变所形成的客观事实，如战争、罢工、禁运等。无论是自然事件还是社会事件，它们的发生都能引起一定的法律后果，从而导致合同法律关系的产生或者使已经存在的合同法律关系发生变更或消灭。

6. 代理关系

民事法律行为通常是行为人亲自进行，但在现代社会中，民事活动越来越复杂，各种民事活动都要公民、法人亲自完成是不可能的，也是不现实的，这就需要将一些行为由他人代为完成，因此便产生了代理关系。所谓代理，是指代理人以被代理人的名义，在其授权范围内向第三人做出意思表示，所产生的权利和义务直接由被代理人享有和承担的法律行为。代理涉及 3 个民事法律关系：一是在被代理人与代理人之间存在代理关系；二是在代理人与第三人之间实施代理民事法律行为（代理行为），即民事法律行为关系；三是在被代理人与第三人之间产生民事法律后果，即民事权利与义务关系。

1）代理的特征

（1）代理人必须在代理权限范围内实施代理行为。

代理人从事代理工作时，只能在代理权限范围内实施代理行为，这是由代理关系的本质所决定的。代理人超越代理权限的行为不属于代理行为，被代理人对此不承担责任。同时，代理人在代理权限内可以根据代理活动的具体情况进行相应的意思表示，以维护被代理人的利益。

【代理合同纠纷】

（2）代理人必须以被代理人的名义实施代理行为。

代理人的工作就是替代被代理人进行民事、经济法律行为。代理人只有以被代理人的名义进行代理行为，才能为被代理人设定权利和义务，以被代理人的名义做出代理行为所产生的法律后果，归属于被代理人。如果代理人以自己的名义实施法律行为，其所设定的权利和义务只能由代理人自己承受，这种行为是代理人自己的行为而非代理行为。

（3）代理人代替被代理人实施的是法律行为。

代理的行为本身必须属于法律行为，也就是说代理人受被代理人的委托，进行某种代理活动是能够产生某种民事、经济法律后果的行为。如代理被代理人签订合同、履行债务，或者在法庭上代理诉讼等；反之，如果不能产生某种法律后果，只是接受他人委托进行某种替代性活动，则不属于法律上的代理行为，例如，为他人整理资料、校阅稿件、替他人参加一下会议等行为就不是法律意义上的代理。代理的这一特征，就使得代理行为与委托承办的事实行为有所区别。

（4）代理人在代理权限范围内独立地表示自己的意思。

代理人的代理行为是将授权的内容，通过自己的思考和决策而做出独立的、发挥主观能动性的意思表示，也就是代理人以自己的意志去积极地为实现被代理人的利益和意愿而进行具有法律意义的活动。它的具体表现为代理人有权自行解决他如何向第三人做出意思表示，或者是否接受第三人的意思表示。代理人能够独立进行意思表示的这一特征是代理人与居间人、传达人、中证人的区别所在。

（5）代理行为所产生的法律后果直接由被代理人承担。

代理行为是在代理人与第三人之间进行的，由于代理人在代理权限内以被代理人的名义实施行为，因此，所产生的法律后果，即在法律关系中所设定的权利和义务，理所当然地归属被代理人享有和承担。其中既包括对代理人在执行代理任务时的合法行为承担民事责任，也包括对代理人不当代理行为承担民事责任。

2）代理的种类

我国《民法通则》规定，代理包括委托代理、法定代理、指定代理三种类型。

（1）委托代理。

委托代理是基于被代理人对代理人的委托授权行为而发生的代理关系。委托代理是在一定的法律关系的基础上产生的，在这种法律关系中，对于受托和委托双方的权利和义务有明确的规定，一般表现为委托合同。委托合同是产生代理的前提，是委托方和受托方双方的法律行为。如在委托合同中没有明确授权，还必须由委托人再进行授权行为，代理关系才能成立。

被代理人向代理人进行授权的行为属于单方行为，仅凭被代理人一方的授权意思表示，代理人便取得了代理权，即可发生授权的法律效力。同时代理人对被代理人的授权也有权拒绝，这种拒绝代理的意思表示也属于单方法律行为。被代理人有权随时撤销其授权委托，代理人也有权随时辞去所受委托，但代理人辞去委托时，不能给被代理人和善意第三人造成损失。由此可见，在委托关系中，委托关系是代理的内部关系，是代理产生的基础，代理关系又是委托关系的外部表现。

委托授权行为，可以用书面形式，也可以用口头形式，法律规定用书面形式的，应当采用书面形式。在建设工程中涉及的代理主要是委托代理。比如，项目总监理工程师作为监理单位的代理人，项目经理作为施工企业的代理人等，授权行为是由单位的法人代表代表单位完成的。项目经理、项目总监作为施工企业、监理单位的代理人，应当在授权的范围内行使代理权，超出授权范围的行为则由行为人自己承担。《民法通则》规定："委托书授权不明的，被代理人应当向第三人承担民事责任，代理人负连带责任。"如果考虑到建设工程的实际情况，被代理人承担民事责任的能力远高于代理人，在这种情况下则应由被代理人承担民事责任。

在市场经济条件下，合同得到了广泛应用，但由于合同的种类繁多，当合同主体对欲签订的某一合同应约定的条款内容不熟悉，往往委托代理人或代理机构帮助他形成合同。随着社会分工的不断细化，建设工程领域中的某些中介业务已经产生了专门的代理机构，甚至形成了行业，如招标代理机构。工程招标代理机构是接受被代理人的委托、为被代理人办理招标事宜的社会组织，工程招标代理的被代理人是发包人，一般是工程项目的所有人或者经营者，即项目法人或通常所称的建设单位。在委托人的授权范围内，招标代理机构从事的代理行为，其法律责任由发包人承担，如果招标代理机构在招标代理过程中有过错行为，招标人则有权根据招标代理合同的约定追究招标代理机构的违约责任。

委托代理是最为广泛的一种代理。代理人要正确地行使代理权，不得擅自转委托，即代理人将代理事项一部分或全部转托他人，如果转托则必须符合一定的条件，如是为了被代理人的利益或事先征得了被代理人的同意等；也不得滥用代理权，如以被代理人的名义同自己进行民事行为，或与第三人恶意串通损害被代理人利益的行为，均属于滥用代理权的行为。

（2）法定代理。

法定代理是指根据法律的直接规定而产生的代理。法定代理是以一定的社会关系存在为依据而来确定的代理关系。法定代理的特点是"法定"，具体表现为代理关系是法定的、代理人和被代理人是法定的、代理权的内容也是法定的。法定代理关系中的被代理人只能是公民，而且是无民事行为能力或限制民事行为能力的公民。法定代理关系中的代理人可以是公民，也可以是法人。公民作为法定代理人时，通常都是无民事行为能力的人或限制行为能力人的近亲属，如父母是未成年子女的法定代理人；配偶一方可以是丧失行为能力一方的法定代理人。根据法律规定，法人在某些特殊情况下也可以成为法定代理人，如工会组织在保护其成员的合法权益时，可以为该组织成员的法定代理人。法定代理主要是为维护无民事行为能力的人或限制行为能力人的利益而设立的代理方式。

（3）指定代理。

指定代理，是指根据人民法院或有关主管机关的指定而产生的代理。指定代理只有在没有委托代理和法定代理人的情况下适用，指定代理关系中的被代理人只能是公民，而且是无行为能力或限制行为能力的公民，如人民法院为无行为能力又无法定代理人的诉讼当事人而指定的代理人。依法被指定为代理人的，无特殊原因不得拒绝担任代理人。

3）代理关系的终止

《民法通则》规定，有下列情况下之一，委托代理终止。

（1）代理期届满或者代理事务完成。

在委托代理中，被代理人根据委托代理事项的需要，在其授权时明确表示代理权的有效期间，当有效期间届满，代理关系即告终止，代理权亦即终止。如若被代理人在其授权时明确表示委托的专项事务，代理人在行使代理权的过程中，依约完成了受委托的事务，其代理使命即告完成，代理资格亦即终止。

（2）被代理人取消委托或者代理人辞去委托。

委托代理关系的成立，是基于被代理人的委托授权和代理人接受授权，这种关系所具有的单方法律行为的属性，决定了被代理人在授权后，可根据自己的意志有权取消委托。同样，代理人在接受代理权后，无意继续进行委托事项而辞去代理。因此，被代理人取消委托或者代理人辞去委托，即发生终止代理关系的法律效力。实践中，被代理人取消委托或者代理人辞去委托时，都应该在一定期限之前通知相对人，以使其有所准备，避免造成损失。

（3）代理人死亡。

代理关系的产生是依据被代理人与代理人之间的相互信任，它具有一定的人身关系属性。因此，代理人死亡，作为代理关系的一方主体不存在了，其所享有的代理权也随之消失，而不能以继承的方式转移给他的继承人。

（4）代理人丧失民事行为能力。

代理人的任务就是代被代理人实施民事法律行为，这就要求代理人应具有民事行为能力。若代理人丧失民事行为能力，便无法以自己的行为履行代理人的职责，委托代理关系即告终止。

（5）作为被代理人或者代理人的法人终止。

法人作为依据法定条件成立的社会组织，可以成为代理关系中的被代理人或代理人，法人一经撤销或解散，便丧失了作为民事权利主体的资格，丧失民事权利能力和民事行为能力。因此，法人（不论是被代理人还是代理人）一旦终止，以法人为一方或双方的代理关系均归于消灭。

9.2 合同管理

合同管理，是指各级政府工商行政管理机关、建设行政主管机关和金融机构以及工程建设参与单位（如建设单位、施工单位、监理单位等）依据相关法律法规和规章制度，采取法律的、行政的手段，对合同关系进行组织、指导、协调及监督，保护合同当事人的合法权益，处理合同纠纷，防止和制裁违法行为，保证合同得到贯彻实施的一系列活动。合同管理包括两个阶段内容：一是合同签订之前，合同的相关方围绕签订合同所进行的一系列管理活动，如建设单位的招标活动，施工单位、监理单位、设计单位的投标活动；二是合同签订之后，以合同为基础来规范相关方建设行为，保证合同得到贯彻实施的一系列活动，如工程实施过程中的，对建筑施工合同的管理活动。

9.2.1 招标、投标管理

招标投标是市场经济条件下进行大宗货物买卖、工程项目的发包与承包以及服务项目的采购和提供时，所采用的一种交易方式。其特点是：单一的买方设定包括功能、质量、数量、期限、价格为主的标的，邀请多个卖方通过投标进行竞争，买方从中选择优胜者与其达成交易协定，签订合同后，随后按合同实现标的。

实行建设项目招投标制是我国基本建设管理体制的一项重大改革。招投标制的核心是企业面向市场，实行公开和公平竞争，业主通过招标的方式择优选择设计单位、监理单位和施工单位。建筑产品也是商品，工程项目的建设以招标投标的方式选择实施单位，是运用竞争机制来体现价值规律的科学管理模式。工程招标指招标人用招标文件将委托的工作内容和要求告之有兴趣参与竞争的投标人，让他们按规定条件提出实施计划和价格，然后通过评审比较，选出信誉可靠、技术能力强、管理水平高、报价合理的可信赖单位（设计单位、监理单位、施工单位、供货单位），以合同形式委托其完成标的。招投标是把竞争机制引入建筑市场的一种商品经济行为，招标要有统一约束条件，众多投标者在同一约束条件下平等竞争。在这场竞争中，各投标者不仅比价格的高低，而且比技术、经验、实力和信誉，使业主能够按照他所要求的目标，全面衡量、综合评价，最后确定中标者，各投标人依据自身能力和管理水平，按照招标文件规定的统一要求投标，争取获得实施资格，招标人与中标人签订明确双方权利义务的合同。招标投标制是实现项目法人责任制的重要保障措施之一。

为了加强对工程招投标工作的管理，在《中华人民共和国招标投标法》（以下简称《招标投标法》）的基础上，国家发改委、任建部等有关部门发布了《工程建设项目自行招标试行办法》《工程建设项目施工招标投标办法》《工程建设项目招标代理机构资格认定办法》等一系列政策和法规，作为在工程建设领域内推行招标投标的政策依据和法律保障。《招标投标法》将招标与投标的过程纳入法制管理的轨道，主要内容包括通行的投标程序；招标人和投标人应遵循的基本规则；任何违反法律规定应承担的后果责任；等等。该法的基本宗旨是：招标投标活动属于当事人在法律规定范围内自主进行的市场行为，但必须接受政府行政主管部门的监督。招标投标工作已成为工程项目建设程序的一个重要环节，同时也是业主和承包商建立工程承包合同关系的基础、前提和必经程序。

【武汉地铁2号线广告招标被认定无效】

1. 招标

1）招标方式

《招标投标法》规定，招标分为公开招标和邀请招标。

（1）公开招标是指招标人以招标公告的方式邀请不特定的法人或者其他组织投标，公开招标又称无限竞争性招标。招标人可在国内外主要报纸及有关刊物上，或通过广播、电视、网络发布招标通告，凡有兴趣并符合通告要求的承包商均可申请投标，经资格审查合格后，按规定时间进行投标竞争。这种招标方式的优点是：业主可以在建筑市场上找到可靠的承包商，达到使工程建设质量高、费用低、效益好的目的。对投标人来说，公开招标对投标者的数量不受限制，是一种无限量的竞争性招标，体现了公开和平等竞争的原则。其缺点是标书编制、资格预审和评审等工作量大、时间长，招标费用高。目前，许多国家都规定政府机关、国营单位的工程建设项目或大量采购都必须通过公开招标方式选择承包商。

【重大项目面向民间投资公开招标】

（2）邀请招标是指招标人以投标邀请书的方式邀请特定的法人或者其他组织投标，邀请招标又称选择性招标或有限竞争性招标。招标单位参照自己的情报或资料，根据承包企业的信誉，技术水平，过去承担过类似工程的质量、资金、技术力量、设备能力、经营管理水平等条件，邀请几家承包商参加投标。一般邀请5～7家为宜，但不能少于3家，否则就失去了竞争性。被邀请人同意参加投标后，从招标人处获取招标文件，按规定要求进行投标报价。邀请招标的优点是：不需要发布招标公告和设置资格预审程序，节约招标费用和节省时间；由于对投标人以往的业绩和履约能力比较了解，减小了合同履行过程中承包方违约的风险。为了体现公平竞争和便于招标人选择综合能力最强的投标人中标，仍要求在投标书内报送表明投标人资质能力的有关证明材料，作为评标的评审内容之一（通常称为资格后审）。邀请招标的缺点是：由于邀请范围较小，选择面窄，可能排斥了某些在技术或报价上有竞争实力的潜在投标人，因此投标竞争的激烈程度相对较差。

2）招标范围

任何单位和个人不得将依法必须进行招标的项目化整为零或者以其他任何方式规避招标。如果发生此类情况，对必须进行招标的项目而不招标的，或将必须进行招标的项目化整为零或者以其他任何方式规避招标的，责令限期改正，可以处以项目合同金额千分之五以上千分之十以下的罚款；对全部或者部分使用国有资金的项目，可以暂停项目执行或者暂停资金拨付；对单位直接负责的主管人员和其他直接责任人员依法给予处分。《招标投标法》第三条规定，在中华人民共和国境内进行下列工程建设项目，包括项目的勘察、设计、施工、监理，以及与工程建设有关的重要设备、材料等的采购，必须进行招标。

（1）大型基础设施、公用事业等关系社会公共利益、公众安全的项目。

（2）全部或者部分使用国有资金投资或者国家融资的项目。

（3）使用国际组织或者外国政府贷款、援助资金的项目。

2000年5月1日，原国家发改委颁布了《工程建设项目招标范围和规模标准规定》，对必须招标的范围进行了细化，要求各类工程建设项目，包括项目的勘察、设计、施工、监理，以及与工程建设有关的重要设备、材料等的采购，达到下列标准之一的，必须进行招标。

（1）施工单项合同估算价在200万元人民币以上的。

（2）重要设备、材料等货物的采购，单项合同估算价在100万元人民币以上的。

（3）勘察、设计、监理等货物的采购，单项合同估算价在50万元人民币以上的。

（4）单项合同估算价低于第（1）、（2）、（3）项规定的标准，但项目总投资额在3000万元人民币以上的。

依法必须进行招标的项目，全部使用国有资金投资或国有资金投资占主导地位的，应当进行公开招标。

属于下列情形之一的，可以不进行招标。

（1）涉及国家安全、国家秘密或者抢险救灾而不适宜招标的。

（2）属于利用扶贫资金实行以工代赈需要使用农民工的。

（3）建筑造型有特殊要求的设计。

（4）主要技术采用特定的专利或者专有技术进行勘察、设计或施工的。

（5）施工企业自建自用的工程，且该施工企业资质等级符合工程要求的。

（6）在建工程追加的附属小型工程或者主体加层工程，原中标人仍具备承包能力的。

（7）法律、行政法规规定的其他情形。

此外，自2012年2月1日起施行的《中华人民共和国招标投标法实施条例》第九条规定，有下列情形之一的，可以不进行招标。

（1）需要采用不可替代的专利或者专有技术。

（2）采购人依法能够自行建设、生产或者提供。

（3）已通过招标方式选定的特许经营项目投资人依法能够自行建设、生产或者提供。

（4）需要向原中标人采购工程、货物或者服务，否则将影响施工或者功能配套要求。

（5）国家规定的其他特殊情形。

3）招标程序

招标是招标人选择中标人并与其签订合同的过程，可以公开招标，也可以邀请招标，业主可根据建设工程项目具体条件选择招标方式。按照招标人和投标人参与程度，可将招标过程划分为招标准备阶段、招标投标阶段和决标成交阶段。以施工招标为例，其招标程序如下。

（1）由业主或委托的咨询、监理公司组织成立招标小组或招标委员会。

（2）向招标投标管理机构提出招标申请。

（3）编制招标文件和标底，并报招标投标办事机构审定。

（4）发布招标公告或发出招标邀请书。

【工程招标藏猫腻，程序违法埋隐患】

（5）投标单位申请投标。

（6）对投标单位进行资质审查，并将审查结果通知各申请投标者。

（7）向合格的投标单位分发招标文件、设计图纸及技术资料等。

（8）组织投标单位踏勘现场，并对招标文件答疑。

（9）建立评标组织，制定评标、定标办法。

（10）召开开标会议，审查投标标书。

（11）组织评标，决定中标单位。

（12）发出中标通知书。

（13）业主与中标单位签订工程施工合同。

招标程序流程图如图 9.1 所示。

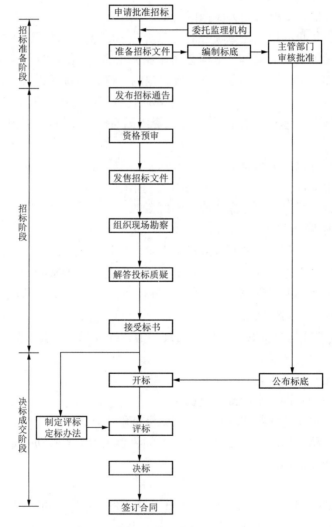

图9.1 施工招标程序

2. 投标

1）投标的一般规定

投标是法人或者其他组织为了获得业务合同而响应招标、参加竞争报价的过程。投标人应当具备承担招标项目的能力，国家有关规定或者招标文件对投标人资格条件有规定的，投标人应当具备规定的资格条件。当一个法人或其他组织无法满足有关的能力或要求时，两个以上法人或者其他组织可以组成一个联合体，以一个投标人的身份共同投标。联合体各方均应当具备承担招标项目的相应能力；国家有关规定或者招标文件对投标人资格条件有规定的，联合体各方均应当具备规定的相应资格条件。由同一专业的单位组成的联合体，应当按资质等级较低的单位确定资质等级。联合体各方签订共同投标协议后，不得再以自己的名义单独投标，也不得组成新的联合体或参加其他联合体在同一项目中投标。投标人不得相互串通投标报价，不得排挤其他投标人的公平竞争，损害招标人或者其他投标人的合法权益；投标人不得与招标人串通投标，损害国家利益、社会公共利益或者他人的合法权益；禁止投标人以向招标人或者评标委员会成员行贿的手段谋取中标；投标人不得以低于成本的报价竞标，也不得以他人名义投标或者以其他方式弄虚作假，骗取中标。如果招标人在招标文件中要求投标人提交投标保证金，则投标人应当提交。投标保证金除现金外，可以是银行出具的银行保函、保兑支票、银行汇票或现金支票。投标保证金一般不得超过投标总价的 2%，且最高不得超过 80 万元人民币，投标保证金有效期应当超出投标有效期 30 天。投标人应当按照招标文件要求的方式和金额，将投标保证金随投标文件提交给招标人，投标人不按招标文件要求提交投标保证金的，该投标文件将被拒绝，作废标处理。

【串通投标案件】

2）投标报价技巧

投标的目的是中标并和业主签订合同。在激烈的投标竞争中，除了实力之外，还要考虑在报价时如何使用合理的策略和技巧，以达到既能中标，又能赢利的目的。所以，投标时要考虑自己公司的优势和劣势，同时也要考虑工程项目的特点来报价。比如，当工程项目是专业要求高的技术密集型工程，而本公司这方面有专长，声望也高时，报价可以高些；当工程项目施工条件好，工作简单或投标对手多，竞争力强时，报价可以低些。下面以施工投标为例，介绍几种常用的报价技巧。

（1）不平衡报价法。

不平衡报价法是指一个工程项目的投标报价，在总价基本确定后，如何调整内部各个小项目的报价，以期达到既不提高总价，不影响中标，又能在结算时得到最理想的经济效益的目的。以下几个方面可考虑采用不平衡报价法。

① 资金都有时间价值，对于能够早日结账收款的项目可以报得较高，以利资金周转；后期工程项目如装饰、油漆等，可适当降低。

② 经过工程量核算，预计今后工程量会增加的项目，单价可适当提高；而将工程量无法完成的项目单价降低，使工程结算时损失不大。

③ 设计图纸不明确，预计修改后工程量要增加的，可以提高单价；而工程内容不清的，则可降低一些单价。

④ 在总价单价混合制合同中，有某些项目业主要求采用包干报价时，则宜报高价。因为这类项目多半有风险，而且这类项目在完成后可全部按报价结账，而其余项目的单价则可适当降低。

不平衡报价一定要控制在合理幅度内，一般可在 5% ~ 10% 内，以免引起业主反对，甚至可能导致废标。

（2）多方案报价法。

有时，通过认真研究招标文件，可能会发现工程项目范围不是很明确或者要求苛刻很不公正，此时则要充分考虑风险的存在，可以采取多方案报价的策略。即按原招标文件要求报一个价，然后提出，若某条款做某些变动，则报价可以降低多少，借以吸引业主，达到中标的目的。

（3）增加建议方案法。

不少招标文件规定，投标者可以提出一个建议方案，或者修改原设计方案，提出投标者自己的方案。在这种情况下，应组织一批有经验的设计、施工方面的专家、学者，对原设计方案进行研究，然后提出更合理的方案来吸引业主，使自己中标。新方案必须比原方案更合理、科学且最好应当比原方案造价低或能提前竣工，但一定要对原招标方案也报价，以利业主进行比较。

应当注意的是，不要把新增加的方案写得过于具体，关键技术要保留，防止业主将此方案据为己有后交给其他承包商。同时，新方案必须是成熟和具可操作性或过去有实践经验的，否则，中标后将引起后患。

（4）突然降价法。

各个投标单位的报价是一件保密的事，可是为了在竞争上取得主动，对手常常会通过各种手段和途径来打探情况，所以，可以在报价上采取迷惑对手的方法。即先按常规进行报价，到快截止投标时再突然报出一个较低的报价，这时即使对手想要采取措施也已经没有时间了，这样就能使自己在竞争中取得主动。

（5）先亏后盈法。

有的时候，为了能够打进某个地区，依靠自己雄厚的实力，可以采取不惜一切代价只求中标的低价投标的策略。在该项目不求盈利，为的是将来在这个地区的长远发展。

此外，还可以采取其他一些辅助中标手段，例如在投标时主动提出提前竣工、免费技术协作、代为培训员工等附带优惠条件，均可在一定程度上吸引业主。

9.2.2　建设工程施工合同的管理

1. 施工合同文件的内容

《合同法》规定，订立合同可有书面形式、口头形式和其他形式，建设工程施工合同应当采用书面形式。对施工合同而言，通常包括下列内容。

【未签书面协议
权益难以维护】

1）合同协议书

合同协议书指双方就最后达成协议所签订的协议书。它规定了合同当事人双方最主要的权利、义务，规定了组成合同的文件及合同当事人对履行合同义务的承诺，并且合同当事人应在这份文件上签字盖章。合同协议书对双方均有法律约束力。

2）中标通知书

中标通知书指建设单位发给承包单位表示正式接受其投标书的函件。中标通知书是建设单位的承诺，其附件中包含已被接受的投标书，以及双方协商一致对投标书所做修改的确认。中标通知书中还应写明合同价格及有关履约担保等问题。

3）投标书及附件

投标书指承包单位根据合同的各项规定，为工程的实施、完工和修补缺陷向建设单位提出并为中标通知书所接受的报价表。投标书是投标者提交的最重要的单项文件。在投标书中投标者要确认已阅读了招标文件并理解了招标文件的要求，并申明其为了承担和完成合同规定的全部义务所需的投标金额，这个金额必须和工程量清单中所列的总价相一致。此外，建设单位还必须在投标书中注明其要求投标书保持有效和同意被接受的时间，并经投标者确认同意，这一时间应足够用来完成评标、决标和授予合同等工作。投标书附件指包括在投标书内的附件，它列出了合同条款所规定的一些主要数据。

4）合同条款

合同条款指由建设单位拟定或选定，经双方协商达成一致意见的条款。它规定了合同当事人双方的权利和义务。合同条款一般包含两部分，即第一部分"通用条款"和第二部分"专用条款"。

5）规范

规范指施工合同中涉及的工程规范和技术标准。规范一般是国家规定强制执行的，规范规定了合同中工程的工艺标准和技术要求。此外，对承包单位提供的材料质量和工艺标准，也做出了明确的规定，规范通常还包括计量方法。

6）图纸

图纸指监理工程师根据合同正式向承包单位提供的所有图纸、设计书和技术资料，以及由承包单位提出并经监理工程师批准的所有图纸、设计书、操作和维修手册，以及其他技术资料。图纸应足够详细准确，以便承包单位在参照了规范和工程量清单后，能确定合同所包括的工程的性质和范围。

【图纸差错导致施工出纰漏】

7）工程量清单

工程量清单指已标价的完整的工程量表，它列有按照合同应实施的工作的说明、估算的工程量以及由投标者填写的单价和总价，它是投标文件的组成部分。

8）其他

其他指没有列入中标通知书或合同协议书中的其他文件。例如，在合同履行中，承发包双方有关工程的洽商、变更、会议纪要等书面协议或文件也是合同文件的组成部分。

2. 合同文件的优先顺序

一般来说，构成合同的各种文件，是一个整体，应能相互解释，互为说明。但是，由于合同文件内容众多、篇幅庞大，很难避免彼此之间出现解释不清或有异议，甚至出现互相矛盾的情况。因此，合同条款中必须规定合同文件的优先顺序，即当不同文件出现模糊或矛盾时，以哪个文件为准。《建设工程施工合同（示范文本）》（GF—2017—0201）规定，组成合同的各种文件及优先解释顺序如下。

（1）合同协议书。

（2）中标通知书（如果有）。

（3）投标函及其附录（如果有）。

（4）专用合同条款及其附件。

（5）通用合同条款。

（6）技术标准和要求。

（7）图纸。

（8）已标价工程量清单或预算书。

（9）其他合同文件。

上述各项合同文件包括合同当事人就该项合同文件所做出的补充和修改，属于同一类内容的文件，应以最新签署的为准。

在合同订立及履行过程中形成的与合同有关的文件均构成合同文件组成部分，并根据其性质确定优先解释顺序。如果建设单位选定不同于上述的优先次序，则应当在专用条款中予以说明；建设单位也可将对出现的含糊或异议的解释和校正权赋予监理工程师，即由监理工程师向承包单位发布指令，对这种含糊和异议加以解释和校正。

3.《建设工程施工合同（示范文本）》（GF—2017—0201）简介

因施工合同内容复杂，涉及面广，为了避免施工合同的编制者遗漏某些方面的重要条款，或条款约定责任不公平，根据有关工程建设施工的法律、法规，结合我国工程建设施工的实际情况，并借鉴了国际通用土木工程施工合同，原建设部、国家工商行政管理局于1999年颁布了《建设工程施工合同（示范文本）(GF—1999—0201)。后来住房和城乡建设部、国家工商行政总局又对《建设工程施工合同（示范文本）》(GF—1999—0201)进行了修订，制定了《建设工程施工合同（示范文本）》(GF—2013—0201)（以下简称《示范文本》）于2013年4月3日颁布，并于2013年7月1日开始实行。之后，住房和城乡建设部、国家工商行政管理总局又对《建设工程施工合同（示范文本）》(GF—2013—0201)进行了修订，于2017年9月22日颁布了《建设工程施工合同（示范文本）》(GF—2017—0201)（以下简称《示范文本》），于2017年10月1日开始实行。此次修订主要对缺陷责任期、质量保证金条款进行了修改，同时纠正了2013版示范文本专用条款个别

与通用条款表述不一致的地方。此次修改，主要是因为住房和城乡建设部、财政部于2017年6月20日发布了《关于印发建设工程质量保证金管理办法的通知》（建质〔2017〕138号），对建质〔2016〕295号《建设工程质量保证金管理办法》进行了修订。2017版示范文本根据前述办法在质量保证金比例（3%）、预留、抵扣、缺陷责任期的起算及责任期内不履行修复义务的处理等，做了相应的调整。《示范文本》的条款内容涉及各种情况下双方的合同责任和规范化的履行管理程序，涵盖了非正常情况的处理原则，包括变更、索赔、不可抗力、合同的被迫中止、争议的解决办法等各个方面。

【2017版示范文本与2013版示范文本修改部分对照表】

《示范文本》由合同协议书、通用合同条款和专用合同条款三部分组成，并附有11个附件。

1）合同协议书

合同协议书是施工合同的总纲性文件，经过合同双方当事人签字盖章，合同即成立。《示范文本》合同协议书共计13条，主要包括：工程概况、合同工期、质量标准、签约合同价和合同价格形式、项目经理、合同文件构成、承诺以及合同生效条件等重要内容，集中约定了合同当事人基本的合同权利义务。

2）通用合同条款

通用合同条款是合同当事人根据《中华人民共和国建筑法》《中华人民共和国合同法》等法律法规的规定，就工程建设的实施及相关事项，对合同当事人的权利义务做出的原则性约定。"通用"的意思是，所列条款不区分具体工程的行业、地域、规模等特点，只要属于房屋建筑工程、土木工程、线路管道和设备安装工程、装修工程等建设工程就均适用。

通用合同条款共计20条，具体条款分别为：一般约定、发包人、承包人、监理人、工程质量、安全文明施工与环境保护、工期和进度、材料与设备、试验与检验、变更、价格调整、合同价格、计量与支付、验收和工程试车、竣工结算、缺陷责任与保修、违约、不可抗力、保险、索赔和争议解决。前述条款安排既考虑了现行法律法规对工程建设的有关要求，也考虑了建设工程施工管理的特殊需要。

3）专用合同条款

专用合同条款是对通用合同条款原则性约定的细化、完善、补充、修改或另行约定的条款。由于合同标的建设工程的内容各不相同，工期也就随之变动，承发包双方的自身条件、能力、施工现场的环境和条件也都各异，双方的权利、义务也就各有特性。因此，通用条款也就不可能完全适用于每个具体工程，而需要进行必要的修改、补充，即配之以专用条款。合同当事人可以根据不同建设工程的特点及具体情况，通过双方的谈判、协商对相应的专用合同条款进行修改补充。在使用专用合同条款时，应注意专用合同条款的编号应与相应的通用合同条款的编号一致，合同当事人可以通过对专用合同条款的修改，满足具体建设工程的特殊要求，尽量避免直接修改通用合同条款。在专用合同条款中有横道线的地方，合同当事人可针对相应的通用合同条款进行细化、完善、补充、修改或另行约定；如无细化、完善、补充、修改或另行约定，则填写"无"或画"/"，而不能留空白。

4）附件

《示范文本》还为使用者提供了 11 个标准附件，其中合同协议书附件为"承包人承揽工程项目一览表"。其他 10 个均为专用合同条款附件，包括"发包人供应材料设备一览表""工程质量保修书""主要建设工程文件目录""承包人用于本工程施工的机械设备表""承包人主要施工管理人员表""分包人主要施工管理人员表""履约担保格式""预付款担保格式""支付担保格式""暂估价一览表"，由当事人根据工程项目情况选择使用。

《示范文本》为非强制性使用文本。《示范文本》适用于房屋建筑工程、土木工程、线路管道和设备安装工程、装修工程等建设工程的施工承发包活动，合同当事人可结合建设工程具体情况，根据《示范文本》订立合同，并按照法律法规规定和合同约定承担相应的法律责任及合同权利义务。

4. 工程施工合同管理

1）施工进度管理

开工后，承包人应按照监理工程师确认的进度计划组织施工，接受监理工程师对进度的检查、监督。一般情况下，监理工程师每月均应检查一次承包人的进度计划执行情况，由承包人提交一份上月进度计划执行情况和本月的施工方案和措施。同时，监理工程师还应进行必要的现场实地检查。

施工过程中，由于受到外界环境条件、人为条件、现场情况等的限制，经常出现与承包人开工前编制施工进度计划时预计的施工条件有出入的情况，导致实际施工进度与计划进度不符。不管实际进度是超前还是滞后于计划进度，只要与计划进度不符时，工程师都有权通知承包人修改进度计划，以便更好地进行后续施工的协调管理。承包人应当按照监理工程师的要求修改进度计划并提出相应措施，经监理工程师确认后执行。

因承包人自身的原因造成工程实际进度滞后于计划进度，所有的后果均应由承包人自行承担，监理工程师不对确认后的改进措施效果负责，因为这种确认并不是监理工程师对工程延期的批准，而仅仅是要求承包人在合理的状态下施工。因此，如果修改后的进度计划不能按期完工，承包人仍应承担相应的违约责任。

【加快施工进度】

监理工程师在下列情况下可以指示承包人暂停施工。

（1）外部环境条件的变化。如法规政策的变化导致工程停、缓建；地方法规要求不允许在某一时段内施工等。

（2）发包人的原因。如发包人未能及时提供图纸；发包人未能按时完成后续施工的现场或通道的移交工作；施工中遇到了有考古价值的文物或古迹需要进行现场保护等。

（3）协调管理的原因。如在现场的几个独立承包人之间出现施工交叉干扰，工程师需要进行必要的协调。

（4）承包人的原因。如发现施工质量不合格；施工作业方法可能危及现场或毗邻地区建筑物或人身安全等。《建设工程监理规范》（GB/T 50319—2013）规定，项目监理机构发现下列情形之一的，总监理工程师应及时签发工程暂停令，要求施工单位停工整改：施工单位未经批准擅自施工的；施工单位未按审查通过的工程设计文件施工的；施工单位未按批准的施工组织设计施工或违反工程建设强制性标准的；施工存在重大质量事故隐患或发生质量事故的。

不论发生上述哪种情况，监理工程师应当以书面形式通知承包人暂停施工，并在发出暂停施工通知后的 48 小时内提出书面处理意见。承包人应当按照监理工程师的要求停止施工，并妥善保护已完工工程。承包人实施监理工程师做出的处理意见后，可提出书面复工要求，监理工程师应当在收到复工通知后的 48 小时内给予相应的答复，如果监理工程师未能在规定的时间内提出处理意见，或收到承包人复工要求后 48 小时内未予答复，承包人可以自行复工。

施工过程中，由于社会条件、人为条件、自然条件和管理水平等因素的影响，可能导致工期延误不能按时竣工。是否应给承包人合理延长工期，应依据合同责任来判定。按照施工合同范本通用条款的规定，以下原因造成的工期延误，经监理工程师确认后工期相应顺延。

（1）发包人不能按合同的约定提供开工条件。

（2）发包人不能按合同约定日期支付工程预付款、进度款，致使工程不能正常进行。

（3）监理工程师未能按合同约定提供所需指令、批准等，致使施工不能正常进行。

（4）设计变更和工程量增加。

（5）一周内非承包人原因停水、停电、停气造成停工累计超过 8 小时。

（6）不可抗力。

（7）专用条款中约定或监理工程师同意工期顺延的其他情况。

【建筑工地防暑降温举措启动】

以上这些情况工期可以顺延的根本原因在于：这些情况属于发包人违约或者是应当由发包人承担的风险；反之，如果造成工期延误的原因是承包人的违约或者应当由承包人承担的风险，则工期不能顺延。根据《建设工程监理规范》（GB/T 50319—2013）规定，项目监理机构批准工程延期应同时满足下列三个条件：施工单位在施工合同约定的期限内提出工程延期；因非施工单位原因造成施工进度滞后；施工进度滞后影响到施工合同约定的工期。

工期顺延的确认程序是：承包人在工期可以顺延的情况发生后 14 天内，应就延误的工期向监理工程师提出书面报告。监理工程师在收到报告后 14 天内予以确认答复，逾期不予答复，视为报告要求已经被确认。监理工程师确认工期是否应予顺延，应当首先考察事件实际造成的延误时间，然后依据合同、施工进度计划、工期定额等进行判定。经监理工程师确认顺延的工期应纳入合同工期，作为合同工期的一部分。如果承包人不同意监理工程师的确认结果，则按合同规定的争议解决方式处理。

2）施工质量管理

根据《建设工程监理规范》（GB/T 50319—2013）有关规定，监理工程师在施工过程中应采用巡视、旁站、平行检验等方式监督检查承包人的施工工艺和产品质量，对建筑产品的生产过程进行严格控制。

【施工完成起争端】

承包人应认真按照标准、规范和设计要求以及监理工程师依据合同发出的指令施工，随时接受监理工程师及其委派人员的检查检验，并为检查检验提供便利条件。工程质量达不到约定标准的部分，监理工程师一经发现，可要求承包人拆除和重新施工，承包人应按监理工程师的要求拆除和重新施工，承担由于自身原因导致拆除和重新施工的费用，工期不予顺延。

经过监理工程师检查检验合格后，又发现因承包人原因出现的质量问题，仍由承包人承担责任，赔偿发包人的直接损失，工期不应顺延。

监理工程师的检查检验原则上不应影响施工正常进行，如果实际影响了施工的正常进行，其后果责任由检验结果的质量是否合格来区分合同责任。检查检验不合格时，影响正常施工的费用由承包人承担，除此之外，影响正常施工的追加合同价款由发包人承担，相应顺延工期。

不论何时，监理工程师一经发现质量达不到合同约定标准的工程部分，均可要求承包人返工。承包人应当按照监理工程师的要求返工，直到符合约定标准。因承包人的原因达不到约定标准，由承包人承担返工费用，工期不予顺延。因发包人的原因达不到约定标准，由发包人承担返工的追加合同价款，工期相应顺延。因双方原因达不到约定标准，责任由双方分别承担。

如果双方对工程质量有争议，由专用条款约定的工程质量监督部门鉴定，所需费用及因此造成的损失，由责任方承担。双方均有责任的，由双方根据其责任分别承担。

对于隐蔽工程，由于隐蔽工程在施工中一旦完成隐蔽，将很难再对其进行质量检查，因此必须在隐蔽前进行检查验收，即所谓的中间验收。对于中间验收，应在专用条款中约定，对需要进行中间验收的单项工程和部位进行检查、试验，不能影响后续工程的施工。隐蔽工程按下列程序进行检验。

【家装中的隐蔽工程】

（1）承包人自检。

当工程具备隐蔽条件或达到专用条款约定的中间验收部位时，承包人先进行自检，并在隐蔽或中间验收前 48 小时以书面形式通知监理工程师验收。通知包括隐蔽和中间验收的内容、验收时间和地点。

（2）共同检验。

监理工程师接到承包人的请求验收通知后，应在通知约定的时间与承包人共同进行检查或试验。检测结果表明质量验收合格，经监理工程师在验收记录上签字后，承包人可进行工程隐蔽和继续施工。验收不合格，承包人应在监理工程师限定的时间内修改后重新验收。如果监理工程师不能按时进行验收，应在承包人通知的验收时间前 24 小时，以书面形式同承包人提出延期验收要求，但延期不能超过 48 小时。

如果监理工程师未能按以上时间提出延期要求，又未按时参加验收，承包人可自行组织验收。承包人经过验收的检查、试验程序后，将检查、试验记录送交监理工程师。本次检验视为监理工程师在场情况下进行的验收，监理工程师应承认验收记录的正确性。

经监理工程师验收，工程质量符合标准、规范和设计图纸等要求，验收 24 小时后，监理工程师不在验收记录上签字，视为监理工程师已经认可验收记录，承包人可进行工程隐蔽或继续施工。

不管监理工程师是否参加了验收，当其对某部分的工程质量有怀疑时，均可要求承包人对已被隐蔽的工程进行重新检验。承包人接到通知后，应按要求进行剥离或开孔，并在检验后重新覆盖或修复。

如果重新检验表明质量合格，发包人承担由此发生的全部追加合同价款，赔偿承包人损失，并相应顺延工期；如果检验不合格，则由承包人承担发生的全部费用，工期不予顺延。

3）支付管理

监理工程师对工程进度支付款的管理是施工合同管理的重要内容之一，同时，也是造价控制的重要手段。确定工程进度支付款最直接的依据是工程量，由于签订合同时在工程量清单内开列的工程量是估计工程量，实际施工完成的工程量可能与其有差异，因此发包人支付工程进度款前应由监理工程师对承包人完成的实际工程量予以确认或核实，按照承包人实际完成永久工程的工程量进行支付。其程序为：首先，承包人应按专用条款约定的时间，向监理工程师提交本阶段（一般以月为单位）已完工程量的报告，说明本期完成的各项工作内容和工程量，监理工程师接到承包人的报告后 7 天内，按设计图纸核实已完工程量，并在现场实际计量前 24 小时通知承包人共同参加。承包人应为计量提供便利条件并派人参加。如果承包人收到通知后不参加计量，监理工程师自行计量的结果有效，作为工程价款支付的依据。若监理工程师不按约定时间通知承包人，致使承包人未能参加计量，监理工程师单方计量的结果无效。

监理工程师收到承包人报告后 7 天内未进行计量，从第 8 天起，承包人报告中开列的工程量即视为已被确认，作为工程价款支付的依据。

需要注意的是，监理工程师以设计图纸为依据，只对承包人完成的永久工程合格工程量进行计量。因此，属于承包人超出设计图纸范围（包括超挖、涨线）的工程量不予计量；因承包人原因造成返工的工程量不予计量；承包人为保证施工质量自行采取措施而增加的工程量不予计量。

工程量确定以后，即可进行工程进度款的计算。计算本期应支付承包人的工程进度款的款项计算包括以下内容。

（1）经过确认核实的完成工程量对应工程量清单或报价单的相应价格计算应支付的工程款。

（2）设计变更应调整的合同价款。

（3）本期应扣回的工程预付款。

（4）根据合同允许调整合同价款原因应补偿承包人的款项和应扣减的款项。

（5）经过监理工程师批准的承包人索赔款等。

发包人应在双方计量确认后14天内向承包人支付工程进度款。发包人超过约定的支付时间仍不支付

工程进度款，承包人可向发包人发出要求付款的通知。发包人在收到承包人通知后仍不能按要求支付，可与承包人协商签订延期付款协议，经承包人同意后可以延期支付。发包人不按合同约定支付工程款（进度款），双方又未达成延期付款协议，导致施工无法进行时，承包人可停止施工，由发包人承担违约责任。

【工程没完工，无法支付全部工程款】

延期付款协议中须明确延期支付时间，以及从计量结果确认后第15天起计算应付款的贷款利息。

采用可调价合同，通用条款规定，施工中如果遇到以下4种情况时，可以对合同价款进行相应的调整。

（1）法律、行政法规和国家有关政策变化影响到合同价款。如施工过程中地方税的某项税费发生变化，按实际发生与订立合同时的差异进行增加或减少合同价款的调整。

（2）工程造价部门公布的价格调整。当市场价格浮动变化时，按照专用条款约定的方法对合同价款进行调整。

（3）一周内非承包人原因停水、停电、停气造成停工累计超过8小时。

（4）双方约定的其他因素。

发生上述事件后，承包人应当在情况发生后的14天内，将调整的原因、金额以书面形式通知监理工程师。监理工程师确认调整金额后作为追加合同价款，与工程款同期支付。监理工程师收到承包人通知后14天内不予确认也不提出修改意见，视为已经同意该项调整。

4）材料和设备的质量控制

材料和设备质量对工程的质量影响巨大，所以，对工程质量进行严格控制，必须对材料和设备的质量严格控制。

按合同约定，可以由承包人负责，也可以由发包人负责提供全部或部分材料和设备，工程中常称之为甲供材料。

【确保保障房工程质量】

如果由发包人供应材料设备的，发包人应按照专用条款的材料设备供应一览表，按时、按质、按量将购来的材料和设备运抵施工现场，与承包人共同进行到货清点。

（1）发包人供应材料设备的现场接收。发包人应当向承包人提供其供应材料设备的产品合格证明，并对这些材料设备的质量负责。发包人在其所供应的材料设备到货前24小时，应以书面形式通知承包人，由承包人派人与发包人共同清点。清点的工作主要包括外观质量检查；对照发货单证进行数量清点（检斤、检尺）；对大宗建筑材料进行必要的抽样检验（物理、化学试验）等。

（2）材料设备接收后移交承包人保管。发包人供应的材料设备经双方共同清点接收后，由承包人妥善保管，发包人支付相应的保管费用。因承包人的原因发生损坏丢失，由承包人负责赔偿，发包人不按规定通知承包人验收，发生的损坏丢失由发包人负责。

（3）发包人供应的材料设备与约定不符时的处理。发包人供应的材料设备与约定不符时，应当由发包人承担有关责任。视具体情况不同，按照以下原则处理。

① 材料设备单价与合同约定不符时，由发包人承担所有差价。

② 材料设备种类、规格、型号、数量、质量等级与合同约定不符时，承包人可以拒绝接收保管，由发包人运出施工场地并重新采购。

③ 发包人供应材料的规格、型号与合同约定不符时，承包人可以代为调剂调换，由发包方承担相应的费用。

④ 到货地点与合同约定不符时，发包人负责运至合同约定的地点。

⑤ 供应数量少于合同约定的数量时，发包人负责将数量补齐；多于合同约定的数量时，发包人负责将多出部分运出施工场地。

⑥ 到货时间早于合同约定时间，发包人承担因此发生的保管费用；到货时间迟于合同约定的供应时间，由发包人承担相应的追加合同价款。发生延误，相应顺延工期，发包人赔偿由此给承包人造成的损失。

如果由承包人来采购的材料设备，则按照以下原则处理。

① 承包人负责采购材料设备的，应按照合同专用条款约定及设计要求和有关标准采购，并提供产品合格证明，对材料设备质量负责。

② 承包人在材料设备到货前 24 小时应通知监理工程师共同进行到货清点。

③ 承包人采购的材料设备与设计或标准要求不符时，承包人应在监理工程师要求的时间内运出施工现场，重新采购符合要求的产品，并承担由此发生的费用，延误的工期不予顺延。

5）设计变更管理

设计变更属于工程变更的一种，在工程施工中经常发生设计变更，对此，《示范文本》通用条款做出了较详细的规定。

设计变更可以来自监理工程师，也可以来自承包人或发包人。《示范文本》通用条款中明确规定，监理工程师依据工程项目的需要和施工现场的实际情况，可以就以下方面向承包人发出变更通知。

（1）更改工程有关部分的标高、基线、位置和尺寸。

（2）增减合同中约定的工程量。

（3）改变有关工程的施工时间和顺序。

（4）其他有关工程变更需要的附加工作。

施工中发包人需对原工程设计进行变更，应提前 14 天以书面形式向承包人发出变更通知。变更超过原设计标准或批准的建设规模时，发包人应报规划管理部门和其他有关部门重新审查批准，并由原设计单位提供变更的相应图纸和说明。

监理工程师向承包人发出设计变更通知后，承包人按照监理工程师发出的变更通知及有关要求，进行所需的变更。

因设计变更导致合同价款的增减及造成的承包人损失由发包人承担，延误的工期相应顺延。

施工中承包人不得以施工方便为由而要求对原工程设计进行变更。

承包人在施工中提出的合理化建议被发包人采纳，若建议涉及对设计图纸或施工组织设计的变更及对材料、设备的换用，则须经监理工程师同意。

未经监理工程师同意承包人擅自更改或换用，承包人应承担由此发生的费用，并赔偿发包人的有关损失，延误的工期不予顺延。监理工程师同意采用承包人的合理化建议，所发生费用和获得收益的分担或分享，由发包人和承包人另行约定。

监理工程师在合同履行管理中应严格控制变更，施工中承包人未得到监理工程师的同意也不允许对工程设计随意变更。如果由于承包人擅自变更设计，发生的费用和因此而导致的发包人的直接损失，应由承包人承担，延误的工期不予顺延。

变更价款的程序如下。

（1）承包人在工程变更确定后 14 天内，可提出变更涉及的追加合同价款要求的报告，经监理工程师确认后相应调整合同价款。如果承包人在双方确定变更后的 14 天内，未向工程师提出变更工程价款的报告，视为该项变更不涉及合同价款的调整。

（2）监理工程师应在收到承包人的变更合同价款报告后 14 天内，对承包人的要求予以确认或做出其他答复。监理工程师无正当理由不确认或答复时，自承包人的报告送达之日起 14 天后，视为变更价款报告已被确认。

（3）监理工程师确认增加的工程变更价款作为追加合同价款，与工程进度款同期支付。监理工程师不同意承包人提出的变更价款，按合同约定的争议条款处理。

因承包人自身原因导致的工程变更，承包人无权要求追加合同价款。如由于承包人原因使实际施工进度滞后于计划进度，某工程部位的施工与其他承包人的施工发生干扰，工程师发布指示改变了他的施工时间和顺序导致施工成本的增加或效率降低，承包人无权要求补偿。

确定变更价款时，应维持承包人投标报价单内的竞争性水平。

（1）合同中已有适用于变更工程的价格，按合同已有的价格变更合同价款。

（2）合同中只有类似于变更工程的价格，可以参照类似价格变更合同价款。

（3）合同中没有适用或类似于变更工程的价格，由承包人提出适当的变更价格，经工程师确认后执行。

5. 不可抗力

【按揭问题不属于不可抗力】

不可抗力，是指合同当事人不能预见、不能避免并且不能克服的客观情况。建设工程施工中的不可抗力包括因战争、动乱、空中飞行物坠落或其他非发包人和承包人责任造成的爆炸、火灾，以及专用条款约定的风、雨、雪、洪水、地震等自然灾害。对于自然灾害形成的不可抗力，当事人双方订立合同时可在专用条款内约定，如多少级以上的地震、多少级以上持续多少天的大风等。

不可抗力事件发生后，对施工合同的履行会造成较大的影响。监理工程师应当有较强的风险意识，包括及时识别可能发生不可抗力风险的因素；督促当事人转移或分散风险（如投保等）；监督承包人采取有效的防范措施（如减少发生爆炸）等。

不可抗力事件发生后，承包人应当在力所能及的条件下迅速采取措施，尽量减少损失，并在不可抗力事件结束后 48 小时内向监理工程师通报受灾情况和损失情况，以及预计清理修复的费用，发包人应尽力协助承包人采取措施。

如果不可抗力事件继续发生，承包人应每隔 7 天向监理工程师报告一次受灾情况，并于不可抗力事件结束后 14 天内，向监理工程师提交清理和修复费用的正式报告及有关资料。

【法律上关于不可抗力的规定】

对于合同约定工期内发生的不可抗力，《建设工程施工合同（示范文本）》(GF—2017—0201) 通用条款规定，因不可抗力事件导致的费用及延误的工期由双方按以下方法分别承担。

（1）永久工程、已运至施工现场的材料和工程设备的损坏，以及因工程损坏造成的第三人人员伤亡和财产损失由发包人承担。

（2）承包人施工设备的损坏由承包人承担。

（3）发包人和承包人承担各自人员伤亡和财产的损失。

（4）因不可抗力影响承包人履行合同约定的义务，已经引起或将引起工期延误的，应当顺延工期，由此导致承包人停工的费用损失由发包人和承包人合理分担，停工期间必须支付的工人工资由发包人承担。

（5）因不可抗力引起或将引起工期延误，发包人要求赶工的，由此增加的赶工费用由发包人承担。

（6）承包人在停工期间按照发包人要求照管、清理和修复工程的费用由发包人承担。

不可抗力发生后，合同当事人均应采取措施尽量避免和减少损失的扩大，任何一方当事人没有采取有效措施导致损失扩大的，应对扩大的损失承担责任。

因合同一方迟延履行合同义务，在迟延履行期间遭遇不可抗力的，不免除其违约责任。

9.3 FIDIC条件下的施工合同管理

9.3.1 FIDIC 简介

FIDIC 是"国际咨询监理工程师联合会"（Federation Internationale Des Ingenieurs Conseils）法文名称的 5 个首字母。中文音译为"菲迪克"，总部于 2002 年由瑞士洛桑迁往日内瓦，网址为 http//www.fidic.org。

【国际咨询工程
大奖评选中国
三连冠】

该组织是由英国、法国、比利时三个欧洲境内咨询监理工程师协会于 1913 年创立的。组建联合会的目的是共同促进成员协会的职业利益，向其他成员协会传播有益信息。1949 年后，美国、澳大利亚、加拿大等国相继加入，现有 100 多个成员国，下设欧盟分会，北欧成员分会，亚太地区分会，非洲成员分会。1996 年，中国工程咨询协会正式加入 FIDIC 组织。

FIDIC 成立 100 多年来，对国际上实施工程建设项目，以及促进国际经济技术合作的发展起到了重要作用。由该会编制的《业主与咨询监理工程师标准服务协议书》（白皮书）、《土木工程施工合同条件》（红皮书）、《电气与机械工程合同条件》（黄皮书）、《工程总承包合同条件》（橘黄皮书）被世界银行、亚洲开发银行等国际和区域发展援助金融机构作为实施项目的合同和协议范本。这些合同和协议文本，条款内容严密，对履约各方和实施人员的职责义务做了明确的规定，对实施项目过程中可能出现的问题也都有较合理的规定，以利遵循解决。这些协议性文件为实施项目进行科学管理提供了可靠的依据，有利于保证工程质量、工期和控制成本，使业主、承包人以及咨询监理工程师等有关人员的合法权益得到尊重。此外，FIDIC 还编辑出版了一些供业主和咨询监理工程师使用的业务参考书籍和工作指南，以帮助业主更好地选择咨询监理工程师，使咨询监理工程师更全面地了解业务工作范围和根据指南进行工作。该会制订的承包商标准资格预审表、招标程序、咨询项目分包协议等都有很实用的参考价值，在国际上受到普遍欢迎，得到了广泛承认和应用，FIDIC 的名声也显著提高。

作为一个国际性的非官方组织，FIDIC 的宗旨是要将各个国家独立的咨询监理工程师行业组织联合成一个国际性的行业组织；促进还没有建立起这个行业组织的国家也能够建立起这样的组织；鼓励制定咨询监理工程师应遵守的职业行为准则，以提高为业主和社会服务的质量；研究和增进会员的利益，促进会员之间的关系，增强本行业的活力；提供和交流会员感兴趣和有益的信息，增强行业凝聚力。

【渝利铁路】

FIDIC 规定，要想成为它的正式会员，需由该国的一家"全国性的咨询监理工程师协会"（以下简称"全国性协会"）提出申请，"全国性协会"应当达到以下要求：应为业主和社会公共利益而努力促进工程咨询行业的发展；应保护和促进咨询监理工程师和私人业务方面的利益和提高本行业的声誉；应促使会员之间在职业、经营方面的经验和信息交流。FIDIC 还对"全国性协会"的主要任务提出建议：要使社会公众和业主了解本行业的重要性和它的服务内容，以及作为一个独立咨询监理工程师团体和个人的职能；要制订出严格的规则和措施，促使会员保证遵守职业道德标准，维护本行业的声誉；致力于开展国际交流，并为会员开展业务，获取先进技能，提供国际接触通道；了解和发挥本国工程咨询的某些优势和特点；广泛地建立会员与其他工程组织机构和教学单位的联系，充实咨询内容和明确新的方向；促进使用标准程序、制度和合约（如以上所说的有白皮书、红皮书、黄皮书等）；向政府报告本行业的共同性问题并提出需要政府解决的问题；传递 FIDIC 提供的各种信息和其他国家同行业协会的经验；研究会员收取咨询服务合理报酬的办法；提倡按能力择优选取咨询专家，避免单纯价格竞争，导致工程咨询标准和服务质量降低。

FIDIC 合同的最大特点是：程序公开、机会均等，这是它的合理性，对任何人都不持偏见。这种开放公平及高透明度的工作原则亦符合世界贸易组织政论采购协议的原则，所以 FIDIC 合同才在国际工程中得到了广泛的应用。

9.3.2 FIDIC《施工合同条件》（1999 年版）概述

1999 年 9 月，FIDIC 出版了一套 4 本全新的标准合同条件。

《施工合同条件》（新红皮书）的名称是：由业主设计的房屋和工程施工合同条件（Conditions of Contract for Construction for Building and Engineering Works Designed by the Employer）。

《设备与设计 - 建造合同》（新黄皮书）的名称是：由承包商设计的电气和机械设备安装与民用和工程合同条件（Conditions of Contract for Plant and Designed-Build for Electrical and Mechanical Plant and Building and Engineering Works Designed by the Contractor）。

《EPC/ 交钥匙项目合同条件》（Conditions of Contract for EPC/Turnkey）——银皮书（Silver Book）。

FIDIC 还编写了适合于小规模项目的《简明合同格式》（Short Form of Contract）——绿皮书（Green Book）。

与原来的《土木工程施工合同条件》（1988 年第四版）相比，新《施工合同条件》有如下特点。

（1）合同的适用条件更广泛。《施工合同条件》不仅适用于建筑工程施工，也可以用于安装工程施工。

（2）通用条件条款结构发生改变。通用条件条款的标题分别为：一般规定；业主；监理工程师；承包商；指定分包商；职员和劳工；永久设备、材料和工艺；开工、延误和暂停；竣工检验；业主的接收；缺陷责任；测量和估价；变更和调整；合同价格和支付；业主提出终止；承包商提出暂停和终止；风险和责任；保险；不可抗力；索赔、争端和仲裁。通共条件条款共 20 条 247 款，比《土木工程施工合同条件》的条目数少，但条款数多，克服了合同履行过程中发生的某一事件往往涉及排列序号不在一起的很多条款，尽可能将相关内容归列在同一主题下。

（3）对业主、承包商双方的权利和义务做了更严格明确的规定。在业主方面，新红皮书对业主的职责、权利、义务有了更严格的要求，如对业主资金安排、支付时间和补偿、业主违约等方面的内容进行了补充和细化；承包商方面，对承包商的工作提出了更严格的要求，如承包商应将质量保证体系和月进度报告的所有细节都提供给监理工程师、在何种条件下将没收履约保证金、工程检验维修的期限等。

（4）对监理工程师的职权规定得更为明确，强调建立以监理工程师为核心的项目管理模式。

通用条款内明确规定，监理工程师应履行施工合同中赋予他的职责，行使合同中明确规定的或必然隐含的赋予他的权力。如果要求监理工程师在行使施工合同中某些规定权力之前需先获得业主的批准，则应在业主与承包商签订合同的专用条件的相应条款内注明。合同履行过程中业主或承包商的各类要求均应提交监理工程师，由其做出决定；除非按照解决合同争议的条款将该事件提交争端裁决委员会或仲裁机构解决外，对监理工程师做出的每一项决定，各方均应遵守。业主与承包商协商达成一致以前，不得对监理工程师的权力加以进一步限制。

通用条件的相关条款同时规定，每当监理工程师需要对某一事项做出商定或决定时，应首先与合同双方协商并尽力达成一致，如果不能达成一致，则应按照合同规定并适当考

【西堠门大桥工程】

虑所有有关情况后再做出公正的决定。

（5）增加了部分新内容。增加的内容包括：业主的资金安排、业主的索赔、承包商要求的变更、质量管理体系、知识产权、争端裁决委员会（DBA）的工作步骤等，使条款涵盖的范围更为全面、合理。新红皮书共定义了58个关键词，并将定义的关键词分为六大类编排，条理清晰，其中30个关键词是红皮书（即《土木工程施工合同条件》）没有的。

（6）通用条件的条款更具备操作性。通用条件条款约定更为细致和便于操作。如将预付款支付与扣还、调价公式等编入了通用条件的条款。

《施工合同条件》包括3部分内容：通用条件；专用条件编制指南；投标书、合同协议和争端评审协议格式。

（1）第一部分：通用条件。通用条件包括了每个土木工程施工合同应有的条款，全面地规定了合同双方的权利和义务、风险和责任，确定了合同管理的内容及做法。这部分可以不经任何改动附入招标文件。

（2）第二部分：专用条件编制指南。专用条件的作用是对第一部分通用条件进行修改和补充，它的编号与其所修改或补充的通用条件的各条相对应。通用条件和专用条件是一个整体，相互补充和说明，形成描述合同双方权利和义务的合同条件。对每一个项目，都有必要准备专用条件。必须把相同编号的通用条件和专用条件一起阅读，才能全面正确地理解该条款的内容和用意。如果通用条件和专用条件有矛盾，则专用条件优先于通用条件。

（3）第三部分：投标书、合同协议和争端评审协议格式。

FIDIC 合同条款的适用条件，主要有下列几点。

（1）必须要由独立的监理工程师来进行施工监督管理。从某种意义来讲，也可以说 FIDIC 条款是专门为监理工程师进行施工管理而编写的。换言之，工程项目必须实行建设监理制。

（2）业主应采用竞争性招标方式选择承包单位，可以采用公开招标（无限制招标）或邀请招标（有限制招标）。

（3）适用于单价合同。FIDIC 合同的最大特点是单价合同，它强调"量价分离"，即工程数量与单价分开，投标时承包商报的不是总价，而是单价，单价乘以监理工程师认可的工程数量后才汇总出工程的总标价。FIDIC 合同在《投标者须知》中都会明文规定，合同单价的地位高于一切。如果标书中单价与总价发生矛盾，应以单价为准。对于没有填报单价或价格的工程内容，业主在合同实施过程中将不予支付，并认为该项工程内容的单价或价格已包含在其他工程内容的单价或价格中。因此必须注意，填上的单价就是支付的法律依据。

（4）要求有较完整的设计文件（包括规范、图纸、工程量清单等）。

9.3.3　施工合同管理

1. 合同双方的职责和风险承担

1）业主的职责

（1）及时提供施工现场。FIDIC 通用条款 2.1 款规定业主应在投标书附录中规定的时间内给予承包商进入现场、占用现场各部分的权利。

（2）及时提供施工图纸及相关的资料文件。FIDIC 通用条款 1.8 款规定由业主向承包商提供一式两份合同文本（含图纸）和后续图纸。

【FIDIC工程师培训和认证试点启动】

（3）提供现场勘察资料。FIDIC 通用条款 4.10 款规定业主应在基准日期前，即在承包商递交投标书截止日期前 28 天之前把该工程勘察所得的现场地下、水文条件及环境方面的所有情况资料提供给承包商；同样地，业主在基准日期后所得的所有此类资料，也应提交给承包商。

（4）协助承包商办理许可、执照或批准等。FIDIC 通用条款 2.2 款规定业主应根据承包商的请求，对其提供以下合理的协助：取得与合同有关，但不易得到的工程所在国的法律文本；协助承包商申办工程所在国的法律要求的许可、执照或批准。

（5）及时支付工程款。FIDIC 通用条款 14 条对业主给承包商的预付款、期中付款和最终付款做了详细规定。

2）业主承担的风险

（1）特殊风险承担。FIDIC 通用条款 17.3 款列举了以下 8 种业主风险。

① 战争、敌对行动（无论宣战与否）、入侵、外敌行动。

② 工程所在国国内的叛乱、恐怖主义、革命、暴动、军事政变或篡夺政权，或内战。

③ 承包商人员及承包商其他雇员以外的人员在工程所在国内的暴乱、骚动或混乱。

④ 工程所在国内的战争军火、爆炸物资、电离辐射或放射性引起的污染，但可能由承包商使用此类军火、炸药、辐射或放射性引起的除外。

⑤ 由音速或超音速飞行的飞机或飞行装置所产生的压力波。

⑥ 除合同规定以外雇主使用或占有的永久工程的任何部分。

⑦ 由雇主人员或雇主对其负责的其他人员所做的工程任何部分的设计。

⑧ 不可预见的或不能合理预期一个有经验的承包商已采取适宜预防措施的任何自然力的作用。

17.4 款规定以上风险发生造成损失，承包商为修正损失而延误的工期和增加的费用由业主承担。

（2）其他不能合理预见的可能风险。例如，在 13.7 款规定了法规变化后合同价的调整，在基准日期后做出的法律改变使承包商遭受的工程延误和成本费用增加，应由业主承担；13.8 款规定了劳务和材料价格变化后合同价的调整，由于劳务和材料价格上涨带来的风险应由业主承担；14.15 款规定了按一种或多种外币支付时，工程所在国货币与这些外币之间的汇率按投标书附录中的规定执行。

3）承包商的责任

【工人讨薪，开发商与承包商互推责任】

（1）保护设计图纸和文件的知识产权。1.11 款规定由业主（或以业主名义）编制的规范、图纸和其他文件，其版权和其他知识产权归业主所有。除合同需要外，未经业主同意，承包商不得将图纸、文件等用于或转让给第三方。

（2）提交履约担保。4.2 款明确承包商应按投标书附录规定的金额取得担保，并在收到中标函后 28 天内向业主提交这种担保，并向监理工程师递交一份副本。履约担保应由业主批准的国家内的实体提供。

（3）对工程质量负责。例如，在 4.9 款明确承包商应建立质量保证体系，该体系应符合合同的详细规定。承包商在每一设计和实施阶段开始前，应向监理工程师提交所有程序和如何贯彻要求的文件的细节。4.1 款明确承包商应精心施工、修补其任何缺陷。明确承包商应对整个现场作业、所有施工方法和全部工程的完备性、稳定性和完全性负全责；并对承包商自己的设计承担责任。

（4）按期完成施工任务。8.1 款规定承包商应在收到中标函后 42 天内开工，除非专用条款另有说明。开工后承包商在合理可能的情况下尽早开始工程的实施，随后应以正当的速度，不拖延地进行工程。8.2 款则规定承包商应在工程或分项工程的竣工时间内，完成整个工程和每个分项工程。

（5）对施工现场的安全和环境保护负责。

2. 施工进度管理

合同履行过程中，一个准确的施工计划对合同涉及的有关各方都有重要的作用，不仅要求承包商按计划施工，而且监理工程师也应按计划做好保证施工顺利进行的协调管理工作。承包商应在合同约定的日期或接到中标函后的 42 天内（合同未作约定）开工，监理工程师则应至少提前 7 天通知承包商开工日期。承包商收到开工通知后的 28 天内，按监理工程师要求的格式和详细程度提交施工进度计划。

施工进度计划的内容，一般包括以下内容。

（1）实施工程的进度计划。视承包工程的任务范围不同，可能还涉及设计进度（如果包括部分工程的施工图设计的话）；材料采购计划；永久工程设备的制造、运到现场施工、安装、调试和检验各个阶段的预期时间（永久工程设备包括在承包范围内的话）。

（2）各指定分包商施工各阶段的安排。

（3）合同中规定的重要检查、检验的顺序和时间。

（4）保证计划实施的说明文件。

监理工程师对施工进度的监督包括以下两个方面的内容。

（1）月进度报告。为了便于监理工程师对合同的履行进行有效的监督和管理，协调各合同之间的配合，承包商每个月都应向监理工程师提交进度报告，说明前一阶段的进度情况和施工中存在的问题，以及下一阶段的实施计划和准备采取的相应措施。

（2）施工进度计划的修订。不论实际进度是超前还是滞后于计划进度，当监理工程师发现实际进度与计划进度严重偏离时，为了使进度计划有实际指导意义，随时有权指示承包商编制改进的施工进度计划，并再次提交监理工程师认可后执行。监理工程师在管理中应注意两点：① 不论因何方应承担责任的原因导致实际进度与计划进度不符，承包商都无权对修改进度计划的工作要求额外支付；② 监理工程师对修改后进度计划的批准，并不意味着承包商可以摆脱合同规定应承担的责任。例如，承包商因自身管理失误使得实际进度严重滞后于计划进度，按其实际施工能力修改后的进度计划，竣工日期将迟于合同规定的日期。监理工程师考虑此计划已包括了承包商所有可挖掘的潜力，只能按此执行而批准后，承包商仍要承担合同规定的延期违约赔偿责任。

【香港官员及港铁就高铁工程延误致歉】

通用条件的条款中规定可以给承包商合理延长合同工期的条件通常包括以下几种情况。

（1）延误发放图纸。

（2）延误移交施工现场。

（3）承包商依据监理工程师提供的错误数据导致放线错误。

（4）不可预见的外界条件。

（5）施工中遇到文物和古迹而对施工进度的干扰。

（6）非承包商原因检验导致施工的延误。

（7）发生变更或合同中实际工程量与计划工程量出现实质性变化。

（8）施工中遇到有经验的承包商不能合理预见的异常不利气候条件影响。

（9）由于传染病或政府行为导致工期的延误。

（10）施工中受到业主或其他承包商的干扰。

（11）施工涉及有关公共部门原因引起的延误。

（12）业主提前占用工程导致对后续施工的延误。

（13）非承包商原因使竣工检验不能按计划正常进行。

（14）后续法规调整引起的延误。

（15）发生不可抗力事件的影响。

3. 施工质量管理

【外白渡桥启动修复】

通用条件规定，承包商应按照合同的要求建立一套质量管理体系，以保证施工符合合同要求。在每一工作阶段开始实施之前，承包商应将所有工作程序的细节和执行文件提交监理工程师，供其参考。监理工程师有权审查质量体系的任何方面，包括月进度报告中包含的质量文件，对不完善之处可以提出改进要求。

工程质量的好坏和施工进度的快慢，很大程度上取决于投入施工的机械设备数量和型号上的满足程度。而且承包商在投标书中报送的设备计划，是业主评标决标时考虑的主要因素之一。因此，通用条款规定了以下几点。

（1）承包商自有的施工设备。承包商自有的施工机械、设备、临时工程和材料，一经运抵施工现场后就被视为专门为本合同工程施工之用。除了运送承包商人员和物资的运输车辆以外，其他施工机具和设备虽然承包商拥有所有权和使用权，但未经过监理工程师的批准，不能将其中的任何一部分运出施工现场。某些使用台班数较少的施工机械在现场闲置期间，如果承包商的其他合同工程需要使用时，可以向监理工程师申请暂时运出。当监理工程师依据施工计划考虑该部分机械暂时不用而同意他运出时，应同时指示何时必须运回以保证本工程的施工之用，要求承包商遵照执行。对于后期施工不再使用的设备，竣工前经过监理工程师批准后，承包商可以提前撤出工地。

（2）承包商租赁的施工设备。承包商从其他人处租赁施工设备时，应在租赁协议中规定在协议有效期内发生承包商违约解除合同时，设备所有人应以相同的条件将该施工设备转租给发包人或发包人邀请承包本合同的其他承包商。

【京新高速三省区路段同时通车】

（3）要求承包工程增加或更换施工设备。若监理工程师发现承包商使用的施工设备影响了工程进度或施工质量时，有权要求承包商增加或更换施工设备，由此增加的费用和工期延误责任由承包商承担。

由于工程受自然条件等外界的影响较大，工程情况比较复杂，且在招标阶段依据初步设计图纸招标，因此在施工合同履行过程中不可避免地会发生工程变更。所谓工程变更，根据《建设工程监理规定》（GB/T 50319—2013）规定，是指按照施工合同约定的程序对工程在材料、工艺、功能、构造、尺寸、技术指标、工程量及施工方法等方面做出的改变。工程变更的范围如下。

（1）合同中任何工作工程量的改变。由于招标文件中的工程量清单中所列的工程量是依据初步设计概算的量值，是为承包商编制投标书时合理进行施工组织设计及报价之用，因此实施过程中会出现实际工程量与计划值不符的情况。为了便于合同管理，当事人双方应在专用条款内约定工程量变化较大时，可以调整单价的百分比（视工程具体情况，可在15%～25%范围内确定）。

（2）任何工作质量或其他特性的变更。

（3）工程任何部分标高、位置和尺寸的改变。第（2）和（3）属于重大的设计变更。

（4）删减任何合同约定的工作内容。省略的工作应是不再需要的工程，不允许用变更指令的方式将承包范围内的工作变更给其他承包商实施。

（5）进行永久工程所必需的任何附加工作、永久设备、材料供应或其他服务，包括任何联合竣工检验、钻孔和其他检验以及勘察工作。这种变更指令应是增加与合同工作范围性质一致的新增工作内容，而且不应以变更指令的形式要求承包商使用超过他目前正在使用或计划使用的施工设备范围去完成新增工程。除非承包商同意此项工作按变更对待。一般应将新增工程按一个单独的合同来对待。

（6）改变原定的施工顺序或时间安排。工程师可以通过发布变更指示或以要求承包商递交建议书的任何一种方式提出变更。其程序如下。

① 指示变更。工程师在业主授权范围内根据施工现场的实际情况，在确属需要时有权发布变更指示。指示的内容应包括详细的变更内容、变更工程量、变更项目的施工技术要求和有关部门文件、图纸，以及变更处理的原则。

② 要求承包商递交建议书后再确定的变更。其程序如下。

(a) 工程师将计划变更事项通知承包商，并要求其递交实施变更的建议书。

(b) 承包商应尽快予以答复。一种情况可能是通知工程师由于受到某些非自身原因的限制而无法执行此项变更，如无法得到变更所需的物资等，工程师应根据实际情况和工程的需要再次发出取消、确认或修改变更指示的通知。另一种情况是承包商依据工程师的指示递交实施此项变更的说明，内容包括：将要实施的工作的说明书以及该工作实施的进度计划；承包商依据合同规定对进度计划和竣工时间做出任何必要修改的建议，提出工期顺延要求；承包商对变更估价的建议，提出变更费用要求。

③ 工程师做出是否变更的决定，尽快通知承包商说明批准与否或提出意见。

④ 承包商在等待答复期间，不应延误任何工作。

⑤ 工程师发出每一项实施变更的指示，应要求承包商记录支出的费用。

⑥ 承包商提出的变更建议书，只是作为工程师决定是否实施变更的参考。除了工程师做出指示或批准以总价方式支付的情况外，每一项变更应依据计量工程量进行估价和支付。

【里约地铁四号线将完工】

4. 进度款支付管理

1）预付款

预付款又称动员预付款，是业主为了帮助承包商解决施工前期开展工作时的资金短缺，从未来的工程款中提前支付的一笔款项。合同工程是否有预付款，以及预付款的金额多少、支付（分期支付的次数及时间）和扣还方式等均要在专用条款内约定。通用条件内针对预付款金额不少于合同价 22% 的情况规定了管理程序。

（1）动员预付款的支付。预付款的数额由承包商在投标书内确认。承包商需首先将银行出具的履约保函和预付款保函交给业主并通知工程师，工程师在 21 天内签发"预付款支付证书"，业主按合同约定的数额和外币比例支付预付款。预付款保函金额始终保持与预付款等额，即随着承包商对预付款的偿还逐渐递减保函金额。

（2）动员预付款的扣还。预付款在分期支付工程进度款的支付中按百分比扣减的方式偿还。

① 起扣。自承包商获得工程进度款累计总额达到合同总价（减去暂列金额）10% 的那个月起扣，即（工程师签证累计支付款总额 – 预付款 – 已扣保留金）/（合同价 – 暂列金额）=10%。

② 每次支付时的扣减额度。本月证书中承包商应获得的合同款额（不包括预付款及保留金的扣减）中扣除 25% 作为预付款的偿还，直至还清全部预付款，即每次扣还金额 =（本次支付证书中承包商应获款 – 本次应扣保留金）×25%。

2）保留金

保留金是按合同约定从承包商应得的工程进度款中相应扣减的一笔金额保留在业主手中，作为约束承包商严格履行合同义务的措施之一。当承包商有一般违约行为使业主受到损失时，可从该项金额内直接扣除损害赔偿费。例如，承包商未能在工程师规定的时间内修复缺陷工程部位，业主雇用其他人完成后，这笔费用可从保留金内扣除。

（1）保留金的约定。承包商在投标书附录中按招标文件提供的信息和要求确认了每次扣留保留金的百分比和保留金限额。每次月进度款支付时扣留的百分比一般为 5%～10%，累计扣留的最高限额为合同价的 2.5%～5%。

（2）每次中期支付时扣除的保留金。从首次支付工程进度款开始，用该月承包商完成合格工程应得款加上因后续法规政策变化的调整和市场价格浮动变化的调价款为基数，乘以合同约定保留金的百分比作为本次支付时应扣留的保留金。逐月累计扣到合同约定的保留金最高限额为止。

（3）保留金的返还。扣留承包商的保留金分两次返还，即颁发了整个工程的接收证书时，将保留金的前一半支付给承包商；整个合同的缺陷通知期满，返还剩余的保留金。

3）工程进度款

工程进度款的支付程序如下。

（1）工程量计量。每次支付工程月进度款前，均需通过测量来核实实际完成的工程量，以计量值作为支付依据。

采用单价合同的施工工作内容应以计量的数量作为支付进度款的依据，而总价合同或单价包干混合式合同中按总价承包的部分可以按图纸工程量作为支付依据，仅对变更部分予以计量。

（2）承包商提供报表。每个月的月末，承包商应按工程师规定的格式提交一式 6 份本月支付报表。内容包括提出本月已完成合格工程的应付款要求和对应扣款的确认，一般包括以下几个方面的内容。

① 本月完成的工程量清单中工程项目及其他项目的应付金额（包括变更）。

② 法规变化引起的调整应增加和减扣的任何款额。

③ 作为保留金扣减的任何款额。

④ 预付款的支付（分期支付的预付款）和扣还应增加和减扣的任何款额。

⑤ 承包商采购用于永久工程的设备和材料应预付和扣减款额。

⑥ 根据合同或其他规定（包括索赔、争端裁决和仲裁），应付的任何其他应增加和扣减的款额。

⑦ 对所有以前的支付证书中证明的款额的扣除或减少（对已付款支付证书的修正）。

（3）工程师签证。工程师接到报表后，对承包商完成的工程形象、项目、质量、数量以及各项价款的计算进行核查。若有疑问时，可要求承包商共同复核工程量。在收到承包商的支付报表后 28 天内，按核查结果的实际完成情况签发支付证书。工程师可以不签发证书或扣减承包商报表中部分金额的情况包括以下几种。

① 合同内约定有工程师签证的最小金额时，本月应签发的金额小于签证的最小金额，工程师不出具月进度款的支付证书。本月应付款接转下月，超过最小签证金额后一并支付。

② 承包商提供的货物或施工的工程不符合合同要求，可扣发修整或重置相应的费用，直至修整或重置工作完成后再支付。

③ 承包商未能按合同规定进行工作或履行义务，并且工程师已经通知了承包商，则可以扣留该工作或义务的价值，直至工作或义务履行为止。

（4）业主支付。承包商的报表经过工程师认可并签发工程进度款的支付证书后，业主应在接到证书后及时给承包商付款。业主的付款时间不应超过工程师收到承包商的月进度付款申请单后的 56 天。如果逾期支付将承担延期付款的违约责任，延期付款的利息按银行贷款利率加 3% 计算。

【工程到底是转包还是分包】

9.3.4 竣工验收的合同管理

承包商完成工程并准备好竣工报告所需报送的资料后，应提前 21 天将某一确定的日期通知工程师，说明此日期后已准备好进行竣工检验。工程师应指示在该日期后14天内的某日进行。

"基本竣工"是指工程已通过竣工检验，能够按照预定目的交给业主占用或使用，而非完成了合同规定的包括扫尾、清理施工现场及不影响工程使用的某些次要部位缺陷修复工作后的最终竣工，剩余工作允许承包商在缺陷通知期内继续完成。如果工程通过竣工检验达到了合同规定的"基本竣工"要求后，承包商在他认为可以完成移交工作前14天以书面形式向工程师申请颁发接收证书。工程师接到承包商申请后的28天内，如果认为已满足竣工条件，即可颁发工程接收证书；若不满意，则应书面通知承包商，指出还需完成哪些工作后才达到基本竣工条件。工程接收证书中包括确认工程达到竣工的具体日期。工程接收证书颁发后，不仅表明承包商对该部分工程的施工义务已经完成，而且对工程照管的责任也转移给业主。

如果合同约定工程不同区段有不同竣工日期时，每完成一个区段均应按上述程序颁发部分工程的接收证书。

如果工程或某区段未能通过竣工检验，承包商对缺陷进行修复和改正，在相同条件下重复进行此类未通过的试验和对任何相关工作的竣工检验。

当整个工程或某区段未能通过按重新检验条款规定所进行的重复竣工检验时，工程师应有权选择以下任何一种处理方法。

【广西靖西至那坡高速公路通过竣工验收】

（1）指示再进行一次重复的竣工检验。

（2）如果由于该工程缺陷致使业主基本上无法享用该工程或区段所带来的全部利益，拒收整个工程或区段（视情况而定），在此情况下，业主有权获得承包商的赔偿，包括以下两项内容。

① 业主为整个工程或该部分工程（视情况而定）所支付的全部费用以及融资费用。

② 拆除工程、清理现场和将永久设备和材料退还给承包商所支付的费用。

（3）颁发一份接收证书（如果业主同意的话），折价接收该部分工程。合同价格应按照可以适当弥补由于此类失误而给业主造成的减少的价值数额予以扣减。

9.3.5 缺陷通知期阶段合同管理

FIDIC条件下的"缺陷通知期"相当于我国的"保修期"，通用条款规定，工程师在缺陷通知期内可就以下事项向承包商发布指示。

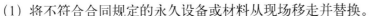
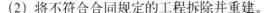

【广东防水工程保修期或延长至5年】

（1）将不符合合同规定的永久设备或材料从现场移走并替换。

（2）将不符合合同规定的工程拆除并重建。

（3）实施任何因保护工程安全而需进行的紧急工作。不论事件起因于事故、不可预见事件还是其他事件。

承包商应在工程师指示的合理时间内完成上述工作。若承包商未能遵守指示，业主有权雇用其他人实施并予以付款。如果属于承包商应承担的责任原因，业主有权按照业主索赔的程序向承包商追偿。

如果缺陷通知期内工程圆满地通过运行考验，工程师应在期满后的28天内，向业主签发解除承包商承担工程缺陷责任的证书，即履约证书（履约证书是承包商已按合同规定完成全部施工义务的证明），并将副本送至承包商。此时意味着承包商与合同有关的实际义务已经完成。业主应在证书颁发后的14天内，退还承包商的履约保证书。

缺陷通知期满时，如果工程师认为还存在影响工程运行或使用的较大缺陷，可以延长缺陷通知期，推迟颁发证书，但缺陷通知期的延长不应超过竣工日后的2年。

颁发履约证书后的 56 天内，承包商应向工程师提交最终报表草案，以及工程师要求提交的有关资料。最终报表草案要详细说明根据合同完成的全部工程价值和承包商依据合同认为还应支付给自己的任何进一步款项，如剩余的保留金及缺陷通知期内发生的索赔费用等。

工程师审核后与承包商协商，对最终报表草案进行适当的补充或修改后形成最终报表。承包商将最终报表送交工程师的同时，还需向业主提交一份"结清单"，进一步证实最终报表中的支付总额，作为同意与业主终止合同关系的书面文件。工程师在接到最终报表和结清单附件后的 28 天内签发最终支付证书，业主应在收到证书后的 56 天内支付。当业主按照最终支付证书的金额予以支付并退还履约保函后，结清单生效，承包商的索赔权也即行终止。

9.4 案例分析

学习了建设工程的基本概念、方法和理论以后，就要求能够对这些知识进行灵活运用，能够用来解决实际问题，这种能力对监理工程师来说非常重要。工程实施的过程中，总会出现这样或那样的问题和纠纷，监理工程师能否公正、合理、合法地解决这些问题，这会影响到工程项目的正常运行。这就要求监理工程师不仅要熟悉相关的法律和规范，还要有较强的综合分析、推理判断等实际工作能力。

【案例 1】某管道工程在施工过程中，施工单位未经监理工程师事先同意，订购了一批钢管，钢管运抵施工现场后，监理工程师对这批钢管进行了检验，检验中监理人员发现钢管质量存在以下问题。

（1）施工单位未能提交产品合格证、质量保证书和检测证明资料。

（2）实物外观粗糙、标识不清，且有锈斑。

则监理工程师应如何处理上述问题？

类似的问题，监理工程师在工作中会常常碰到，本案例中，监理工程师对于监理工作中发现的工程材料质量问题应如何妥善处理，以及监理工作中对类似质量问题的处理程序、方法等内容的掌握程度。解决这类问题，应首先从监理工作的基本程序和处理步骤入手，回答处理过程中监理工程师应提出什么要求，发送哪些书面文件，并分析这一事件可能引起的经济、法律责任等。

正确处理过程如下。

（1）由于该批材料出现上述问题，监理工程师应书面通知施工单位不得将该批材料用于工程，并抄送业主备案。

（2）监理工程师应要求施工单位提交该批产品的产品合格证、质量保证书、材质化验单、技术指标报告和生产厂家生产许可证等资料，以便监理工程师对生产厂家和材质保证等方面进行书面资料的审查。

（3）如果施工单位提交了以上资料，经监理工程师审查符合要求，则施工单位应按技术规范要求对该产品进行有监理人员鉴证的取样送检。如果经检测后证明材料质量符合技术规范、设计文件和工程承包合同要求，则监理工程师可进行质检签证，并书面通知施工单位。

（4）如果施工单位不能提供第 2 条所述的资料，或虽提供了上述资料，但经抽样检测后质量不符合技术规范、设计文件或承包合同要求，则监理工程师应书面通知施工单位不得将该批管材用于工程，并要求施工单位将该批管材运出施工现场。

（5）监理工程师应将处理结果书面通知业主。工程材料的检测费用由施工单位承担。

又如，在施工过程中，如果监理工程师发现混凝土强度不足或其他工程质量事故时，监理工程师必须清楚质量事故的处理程序和基本要求。

（1）进行事故调查：了解事故情况（发生时间、性质和现状），并确定是否需要采取临时措施。

（2）分析调查结果，找出事故的主要原因。

（3）确定是否需要处理，若需处理，则要求承包商提出处理的措施或方案。

（4）事故处理：监督事故处理措施或方案的实施。

（5）检查处理结果是否达到要求。

事故处理的基本要求：安全可靠，不留隐患；处理技术可行，经济合理，施工方便，满足使用功能。

监理工程师要熟悉《中华人民共和国建筑法》《建设工程质量管理条例》《建设工程安全生产管理条例》《建设工程监理规范》等相关的法律法规。

【案例2】某项工程建设项目，业主与施工单位按《建设工程施工合同（示范文本）》签订了工程施工合同，工程未进行投保保险。在工程施工过程中，遭受暴风雨不可抗力的袭击，造成了相应的损失，施工单位及时向监理工程师提出索赔要求，并附与索赔有关的资料证据。索赔报告中的基本要求如下。

（1）遭暴风雨袭击不是因施工单位原因造成的损失，故应由业主承担赔偿责任。

（2）给已建部分工程造成破坏18万元，应由业主承担修复的经济责任，施工单位不承担修复的经济责任。

（3）施工单位人员因此灾害导致数人受伤，处理伤病医疗费用和补偿金总计3万元，业主应给予赔偿。

（4）施工单位进场的在使用机械、设备受到损坏，造成损失8万元；由于现场停工造成台班费损失4.2万元，业主应负担赔偿和修复的经济责任；工人窝工费3.8万元，业主应予支付。

（5）因暴风雨造成现场停工8天，要求合同工期顺延8天。

（6）由于工程破坏，清理现场需费用2.4万元，业主应予支付。

本案例中，监理工程师接到施工单位提交的索赔申请后，应进行哪些工作？如何处理施工单位提出的要求？要解决这些问题，监理工程师必须清楚索赔的处理程序和不可抗力发生的风险承担的原则。

首先，监理工程师接到索赔申请通知后应进行以下主要工作。

（1）进行调查、取证。

（2）审查索赔成立条件，确定索赔是否成立。

（3）分清责任，认可合理索赔。

（4）与施工单位协商，统一意见。

（5）签发索赔报告，处理意见报业主核准。

不可抗力风险承担责任的原则。

（1）工程本身的损害由业主承担。

（2）人员伤亡由其所属单位负责，并承担相应费用。

（3）造成施工单位机械、设备的损坏及停工等损失，由施工单位承担。

（4）所需清理、恢复工作的费用，由双方协商承担。

（5）工期给予顺延。

对于本案例，具体处理方法如下。

（1）经济损失按上述原则由双方分别承担，工期延误应予签证顺延。

（2）因工程修复、重建的18万元工程款应由业主支付。

（3）索赔不予认可，损失由施工单位承担。

（4）认可顺延合同工期8天。

（5）由双方协商承担。

【案例3】某学院新建图书馆，共计8层8000m²。工程采取严格的招投标程序，由某市建筑公司中标承建。工程竣工交付使用后，承包商以学院逾期支付预付款为由，起诉至法院，要求被告赔偿因逾期付款引起的损失共计122.5万元。

原告诉称：被告在合同签约生效后支付预付款拖延达3个多月，而此期间，正遇建材、设备大幅度涨价，致原告因晚采购而造成重大经济损失。原告还提出：按该地区惯例，建设方应在合同签订后15天内支付预付款，现被告逾期3个多月，显然已构成违约。

法院对案件事实调查后发现，双方所签订合同中规定："甲方对工程款的支付，参照该市对集体企业工程队结算办法，以包干总造价为计算基数，根据施工形象进度拨款。合同正式签订生效后，由甲方预付总造价的50%；基础完成付10%；主体结构完成一半时付10%；主体结构全部完成后付15%；竣工完成后付10%；竣工验收合格，清理施工现场后，再付5%。具体拨款方法与建设银行协商后分期分批支付。"被告据此辩称：合同本身并未对支付预付款的具体期限做明确规定，按合同的表述，被告只要在开工后，基础完成前分批支付总造价的50%，即依约履行了合同。而事实上被告已经在基础完成前分期支付了50%的预付款，因此被告并未违约。

对于原告来说，问题在于合同签订"后"和合同签订"后15天"是两个概念，前者只是一个时间介词。后者才是一个期限概念。很显然，没有确切的期限规定使原告处于被动。

最终在法院支持下，以被告尚未支付的尾款为由，双方调解成功，由被告一次性再支付18.5万元。这个结局对原告是相当不利的，但原告只能接受。

由此可见，合同条款对于当事人双方来说，都是相当严肃的事，一旦签订，就必须遵守。当事人对合同的具体条款一定要澄清其含义，不能模糊不清或有歧义，否则就为日后产生纠纷埋下隐患。

【案例4】某工程业主与承包商签订了工程施工合同，合同中包含两个子项目，估算工程量甲项为2300m³、乙项为3200m³，经协商合同价甲项为180元/m³、乙项为160元/m³。

承包合同规定如下。

（1）开工前业主应向承包商支付合同价款20%的预付款。

（2）业主自第一个月起，从承包商的工程款中，按5%的比例扣留保留金。

（3）当子项工程实际工程量超过估算工程量10%时，可进行调价，调整系数为0.9。

（4）根据市场情况规定价格调整系数平均按1.2计算。

（5）监理工程师签发月进度付款最低金额为25万元。

（6）预付款在最后两个月扣除，每月扣50%。

承包商每月实际完成并经监理工程师签证确认的工程量见表9-1。

表9-1 经监理工程师签证确认的工程量 单位：m³

子项目	月份			
	1	2	3	4
甲项目	500	800	800	600
乙项目	700	900	800	600

对于本案例来说，主要应掌握好工程价款计算与支付签证等处理实际造价控制问题的能力，以承包合同规定的条件按月计算监理工程师应签证的工程款数额，则：

第一个月：

工程量价款为：$500 \times 180 + 700 \times 160 = 20.2$（万元）

应签证的工程款为：$20.2 \times 1.2 \times (1-5\%) = 23.028$（万元）

由于合同规定监理工程师签发的最低金额为25万元，故本月监理工程师不予签发付款凭证。

预付款金额为：$(2300 \times 180 + 3200 \times 160) \times 20\% = 18.52$（万元），注意，预付款不必考虑调价因素。

第二个月：

工程量价款为：$800 \times 180 + 900 \times 160 = 28.8$（万元）

应签证的工程款为：$28.8 \times 1.2 \times 0.95 = 32.832$（万元）

本月监理工程师实际签发的付款凭证金额为：$23.028 + 32.832 = 55.86$（万元）

第三个月：

工程量价款为：$800 \times 180 + 800 \times 160 = 27.2$（万元）

应签证的工程款为：$27.2 \times 1.2 \times 0.95 = 31.008$（万元）

应扣预付款：$18.52 \times 50\% = 9.26$（万元）

应付款为：$31.008 - 9.26 = 21.748$（万元）

由于合同规定监理工程师签发的最低金额为25万元，故本月监理工程师不予签发付款凭证。

第四个月：

甲项工程款累计完成工程量为2700m³，比原估算工程量2300m³超出400m³，已超过估算工程量的10%，则超出部分工程量的单价应当进行调整。

超过估算工程量10%的工程量为：$2700 - 2300 \times (1+10\%) = 170$（m³）

此部分工程量单价应调整为：$180 \times 0.9 = 162$（元/m³）

则甲项工程工程量价款为：$(600-170) \times 180 + 170 \times 162 = 10.494$（万元）

乙项工程累计完成工程量为3000m³，比原估算工程量3200m³减少200m³，不超过10%的幅度，单价不进行调整。

乙项工程工程量价款为：$600 \times 160 = 9.6$（万元）

本月完成甲项、乙项两项工程量价款合计为：$10.494 + 9.6 = 20.094$（万元）

应签证的工程款为：$20.094 \times 1.2 \times 0.95 = 22.907$（万元）

本月监理工程师实际签发的付款凭证金额为：$21.748 + 22.907 - 18.52 \times 50\% = 35.395$（万元）

【案例5】1986年某国际承包公司承包伊拉克Dibbis水坝重建工程。当年4月30日，工程比原定计划提前1天实现截流，河水水位徐徐上升，从溢洪道流向下游，溢洪道前有一道土堤，虽然不高，但对将来溢洪道顺利泄洪会起阻水作用。监理工程师发现后随即命令承包商将这道土堤拆除。承包商立即派了几台推土机将这道土堤推平了。5月初结账时，通过对土方量的讨价还价，按其他项目土方开挖的单价结算了5000m³，约合1万美元。一个月后，伊方在支付工程进度款时一并支付了这笔增加工程款，承包商十分满意。但到结算工程款时，这1万美元不仅全数扣回，而且还被加收了利息。

本案例中，业主对这件事情的处理是无可指责的。承包商只能自认倒霉，无任何可能要求支付这1万美元，因为作为承包工程账款结算的任何依据都必须是书面的，口说无凭，这是国际工程承包的基本常识，也是国际惯例，承包合同条款也明文规定以书面文字为凭。承包商事后未曾向监理工程师索要书面命令，收不到工程款只能说是咎由自取。

在国际工程承包实践中，监理工程师发布口头命令并不奇怪，承包商无权拒绝执行监理工程师的口头命令。但问题在于承包商在执行监理工程师的口头命令后没有立即要求监理工程师以书形式确认其业已下达的口头命令，而只是满足于在收取工程进度款时得到了这笔酬金。殊不知，工程进度款仅仅是临时付款，最后结算工程款时还必须重新复核施工期间的每一笔付款，而且必须以书面文件为凭。承包商没有取得有关这项命令的书面确认，业主追回这笔款及其相应利息是无可非议的。

FIDIC 条款中规定："工程师应以书面形式发出指示。如果工程师认为由于某种原因有必要以口头形式发出任何此类指示，承包商应遵守该指示。工程师可在该指示执行之前或之后，用书面形式对其口头指示加以确认，在这种情况下，应认为此类指示是符合本款规定的。如果承包商在 7 天内以书面形式向工程师确认了工程师的任何口头指示，而工程师在 7 天内未以书面形式加以否认，则此项指示应视为工程师的指示。"

根据这一条款，承包商必须执行工程师发出的口头指示。但值得注意的是，如果工程师对发给承包商的一项口头指示不给予书面确认，那么，承包商可以向工程师确认他已收到了这样一项指示。如果工程师在 7 天内未以书面面形式加以否认，此指示应视为工程师向承包商发出的书面指示。

该承包公司在这件事上得到的最大教训就是没有及时要求工程师书面确认该项口头指示。对于监理工程师来说，也有义务及时按合同规定以书面形式确认自己发出过的口头形式的指示，以免造成日后的纠纷和隐患。

本 章 小 结

通过本章的学习，学生应当理解掌握建设工程合同管理的基本概念和合同的法律基础，例如合同关系、合同的主要内容、代理等内容；熟悉关于建设工程合同管理方面知识，包括招标投标管理、进度、质量、支付、不可抗力等内容；初步了解 FIDIC 施工合同管理。通过几个案例的学习，能初步处理索赔问题。

监理工程师不仅要掌握扎实的专业知识，还要掌握有关建设工程经济、法律、合同等各个方面的大量知识。建设工程监理工作的核心是合同管理，监理工程师在工作中将会大量涉及有关各项合同条款的内容。合同条款是监理工程师工作的最重要、最直接的依据，要养成在监理工作中，一切要按合同办事，以合同为准的职业习惯。所以，熟练掌握建设工程合同管理内容是对一个监理工程师的基本要求。

习 题

一、思考题

1. 什么是合同？合同的主要内容是什么？

2. 关于合同法律关系的主体、客体、内容都有哪些规定？

3. 必须招标的范围有哪些？招标投标的程序是什么样的？

4. 投标报价有哪些技巧？

5. 建设工程施工合同管理主要有哪些内容？

二、单项选择题

1．合同法律关系是由（　　）三要素所构成。
　　A．主体、客体、内容　　　　B．责任、权利、义务
　　C．当事人、行为、利益　　　D．债、权、利

2．在委托代理关系中，因代理人行为给被代理人造成损害的，（　　）。
　　A．代理人和被代理人共同承担责任
　　B．代理人承担连带责任
　　C．代理人独自承担责任
　　D．被代理人独自承担责任

3．按照《合同法》的规定，合同生效后，当事人就价款或报酬没有约定的，约定价款或报酬应按（　　）顺序履行。
　　A．订立合同时履行地的市场价格、合同有关条款、补充协议
　　B．合同有关条款、订立合同时履行地的市场价格、补充协议
　　C．补充协议、合同有关条款、订立合同时履行地的市场价格
　　D．合同有关条款、补充协议、订立合同时履行地的市场价格

4．公开招标的开标工作，应当由（　　）主持。
　　A．评标委员会　　　B．招标人　　　C．招标监督机构　　　D．投标人推选出代表

5．以下4个合同文件中，最优先顺序的合同文件是（　　）。
　　A．工程量清单　　　B．图纸　　　C．技术标准和要求　　　D．通用合同条款

三、多项选择题

1．建设单位和承包商因为工程纠纷请求当地仲裁机关裁决，仲裁机关裁定建设单位应支付承包商工程款95万元，针对此裁定以下说法正确的是（　　）。
　　A．建设单位若不服可向法院提起诉讼
　　B．建设单位若不执行裁定承包商可向法院申请强制执行
　　C．仲裁机关的裁决具有法律效力
　　D．建设单位若不服可向上一级仲裁机关申请再次裁决
　　E．仲裁机关的裁定是最终决定

2．债的发生根据包括（　　）。
　　A．合同　　　B．志愿服务　　　C．侵权行为　　　D．不当得利　　　E．无因管理

3．当事人对合同质量约定不明确的，（　　）。
　　A．有国家标准的，按国家标准执行
　　B．没有国家标准，有行业标准的，按行业标准执行
　　C．没有国家标准、行业标准，有地方标准的，按地方标准执行
　　D．没有国家标准、行业标准或地方标准的新产品，按新产品鉴定的标准执行
　　E．国家鼓励企业采用国际质量标准

4．关于建设工程索赔，以下说法正确的是（　　）。
　　A．建设工程索赔是一种补偿行为
　　B．承包人可向发包人索赔，但发包人不能向承包人索赔
　　C．规模大、工期长、结构复杂的工程，索赔几乎肯定会出现

D．索赔的成功与否取决于监理工程师

E．索赔的产生与被索赔人的行为存在法律上的因果关系

5．下列各选项，可以设定抵押的是（　　）。

A．某公立大学的一栋教学楼

B．张某购买的商品房

C．李某自建的三层小楼

D．刘某名下企业的国有土地使用权

E．王某因出让取得的土地使用权

四、案例分析题

1．某建筑工程系国外贷款项目，业主与承包商按照 FIDIC《土木工程施工合同条件》签订了施工合同，委托某监理单位执行施工和保障阶段的监督管理业务。施工合同《专用条件》规定：有关索赔方面的条款除全部执行《通用条件》中的规定外，工程师在根据《通用条件》履行下述职责之前应得到业主的批准：工期延期超过 15 天（不包含 15 天），单项索赔金额超过 5 万元（不包含 5 万元）。

《专用条件》还规定：钢材、木材、水泥由业主供货至现场仓库，其他材料由承包商自行采购；合同价为 1500 万元，履约保证金为合同价的 10%。

当工程施工至第 5 层框架柱钢筋绑扎结束时，因业主提供的模板未到，使框架柱支模工人 10 月 3 日到 10 月 16 日停工（该工序的 $TF_{i-j}=0$）。

10 月 7 日到 10 月 9 日因公网停电、停水，使第 3 层的砌砖停工（该工序 $TF_{i-j}=4$ 天，$FF_{i-j}=3$ 天）。

10 月 14 日到 10 月 17 日因砂浆搅拌机发生故障，使一层面层抹灰迟开工（该工序 $TF_{i-j}=5$ 天，$FF_{i-j}=3$ 天）。

为此，承包商于 10 月 18 日向工程师提交了一份索赔意向书，并于 10 月 25 日递交了一份工期和费用索赔计算书依据的详细材料，其计算书如下。

1）工期索赔

（1）框架柱支模：10 月 3 日到 10 月 16 日停工，计 14 天。

（2）砌砖：10 月 7 日到 10 月 9 日停工，计 3 天。

（3）抹灰：10 月 14 日到 10 月 16 日迟开工，计 3 天。

总计索赔工期 20 天。

2）费用索赔

（1）窝工机械设备费如下。

① 一台塔式起重机：$14 \times 234 = 3276$（元）。

② 一台混凝土搅拌机：$14 \times 55 = 770$（元）。

③ 一台砂浆搅拌机：$6 \times 24 = 144$（元）。

小计：$3276 + 770 + 144 = 4190$（元）

（2）窝工人工费。

① 支模：$35 \times 20.15 \times 14 = 9873.5$（元）。

② 砌砖：$30 \times 20.15 \times 3 = 1813.5$（元）。

③ 抹灰：$35 \times 20.15 \times 3 = 2115.75$（元）。

小计：$9873.5 + 1813.5 + 2115.75 = 13802.75$（元）。

（3）保函费延期补偿费。

$1500 \times 10\% \times (6‰/365) \times 20 = 0.049$（万元）

（4）管理费增加。

$(4190 + 13802.75 + 490) \times 15\% = 2772.41$（元）

（5）利润损失。

$(4190 + 13802.75 + 490 + 2772.41) \times 5\% = 1062.76$（元）

费用索赔合计：$4190 + 13802.75 + 490 + 2772.41 + 1062.76 = 22317.92$（元）

问题：

（1）什么是索赔？索赔成立的条件是什么？本案例中承包商所提出的各项索赔能否成立？为什么？

（2）请对承包商提出的索赔计算书进行审定，并指明增减原因（经核实，承包商所报机械台班数量和单价是真实的，考虑降效损失，窝工人工费按 4 元 / 工日计，机械台班折旧费按机械台班费的 65% 计）。监理工程师应如何签发工期变更指令和支付证书？

2. 某建设工程业主与承包商签订了工程施工合同，合同工期 4 个月，按月结算，合同中结算工程量为 20000 m^3，合同单价为 100 元 / m^3。

承包合同规定了以下内容。

（1）开工前，业主应向承包商支付 20% 的预付款。

（2）保留金为合同价的 5%，从第一个月起按结算工程款的 10% 扣除，扣完为止。

（3）预付款在最后两个月内扣回，第一个月扣除 40%，第二个月扣除 60%。

（4）当实际工程量超过结算工程量 15% 时，须进行调价，调价系数为 0.9。

（5）根据市场情况，各月工程款调价系数见表 9-2。

表9-2　工程款调价系数表

月份	1	2	3	4
调价系数	100%	110%	120%	120%

（6）监理工程师签发的月度付款最低金额为 50 万元。

（7）各月计划工程量与实际工程量见表 9-3，承包商每月实际完成工程已经由监理工程师签证确认。

表9-3　各月计划工程量与实际工程量表　　单位：m^3

月份	1	2	3	4
计划工程量	4000	5000	6000	5000
实际工程量	3000	5000	8000	8000

问题：

（1）该工程的预付款是多少？

（2）该工程的保留金是多少？

（3）监理工程师每月应签证的工程款是多少？实际签发的付款凭证金额是多少？

【第9章习题答案】

第10章
建设工程信息文档管理

教学目标

本章主要讲述建设工程信息文档管理的基本理论。通过本章的学习，应达到以下目标：

（1）了解工程信息与文档资料的概念以及在目标控制中的作用；

（2）掌握工程信息与文档的分类及其收集、整理的方法。

教学要求

知识要点	能力要求	相关知识
建设工程信息管理	熟悉工程信息与监理信息的概念以及在目标控制中的作用	（1）信息及其特征； （2）监理信息及其分类、形式、作用
建设工程信息管理的手段	（1）掌握收集监理信息的原则； （2）熟悉收集信息的方法； （3）掌握各种监理报告的编制方法	（1）收集监理信息的基本原则； （2）监理信息收集、加工整理的基本方法； （3）监理月报、监理周报； （4）信息系统简介
建设工程监理文档资料管理	（1）熟悉建设工程文档管理要求； （2）掌握监理文件的组卷与归档方法	（1）工程项目文件组成； （2）建设工程文档资料管理； （3）施工阶段监理文件管理

基本概念

信息；监理信息；监理文件的组卷与归档。

引例

某职业技术学院为六层砖混结构学生公寓，建筑面积为 5635m^2，建筑高度为 17.5m。试做出监理资料整理的计划，并参与其监理资料的整理归档实践。

10.1　建设工程信息管理概述

10.1.1　信息及其特征

1. 信息的定义

当前世界已进入信息时代，信息种类成千上万，信息的定义也有数百种之多。结合监理工作，我们认为：**信息是对数据的解释，并反映了事物（事件）的客观状态和规律，为使用者提供决策和管理所需要的依据。**

从广义上讲，数据包括文字、数值、语言、图表、图像等表达形式。数据有原始数据和加工整理以后的数据之分。无论是原始数据还是加工整理以后的数据，经人们解释并赋予一定的意义后，才能成为信息。这就说明，数据与信息既有联系又有区别，信息虽然用数据表现，即信息的载体是数据，但并非任何数据都是信息。

2. 信息的特征

信息是监理工作的依据，了解其特征，有助于深刻理解信息含义和充分利用信息资源，更好地为决策服务。信息的特征概括起来有以下几点。

1）真实性

信息是反映事物或现象客观状态和规律的数据，其中真实和准确是信息的基本特征。缺乏真实性的信息由于不能依据它们做出正确的决策，故不能成为信息。

2）系统性

信息随着时间在不断地变化与扩充，但仍应该是来源于有机整体的一部分，脱离整体、孤立存在的信息是没有用处的。在监理工作中，造价控制信息、进度控制信息、质量控制信息、安全控制信息构成一个有机的整体，监理信息应属于这个系统之中。

3）时效性

事物在不断地变化，信息也随之日新月异地变化着。过时的信息是不可以用来作为决策依据的。监理工作也是如此，国家政策、规范标准在调整，监理制度也在不断完善与改进，这就意味着不断有新的信息出现和旧的信息被淘汰。信息的时效性是信息重要的特征之一。

4）不完全性

客观上讲，由于人的感官以及各种测试手段的局限性，导致对信息资源的开发和识别难以做到全面。人的主观因素也会影响对信息的收集、转换和利用，往往会造成所收集的信息不够完全。为提高决策质量，应尽量多让经验丰富的人员来从事信息管理工作，或者提高从业者的业务素质，可以不同程度地弱化信息不完全性的一面。

5）层次性

信息对使用者是有不同的对象的，不同的决策、不同的管理需要不同的信息，因此针对不同的信息需求必须分类提供相应的信息。一般，我们把信息分成决策级、管理级、作业级三个层次，不同层次的信息在内容、来源、精度、使用时间、使用频度上是不同的。决策级需要更多的外部信息和深度加工的内部信息，例如对设计方案、新技术、新材料、新设备、新工艺的采用，工程完工后的市场前景；管理级需要较多的内部数据和信息，例如在编制监理月报时汇总的材料、进度、投资、合同执行的信息；作业级需要掌握工程各个分部分项、每时每刻实际产生的数据和信息，该部分数据加工量大、精度高、时效性强，例如土方开挖量、混凝土浇筑量、浇筑质量、材料供应保证性等具体事务的数据。

10.1.2 监理信息及其分类

1. 监理信息

监理信息是在建设工程监理过程中发生的、反映建设工程状态和规律的信息。

监理信息具有一般信息的特征，同时也有其本身的特点。

（1）来源广、信息量大。建设工程监理是以监理工程师为中心，监理工程师构成监理机构的主体，项目监理机构自然成为监理信息中心。监理信息来自两个方面：一是项目监理机构内部进行目标控制和管理而产生的信息；二是在实施监理的过程中，从项目监理机构外流入的信息。由于建设工程的长期性和复杂性，涉及单位众多，从而导致信息来源广、信息量大。

（2）动态性强。工程建设的过程是一个动态过程，监理工程师实施的控制也是动态控制，因而大量的监理信息也都是动态的，这就需要及时地收集和处理信息、利用信息，才能做出正确的决策。

（3）形式多样。由于建设工程管理涉及多部门、多环节、多专业、多渠道，所以信息也是多样性的，如有文字、图形、语言、网络、电话、电传、录音、录像等。

2. 监理信息的分类

不同的监理范畴，需要的信息不同，将监理信息归类划分，有利于满足不同监理工作的信息需求，使信息管理更加有效。

1）按建设监理控制目标划分

建设工程监理的目的是对工程进行有效的控制，按控制目标可将监理信息划分如下。

（1）造价控制信息，是指与造价控制有关的各种信息。投资标准方面，如工程造价、物价指数、工程量计算规则等。工程项目计划投资方面，如工程项目投资估算、设计概算、合同价等。工程项目进行中产生的实际投资信息，如施工阶段的支付账单、工程变更费用、运杂费、违约金、工程索赔费用等。

（2）质量控制信息，是指与质量控制有关的信息。有关法规标准信息，如国家质量标准、质量法规、质量管理体系、工程项目建设标准等。计划工程质量有关的信息，如工程项目的合同标准、材料设备的合同质量、质量控制的工作措施等。项目进展中产生的质量信息，如工程质量检查、验收记录、材料的质量抽样检查、设备的质量检验等。还有工程参建方的资质及特殊工种人员资质等。

（3）进度控制信息，是指与进度控制有关的信息。与工程计划进度有关的信息，如工程项目进度计划、进度控制制度等。在项目进展中产生的进度信息，如进度记录、工程款支付情况、环境气候条件、项目参加人员、物资与设备情况等。另外，还有上述信息在加工后产生的信息，如工程实际进度控制的风险分析、进度目标分解信息、实际进度与计划进度对比分析、实际进度与合同进度对比分析、实际进度统计分析、进度变化预测信息等。

（4）安全生产控制信息，是指与安全生产控制有关的信息。法律法规方面，如国家法律、法规、条例。制度措施，如安全生产管理体系、安全生产保证措施等。项目进展中产生的信息，如安全生产检查、巡视记录、安全隐患记录等；另外还有文明施工及环境保护等有关信息。

（5）合同管理信息，如国家法律、法规；勘测设计合同、工程建设承包合同、分包合同、监理合同、物资供应合同、运输合同等；工程变更、工程索赔、违约事项等。

2）按建设工程不同阶段分类

（1）项目建设前期的信息。项目建设前期的信息包括可行性研究报告、设计任务书、勘察设计文件、招标投标等方面的信息。

（2）工程施工过程中的信息。由于建设工程具有施工周期长、参建单位多的特点，所以施工过程中的信息量最大。其中有来自于业主方面的指示、意见和看法，下达的某些指令；有来自于承包商方面的信息，如向有关方面发出的各种文件，向监理工程师报送的各种文件、报告等；有来自于设计方面的信息，如设计合同、施工图纸、工程变更等；有来自于监理方面的信息，如监理单位发出的各种通知、指令，工程验收信息。项目监理内部也会产生许多信息，有直接从施工现场获得有关投资、质量、进度、安全和合同管理方面的信息，有经过分析整理后对各种问题的处理意见等。还有来自其他部门如建设行政管理部门、地方政府、环保部门、交通部门等部门的信息。

（3）工程竣工阶段的信息。在工程竣工阶段，需要大量的竣工验收资料，这些信息一部分是在整个施工过程中长期积累形成的，另一部分是在竣工验收期间，根据积累的资料整理分析而形成的。

3）其他的一些分类方法

（1）按照信息范围的不同，把建设监理信息分为精细的信息和摘要的信息两类。

（2）按照信息时间的不同，把建设监理信息分为历史性的信息和预测性的信息两类。

（3）按照监理阶段的不同，把建设监理信息分为计划的、作业的、核算的及报告的信息。在监理工作开始时，要有计划的信息；在监理过程中，要有作业的和核算的信息；在某一工程项目的监理工作结束时，要有报告的信息。

（4）按照对信息的期待性不同，把建设监理信息分为预知的信息和突发的信息两类。

（5）按照信息的性质不同，把建设监理信息划分为生产信息、技术信息、经济信息和资源信息。

（6）按照信息的稳定程度不同，把建设监理信息划分为固定信息和流动信息等。

10.1.3 监理信息的形式

信息是对数据的解释，这种解释方法的表现形式多种多样，一般有文字、数字、表格、图形、图像和声音等。

1. 文字数据

文字数据形式是监理信息的一种常见形式。文件是最常见的有用信息。监理中通常规定以书面形式进行交流，即使是口头指令，也要在一定时间内形成书面文字，这就会形成大量的文件。这些文件包括国家、地区、部门行业、国际组织颁布的有关建设工程的法律法规文件，如合同法、政府建设监理主管部门下发的条例、通知和规定、行业主管部门下发的通知和规定等。此外，还包括国际、国家和行业等制定的标准规范，如合同标准文本、设计及施工规范、材料标准、图形符号标准、产品分类及编码标准等。具体到每一个工程项目，还包括合同及招投标文件、工程承包（分包）单位的情况资料、会议纪要、监理月报、监理总结、洽商及变更资料、监理通知、隐蔽及验收记录资料等。

2. 数字数据

数字数据也是监理信息常见的一种表现形式。在建设工程中，监理工作的科学性要求"用数字说话"，为了准确地说明各种工程情况，必然有大量数字数据产生，各种计算成果和试验检测数据反映了工程项目的质量、投资和进度等情况。用数据表现的信息常见的有：设备与材料价格、工程量计算规则、价格指数，工期、劳动、机械台班的施工定额；地区地质数据、项目类型及专业、主材投资的单价指标、材料的配合比数据等。具体到每个工程项目，还包括：材料台账、设备台账、材料及设备检验数据、工程进度数据、进度工程量签证及付款签证数据、专业图纸数据、质量评定数据、施工人力和机械数据等。

3. 报表

各种报表是监理信息的另一种表现形式。建设工程各方常用这种直观的形式传播信息。承包商需要提供反映建设工程状况的多种报表。这些报表有：开工申请单、施工方案报审表、进场原材料报验单、进场设备报验单、测量放线报验单、分包申请单、合同外工程单价申报表、计日工单价申报表、合同工程月计量申报表、额外工程月计量申报表、人工与材料价格调整申报表、付款申请表、索赔申请书、索赔损失计算清单、延长工期申报表、复工申请、事故报告单、工程验收申请单、竣工报验单等。监理组织内部常采用规范化的表格来作为有效控制的手段，这类报表有：工程开工令、工程清单支付月报表、暂定金额支付月报表、应扣款月报表、工程变更通知、额外增加工程通知单、工程暂停指令、复工指令、现场指令、工程验收证书、工程验收记录、竣工证书等。监理工程师向业主反映工程情况也往往用报表形式传递工程信息，这类报表有：工程质量月报表、项目月支付总表、工程进度月报表、进度计划与实际完成报表、施工计划与实际完成情况表、监理月报表、工程状况报告表等。

4. 图形图像和声音

监理信息的形式还有图形、图像和声音等。这些信息包括工程项目立面、平面及功能布置图形、项目位置及项目所在区域环境实际图形或图像等。对每一个项目，还包括隐蔽部位、设备安装部位、预留预埋部位图形、管线系统、质量问题和工程进度形象图像，在施工中还有设计变更图等。图形、图像信息还包括工程录像（光盘）、照片等，这些信息直观、形象地反映了工程情况，特别是能有效反映隐蔽工程的情况。声音信息主要包括会议录音、电话录音以及其他讲话录音等。

以上只是监理信息的一些常见形式，而且监理信息往往是这些形式的组合。随着科技的发展，还会出现更多更好的形式，了解监理信息的各种形式及其特点，对收集、整理信息很有帮助。

10.1.4 监理信息的作用

监理工程师在工作中会生产、使用和处理大量的信息，信息是监理工作的成果，也是监理工程师进行决策的依据。

1. 监理信息是监理工程师进行目标控制的基础

建设工程监理的目标控制，即按计划的投资、质量和进度完成工程项目建设，监理信息贯穿在目标控制的各个环节之中，建设监理目标控制系统内部各要素之间、系统和环境之间都靠信息进行联系。在建筑工程的生产过程中，监理工程师要依据所反馈的投资、质量、进度、安全信息与计划信息进行对比，看是否发生偏离，如发生偏离，即采取相应措施予以纠正，再偏离就再纠正，直至达到建设目标。纠正的措施就是依靠信息。

2. 监理信息是监理工程师进行科学决策的依据

建设工程中有许多问题需要决策，决策的正确与否直接影响着项目建设总目标的实现及监理企业、监理工程师的信誉。做出一项决策需要考虑各种因素，其中最重要的因素之一就是信息，如要做出是否需要进行进度计划调整的决策，就需要收集计划进度信息与工程实际进度信息。监理工程师在整个工程的监理过程中，都必须充分地收集信息、加工整理信息，才能做出科学的、合理的监理决策。

3. 监理信息是监理工程师进行组织协调的纽带

工程项目的建设是一个复杂和庞大的系统，参建单位多、周期长、影响因素多，需要进行大量的协调工作，监理组织内部也要进行大量的协调工作，这都要依靠大量的信息。

协调一般包括人际关系的协调、组织关系的协调和资源需求关系的协调。人际关系的协调，需要了解协调对象的特点、性格方面的信息，需要了解岗位职责和目标的信息，需要了解其工作成效的信息，通过谈心、谈话等方式进行沟通与协调；组织关系的协调，需要了解组织机构设置、目标职责的信息，需要开工作例会、专题会议来沟通信息，在全面掌握信息的基础上及时消除工作中的矛盾和冲突；资源需求关系的协调，需要掌握人员、材料、设备、能源动力等资源方面的计划情况、储备情况以及现场使用情况等信息，以此来协调建筑工程的生产，保证工程进展顺利。

10.2　建设工程信息管理的手段

10.2.1　监理信息的收集

1. 收集监理信息的作用

在建设工程中，每时每刻都产生着大量的信息。但是，要得到有价值的信息，只靠自发产生的信息是远远不够的，还必须根据需要进行有目的、有组织、有计划的收集，才能提高信息质量，充分发挥信息的作用。

收集信息是运用信息的前提。各种信息一经产生，就必然会受到传输条件、人们的思想意识及各种利益关系的影响，所以，信息有真假和虚实、有用和无用之分。监理工程师要取得有用的信息，必须通过各种渠道，采取各种方法收集信息，然后经过加工、筛选，从中选择出对进行决策有利的信息，没有足够的信息作依据，决策就会产生失误。

收集信息是进行信息处理的基础。信息处理是对已经取得的原始信息进行分类、筛选、分析、加工、评定、编码、存储、检索、传递的全过程。不经收集就没有进行处理的对象，信息收集工作的好坏，直接决定着信息加工处理质量的高低。在一般情况下，如果收集到的信息时效性强、真实度高、价值大、全面系统，再经加工处理质量就更高；反之则低。

2. 收集监理信息的基本原则

1）要主动及时

监理工程师要取得对工程控制的主动权，就必须积极主动地收集信息，善于及时发现、及时取得、及时加工各类工程信息。只有工作主动，获得信息才会及时，监理工作的特点和监理信息的特点都决定了收集信息要主动及时。监理是一个动态控制的过程，实时信息量大、时效性强、稍纵即逝，建设工程又具有投资大、工期长、项目分散、管理部门多、参与建设的单位多等特点，如果不能及时得到工程中大量发生的、变化极大的数据，不能及时把不同的数据传递于需要相关数据的不同单位、部门，势必会影响各部门工作，影响监理工程师做出正确的判断，影响监理的质量。

2）要全面系统

监理信息贯穿在工程项目建设的各个阶段及全部过程，各类监理信息乃至每一条信息，都是监理内容的反映或表现。所以，收集监理信息不能挂一漏万，以点代面，把局部当成整体，或者不考虑事物之间的联系。同时，建设工程不是杂乱无章的，而是有着内在的联系。因此，收集信息不仅要注意全面性，而且还要注意系统性和连续性，全面系统就是要求收集到的信息具有完整性，以防决策失误。

3）要真实可靠

收集信息的目的在于对工程项目进行有效的控制。由于建设工程中人们的经济利益关系，以及建设工程的复杂性，信息在传输中会发生失真现象等主客观原因，难免产生不能真实反映建设工程实际情况的假信息。因此，必须严肃认真地进行收集工作，要将收集到的信息进行严格核实、检测、筛选，去伪存真。

4）要重点选择

收集信息要全面系统和完整，不等于不分主次、眉毛胡子一把抓，必须有针对性，坚持重点收集的原则。针对性首先是指有明确的目的性或目标，其次是指有明确的信息源和信息内容，还要做到适用，即所取信息符合监理工程的需要，能够应用并产生好的监理效果。所谓重点选择，就是根据监理工作的实际需要，根据监理的不同层次、不同部门、不同阶段对信息需求的侧重点，从大量的信息中选择使用价值大的主要信息。如业主委托施工阶段监理，则以施工阶段为重点进行收集。

3. 监理信息收集的基本方法

监理工程师主要通过各种方式的记录来收集监理信息，这些记录统称为监理记录，它是与工程项目建设监理相关的各种记录资料的集合，通常可分为以下几类。

1）现场记录

现场监理人员必须每天利用特定的表式或以日志的形式记录工地上所发生的事情。所有记录应始终保存在工地办公室内，供监理工程师及其他监理人员查阅。这类记录每月由专业监理工程师整理成书面资料上报监理工程师办公室。监理人员在现场遇到工程施工中不得不采取紧急措施而对承包商所发出的书面指令，应尽快通报上一级监理组织，以征得其确认或修改指令。

现场记录通常记录以下内容。

（1）现场监理人员对所监理工程范围内的机械、劳力的配备和使用情况做详细记录。如承包人现场人员和设备的配备是否同计划所列的一致；工程质量和进度是否因某些职员或某种设备不足而受到影响，受到影响的程度如何；是否缺乏专业施工人员或专业施工设备，承包商有无替代方案；承包商施工机械完好率和使用率是否令人满意；维修车间及设施情况如何，是否存储有足够的备件等。

（2）记录气候及水文情况。如记录每天的最高、最低气温，降雨和降雪量，风力，河流水位；记录有预报的雨、雪、台风及洪水到来之前对永久性或临时性工程所采取的保护措施；记录气候、水文的变化影响施工及造成损失的细节，如停工时间、救灾的措施和财产的损失等。

（3）记录承包商每天的工作范围，完成的工程数量，以及开始和完成工作的时间，记录出现的技术问题，采取了怎样的措施进行处理，效果如何，能否达到技术规范的要求等。

（4）对工程施工中每步工序完成后的情况做简单描述，如此工序是否已被认可，对缺陷的补救措施或变更情况等做详细记录。监理人员在现场对隐蔽工程应特别注意记录。

（5）记录现场材料供应和储备情况。如每一批材料的到达时间、来源、数量、质量、存储方式和材料的抽样检查情况等。

（6）对于一些必须在现场进行的试验，现场监理人员要进行记录并分类保存。

2）会议记录

由监理人员所主持的会议应由专人记录，并且要形成纪要，由与会者签字确认，这些纪要将成为今后解决问题的重要依据。会议纪要应包括以下内容：会议地点及时间；出席者姓名、职务以及他们所代表的单位；会议中发言者的姓名及主要内容；形成的决议；决议由何人及何时执行等；未解决的问题及其原因。

3）计量与支付记录

包括所有计量及付款资料。应清楚地记录哪些工程进行过计量，哪些工程没有进行计量，哪些工程已经进行了支付，已同意或确定的费率和价格变更等。

4）试验记录

除正常的试验报告外，应由专人每天以日志形式记录试验室工作情况，包括对承包商的试验监督、数据分析等。记录包括以下内容。

（1）工作内容的简单叙述。如做了哪些试验，监督承包商做了哪些试验，结果如何等。

（2）承包人试验人员配备情况。试验人员配备与承包商计划所列是否一致，数量和素质是否满足工作需要，增减或更换试验人员的建议。

（3）对承包商试验仪器、设备配备、使用和调动情况记录，需增加新设备的建议。

（4）监理试验室与承包商试验室所做同一试验，其结果有无重大差异，原因为何。

5）工程照片和录像

以下情况，可辅以工程照片和录像进行记录。

（1）科学试验：重大试验，如桩的承载试验，板、梁的试验以及科学研究试验等；新工艺、新材料的原形及为新工艺、新材料的采用所做的试验等。

（2）工程质量：能体现高水平的建筑物的总体或分部，能体现出建筑物的宏伟、精致、美观等特色的部位；工程质量较差的项目，指令承包商返工或需补强的工程的前后对比；体现不同施工阶段的建筑物照片；不合格原材料的现场和清除出现场的照片。

（3）能证明或反映未来会引起索赔或工程延期的特征照片或录像；向上级反映即将引起影响工程进展的照片。

（4）工程试验、试验室操作及设备情况。

（5）隐蔽工程：被覆盖前构造物的基础工程；重要项目钢筋绑扎、管道渗开的典型照片；混凝土桩的桩头开花及桩顶混凝土的表面特征情况。

（6）工程事故：工程事故处理现场及处理事故的状况；工程事故及处理和补强工艺，能证实保证了工程质量的照片。

（7）监理工作：重要工序的旁站监督和验收；看现场监理工作实况；参与的工地会议及参与承包商的业务讨论会；班前、工后会议；被承包商采纳的建议，证明确有经济效益及提高了施工质量的实物。

拍照时要采用专门登记本标明序号、拍摄时间、拍摄内容、拍摄人员等。

10.2.2 监理信息的加工整理

1. 监理信息加工整理的作用和原则

监理信息的加工整理是对收集来的大量原始信息，进行筛选、分类、排序、压缩、分析、比较、计算等的过程。

首先，通过加工，将信息分类，使之标准化、系统化。收集来的信息，往往是原始的、零乱的和孤立的，信息资料的形式也可能不同，只有经过加工，使之成为标准的、系统的信息资料，才能使用、存储，以及提供检索和传递。

其次，经过收集的资料，真实程度、准确程度都比较低，甚至还混有一些错误，经过对它们进行分析、比较、鉴别，乃至计算、校正，使获得的信息准确、真实。另外，原始状态的信息，一般不便于使用、存储、检索和传递，经加工后，可以使信息浓缩，以便于进行以上操作。还有，信息在加工过程中，通过对信息的综合、分解、整理、增补，可以得到更多有价值的新信息。

信息加工整理要本着标准化、系统化、准确性、时间性和适用性等原则进行。为了方便信息用户的使用和交换，应当遵守已制定的标准，使来源不同和形态多样的信息标准化。要按监理信息的分类，系统、有序地加工整理，符合信息管理系统的需要；要对收集的监理信息进行校正、剔除，使之准确、真实地反映建设工程状况；要及时处理各种信息，特别是对那些时效性强的信息；要使加工后的监理信息，符合实际监理工作的需要。

2. 监理信息加工整理的成果——各种监理报告

监理工程师对信息进行加工整理，形成各种资料，如各种来往信函、来往文件、各种指令、会议纪要、备忘录或协议和各种工作报告等。工作报告是最主要的加工整理成果，这些报告如下所述。

1）现场监理日报表

现场监理日报表是现场监理人员根据每天的现场记录加工整理而成的报告，主要包括如下内容：当天的施工内容；当天参加施工的人员（工种、数量、施工单位等）；当天施工用的机械的名称和数量等；当天发现的施工质量问题；当天的施工进度和计划进度的比较，若发生进度拖延，应说明原因；当天天气综合评语；其他说明及应注意的事项等。

2）现场监理工程师周报

现场监理工程师周报是现场监理工程师根据监理日报加工整理而成的报告，每周向项目总监理工程师汇报一周内所有发生的重大事件。

3）监理工程师月报

监理工程师月报是集中反映工程实况和监理工作的重要文件。一般由项目总监理工程师组织编写，每月一次上报业主。大型项目的监理月报，往往由各合同段或子项目的总监理工程师代表组织编写，上报总监理工程师审阅后报业主。监理月报一般包括以下内容。

（1）工程进度。描述工程进度情况，工程形象进度和累计完成的比率。若拖延了计划，应分析其原因以及这种原因是否已经消除，就此问题承包商、监理人员所采取的补救措施等。

（2）工程质量。用具体的测试数据评价工程质量，如实反映工程质量的好坏，并分析原因。承包商和监理人员对质量较差项目的改进意见，如有责令承包商返工的项目，应说明其规模、原因以及返工后的质量情况。

（3）计量支付。示出本期支付、累计支付以及必要的分项工程的支付情况，形象地表达支付比例，实际支付与工程进度对照情况等；承包商是否因流动资金短缺而影响了工程进度，并分析造成资金短缺的原因（如是否未及时办理支付等）；有无延迟支票、价格调整等问题，说明其原因及由此而产生的增加费用。

（4）安全生产管理。

（5）质量事故。质量事故发生的时间、地点、项目、原因、损失估计（经济损失、时间损失、人员伤亡情况）等；事故发生后采取了哪些补救措施；在今后工作中避免类似事故发生的有效措施；关于事故的发生，影响了单项或整体工程进度情况。

（6）工程变更。对每次工程变更应说明：引起变更设计的原因，批准机关，变更项目的规模，工程量增减数量，投资增减的估计等；是否因此变更影响了工程进展，承包商是否就此已提出或准备提出延期和索赔。

（7）合同纠纷。合同纠纷情况及产生的原因；监理人员进行调解的措施；监理人员在解决纠纷中的体会；业主或承包商有无要求进一步处理的意向。

（8）监理工作动态。描述本月的主要监理活动，如工地会议、现场重大监理活动、延期和索赔的处理、上级下达的有关工作的进展情况、监理工作中的困难等。

10.2.3 监理信息系统简介

在工程建设过程中，时时刻刻都在产生信息（数据），而且数量是相当大的，需要迅速收集、整理与使用。传统的处理方法是依靠监理工程师的经验，对问题进行分析与处理。面对当今复杂、庞大的工程，传统的方法就显得不足，难免给工程建设带来损失。计算机技术的发展，给信息管理提供了一个高效率的平台，监理管理信息系统开发，使信息处理变得快捷。

监理工程师的主要工作是控制建设工程的投资、进度、质量和安全，进行建设工程合同管理，协调有关单位间的工作关系。监理管理信息系统的构成应当与这些主要的工作相对应。另外，每个工程项目都有大量的公文信函，作为一个信息系统，也应对这些内容进行辅助管理。因此，监理管理信息系统一般由文档管理子系统、合同管理子系统、组织协调子系统、造价控制子系统、质量控制子系统、进度控制子系统和安全生产管理子系统构成。各子系统的功能如下。

1. 造价控制子系统

造价控制子系统应包括项目投资概算、预算、标底、合同价、结算、决算以及成本控制。造价控制子系统的功能应该有以下几种。

（1）项目概算、预算、标底的编制和调整。

（2）项目概算、预算的对比分析。

（3）标底与概算、预算的对比分析。

（4）合同价与概算、预算、标底的对比分析。

（5）实际投资与概算、预算、合同价的动态比较。

（6）项目决算与概算、预算、合同价的对比分析。

（7）项目投资变化趋势预测。

（8）项目投资的各项数据查询。

（9）提供各项投资报表。

2. 进度控制子系统

进度控制子系统的功能包括以下几种。

（1）原始数据的录入、修改、查询。

（2）网络计划的编制与调整。

（3）工程实际进度的统计分析。

（4）实际进度与计划进度的动态比较。

（5）工程进度变化趋势的预测分析。

（6）工程进度各类数据的查询。

（7）提供各种工程进度报表。

（8）绘制网络图和横道图。

3. 质量控制子系统

质量控制子系统的功能包括以下几种。

（1）设计质量控制相关文件。

（2）施工质量控制相关文件。

（3）材料质量控制相关资料。

（4）设备质量控制相关资料。

（5）工程事故的处理资料。

（6）质量监理活动档案资料。

4. 安全生产管理子系统

安全生产管理子系统的功能包括以下几种。

（1）安全生产管理法律、法规。

（2）安全生产保证措施。

（3）安全生产检查及隐患记录。

（4）文明施工、环保相关资料。

（5）安全事故的处理资料。

（6）安全教育、培训有关资料。

5. 合同管理子系统

合同管理子系统的功能包括以下几种。

（1）合同结构模式的提供和选用。

（2）合同文件、资料登录、修改、删除、查询和统计。

（3）合同执行情况的跟踪及处理过程和管理。

（4）为造价控制、进度控制、质量控制、安全控制提供有关数据。

（5）涉外合同的外汇折算。

（6）国家有关法律、法规、通用合同文本的查询。

6. 文档管理子系统

文档管理子系统的功能应包括以下几种。

（1）公文的编辑、处理。

（2）公文的登录、查询与统计。

（3）文件排版、打印。

（4）有关标准、决定、指示、通告、通知、会议纪要的存档、查询。

（5）来往信件、前期文件处理。

7. 组织协调子系统

组织协调子系统的功能包括以下几种。

（1）工程建设相关单位查询。

（2）协调记录。

10.3 建设工程监理文档资料管理

在工程建设活动中直接形成的具有归档保存价值的文字、图纸、图表、声像、电子文件等各种形式的历史记录，简称工程档案，其中关于建设监理过程中所形成的为建设工程监理文档。在工程建设过程中通过数字设备及环境生成，以数码形式存储于磁带、磁盘或光盘等载体，依赖计算机等数字设备阅读、处理，并可在通信网络上传送的文件称之为工程电子文档。记录工程建设活动，具有保存价值的，用照片、影片、录音带、录像带、光盘、硬盘等记载的声音、图片和影像等历史记录为建设工程声像档案。建设工程监理文档可分为纸质档案、电子档案及声像档案。

10.3.1 工程项目文件组成

在工程项目的监理工作中，会涉及并产生大量的信息与档案资料，这些信息或档案资料中，有些是监理工作的依据，如招标投标文件、合同文件、业主针对该项目制定的有关工作制度或规定、监理规划与监理细则、旁站方案；有些是监理工作中形成的文件，表明了工程项目的建设情况，也是今后工作所要查阅的，如监理工程师通知、专项监理工作报告、会议纪要、施工方案审查意见等；有些则是反映工程质量的文件，是今后监理验收或工程项目验收的依据。因此监理人员在监理工作中应对这些文件资料进行管理。

监理工作中档案资料的管理包括两大方面：一方面是对施工单位的资料管理工作进行监督，要求施工人员及时记录、收集并存档需要保存的资料与档案；另一方面是监理机构本身应该进行的资料与档案管理工作。工程项目档案资料的整理见《建设工程文件归档整理规范》（GB/T 50328—2014）。

10.3.2 建设工程文档资料管理

对与建设工程有关的重要活动、记载建设工程主要过程和现状、具有保存价值的各种载体的文件，均应收集齐全，整理立卷后归档。每项建设工程应编制一套电子档案，随纸质档案一并移交城建档案管理机构。

1. 归档文件的质量要求

（1）归档的纸质工程文件应为原件。工程文件的内容必须齐全、系统、完整、准确，与工程实际相符。

（2）工程文件的内容及其深度必须符合国家有关工程勘察、设计、施工、监理等方面的技术规范、标准和规程。

（3）工程文件应采用耐久性强的书写材料，如碳素墨水、蓝黑墨水；不得使用易褪色的书写材料，如红色墨水、纯蓝墨水、圆珠笔、复写纸、铅笔等。

（4）工程文件应字迹清楚，图样清晰，图表整洁，签字盖章手续完备。

（5）工程文件中文字材料幅面尺寸规格宜为 A4 幅面（297mm×210mm），图纸宜采用国家标准图幅。

（6）工程文件的纸张应采用能够长期保存的韧力大、耐久性强的纸张。图纸一般采用蓝晒图，竣工图应是新蓝图。计算机输出文字和图件应使用激光打印机，不应使用色带式打印机、水性墨打印机和热敏打印机。

（7）所有竣工图均应加盖竣工图章。

① 竣工图章的基本内容应包括："竣工图"字样、施工单位、编制人、审核人、技术负责人、编制日期、监理单位、现场监理、总监理工程师。

② 竣工图章尺寸为：宽 × 高 = 50mm×80mm。

③ 竣工图章应使用不易褪色的红印泥，应盖在图标栏上方空白处。

（8）利用施工图改绘竣工图，必须标明变更修改依据，凡施工图结构、工艺、平面布置等有重大改变，或变更部分超过图面 1/3 的应当重新绘制竣工图。不同幅面的工程图纸应按《技术制图复制图的折叠方法》（GB/T 10609.3—2009）统一折叠成 A4 幅面（297mm×210mm），图标栏露在外面。

（9）归档的建设工程电子文件应采用表 10-1 所列开放式文件格式或通用格式进行存储。专用软件产生的非通用格式的电子文件应转换成通用格式。

（10）归档的建设工程电子文件应包含元数据，保证文件的完整性和有效性。元数据应符合现行行业标准《建设电子档案元数据标准》（CJJ/T 187—2012）的规定。

（11）归档的建设工程电子文件应采用电子签名等手段，所载内容应真实和可靠。

（12）归档的建设工程电子文件的内容必须与其纸质档案一致。

（13）离线归档的建设工程电子档案载体，应采用一次性写入光盘，光盘不应有磨损、划伤；存储移交电子档案的载体应经过检测，应无病毒、无数据读写故障，并应确保接收方能通过适当设备读出数据。

表10-1 工程电子文件存储格式表

序号	文件类别	格 式
1	文本（表格）文件	PDF、XML、TXT
2	图像文件	JPEG、TIFF
3	图形文件	DWG、PDF、SVG
4	影像文件	MPEG2、MPEG4、AVI
5	声音文件	MP3、WAV

2. 工程文件的立卷

1）立卷原则

立卷应遵循工程文件的自然形成规律，保持卷内文件的有机联系，便于档案的保管和利用。一个建设工程由多个单位工程组成时，工程文件应按单位工程组卷。不同载体的文件应分别立卷。

2）立卷方法

（1）工程文件可按建设程序划分为工程准备阶段的文件、监理文件、施工文件、竣工图、竣工验收文件5部分。

（2）工程准备阶段文件应按建设程序、形成单位等进行立卷。

（3）监理文件应按单位工程、分部工程或专业、阶段等进行立卷。

（4）施工文件应按单位工程、分部（分项）工程进行立卷。

（5）竣工图应按单位工程分专业进行立卷。

（6）竣工验收文件应按单位工程分专业进行立卷。

（7）电子文件立卷时，每个工程（项目）应建立多级文件夹，应与纸质文件在案卷设置上一致，并应建立相应的标识关系。

（8）声像资料应按建设工程各阶段立卷，重大事件及重要活动的声像资料应按专题立卷，声像档案与纸质档案应建立相应的标识关系。

3）立卷要求

（1）案卷不宜过厚，文字材料卷厚度不宜超过20mm，图纸卷厚度不宜超过50mm。

（2）案卷内不应有重份文件。印刷成册的工程文件宜保持原状。

（3）建设工程电子文件的组织和排序可按纸质文件进行。

4）卷内文件的排列

（1）文字材料按事项、专业顺序排列。同一事项的请示与批复、同一文件的印本与定稿、主件与附件不能分开，并按批复在前、请示在后，印本在前、定稿在后，主件在前、附件在后的顺序排列。

（2）图纸按专业排列，同专业图纸按图号顺序排列。

（3）既有文字材料又有图纸的案卷，文字材料排前，图纸排后。

5）案卷的编目

（1）编制卷内文件页号应符合下列规定。

① 卷内文件均按有书写内容的页面编号，每卷单独编号，页号从"1"开始。

② 页号编写位置：单面书写的文件在右下角；双面书写的文件，正面在右下角，背面在左下角；折叠后的图纸一律在右下角。

③ 成套图纸或印刷成册的科技文件材料，自成一卷的，原目录可代替卷内目录，不必重新编写页码。

④ 案卷封面、卷内目录、卷内备考表不编写页号。

（2）卷内目录的编制应符合下列规定。

① 卷内目录的式样见表10-2，尺寸参见规范。

表10-2　卷内目录

序号	文件编号	责任者	文件题名	日期	页次	备注

② 序号：以一份文件为单位，用阿拉伯数字从"1"依次标注。

③ 责任者：填写文件的直接形成单位和个人。有多个责任者时，选择两个主要责任者，其余用"等"代替。

④ 文件编号：文件编号应填写文件形成单位的发文号或图纸的图号，或设备、项目代号。

⑤ 文件题名：文件题名应填写文件标题的全称。当文件无标题时，应根据内容拟写标题，拟写标题外应加"[ ]"符号。

⑥ 日期：应填写文件的形成日期或文件的起止日期，竣工图应填写编制日期。日期中"年"应用四位数字表示，"月"和"日"应分别用两位数字表示。

⑦ 页次：填写文件在卷内所排的起始页号。最后一份文件页号。

⑧ 备注应填写需要说明的问题。

6）工程档案的验收与移交

（1）工程档案的验收。

列入城建档案馆（室）档案接收范围的工程，建设单位在组织工程竣工验收前，应提请城建档案管理机构对工程档案进行预验收。建设单位未取得城建档案管理机构出具的认可文件，不得组织工程竣工验收。城建档案管理部门在进行工程档案预验收时，重点验收以下内容。

① 工程档案齐全、系统、完整，全面反映工程建设活动和工程实际状况。

② 工程档案的内容真实、准确地反映建设工程活动和工程实际状况。

③ 工程档案的整理、立卷符合本规范的规定。

④ 竣工图绘制方法、图式及规格等符合专业技术要求，图面整洁，盖有竣工图章。

⑤ 文件的形成、来源符合实际，要求单位或个人签章的文件，其签章手续完备。

⑥ 文件材质、幅面、书写、绘图、用墨、托裱等符合要求。

⑦ 电子档案格式、载体等符合要求。

⑧ 声像档案内容、质量、格式符合要求。

（2）工程档案的移交。

① 列入城建档案管理部门接收范围的工程，建设单位在工程竣工验收后3个月内向城建档案管理部门移交一套符合规定的工程档案。

② 停建、缓建工程的工程档案，暂由建设单位保管。

③ 对改建、扩建和维修工程，建设单位应当组织设计单位、监理单位、施工单位据实修改、补充和完善工程档案。对改变的部位，应当重新编写工程档案，并在工程竣工验收后3个月内向城建档案管理部门移交。

④ 建设单位向城建档案管理部门移交工程档案时，应办理移交手续，填写移交目录，双方签字、盖章后交接。

⑤ 施工单位、监理单位等有关单位应在工程竣工验收前将工程档案按合同或协议规定的时间、套数移交给建设单位，办理移交手续。

7）工程档案的保存

（1）文件保管期限分为永久、长期、短期三种期限。永久是指工程档案无限期地、尽可能长远地保存下去。长期是指工程档案的保存期限到该工程被彻底拆除。短期是指工程档案保存10年以下。

（2）同一案卷内有不同保管期限的文件，该案卷保管期限应从长。

（3）密级分为绝密、机密、秘密3种。同一案卷内有不同密级的文件，应以高密级为本卷密级。

10.3.3 施工阶段监理文件管理

1. 监理资料

除了上述验收时需要向业主或城建档案馆移交的监理资料外，施工阶段监理所涉及并应该进行管理的资料应包括下列内容。

（1）勘察设计文件、建设工程监理合同及其他合同文件。

（2）监理规划、监理实施细则。

（3）设计交底和图纸会审会议纪要。

（4）施工组织设计、（专项）施工方案、施工进度计划报审文件资料。

（5）分包单位资格报审文件资料。

（6）施工控制测量成果报验文件资料。

（7）总监理工程师任命书，工程开工令、暂停令、复工令，工程开工或复工报审文件资料。

（8）工程材料、构配件、设备报验文件资料。

（9）见证取样和平行检验文件资料。

（10）工程质量检查报验资料及工程有关验收资料。

（11）工程变更、费用索赔及工程延期文件资料。

（12）工程计量、工程款支付文件资料。

（13）监理通知单、工作联系单与监理报告。

（14）第一次工地会议、监理例会、专题会议等的会议纪要。

（15）监理月报、监理日志、旁站记录。

（16）工程质量或生产安全事故处理文件资料。

（17）工程质量评估报告及竣工验收监理文件资料。

（18）监理工作总结。

2. 监理月报

监理月报是项目监理机构定期编制并向建设单位和工程监理单位提交的重要文件。

监理月报的具体内容如下。

1）本月工程实施情况

（1）工程进展情况；实际进度与计划进度的比较；施工单位人、机、料进场及使用情况；本期在施部位的工程照片。

（2）工程质量情况；分项分部工程验收情况；材料、构配件、设备进场检验情况；主要施工试验情况；本期工程质量分析。

（3）施工单位安全生产管理工作评述。

（4）已完工程量与已付工程款的统计及说明。

2）本月监理工作情况

（1）工程进度控制方面的工作情况。

（2）工程质量控制方面的工作情况。

（3）安全生产管理方面的工作情况。

（4）工程计量与工程款支付方面的工作情况。

（5）合同其他事项的管理工作情况。

（6）监理工作统计及工作照片。

3）本月工程实施的主要问题分析及处理情况

（1）工程进度控制方面的主要问题分析及处理情况。

（2）工程质量控制方面的主要问题分析及处理情况。

（3）施工单位安全生产管理方面的主要问题分析及处理情况。

（4）工程计量与工程款支付方面的主要问题分析及处理情况。

（5）合同其他事项管理方面的主要问题分析及处理情况。

4）下月监理工作重点

（1）在工程管理方面的监理工作重点。

（2）在项目监理机构内部管理方面的工作重点。

3. 监理工作总结

在监理工作结束后，总监理工程师应编制监理工作总结。监理工作总结应包括以下内容。

（1）工程概况。

（2）监理组织机构、监理人员和投入的监理设施。

（3）监理合同履行情况。

（4）监理工作成效。

（5）施工过程中出现的问题及其处理情况和建议。

（6）工程照片（有必要时）。

（7）说明和建议。

监理工作总结经总监理工程师签字后报工程监理单位。

4. 监理资料的整理

1）第一卷——合同卷

（1）合同文件（包括监理合同、施工承包合同、分包合同、施工招投标文件、各类订货合同）。

（2）与合同有关的其他事项（工程延期报告、费用索赔报告与审批资料、合同争议、合同变更、违约报告处理）。

（3）资质文件（承包单位资质、分包单位资质、监理单位资质、建设单位项目建设审批文件、各单位参建人员资质、供货单位资质、见证取样试验等单位资质）。

（4）建设单位对项目监理机构的授权书。

（5）其他来往信函。

2）第二卷——技术文件卷

（1）设计文件（施工图、地质勘察报告、测量基础资料、设计审查文件）。

（2）设计变更（设计交底记录、变更图、审图汇总资料、洽谈纪要）。

（3）施工组织设计（施工方案、进度计划、施工组织设计报审表）。

3）第三卷——项目监理文件

（1）监理规划、监理大纲、监理细则。

（2）监理月报。

（3）监理日志。

（4）会议纪要。

（5）监理总结。

（6）各类通知。

4）第四卷——工程项目实施过程文件

（1）进度控制文件。

（2）质量控制文件。

（3）造价控制文件。

5）第五卷——竣工验收文件

（1）分部工程验收文件。

（2）竣工预验收文件。

（3）质量评估报告。

（4）现场证物照片。

（5）监理业务手册。

10.4　监理月报示例

监理月报可以是文字版的，可以是表格版的，也可以是文字加表格形式的，以下为表格形式的监理月报。

1. 工程概况

（1）工程基本情况，见表10-3。

表10-3　工程基本情况

工程名称		建设单位		
工程地点		设计单位		
建筑类型		承包单位		
工程总工期		工程总投资		要求质量等级	

（2）本月工程施工概述。

2. 项目组织系统

项目组织系统，见表10-4。

表10-4　项目组织系统

单位	单位名称	负责人	职务	职称
建设单位				
设计单位				
监理单位				
总承包单位				

（1）施工单位组织系统。

（2）分包单位情况。

（3）项目监理部组织系统。

3. 建筑安装工程形象部位完成情况

（1）本月形象部位完成情况，见表10-5。

表10-5　形象部位完成情况

序号	施工单位计划部位	月末实际到达部位	完成计划程序/（%）

（2）本月工程形象部位完成情况分析，见表10-6。

表10-6　完成情况分析

施工单位或计划部门	完成情况	影响完成情况的分析												
		材料	机械	劳动	图纸	变更	资金	设备	电力	供水	气候	组织	质安	停工	方案

4. 工程材料及设备报验

（1）工程材料报验，见表10-7。

表10-7　工程材料报验

序号	材料名称	规格型号	单位	数量	生产厂家	进场日期	质量和预控情况				审定人
							出厂合格证及编号	检查及复试结果	材质外观	结论	

（2）工程设备报验，见表10-8。

表10-8　工程设备报验

序号	设备名称	规格型号	单位	数量	生产厂家	进场日期	出厂合格证及编号	检查及复试结果	结论	审定人	备注

（3）其他施工试验情况，见表10-9。

表10-9　其他施工试验情况

序号	试验项目	施工部位	试验组数	合格组数	合格率/（%）	审定人

5. 分项工程完成情况

分项工程完成情况，见表10-10。

表10-10 分项工程完成情况

序号	分项工程名称	计量单位	本月施工单位申报完成工程量	本月监理核定完成工程量	完成程序／（%）	
					本月	累计

6. 工程质量

（1）分项（检验批）工程质量验收情况，见表10-11。

表10-11 分项（检验批）工程质量验收情况

序号	分项工程名称	本月验收记录				本月验收累计		
		施工自评结果（次数）		监理验收结果（次数）		合格	不合格	累计
		合格	不合格	合格	不合格			

（2）分部工程验收情况，见表10-12。

表10-12 分部工程验收情况

序号	分项工程名称	本月验收记录				本月验收累计		
		施工自评结果（次数）		监理验收结果（次数）		合格	不合格	累计
		合格	不合格	合格	不合格			

（3）单位工程验收情况。

（4）本月分部分项工程一次验收合格率统计，见表10-13。

表10-13 本月分部分项工程一次验收合格率统计

序号	分部分项工程名称	本月验收总次数	其中：			一次验收合格率／（%）
			一次验收合格	二次验收合格	三次验收合格	

（5）本月工程质量分析，见表10-14。

表10-14　本月工程质量分析

序号	分项工程名称	本月存在的质量问题	处理措施	处理结果	监理验收签字	备注

7. 工程质量事故报告

工程质量事故报告，见表10-15。

表10-15　工程质量事故报告

发生日期	事故部位	事故摘要	处理措施	处理结果	验收人	验收日期

8. 暂停施工指令

暂停施工指令，见表10-16。

表10-16　暂停施工指令

暂停施工指令摘要	现场处理	复工指令摘要	暂停指令日期

9. 工程变更及洽商

工程变更及洽商，见表10-17。

表10-17　工程变更及洽商

序号	编号	日期	变更及洽商部位	变更及洽商概述	变更及洽商理由	监理签认

10. 安全文明施工情况

安全文明施工情况，见表10-18。

表10-18　安全文明施工情况

现场情况	检查日期	存在问题	处理情况

11. 工程款支付情况

工程款支付情况，见表10-19。

表10-19　工程款支付情况

合同款项	工程合同总价款 / 万元	合同内付款 / 万元				合计 / 万元	余额 / 万元	合同外付款 / 万元	
		工程预付款	工程进度款		预付款抵扣			本月	累计
			本月	累计					

12. 气象数据

气象数据，见表10-20。

表10-20　气象数据

日期	星期	天气情况			
		最高温度 /℃	最低温度 /℃	风力 / 级	天气

13. 监理人员构成

本月监理人员构成，见表10-21。

表10-21　本月监理人员构成

序号	姓名	专业	职务、职称	人数	备注

14. 监理工作统计

本月监理工作统计，见表10-22。

表10-22　本月监理工作统计

序号	项目名称	单位	本年度		备注
			本月	累计	

10.5 案例分析

【背景】

某工程建设项目，业主（建设单位）委托某监理公司承担该项目的施工阶段的监理工作。要求建设工程档案管理和分类按照《建设工程文件归档整理规范》执行。工程开始后，总监理工程师任命了一位负责信息管理的专业监理工程师，并根据《建设工程监理规范》建立了监理报表体系，制定了监理主要文件档案清单，并按建设工程信息管理各环节要求进行建设工程的文档管理，竣工后又按要求向相关单位移交了监理文件。

【问题】

(1) 按照《建设工程文件归档整理规范》的规定，建设工程档案资料分为哪几大类？

(2) 根据《建设工程监理规范》的规定，构成监理报表体系的有哪几大类？监理主要文件档案有哪些？

(3) 建设工程信息管理有哪些环节？

(4) 监理机构应向哪些单位移交需要归档保存的监理文件？

【分析答案】

(1) 按照《建设工程文件归档整理规范》的规定，建设工程档案资料分为工程准备阶段文件、监理文件、施工文件、竣工图、竣工验收文件，共五大类。

(2) 根据《建设工程监理规范》的规定，有以下内容。

① 构成监理报表体系的有 3 类，分别介绍如下。

A 类表（工程监理单位用表）：A1 总监理工程师任命书，A2 工程开工令，A3 监理通知单，A4 监理报告，A5 工程暂停令，A6 旁站记录，A7 工程 复工令，A8 工程款支付证书。

B 类表（施工单位报审/报验用表）：B1 施工组织设计/（专项）施工方案报审表，B2 程开工报审表，B3 工程复工报审表，B4 分包单位资格报审表，B5 施工控制测量成果报验表，B6 工程材料/构配件/设备报审表，B7____报审、报验表，B8 分部工程报验表，B9 监理通知回复单，B10 单位工程竣工验收报审表，B11 工程款支付申请表，B12 施工进度计划报审表，B13 费用索赔报审表，B14 工程临时/最终延期报审表。

C 类表（通用表）：C1 工作联系单，C2 工程变更单，C3 索赔意向通知书。

② 监理主要文件档案有：监理报表体系、监理规划、监理实施细则、监理日记、监理例会会议纪要、监理月报、监理工作总结。

③ 建设工程信息管理包括：收集、分发、传递、加工、整理、检索、存储等环节。

④ 依据《建设工程文件归档整理规范》规定，监理机构应向建设单位和监理单位移交需要归档保存的监理文件。

本 章 小 结

通过本章的学习，了解建设工程信息文档管理的基本理论。本章的主要内容：信息的概念、特征及其形式；信息在监理工作中的作用及信息收集、处理的原则与方法；监理文档资料的组成与组卷方法。

建设工程信息是监理工程师进行目标控制的基础、科学决策的依据，文档管理是监理工作成效的体现，当在监理中遇到具体问题时，应能根据本章所学知识，结合案例，进行信息文档管理的实际操作。

习 题

一、思考题

1. 常见的监理信息有哪些？

2. 监理信息有哪些作用？

3. 什么是数据？什么是信息？它们有什么关系？

4. 监理工程师进行建设工程项目信息管理的基本任务是什么？

5. 建设工程信息在建设各个阶段如何进行收集？

6. 建设工程档案资料编制质量有哪些要求？

7. 工程竣工验收时，档案验收的程序是什么？重点验收内容是什么？

二、单项选择题

1. 对数据的解释，最准确的是（　　）。

　A．数据就是信息，数据是客观规律的记录

　B．数据是客观实体属性的反映，是一组表示数量、行为和目标，可以记录下来加以鉴别的符号

　C．数据是信息的载体，信息是数据的灵魂

　D．数据是一组表示数量、行为和目标，可以记录下来加以鉴别的符号

2. 竣工验收文件是（　　）。

　A．建设工程项目竣工验收活动中形成的文件

　B．建设工程项目施工中最终形成结果的文件

　C．建设工程项目施工中真实反映施工结果的文件

　D．建设工程项目竣工图、汇总表、报告等

3. 向城建档案馆归档的应该是（　　）。

　A．所有工程文件

　B．《建设工程归档整理规范》规定的工程文件

　C．《建设工程归档整理规范》规定的工程档案

　D．工程文件档案资料

4.建设工程归档工程文件应按（　　　）组卷。

　A．建设工程　　　　　　B．单项工程

　C．单位工程　　　　　　D．分部工程

5.建设工程项目信息形态有下列哪些形式？（　　　）

　A．文件、数据、报表、图纸等信息

　B．图纸、合同、规范、记录等信息

　C．文字图形、语言、新技术信息

　D．图纸、报告、报表、规范等信息

6.建设工程文件由（　　　）组成。

　A．监理文件、施工文件、竣工文件、竣工图

　B．工程准备阶段文件、监理文件、施工文件、竣工图、竣工验收文件

　C．纸质载体、光盘载体、微缩载体、磁性载体

　D．设计文件、招投标文件、施工图、监理文件、竣工图、竣工验收文件

三、多项选择题

1.建设工程信息按照性质分类时，技术类信息有（　　　）。

　A．前期技术信息　　　　　　　　B．设计技术信息

　C．工程量信息　　　　　　　　　D．编码信息

　E．竣工验收技术信息

2.建设工程信息按照性质分类时，管理类信息有（　　　）。

　A．项目管理组织信息　　　　　　B．质量控制信息

　C．风险管理信息　　　　　　　　D．设计技术信息

　E．安全管理信息

3.项目监理日记主要内容有（　　　）。

　A．当日施工的材料、人员、设备情况　　　B．有争议的问题

　C．当日送检材料情况　　　　　　　　　　D．承包单位提出的问题及监理的答复

　E．当日监理工程师发现的问题

4.按照《建设工程文件归档整理规范》，监理单位长期保存的建设工程项目监理文件有（　　　）等。

　A．工程开工／复工审批表、暂停令　　　　B．监理月报

　C．合同争议、违约报告及处理意见　　　　D．有关进度控制的监理通知

　E．工程竣工总结

5.监理月报应包括内容有（　　　）等。

　A．本月工程形象进度

　B．工程款支付证明

　C．工程变更、延期、索赔

　D．工程量审核情况

　E．下月进度计划

6.归档工程文件组卷方法有（　　　）等。

　A．立卷不宜过厚，一般不超过 40mm

　B．按照建设程序划分为工程准备阶段文件、监理文件、施工文件、竣工图、竣工验收文件 5 部分

C．监理文件可按单位工程、分部工程、专业、阶段等组卷

D．竣工图可按单位工程、专业等组卷

E．案卷内不应有重份文件，不同载体的文件一般应分别组卷

四、案例分析题

某工程项目，建设单位委托某监理公司承担该项目的施工阶段全方位的监理工作，并要求建设工程档案管理和分类按照《建设工程文件归档整理规范》执行。工程开始后，总监理工程师任命了一位负责信息管理的专业监理工程师，并根据《建设工程监理规范》建立了监理报表体系，制定了监理主要文件档案清单，并按建设工程信息管理各环节要求进行建设工程的文档管理，竣工后又按要求向相关单位移交了监理文件。

问题：

（1）按照《建设工程文件归档整理规范》的规定，建设工程档案资料分为哪五大类？

（2）根据《建设工程监理规范》的规定，构成监理报表体系的有哪几大类？监理主要文件档案有哪些？

（3）建设工程信息管理除了收集、分发还有哪些环节？

（4）监理机构应向哪些单位移交需要归档保存的监理文件？

【第10章习题答案】

附录1 建设工程监理基本表式

A 类表（工程监理单位用表）

A1 总监理工程师任命书

A2 工程开工令

A3 监理通知单

A4 监理报告

A5 工程暂停令

A6 旁站记录

A7 工程复工令

A8 工程款支付证书

B 类表（施工单位报审/报验用表）

B1 施工组织设计/（专项）施工方案报审表

B2 工程开工报审表

B3 工程复工报审表

B4 分包单位资格报审表

B5 施工控制测量成果报验表

B6 工程材料/构配件/设备报审表

B7 ＿＿＿＿报审、报验表

B8 分部工程报验表

B9 监理通知回复单

B10 单位工程竣工验收报审表

B11 工程款支付申请表

B12 施工进度计划报审表

B13 费用索赔报审表

B14 工程临时/最终延期报审表

C 类表（通用表）

C1 工作联系单

C2 工程变更单

C3 索赔意向通知书

表A1　总监理工程师任命书

工程名称：_____　　　　　　编号：_____

致：_____（建设单位）

　　兹任命 _____（注册监理工程师注册号：_____）为我

单位_____ 项目总监理工程师，负责履行建设工程监理合同、主持项目监理

机构工作。

工程监理单位（盖章）

法定代表人（签字）

年　月　日

注：本表一式三份，项目监理机构、建设单位、施工单位各一份。

表A2　工程开工令

工程名称：　　　　　　　　　　　　　　　　　　　　　　　　编号：

致：＿＿＿＿＿＿＿＿＿＿＿＿＿＿＿（施工单位）

　　经审查，本工程已具备施工合同约定的开工条件，现同意你方开始施工，开工日期为：＿＿＿＿＿年＿＿＿＿ 月＿＿＿＿ 日。

　　附件：工程开工报审表

　　　　　　　　　　　　　　　　　　　　　　　　　　项目监理机构（盖章）

　　　　　　　　　　　　　　　　　　　　　　　　　　总监理工程师（签字、加盖执业印章）

　　　　　　　　　　　　　　　　　　　　　　　　　　　　年　　月　　日

注：本表一式三份，项目监理机构、建设单位、施工单位各一份。

表A3　监理通知单

工程名称：   编号：

致：＿＿＿＿＿＿＿＿（施工项目经理部）

事由：＿＿＿＿＿＿＿＿＿＿＿＿＿＿＿＿＿＿＿＿＿＿＿＿＿＿＿＿＿＿＿＿＿＿＿＿＿

＿＿

＿＿

＿＿

＿＿

内容：＿＿＿＿＿＿＿＿＿＿＿＿＿＿＿＿＿＿＿＿＿＿＿＿＿＿＿＿＿＿＿＿＿＿＿＿＿

＿＿

＿＿

＿＿

项目监理机构（盖章）

总／专业监理工程师（签字）

年　月　日

注：本表一式三份，项目监理机构、建设单位、施工单位各一份。

表A4　监理报告

工程名称：　　　　　　　　　　　　　　　　　　　　　　　　　　　编号：

致：＿＿＿＿＿＿＿＿＿＿＿＿＿＿＿＿＿（主管部门）

　　由 ＿＿＿＿＿＿＿＿＿＿＿＿＿＿＿（施工单位）施工的 ＿＿＿＿＿＿＿＿＿＿＿＿＿＿＿（工程部位），存在安全事故隐患。我方已于＿＿ 年 ＿＿月＿＿ 日发出编号为 ＿＿＿＿＿＿＿＿ 的《监理通知单》/《工程暂停令》，但施工单位未整改/停工。

　　特此报告。

　　附件：□监理通知单
　　　　　□工程暂停令
　　　　　□其他

　　　　　　　　　　　　　　　　　　　　　　　　　项目监理机构（盖章）
　　　　　　　　　　　　　　　　　　　　　　　　　总监理工程师（签字）
　　　　　　　　　　　　　　　　　　　　　　　　　　年　　月　　日

注：本表一式四份，主管单位、建设单位、工程监理单位、项目监理机构各一份。

表A5　工程暂停令

工程名称：　　　　　　　　　　　　　　　　　　　　　　　　编号：

致：＿＿＿＿＿＿＿＿＿＿＿＿＿＿（施工项目经理部）

由于＿＿＿＿＿＿＿＿＿＿＿＿＿＿＿＿＿＿＿＿＿＿＿＿＿＿＿＿＿＿＿＿＿＿＿

＿＿＿＿＿＿＿＿＿＿＿＿＿＿＿＿＿＿＿＿＿＿＿＿＿＿＿＿＿＿＿＿＿＿＿＿＿＿

原因，现通知你方于＿＿＿年＿＿＿月＿＿＿日＿＿时起，暂停＿＿＿部位（工序）施工，并按下述要求做好后续工作。

要求：

项目监理机构（盖章）

总监理工程师（签字、加盖执业印章）

年　　月　　日

注：本表一式三份，项目监理机构、建设单位、施工单位各一份。

表A6　旁站记录

工程名称：　　　　　　　　　　　　　　　　　　　　　　　　　　　　　编号：

旁站的关键部位、关键工序		
施工单位		
旁站开始时间	年　月　日　时　分	旁站结束时间　　　　年　月　日　时　分

旁站的关键部位、关键工序施工情况：

发现的问题及处理情况：

旁站监理人员（签字）

年　月　日

注：本表一式一份，项目监理机构留存。

表A7 工程复工令

工程名称： 编号：

致：_____（施工项目经理部）

我方发出的编号为 《工程暂停令》，要求暂停施工的 部位（工序），经查已具备复工条件。经建设单位同意，现通知你方于 年 月 日 时起恢复施工。

附件：工程复工报审表

项目监理机构（盖章）

总监理工程师（签字、加盖执业印章）

年 月 日

注：本表一式三份，项目监理机构、建设单位、施工单位各一份。

表A8　工程款支付证书

工程名称：　　　　　　　　　　　　　　　　　　　　　　　　　　　　编号：

致：＿＿＿＿＿＿＿＿＿＿＿（建设单位）

　　根据施工合同的规定，经审核编号为＿＿＿＿工程款支付报审表，扣除有关款项后，同意支付工程款共计（大写）＿＿＿＿＿＿＿＿＿＿＿＿＿＿＿＿＿＿＿＿＿＿＿＿（小写：＿＿＿＿＿＿）。

　　其中：

1. 施工单位申报款为：

2. 经审核施工单位应得款为：

3. 本期应扣款为：

4. 本期应付款为：

附件：工程款支付报审表及附件

项目监理机构（盖章）

总监理工程师（签字、加盖执业印章）

年　月　日

注：本表一式三份，项目监理机构、建设单位、施工单位各一份。

表B1　施工组织设计/（专项）施工方案报审表

工程名称：　　　　　　　　　　　　　　　　　　　　　　　　　编号：

致：＿＿＿＿＿＿＿＿＿＿＿＿＿＿＿(项目监理机构) 　　我方已完成＿＿＿＿＿＿＿＿＿＿工程施工组织设计/（专项）施工方案的编制和审批，请予以审查。 　　附件：□施工组织设计 　　　　　□专项施工方案 　　　　　□施工方案   　　　　　　　　　　　　　　　　　　　　　施工项目经理部（盖章） 　　　　　　　　　　　　　　　　　　　　　项目经理（签字） 　　　　　　　　　　　　　　　　　　　　　　　年　月　日
审查意见：   　　　　　　　　　　　　　　　　　　　　　专业监理工程师（签字） 　　　　　　　　　　　　　　　　　　　　　　　年　月　日
审核意见：   　　　　　　　　　　　　　　　　　　　　　项目监理机构（盖章） 　　　　　　　　　　　　　　　　　　　　　总监理工程师（签字、加盖执业印章） 　　　　　　　　　　　　　　　　　　　　　　　年　月　日
审批意见（仅对超过一定规模的危险性较大的分部分项工程专项施工方案）：   　　　　　　　　　　　　　　　　　　　　　建设单位（盖章） 　　　　　　　　　　　　　　　　　　　　　建设单位代表（签字） 　　　　　　　　　　　　　　　　　　　　　　　年　月　日

注：本表一式三份，项目监理机构、建设单位、施工单位各一份。

表B2 工程开工报审表

工程名称：   编号：

致：_____（建设单位）
_____（项目监理机构）

    我方承担的_____工程，已完成相关准备工作，具备开工条件，申请于_____年_____月_____日开工，请予以审批。

    附件：证明文件资料

施工单位（盖章）

项目经理（签字）

年　月　日

审核意见：

项目监理机构（盖章）

总监理工程师（签字、加盖执业印章）

年　月　日

审批意见：

建设单位（盖章）

建设单位代表（签字）

年　月　日

注：本表一式三份，项目监理机构、建设单位、施工单位各一份。

表B3 工程复工报审表

工程名称： 编号：

致：＿＿＿＿＿＿＿＿＿＿＿＿＿（项目监理机构）

　　编号为＿＿＿＿＿＿＿＿《工程暂停令》所停工的＿＿＿＿＿＿＿＿部位（工序）已满足复工条件，我方申请于＿＿＿＿年＿＿＿＿月＿＿＿＿日复工，请予以审批。

　　附件：证明文件资料

施工项目经理部（盖章）

项目经理（签字）

年 月 日

审核意见：

项目监理机构（盖章）

总监理工程师（签字）

年 月 日

审批意见：

建设单位（盖章）

建设单位代表（签字）

年 月 日

注：本表一式三份，项目监理机构、建设单位、施工单位各一份。

表B4　分包单位资格报审表

工程名称：　　　　　　　　　　　　　　　　　　　　　　　　　　　编号：

致：_____（项目监理机构）

　　经考察，我方认为拟选择的_____（分包单位）具有承担下列工程的施工或安装资质和能力，可以保证本工程按施工合同第____条款的约定进行施工或安装。请予以审查。

分包工程名称（部位）	分包工程量	分包工程合同额
合计		

　　附件：1. 分包单位资质材料

　　　　　2. 分包单位业绩材料

　　　　　3. 分包单位专职管理人员和特种作业人员的资格证书

　　　　　4. 施工单位对分包单位的管理制度

施工项目经理部（盖章）

项目经理（签字）

年　月　日

审查意见：

专业监理工程师（签字）

年　月　日

审核意见：

项目监理机构（盖章）

总监理工程师（签字）

年　月　日

注：本表一式三份，项目监理机构、建设单位、施工单位各一份。

表B5 施工控制测量成果报验表

工程名称： 编号：

致：＿＿＿＿＿＿＿＿＿＿＿＿＿＿＿＿＿＿＿＿＿＿＿＿＿＿＿＿＿（项目监理机构）

　　我方已完成＿＿＿＿＿＿＿＿＿＿＿＿＿＿＿＿＿＿＿＿＿＿＿的施工控制测量，经自检合格，请予以查验。

　　附件：1.施工控制测量依据资料
　　　　　2.施工控制测量成果表

施工项目经理部（盖章）

项目技术负责人（签字）

年　月　日

审查意见：

项目监理机构（盖章）

专业监理工程师（签字）

年　月　日

注：本表一式三份，项目监理机构、建设单位、施工单位各一份。

表B6　工程材料/构配件/设备报审表

工程名称：　　　　　　　　　　　　　　　　　　　　　　　　　编号：

致：_____（项目监理机构）

　　于__年__月__日进场的拟用于工程_____部位的_____，经我方检验合格，现将相关资料报上，请予以审查。

　　附件：1. 工程材料 / 构配件 / 设备清单
　　　　　2. 质量证明文件
　　　　　3. 自检结果

施工项目经理部（盖章）

项目经理（签字）

年　月　日

审查意见：

项目监理机构（盖章）

专业监理工程师（签字）

年　月　日

注：本表一式两份，项目监理机构、施工单位各一份。

表B7 _____报审、报验表

工程名称：　　　　　　　　　　　　　　　　　　　　　　　　　编号：

致：_____（项目监理机构）

　　我方已完成_____工作，经自检合格，请予以审查或验收。

附件：□隐蔽工程质量检验资料
　　　□检验批质量检验资料
　　　□分项工程质量检验资料
　　　□施工试验室证明资料
　　　□其他

施工项目经理部（盖章）
项目经理或项目技术负责人（签字）
年　　月　　日

审查或验收意见：

项目监理机构（盖章）
专业监理工程师（签字）
年　　月　　日

注：本表一式两份，项目监理机构、施工单位各一份。

表B8 分部工程报验表

工程名称：　　　　　　　　　　　　　　　　　　　　　　　　　　　　编号：

致：＿＿＿＿＿＿＿＿＿＿＿＿＿＿＿＿＿＿＿＿＿＿＿＿＿＿＿＿＿＿＿＿（项目监理机构）

　　我方已完成＿＿＿＿＿＿＿＿＿＿＿＿＿＿＿＿＿＿＿＿＿＿＿＿（分部工程），经自检合格，请予以验收。

附件：分部工程质量资料

施工项目经理部（盖章）

项目技术负责人（签字）

年　　月　　日

验收意见：

专业监理工程师（签字）

年　　月　　日

验收意见：

项目监理机构（盖章）

总监理工程师（签字）

年　　月　　日

注：本表一式三份，项目监理机构、建设单位、施工单位各一份。

表B9 监理通知回复单

工程名称： 编号：

致：_____（项目监理机构）

我方接到编号为_____ 的监理通知单后，已按要求完成相关工作，请予以复查。

附件：需要说明的情况

施工项目经理部（盖章）

项目经理（签字）

年 月 日

复查意见：

项目监理机构（盖章）

总 / 专业监理工程师（签字）

年 月 日

注：本表一式三份，项目监理机构、建设单位、施工单位各一份。

表B10　单位工程竣工验收报审表

工程名称：　　　　　　　　　　　　　　　　　　　　　　　　　　　　　　　编号：

致：＿＿＿＿＿＿＿＿＿＿＿＿＿＿＿＿＿＿＿＿＿＿＿＿＿＿＿＿＿＿＿＿＿（项目监理机构）

我方已按合同要求完成了＿＿＿＿＿＿＿＿＿工程，经自检合格，现将有关资料报上，请予以验收。

附件：1. 工程质量验收报告
　　　　2. 工程功能检验资料

施工单位（盖章）
项目经理（签字）
年　月　日

预验收意见：
　　经预验收，该工程合格／不合格，可以／不可以组织正式验收。

项目监理机构（盖章）
总监理工程师（签字、加盖执业印章）
年　月　日

注：本表一式三份，项目监理机构、建设单位、施工单位各一份。

表B11 工程款支付申请表

工程名称： 　　　　　　　　　　　　　　　　　　　　　　　编号：

致：＿＿＿＿＿＿＿＿＿＿＿＿＿＿＿＿＿＿＿＿＿＿＿＿＿＿＿＿＿＿＿＿（项目监理机构）

　　根据施工合同的约定，我方已完成＿＿＿＿＿＿＿＿＿＿＿＿＿＿＿＿＿＿＿＿工作，建设单位应在＿＿＿＿＿＿年 ＿＿＿＿＿＿月＿＿＿＿＿ 日前支付工程款共计（大写）＿＿＿＿＿＿＿（小写：＿＿＿＿＿＿ ），请予以审核。

　　附件：

　　　　　□已完成工程量报表

　　　　　□工程竣工结算证明材料

　　　　　□相应支持性证明文件

　　　　　　　　　　　　　　　　　　　　　　　施工项目经理部（盖章）

　　　　　　　　　　　　　　　　　　　　　　　项目经理（签字）

　　　　　　　　　　　　　　　　　　　　　　　　　　年　　月　　日

审查意见：

　　1.施工单位应得款为：

　　2.本期应扣款为：

　　3.本期应付款为：

　　附件：相应支持性材料

　　　　　　　　　　　　　　　　　　　　　　　专业监理工程师（签字）

　　　　　　　　　　　　　　　　　　　　　　　　　　年　　月　　日

审核意见：

　　　　　　　　　　　　　　　　项目监理机构（盖章）

　　　　　　　　　　　　　　　　总监理工程师（签字、加盖执业印章）

　　　　　　　　　　　　　　　　　　　　年　　月　　日

审批意见：

　　　　　　　　　　　　　　　　建设单位（盖章）

　　　　　　　　　　　　　　　　建设单位代表（签字）

　　　　　　　　　　　　　　　　　　　　年　　月　　日

注：本表一式三份，项目监理机构、建设单位、施工单位各一份；工程结算报审时本表一式四份，项目监理机构、建设单位各一份，施工单位两份。

表B12　施工进度计划报审表

工程名称：　　　　　　　　　　　　　　　　　　　　　　　　　　编号：

致：＿＿＿＿＿＿＿＿＿＿＿＿＿＿＿＿＿＿＿＿＿＿＿＿＿＿＿＿＿＿＿（项目监理机构）
根据施工合同约定，我方已完成＿＿＿＿＿＿＿＿＿＿＿＿＿工程施工进度计划的编制和批准，请予以审查。 　　附件：□施工总进度计划 　　　　　□阶段性进度计划   　　　　　　　　　　　　　　　　　　　　　　施工项目经理部（盖章） 　　　　　　　　　　　　　　　　　　　　　　项目经理（签字） 　　　　　　　　　　　　　　　　　　　　　　　　年　月　日
审查意见：   　　　　　　　　　　　　　　　　　　　　　　专业监理工程师（签字） 　　　　　　　　　　　　　　　　　　　　　　　　年　月　日
审核意见：   　　　　　　　　　　　　　　　　　　　　　　项目监理机构（盖章） 　　　　　　　　　　　　　　　　　　　　　　总监理工程师（签字） 　　　　　　　　　　　　　　　　　　　　　　　　年　月　日

注：本表一式三份，项目监理机构、建设单位、施工单位各一份。

表B13 费用索赔报审表

工程名称： 　　　　　　　　　　　　　　　　　　　　　　　　　　　 编号：

致：＿＿＿＿＿＿＿＿＿＿＿＿（项目监理机构） 　　根据施工合同＿＿条款，由于＿＿＿＿＿＿＿＿的原因，我方申请索赔金额（大写）＿＿＿＿， 请予批准。 索赔理由：＿＿＿＿＿＿＿＿＿＿＿＿＿＿＿＿＿＿＿＿＿＿＿＿＿＿＿＿＿＿＿＿＿ ＿＿＿＿＿＿＿＿＿＿＿＿＿＿＿＿＿＿＿＿＿＿＿＿＿＿＿＿＿＿＿＿＿＿＿＿＿＿ ＿＿＿＿＿＿＿＿＿＿＿＿＿＿＿＿＿＿＿＿＿＿＿＿＿＿＿＿＿＿＿＿＿＿＿＿＿＿ 附件：□索赔金额的计算 　　　□证明材料   　　　　　　　　　　　　　　　　　　施工项目经理部（盖章） 　　　　　　　　　　　　　　　　　　项目经理（签字） 　　　　　　　　　　　　　　　　　　　　　年　月　日
审核意见： 　　□不同意此项索赔。 　　□同意此项索赔，索赔金额为（大写）＿＿＿＿＿。 　　同意／不同意索赔的理由：＿＿＿＿＿＿＿＿＿＿＿ 　　＿＿＿＿＿＿＿＿＿＿＿＿＿＿＿＿＿＿＿＿＿ 　　＿＿＿＿＿＿＿＿＿＿＿＿＿＿＿＿＿＿＿＿＿ 　　　附件：□索赔审查报告   　　　　　　　　　　　　　　　　　　项目监理机构（盖章） 　　　　　　　　　　　　　　　　　　总监理工程师（签字、加盖执业印章） 　　　　　　　　　　　　　　　　　　　　　年　月　日
审批意见：   　　　　　　　　　　　　　　　　　　建设单位（盖章） 　　　　　　　　　　　　　　　　　　建设单位代表（签字） 　　　　　　　　　　　　　　　　　　　　　年　月　日

注：本表一式三份，项目监理机构、建设单位、施工单位各一份。

表B14　工程临时/最终延期报审表

工程名称：　　　　　　　　　　　　　　　　　　　　　　　　　　　　　　　编号：

致：＿＿＿＿＿＿＿＿＿＿＿＿＿＿（项目监理机构）

　　根据施工合同＿＿＿＿＿＿（条款），由于＿＿＿＿＿＿＿＿＿＿＿＿＿＿＿＿＿＿＿＿＿

原因，我方申请工程临时/最终延期＿＿＿＿＿＿（日历天），请予批准。

附件：

1. 工程延期依据及工期计算
2. 证明材料

　　　　　　　　　　　　　　　　　　　　　　　施工项目经理部（盖章）

　　　　　　　　　　　　　　　　　　　　　　　项目经理（签字）

　　　　　　　　　　　　　　　　　　　　　　　　　　年　　月　　日

审核意见：

　　□同意临时/最终延期＿＿＿＿（日历天）。工程竣工日期从施工合同约定的＿＿＿＿＿年＿＿＿＿＿月

＿＿＿＿＿日延迟到＿＿＿＿＿年＿＿＿＿＿月＿＿＿＿＿日。

　　□不同意延长工期，请按约定竣工日期组织施工。

　　　　　　　　　　　　　　　　　　　　　　　项目监理机构（盖章）

　　　　　　　　　　　　　　　　　　　　　　　总监理工程师（签字、加盖执业印章）

　　　　　　　　　　　　　　　　　　　　　　　　　　年　　月　　日

审批意见：

　　　　　　　　　　　　　　　　　　　　　　　建设单位（盖章）

　　　　　　　　　　　　　　　　　　　　　　　建设单位代表（签字）

　　　　　　　　　　　　　　　　　　　　　　　　　　年　　月　　日

注：本表一式三份，项目监理机构、建设单位、施工单位各一份。

表C1 工作联系单

工程名称：　　　　　　　　　　　　　　　　　　　　　　　编号：

致：＿＿＿＿＿＿＿

发文单位
负责人（签字）
　　年　　月　　日

表C2　工程变更单

工程名称：　　　　　　　　　　　　　　　　　　　　　　　　　　　编号：

致：_____

　　由于_____原因，兹提出_____工程变更，请予以审批。

　　附件：
　　　　　　□变更内容
　　　　　　□变更设计图
　　　　　　□相关会议纪要
　　　　　　□其他

变更提出单位：

负责人：

年　　月　　日

工程量增/减	
费用增/减	
工期变化	

施工项目经理部（盖章） 项目经理（签字）	设计单位（盖章） 设计负责人（签字）
项目监理机构（盖章） 总监理工程师（签字）	建设单位（盖章） 负责人（签字）

注：本表一式四份，建设单位、项目监理机构、设计单位、施工单位各一份。

表C3 索赔意向通知书

工程名称： 编号：

致：_____

　　根据施工合同_____（条款）的约定，由于发生了_____事件，且该事件的发生非我方原因所致。为此，我方向_____（单位）提出索赔要求。

附件：索赔事件资料

提出单位（盖章）

负责人（签字）

年　　月　　日

建设工程监理基本表式填写说明

1. 建设工程监理基本表式总说明

（1）建设工程监理基本表式分为 A 类表（工程监理单位用表）、B 类表（施工单位报审/报验用表）和 C 类表（通用表）三类。其中，A 类表是工程监理单位对外签发的监理文件或监理工作控制记录表；B 类表由施工单位填写后报工程监理单位或建设单位审批或验收；C 类表是工程参建各方的通用表式。

（2）对下列表式的审核，总监理工程师除签字外，还需加盖执业印章。

① B1 施工组织设计/（专项）施工方案报审表。

② A2 工程开工令。

③ A7 工程复工令。

④ B13 费用索赔报审表。

⑤ B14 工程临时/最终延期报审表。

⑥ A5 工程暂停令。

⑦ A8 工程款支付证书。

2. 建设工程监理基本表式填写说明

1）A1 总监理工程师任命书

（1）根据监理合同约定，由工程监理单位法定代表人任命有类似工程管理经验的注册监理工程师担任项目总监理工程师，负责项目监理机构的日常管理工作。

（2）工程监理单位法定代表人应根据相关法律法规、监理合同及工程项目和总监理工程师的具体情况明确总监理工程师的授权范围。

2）A2 工程开工令

（1）建设单位对《工程开工报审表》签署同意意见后，总监理工程师才可签发《工程开工令》。

（2）《工程开工令》中的开工日期作为施工单位计算工期的起始日期。

3）A3 监理通知单

（1）本表用于项目监理机构按照监理合同授权，对施工单位提出要求。监理工程师现场发出的口头指令及要求，也应采用此表予以确认。

（2）内容包括：针对施工单位在施工过程中出现的不符合设计要求、不符合施工技术标准、不符合合同约定的情况、使用不合格的材料、构配件和设备等行为，提出纠正施工单位在工程质量、进度、造价等方面的违规、违章行为的指令和要求。

（3）施工单位收到《监理通知单》后，须使用《监理通知回复单》回复，并附相关资料。

4）A4 监理报告

（1）项目监理机构在实施监理过程中，发现工程存在安全事故隐患，发出《监理通知单》或《工程暂停令》后，施工单位拒不整改或者不停工时，应当采用本表及时向政府主管部门报告。

（2）紧急情况下，项目监理机构可先通过电话、传真或电子邮件方式向政府主管部门报告，事后应以书面形式的《监理报告》送达政府主管部门，同时抄送建设单位和工程监理单位。

（3）"可能产生的后果"是指：① 基坑坍塌；② 模板、脚手支撑倒塌；③ 大型机械设备倾倒；④ 严重影响和危及周边（房屋、道路等）环境；⑤ 易燃易爆恶性事故；⑥ 人员伤亡等。

（4）本表应附相应《监理通知单》或《工程暂停令》等证明监理人员所履行安全生产管理职责的相

关文件资料。

5）A5 工程暂停令及 A7 工程复工令

（1）本表适用于总监理工程师签发指令要求停工处理的事件。

（2）总监理工程师应根据暂停工程的影响范围和程度，按照施工合同和监理合同的约定签发暂停令。

（3）签发工程暂停令时，必须注明停工的部位。

（4）当暂停施工部位经查已具备复工条件时，经建设单位同意，下发工程复工令。

6）A6 旁站记录

（1）本表是监理人员对关键部位、关键工序的施工质量，实施全过程现场跟踪监督活动的实时记录。

（2）本表中的施工单位是指负责旁站部位的具体作业班组。

（3）表中施工情况是指旁站部位的施工作业内容，主要施工机械、材料、人员和完成的工程数量等记录。

（4）表中监理情况是指监理人员检查旁站部位施工质量的情况，包括施工单位质检人员到岗情况、特殊工种人员持证情况，以及施工机械、材料准备及关键部位、关键工序的施工是否按（专项）施工方案及工程建设强制性标准执行等情况。

7）A8 工程款支付证书

本表是项目监理机构收到施工单位《工程款支付申请表》后，根据施工合同约定对相关资料审查复核后签发的工程款支付证明文件。

8）B1 施工组织设计 /（专项）施工方案报审表

（1）工程施工组织设计 /（专项）施工方案，应填写相应的单位工程、分部工程、分项工程或与安全施工有关的工程名称。

（2）对分包单位编制的施工组织设计 /（专项）施工方案均应由施工总承包单位按规定完成相关审批手续后，报送项目监理机构审核。

9）B2 工程开工报审表

（1）表中证明文件资料是指能够证明已具备开工条件的相关文件资料。

（2）一个工程项目只填报一次，如工程项目中含有多个单位工程且开工时间不一致时，则每个单位工程都应填报一次。

（3）总监理工程师应根据《建设工程监理规范》（GB/T 50319—2013）第 5.1.8 条款中所列条件审核后签署意见。

（4）本表经总监理工程师签署意见，报建设单位同意后，由总监理工程师签发工程开工令。

10）B3 工程复工报审表

（1）本表用于工程因各种原因暂停后，具备复工条件的情形。工程复工报审时，应附有能够证明已具备复工条件的相关文件资料。

（2）表中证明文件可以为相关检查记录、有针对性的整改措施及其落实情况、会议纪要、影像资料等。

11）B4 分包单位资格报审表

（1）分包单位的名称应按《企业法人营业执照》全称填写。

（2）分包单位资质材料包括：营业执照、企业资质等级证书、安全生产许可文件、专职管理人员和特种作业人员的资格证书等。

（3）分包单位业绩材料是指分包单位近三年完成的与分包工程内容类似的工程及质量情况。

（4）施工单位的试验室报审可参用此表。

12）B5 施工控制测量成果报验表

（1）本表用于施工单位施工测量放线完成并自检合格后，报送项目监理机构复核确认。

（2）测量放线的专业测量人员资格（测量人员的资格证书）及测量设备资料（施工测量放线使用测量仪器的名称、型号、编号、校验资料等）应经项目监理机构确认。

（3）测量依据资料及测量成果如下。

① 平面、高程控制测量：需报送控制测量依据资料、控制测量成果表（包含平差计算表）及附图。

② 定位放样：报送放样依据、放样成果表及附图。

13）B6 工程材料 / 构配件 / 设备报审表

（1）本表用于项目监理机构对工程材料、构配件、设备在施工单位自检合格后进行的检查。

（2）填写此表时应写明工程材料、构配件、设备的名称、进场时间、拟使用的工程部位等。

（3）质量证明文件指：生产单位提供的合格证、质量证明书、性能检测报告等证明资料。进口材料、构配件、设备应有商检的证明文件；新产品、新材料、新设备应有相应资质机构的鉴定文件。如无证明文件原件，需提供复印件，但须在复印件上注明原件存放单位，并加盖证明文件提供单位公章。

（4）自检结果指：施工单位对所购材料、构配件、设备清单、质量证明资料核对后，对工程材料、构配件、设备实物及外部观感质量进行验收核实的自检结果。

（5）由建设单位采购的主要设备则由建设单位、施工单位、项目监理机构进行开箱检查，并由三方在开箱检查记录上签字。

（6）进口材料、构配件和设备应按照合同约定，由建设单位、施工单位、供货单位、项目监理机构及其他有关单位进行联合检查，检查情况及结果应形成记录，并由各方代表签字认可。

14）B7 ＿＿＿报审、报验表

（1）本表为报审、报验表的通用表式，主要用于检验批、隐蔽工程、分项工程的报验。此外，也用于关键部位或关键工序施工前的施工工艺质量控制措施和施工单位试验室等其他内容的报审。

（2）分包单位的报验资料必须经施工单位审核后方可向项目监理机构报验。

（3）检验批、隐蔽工程、分项工程需经施工单位自检合格后并附有相应工序和部位的工程质量检查记录，报送项目监理机构验收。

（4）填写本表时，应注明所报审施工工艺及新工艺等的使用部位。

15）B8 分部工程报验表

（1）本表用于项目监理机构对分部工程的验收。分部工程所包含的分项工程全部自检合格后，施工单位报送项目监理机构。

（2）附件包含：《分部（子分部）工程质量验收记录表》及工程质量验收规范要求的质量控制资料、安全及功能检验（检测）报告等。

16）B9 监理通知回复单

（1）本表用于施工单位在收到《监理通知单》后，根据通知要求进行整改、自查合格后，向项目监理机构报送回复意见。

（2）回复意见应根据《监理通知单》的要求，简要说明落实整改的过程、结果及自检情况，必要时应附整改相关证明资料，包括检查记录、对应部位的影像资料等。

17）B10 单位工程竣工验收报审表

（1）本表用于单位（子单位）工程完成后，施工单位自检符合竣工验收条件后，向建设单位及项目监理机构申请竣工验收。

（2）一个工程项目中含有多个单位工程时，则每个单位工程都应填报一次。

（3）表中质量验收资料指：能够证明工程按合同约定完成并符合竣工验收要求的全部资料，包括单位工程质量控制资料，有关安全和使用功能的检测资料，主要使用功能项目的抽查结果等。对需要进行功能试验的工程（包括单机试车、无负荷试车和联动调试），应包括试验报告。

18）B11 工程款支付申请表

本表中附件是指和付款申请有关的资料，如已完成合格工程的工程量清单、价款计算及其他和付款有关的证明文件和资料。

19）B12 施工进度计划报审表

本表中施工总进度计划是指工程实施过程中进度计划发生变化，与施工组织设计中的总进度计划不一致，经调整后的施工总进度计划。

20）B13 费用索赔报审表

本表中证明材料应包括：索赔意向书、索赔事项的相关证明材料。

21）B14 工程临时 / 最终延期报审表

应在本表中写明总监理工程师同意或不同意工程临时延期的理由和依据。

22）C1 工作联系单

本表用于工程监理单位与工程建设有关方相互之间的日常书面工作联系，有特殊规定的除外。工作联系的内容包括：告知、督促、建议等事项。本表不需要书面回复。

23）C2 工程变更单

（1）本表仅适用于施工单位提出的工程变更。

（2）附件应包括工程变更的详细内容，变更的依据，对工程造价及工期的影响程度，对工程项目功能、安全的影响分析及必要的图示。

附录2 施工质量验收表式

表A 施工现场质量管理检查记录 　　　　　　　　开工日期：

工程名称			施工许可证号	
建设单位			项目负责人	
设计单位			项目负责人	
监理单位			总监理工程师	
施工单位		项目负责人	项目技术负责人	
序号	项目		内容	
1	项目部质量管理体系			
2	现场质量责任制			
3	主要专业工种操作岗位证书			
4	分包单位管理制度			
5	图纸会审记录			
6	地质勘察资料			
7	施工技术标准			
8	施工组织设计、施工方案编制及审批			
9	物资采购管理制度			
10	施工设施和机械设备管理制度			
11	计量设备配备			
12	检测试验管理制度			
13	工程质量检查验收制度			
14				
自检结果：			检查结论：	
建设单位项目负责人： 　年 月 日			总监理工程师： 　年 月 日	

表B　建筑工程分部工程、分项工程划分

序号	分部工程	子分部工程	分项工程
1	地基与基础	地基	素土、灰土地基，砂和砂石地基，土工合成材料地基，粉煤灰地基，强夯地基，注浆地基，预压地基，砂石桩复合地基，高压旋喷注浆地基，水泥土搅拌桩地基，土和灰土挤密桩复合地基，水泥粉煤灰碎石桩复合地基，夯实水泥土桩复合地基
		基础	无筋扩展基础，钢筋混凝土扩展基础，筏形与箱形基础，钢结构基础，钢管混凝土结构基础，型钢混凝土结构基础，钢筋混凝土预制桩基础，泥浆护壁成孔灌注桩基础，干作业成孔桩基础，长螺旋钻孔压灌注桩基础，沉管灌注桩基础，钢桩基础，锚杆静压桩基础，岩石锚杆基础，沉井与沉箱基础
		基坑支护	灌注桩排桩围护墙，排桩围护墙，咬合桩围护墙，型钢水泥搅拌墙，土钉墙，地下连续墙，水泥土重力式挡墙，内支撑，锚杆，与主体结构相结合的基坑支护
		地下水控制	降水与排水，回灌
		土方	土方开挖，土方回填，场地平整
		边坡	喷锚支护，挡土墙，边坡开挖
		地下防水	主体结构防水，细部结构防水，特殊施工法防水，排水，注浆
2	主体结构	混凝土结构	模板，钢筋，混凝土，预应力，现浇结构，装配式结构
		砌体结构	砖砌体，混凝土小型空心砌块砌体，石砌体，配筋砌体，填充墙砌体
		钢结构	钢结构焊接，紧固件连接，钢零部件加工，钢构件组装及预拼装，单层钢结构安装，多层及高层钢结构安装，钢管结构安装，预应力钢索和膜结构，压型金属板，防腐涂料涂装，防火涂料涂装
		钢管混凝土结构	构件现场拼装，构件安装，钢管焊接，构件连接，钢管内钢筋骨架，混凝土
		型钢混凝土结构	型钢焊接，紧固件连接，型钢与钢筋的连接，型钢构件组装及预拼装，型钢安装，模板，混凝土
		铝合金结构	铝合金焊接，紧固件连接，铝合金零部件加工，铝合金构件组装，铝合金构件预拼装，铝合金框架结构安装，铝合金空间网格结构安装，铝合金面板，铝合金幕墙结构安装，防腐处理
		木结构	方木与原木结构，胶合木结构，轻型木结构，木结构的防护

续表

序号	分部工程	子分部工程	分项工程
3	建筑装饰装修	建筑地面	基层铺设，整体面层铺设，板块面层铺设，木、竹面层铺设
		抹灰	一般抹灰，保温层薄抹灰，装饰抹灰，清水砌体勾缝
		外墙防水	外墙砂浆防水，涂膜防水，透气膜防水
		门窗	木门窗安装，金属门窗安装，塑料门窗安装，特种门安装，门窗玻璃安装
		吊顶	整体面层吊顶，板块面层吊顶，格栅吊顶
		轻质隔墙	板材隔墙，骨架隔墙，活动隔墙，玻璃隔墙
		饰面板	石板安装，陶瓷板安装，木板安装，金属板安装，塑料板安装
		饰面砖	外墙饰面砖粘贴，内墙饰面砖粘贴
		幕墙	玻璃幕墙安装，金属幕墙安装，石材幕墙安装，陶瓷幕墙安装
		涂饰	水性涂料涂饰，溶剂型涂料涂饰，美术涂料
		裱糊与软包	裱糊，软包
		细部	橱柜制作与安装，窗帘盒和窗台板制作与安装，门窗套制作与安装，护栏和扶手制作与安装，花饰制作与安装
4	屋面	基层与保护	找坡层和找平层，隔汽层，隔离层，保护层
		保温与隔热	板状材料保温层，纤维材料保温层，喷涂硬泡聚氨酯保温层，现浇泡沫混凝土保温层，种植隔热层，架空隔热层，蓄水隔热层
		防水与密封	卷材防水层，涂膜防水层，复合防水层，接缝密封防水层
		瓦面与板面	烧结瓦和混凝土瓦铺装，沥青瓦铺装，金属板铺装，玻璃采光顶铺装
		细部构造	檐口，檐沟和天沟，女儿墙和山墙，水落口，变形缝，伸出屋面管道，屋面出入口，反梁过水孔，设施基座，屋脊，屋顶窗
5	建筑给水排水及供暖	室内给水系统	给水管道及配件安装，给水设备安装，室内消火栓系统安装，消防喷淋系统安装，防腐，绝热，管道冲洗、消毒，试验与调试
		室内排水系统	排水管道及配件安装，雨水管道及配件安装，防腐，试验与调试
		室内热水系统	管道及配件安装，辅助设备安装，防腐，绝热，试验与调试
		卫生器具	卫生器具安装，卫生器具给水配件安装，卫生器具排水管道安装，试验与调试
		室内供暖系统	管道及配件安装，辅助设备安装，散热器安装，低温热水地板辐射采暖系统安装，电加热供暖系统安装，燃气红外辐射供暖系统安装，热风供暖系统安装，热计量及调控装置安装，试验与调试，防腐，绝热

序号	分部工程	子分部工程	分项工程
5	建筑给水排水及供暖	室外给水管网	给水管道安装，室外消火栓系统安装，试验与调试
		室外排水管网	排水管道安装，排水管沟与井池，试验与调试
		室外供热管网	管道及配件安装，系统水压试验，土建结构，防腐，绝热，试验与调试
		建筑饮用水供应系统	管道及配件安装，水处理设备及控制设施安装，防腐，绝热，试验与调试
		建筑中水系统及雨水利用系统	建筑中水系统、雨水利用系统管道及配件安装，水处理设备及控制设施安装，防腐，绝热，试验与调试
		游泳池及公共浴池水系统	管道及配件系统安装，水处理设备及控制设施安装，防腐，绝热，试验与调试
		水景喷泉系统	管道系统及配件安装，水处理设备及控制设施安装，防腐，绝热，试验与调试
		热源及辅助设备	锅炉安装，辅助设备及管道安装，安全附件安装，换热站安装，防腐，绝热，试验与调试
		监测及控制仪表	检测仪器及仪表安装，试验与调试
6	通风与空调	送风系统	风管与配件制作，部件制作，风管系统安装，风机与空气处理设备安装，风管与设备防腐，旋流风口、岗位送风口、织物（布）风管安装，系统调试
		排风系统	风管与配件制作，部件制作，风管系统安装，风机与空气处理设备安装，风管与设备防腐，吸风罩及其他空气处理设备安装，厨房、卫生间排风系统安装，系统调试
		防排烟系统	风管与配件制作，部件制作，风管系统安装，风机与空气处理设备安装，风管与设备防腐，排烟风阀（口）、常闭正压风口、防火风管安装，系统调试
		除尘系统	风管与配件制作，部件制作，风管系统安装，风机与空气处理设备安装，风管与设备防腐，除尘器与排污设备安装，吸尘罩安装，高温风管绝热，系统调试
		舒适性空调系统	风管与配件制作，部件制作，风管系统安装，风机与空气处理设备安装，风管与设备防腐，组合式空调机组安装，消声器、静电除尘器、换热器、紫外线灭菌器等设备安装，风机盘管、变风量与定风量送风装置、射流喷口等末端设备安装，风管与设备绝热，系统调试
		恒温恒湿空调系统	风管与配件制作，部件制作，风管系统安装，风机与空气处理设备安装，风管与设备防腐，组合式空调机组安装，电加热器、加湿器等设备安装，精密空调机组安装，风管与设备绝热，系统调试
		净化空调系统	风管与配件制作，部件制作，风管系统安装，风机与空气处理设备安装，风管与设备防腐，净化空调机组安装，消声器、静电除尘器、换热器、紫外线灭菌器等设备安装，中、高效过滤器及风机过滤器单元等末端设备清洗与安装，纯净度测试，风管与设备绝热，系统调试

续表

序号	分部工程	子分部工程	分项工程
6	通风与空调	地下人防通风系统	风管与配件制作，部件制作，风管系统安装，风机与空气处理设备安装，风管与设备防腐，过滤吸收器，防爆波活门、防爆超压排气活门等专用设备安装，系统调试
		真空吸尘系统	风管与配件制作，部件制作，风管系统安装，风机与空气处理设备安装，风管与设备防腐，管道安装，快速接口安装，风机与滤尘设备安装，系统压力试验及调试
		冷凝水系统	管道系统及部件安装，水泵及附属设备安装，管道冲洗，管道、设备防腐，板式热交换器，辐射板及辐射供热、供冷地埋管，热泵机组设备安装，管道、设备绝热，系统压力试验及调试
		空调（冷、热）水系统	管道系统及部件安装，水泵及附属设备安装，管道冲洗，管道、设备防腐，冷却塔与水处理设备安装，防冻伴热设备安装，管道、设备绝热，系统压力试验及调试
		冷却水系统	管道系统及部件安装，水泵及附属设备安装，管道冲洗，管道、设备防腐，系统灌水渗漏及排放试验，管道、设备绝热
		土壤源热泵换热系统	管道系统及部件安装，水泵及附属设备安装，管道冲洗，管道、设备防腐，埋地换热系统与管网安装，管道、设备绝热，系统压力试验及调试
		水源热泵换热系统	管道系统及部件安装，水泵及附属设备安装，管道冲洗，管道、设备防腐，地表水源换热管及管网安装，除垢设备安装，管道、设备绝热，系统压力试验及调试
		蓄能系统	管道系统及部件安装，水泵及附属设备安装，管道冲洗，管道、设备防腐，蓄水罐与蓄冰槽、罐安装，管道、设备绝热，系统压力试验及调试
		压缩式制冷（热）设备系统	制冷机组及附属设备安装，管道、设备防腐，制冷剂管道及配件安装，制冷剂灌注，管道、设备绝热，系统压力试验及调试
		吸收式制冷设备系统	制冷机组及附属设备安装，管道、设备防腐，系统真空试验，溴化锂溶液加灌，蒸汽管道系统安装，燃气或燃油设备安装，管道、设备绝热，试验及调试
		多联机（热泵）空调系统	室外机组安装，室内机组安装制冷剂管路连接及控制开关安装，风管安装，冷凝水管道安装，制冷剂灌注，系统压力试验及调试
		太阳能供暖空调系统	太阳能集热器安装，其他辅助能源、换热设备安装，蓄能水箱、管道及配件安装，防腐，绝热，低温热水地板辐射采暖系统安装，系统压力试验及调试
		设备自控系统	温度、压力与流量传感器安装，执行机构安装调试，防排烟系统功能测试，自动控制及系统智能控制软件调试
7	建筑电气	室外电气	变压器、箱变式变电所安装，成套配电柜、控制柜（屏、台）和动力、照明配电箱（盘）及控制柜安装，梯架、支架、托盘和槽盒安装，导管敷设，电缆敷设，管内穿线和槽盒内敷线，电缆头制作、导线连接和线路绝缘测试，普通灯具安装，专用灯具安装，建筑照明通电试运行，接地装置安装

序号	分部工程	子分部工程	分项工程
7	建筑电气	变配电室	变压器、箱式变电所安装，成套配电柜、控制柜（屏、台）和动力、照明配电箱（盘）安装，母线槽安装，梯架、支架、托盘和槽盒安装，电缆敷设，电缆头制作、导线连接和线路绝缘测试，接地装置安装，接地干线敷设
		供电干线	电气设备试验和试运行，母线槽安装，梯架、支架、托盘和槽盒安装，导管敷设，电缆敷设，管内穿线和槽盒内敷线，电缆头制作、导线连接和线路绝缘测试，接地干线敷设
		电气动力	成套配电柜、控制柜（屏、台）和动力配电箱（盘）安装，电动机、电加热器及电动执行机构检查接线，电气设备试验和试运行，梯架、支架、托盘和槽盒安装，导管敷设，电缆敷设，管内穿线和槽盒内敷线，电缆头制作、导线连接和线路绝缘测试
		电气照明	成套配电柜、控制柜（屏、台）和照明配电箱（盘）安装，梯架、支架、托盘和槽盒安装，导管敷设，管内穿线和槽盒内敷线，塑料护套线直敷布线，钢索配线，电缆头制作、导线连接和线路绝缘测试，普通灯具安装，专用灯具安装，插座、开关、风扇安装，建筑照明通电试运行
		备用和不间断电源	成套配电柜、控制柜（屏、台）和动力、照明配电箱（盘）安装，柴油发电机组安装，不间断电源装置及紧急电源装置安装，母线槽安装，导管敷设，电缆敷设，管内穿线和槽盒内敷线，电缆头制作、导线连接和线路绝缘测试，接地装置安装
		防雷及接地	接地装置安装，避雷引下线及接闪器安装，建筑物等电位连接，浪涌保护器安装
8	智能建筑	智能化集成系统	设备安装，软件安装，接口及系统调试，试运行
		信息接入系统	安装场地检查
		用户电话交换系统	线缆敷设，设备安装，软件安装，接口及系统调试，试运行
		信息网络系统	计算机网络设备安装，计算机网络软件安装，网络安全设备安装，网络安全软件安装，系统调试，试运行
		综合布线系统	梯架、托盘、槽盒和导管安装，线缆敷设，机柜、机架、配线架安装，信息插座安装，链路或信道测试，软件安装，系统调试，试运行
		移动通信室内信号覆盖系统	安装场地检查
		卫星通信系统	安装场地检查
		有线电视及卫星电视接收系统	梯架、托盘、槽盒和导管安装，线缆敷设，设备安装，软件安装，系统调试，试运行
		公共广播系统	梯架、托盘、槽盒和导管安装，线缆敷设，设备安装，软件安装，系统调试，试运行
		会议系统	梯架、托盘、槽盒和导管安装，线缆敷设，设备安装，软件安装，系统调试，试运行

序号	分部工程	子分部工程	分项工程
		信息导引及发布系统	梯架、托盘、槽盒和导管安装，线缆敷设，显示设备安装，机房设备安装，软件安装，系统调试，试运行
		时钟系统	梯架、托盘、槽盒和导管安装，线缆敷设，设备安装，软件安装，系统调试，试运行
		信息化应用系统	梯架、托盘、槽盒和导管安装，线缆敷设，设备安装，软件安装，系统调试，试运行
		建筑设备监控系统	梯架、托盘、槽盒和导管安装，线缆敷设，传感器安装，执行器安装，控制器、箱安装，中央管理工作站和操作分站设备安装，软件安装，系统调试，试运行
8	智能建筑	火灾自动报警系统	梯架、托盘、槽盒和导管安装，线缆敷设，探测器类设备安装，控制器类设备安装，其他设备安装，软件安装，系统调试，试运行
		安全技术防范系统	梯架、托盘、槽盒和导管安装，线缆敷设，设备安装，软件安装，系统调试，试运行
		应急响应系统	设备安装，软件安装，系统调试，试运行
		机房	供配电系统，防雷与接地系统，空气调节系统，给水排水系统，综合布线系统，监控与安全防范系统，消防系统，室内装饰装修，电磁屏蔽，系统调试，试运行
		防雷与接地	接地装置，接地线，等电位连接，屏蔽设施，电涌保护器，线缆敷设，系统调试，试运行
		围护系统节能	墙体节能，幕墙节能，门窗节能，屋面节能，地面节能
		供暖空调设备及管网节能	供暖节能，通风与空调设备节能，空调与供暖系统冷热源节能，空调与供暖系统管网节能
9	建筑节能	电气动力节能	配电节能，照明节能
		监控系统节能	监控系统节能，控制系统节能
		可再生能源	地源热泵系统节能，太阳能光热系统节能，太阳能光伏节能
		电力驱动的曳引式或强制式电梯	设备进场验收，土建交接检验，驱动主机，导轨，门系统，轿厢，对重，安全部件，悬挂装置，随行电缆，补偿装置，电气装置，整机安装验收
10	电梯	液压电梯	设备进场验收，土建交接检验，液压系统，导轨，门系统，轿厢，对重，安全部件，悬挂装置，随行电缆，电气装置，整机安装验收
		自动扶梯、自动人行道	设备进场验收，土建交接检验，整机安装验收

表C　室外工程划分

单位工程	子单位工程	分部（子分部）工程
室外设施	道路	路基、基层、面层、广场与停车场、人行道、人行地道、挡土墙、附属构筑物
	边坡	土方、挡土墙、支护
附属建筑及室外环境	附属建筑	车棚，围墙，大门，挡土墙
	室外环境	建筑小品，亭台，水景，连廊，花坛，场坪绿化，景观桥

表D　_____检验批质量验收记录

单位（子单位）工程名称				分部（子分部）工程名称		分项工程名称	
施工单位				项目负责人		检验批容量	
分包单位				分包单位项目负责人		检验批部位	
施工依据					验收依据		

	验收项目		设计要求及规范规定	最小/实际抽样数量	检查记录		检查结果
主控项目	1						
	2						
	3						
	4						
	5						
	6						
	7						
	8						
	9						
	10						
一般项目	1						
	2						
	3						
	4						
	5						
施工单位检查结果						专业工长： 项目专业质量检查员： 　年　月　日	
监理单位验收结论						专业监理工程师： 　年　月　日	

表E ＿＿＿＿＿＿＿＿＿分项工程质量验收记录

单位（子单位）工程名称				分部（子分部）工程名称			
分项工程数量				检验批数量			
施工单位				项目负责人		项目技术负责人	
分包单位				分包单位项目负责人		分包内容	
序号	检验批名称	检验批数量	部位、区段	施工单位检查结果		监理单位验收结论	
1							
2							
3							
4							
5							
6							
7							
8							
9							
10							
11							
12							
13							
14							
15							

说明：

施工单位检查结果	项目专业技术负责人： 年 月 日
监理单位验收结论	专业监理工程师： 年 月 日

表F ＿＿＿＿＿＿分部工程质量验收记录

单位（子单位）工程名称			数量		分项工程数量	
施工单位			项目负责人		技术（质量）负责人	
分包单位			分包单位负责人		分包内容	
序号	子分部工程名称	分项工程名称	检验批数量	施工单位检查结果	监理单位验收结论	
1						
2						
3						
4						
5						
6						
7						
8						
质量控制资料						
安全和功能检验结果						
观感质量检验结果						
综合验收结论						

施工单位 项目负责人： 年 月 日	勘察单位 项目负责人： 年 月 日	设计单位 项目负责人： 年 月 日	监理单位 监理工程师： 年 月 日

表G1 单位工程质量竣工验收记录

工程名称		结构类型		层数／建筑面积	
施工单位		技术负责人		开工日期	
项目负责人		项目技术负责人		完工日期	

序号	项目	验收记录	验收结论
1	分部工程验收	共　　分部，经查符合设计及标准规定　　分部	
2	质量控制资料核查	共　　项，经核查符合规定　项	
3	安全和使用功能核查及抽查结果	共核查　　项，符合规定　　项 共抽查　　项，符合规定　　项 经返工处理符合规定　　项	
4	观感质量验收	共抽查　　项，达到"好"和"一般"的　　项，经返修处理符合要求　项	

综合验收结论	

参加验收单位	建设单位	监理单位	施工单位	设计单位	勘察单位
	（公章） 项目负责人： 　年　月　日	（公章） 总监理工程师： 　年　月　日	（公章） 项目负责人： 　年　月　日	（公章） 项目负责人： 　年　月　日	（公章） 项目负责人： 　年　月　日

表G2　单位工程质量控制资料核查记录

工程名称				施工单位			
序号	项目	资料名称	份数	施工单位		监理单位	
				核查意见	核查人	核查意见	核查人
1	建筑与结构	图纸会审记录、设计变更通知单、工程洽商记录					
2		工程定位测量、放线记录					
3		原材料出厂合格证书及进场检验、试验报告					
4		施工试验报告及见证检测报告					
5		隐蔽工程验收记录					
6		施工记录					
7		地基、基础、主体结构检验及抽样检测资料					
8		分项、分部工程质量验收记录					
9		工程质量事故调查处理资料					
10		新技术论证、备案及施工记录					
1	给水排水与供暖	图纸会审记录、设计变更通知单、工程洽商记录					
2		原材料出厂合格证书及进场检验、试验报告					
3		管道、设备强度试验、严密性试验记录					
4		隐蔽工程验收记录					
5		系统清洗、灌水、通水、通球试验记录					
6		施工记录					
7		分项、分部工程质量验收记录					
8		新技术论证、备案及施工记录					

续表

工程名称				施工单位			
序号	项目	资料名称	份数	施工单位		监理单位	
				核查意见	核查人	核查意见	核查人
1	通风与空调	图纸会审记录、设计变更通知单、工程洽商记录					
2		原材料出厂合格证书及进场检验、试验报告					
3		制冷、空调、水管道强度试验、严密性试验记录					
4		隐蔽工程验收记录					
5		制冷设备运行调试记录					
6		通风、空调系统调试记录					
7		施工记录					
8		分项、分部工程质量验收记录					
9		新技术论证、备案及施工记录					
1	建筑电气	图纸会审记录、设计变更通知单、工程洽商记录					
2		原材料出厂合格证书及进场检验、试验报告					
3		设备调试记录					
4		接地、绝缘电阻测试记录					
5		隐蔽工程验收记录					
6		施工记录					

续表

工程名称				施工单位				
序号	项目	资料名称	份数	施工单位		监理单位		
				核查意见	核查人	核查意见	核查人	
7	建筑电气	分项、分部工程质量验收记录						
8		新技术论证、备案及施工记录						
1	智能建筑	图纸会审记录、设计变更通知单、工程洽商记录						
2		原材料出厂合格证书及进场检验、试验报告						
3		隐蔽工程验收记录						
4		施工记录						
5		系统功能测定及设备调试记录						
6		系统技术、操作和维护手册						
7		系统管理、操作人员培训记录						
8		系统检测报告						
9		分项、分部工程质量验收记录						
10		新技术论证、备案及施工记录						
1	建筑节能	图纸会审记录、设计变更通知单、工程洽商记录						
2		原材料出厂合格证书及进场检验、试验报告						
3		隐蔽工程验收记录						

续表

工程名称				施工单位			
序号	项目	资料名称	份数	施工单位		监理单位	
				核查意见	核查人	核查意见	核查人
4	建筑节能	施工记录					
5		外墙、外窗节能检验报告					
6		设备系统节能检验报告					
7		分项、分部工程质量验收记录					
8		新技术论证、备案及施工记录					
1	电梯	图纸会审记录、设计变更通知单、工程洽商记录					
2		设备出厂合格证书及开箱检验记录					
3		隐蔽工程验收记录					
4		施工记录					
5		接地、绝缘电阻测试记录					
6		负荷试验、安全装置检查记录					
7		分项、分部工程质量验收记录					
8		新技术论证、备案及施工记录					

结论：

施工单位项目负责人：　　　　　　　　　总监理工程师：

　　　年　月　日　　　　　　　　　　　　年　月　日

表G3　单位（子单位）工程安全和功能检验资料核查及主要功能抽查

工程名称				施工单位			
序号	项目	安全和功能检查项目		份数	核查意见	抽查结果	核查（抽查）人
1	建筑与结构	地基承载力检验报告					
2		桩基承载力检验报告					
3		混凝土强度试验报告					
4		砂浆强度试验报告					
5		主体结构尺寸、位置抽查记录					
6		建筑物垂直度、标高、全高测量记录					
7		屋面淋水或蓄水试验记录					
8		地下室渗漏水检测记录					
9		有防水要求的地面蓄水试验记录					
10		抽气（风）道检查记录					
11		外窗及外窗气密性、水密性、耐风压检测报告					
12		幕墙及外窗气密性、水密性、耐风压检测报告					
13		建筑物沉降观测测量记录					
14		节能、保温测试记录					
15		室内环境检测报告					
16		土壤氡气浓度检测报告					
1	给排水与供暖	给水管道通水试验记录					
2		暖气管道、散热器压力试验记录					
3		卫生器具满水试验记录					
4		消防管道、燃气管道压力试验记录					
5		排水干管通球试验记录					
6		锅炉试运行、安全阀及报警联动测试记录					

工程名称				施工单位			
序号	项目	安全和功能检查项目	份数	核查意见	抽查结果	核查（抽查）人	
1	通风与空调	通风、空调系统试运行记录					
2		风量、温度测试记录					
3		空气能量回收装置测试记录					
4		洁净室洁净度测试记录					
5		制冷机组试运行调试记录					
1	建筑电气	建筑照明通电试运行记录					
2		灯具牢固装置及悬吊装置的荷载强度试验记录					
3		绝缘电阻测试记录					
4		剩余电流动作保护器测试记录					
5		应急电源装置应激持续供电记录					
6		接地电阻测试记录					
7		接地故障回路阻抗测试记录					
1	智能建筑	系统试运行记录					
2		系统电源及接地检测报告					
3		系统接地检测报告					
1	建筑节能	外墙节能构造检查记录或热工性能检验报告					
2		设备系统节能性能检查记录					
1	电梯	运行记录					
2		安全装置检测报告					

结论：

施工单位项目负责人：   总监理工程师：

     年 月 日   年 月 日

注：抽查项目由验收组协商确定。

表G4　单位工程观感质量检查记录

工程名称			施工单位	
序号		项目	抽查质量状况	质量评价
1	建筑与结构	主体结构外观	共检查 点，好 点，一般 点，差 点	
2		室外墙面	共检查 点，好 点，一般 点，差 点	
3		水落管、屋面	共检查 点，好 点，一般 点，差 点	
4		变形缝、雨水管	共检查 点，好 点，一般 点，差 点	
5		室内墙面	共检查 点，好 点，一般 点，差 点	
6		室内顶棚	共检查 点，好 点，一般 点，差 点	
7		室内地面	共检查 点，好 点，一般 点，差 点	
8		楼梯、踏步、护栏	共检查 点，好 点，一般 点，差 点	
9		门窗	共检查 点，好 点，一般 点，差 点	
10		雨罩、台阶、坡道、散水	共检查 点，好 点，一般 点，差 点	
1	给排水与采暖	管道接口、坡度、支架	共检查 点，好 点，一般 点，差 点	
2		卫生器具、支架、阀门	共检查 点，好 点，一般 点，差 点	
3		检查口、扫除口、地漏	共检查 点，好 点，一般 点，差 点	
4		散热器、支架	共检查 点，好 点，一般 点，差 点	
1	通风与空调	风管、支架	共检查 点，好 点，一般 点，差 点	
2		风口、风阀	共检查 点，好 点，一般 点，差 点	
3		风机、空调设备	共检查 点，好 点，一般 点，差 点	
4		管道、阀门、支架	共检查 点，好 点，一般 点，差 点	
5		水泵、冷却塔	共检查 点，好 点，一般 点，差 点	
6		绝热	共检查 点，好 点，一般 点，差 点	

序号	项目		抽查质量状况	质量评价
1	建筑电气	配电箱、盘、板、接线盒	共检查 点，好 点，一般 点，差 点	
2		设备器具、开关、插座	共检查 点，好 点，一般 点，差 点	
3		防雷、接地、防火	共检查 点，好 点，一般 点，差 点	
1	智能建筑	机房设备安装及布局	共检查 点，好 点，一般 点，差 点	
2		现场设备安装	共检查 点，好 点，一般 点，差 点	
1	电梯	运行、平层、开关门	共检查 点，好 点，一般 点，差 点	
2		层门、信号系统	共检查 点，好 点，一般 点，差 点	
3		机房	共检查 点，好 点，一般 点，差 点	
观感质量综合评价				
结论：				
施工单位项目负责人： 年 月 日			总监理工程师： 年 月 日	

注：1. 质量评价为差的项目，应进行返修。

2. 观感质量现场检查原始记录应作为本表附件。

参 考 文 献

[1] 中华人民共和国国家标准. 建设工程监理规范（GB/T 50319—2013）[S]. 北京：中国建筑工业出版社，2013.

[2] 中华人民共和国国家标准. 建设工程文件归档整理规范（GB/T 0328—2014）[S]. 北京：中国建筑工业出版社，2014.

[3] 中华人民共和国国家标准. 建筑工程施工质量验收统一标准（GB 50300—2013）[S]. 北京：中国建筑工业出版社，2013.

[4] 邸小坛，等. 建筑工程施工质量验收统一标准填写范例与指南 [M]. 3 版. 北京：中国建材工业出版社，2015.

[5] 熊广忠. 工程建设监理实用手册 [M]. 北京：中国建筑工业出版社，1994.

[6] 何佰洲. 工程合同法律制度 [M]. 北京：中国建筑工业出版社，2003.

[7] 杨效中. 建设工程监理基础 [M]. 北京：中国建筑工业出版社，2003.

[8] 韩明. 土木建设工程监理 [M]. 天津：天津大学出版社，2004.

[9] 詹炳根. 工程建设监理 [M]. 北京：中国建筑工业出版社，2003.

[10] 中国建设监理协会. 建设工程监理概论 [M]. 北京：知识产权出版社，2013.

[11] 李惠强. 建设工程监理 [M]. 北京：中国建筑工业出版社，2003.

[12] 邓铁军. 土木工程建设监理 [M]. 武汉：武汉理工大学出版社，2003.

[13] 石元印. 土木工程建设监理 [M]. 重庆：重庆大学出版社，2001.

[14] 李启明. 建设工程合同管理 [M]. 2 版. 北京：中国建筑工业出版社，2009.

[15] 中国建设监理协会. 建设工程合同管理 [M]. 北京：知识产权出版社，2013.

[16] 杜荣军. 建设工程安全管理 10 讲 [M]. 北京：机械工业出版社，2005.

[17] 中国建设监理协会. 建设工程造价控制 [M]. 北京：中国建筑工业出版社，2013.

[18] 中国建设监理协会. 建设工程质量控制 [M]. 北京：中国建筑工业出版社，2013.

[19] 中国建设监理协会. 建设工程进度控制 [M]. 北京：中国建筑工业出版社，2013.

[20] 中国建设监理协会. 建设工程信息管理 [M]. 北京：中国建筑工业出版社，2013.